普通高等教育“十三五”规划教材

最优化方法

Methods of Optimization

李学文　闫桂峰　李庆娜 ◎ 编著

北京理工大学出版社
BEIJING INSTITUTE OF TECHNOLOGY PRESS

内容简介

最优化方法是运筹学的一个重要分支，本书介绍了常见的最优化方法的理论、算法和应用，包括线性规划、无约束非线性优化、约束优化、整数规划等，还对现代优化算法及优化算法软件求解进行了简单介绍．

本书可作为应用数学、计算数学、运筹学与控制论及管理工程、系统工程等专业研究生和高年级本科生最优化方法的教材，也可以作为相关学科科研人员、工程技术人员的参考书．

图书在版编目（CIP）数据

最优化方法/李学文，闫桂峰，李庆娜编著．—北京：北京理工大学出版社，2018.4（2023.8 重印）
ISBN 978-7-5682-5495-3

Ⅰ.①最…　Ⅱ.①李…②闫…③李…　Ⅲ.①最优化算法-高等学校-教材
Ⅳ.①O242.23

中国版本图书馆 CIP 数据核字（2018）第 072413 号

出版发行／北京理工大学出版社有限责任公司
社　　址／北京市海淀区中关村南大街 5 号
邮　　编／100081
电　　话／（010）68914775（总编室）
（010）82562903（教材售后服务热线）
（010）68944723（其他图书服务热线）
网　　址／http：//www.bitpress.com.cn
经　　销／全国各地新华书店
印　　刷／北京虎彩文化传播有限公司
开　　本／787 毫米×1092 毫米　1/16
印　　张／20.25
字　　数／476 千字
版　　次／2018 年 4 月第 1 版　2023 年 8 月第 4 次印刷
定　　价／56.00 元

责任编辑／多海鹏
文案编辑／多海鹏
责任校对／周瑞红
责任印制／王美丽

PREFACE 前言

因为世界是由完美的造物主所创立的，所以一切都符合最优的原则．

——G·波利亚

由于这个世界构造完美无缺，并由最聪明的造物主所创立，以至于在这个世界上无论什么事情里都包含有极大和极小的道理．

——欧拉

数学上关于极大和极小的问题之所以引起我们的兴趣，是因为它能使我们日常生活中的问题理想化．

——G·波利亚《数学与猜想》

最优化方法是运筹学的一个重要的组成部分，在自然科学、社会科学、生产实际、工程设计和现代化管理中有着重要的实用价值．因此，在最近的几十年中得到了十分迅速的发展和广泛的应用．

最优化方法从数学中独立出来成为一门新的学科可以追溯到第二次世界大战前后线性规划的出现及发展．因此，这门学科的历史只有几十年，是一门处于年轻发展时期的学科，有着广阔的前景．它一方面与实际应用密切相关，另一方面也离不开计算机技术的应用与发展，因为大多数的实用算例都要通过编程计算来求解．随着生产和科学研究突飞猛进的发展，特别是计算机日益广泛的应用，使得最优化理论与方法在实际应用中发挥出越来越大的作用，已经成为新型工程技术和管理人员所必备的基础知识之一．随着大数据时代的来临，在如何利用这些大数据解决相关的实际问题方面，最优化方法也必将扮演更加重要的角色．

人们在生产和工程的各个领域都会努力追求最优，因此优化模型是非常常见的，甚至在自然界中我们都可以找到例子．比如光的折射路径，正是由于光线在不同介质中传播速度不同，光线选择了一条最速线．在人类的各种活动中，追求最优就更是比比皆是了．比如设计建筑，人们希望在一定功能条件下使成本最省，而生产计划的制订往往是要求在现有原料和人力限制下使得利润最大．这样的例子不胜枚举，可以说最优化无处不在．随着这类问题的不断出现，最优化方法这个数学的分支也得到了很大的发展．从数学模型上看，最优化模型要解决的就是一些变量在满足某些等式或（和）不等式约束的限制条件下使这些变量的某个函数表达式（称为目标函数）达到最优（最大或最小）的问题．当然在某些情况下也可能不需要满足约束，只需要某个函数对应的值达到最优就可以了．最优值是一个全局的概念，有时难以达到，在建模和求解时我们也经常用数学上极值（极小值和极大值）的概念来代替，考虑目标函数在有约束或无约束条件下的极小值或极大值．因此，在最优化这门学科中，目前大多数常用的数值算法从理论上来说都是针对数学上的极值进行求解的．其实，在微积分中我们已经接触了简单的极值与最值问题，其求解基本都是采用解析的方法．比如对一元函数，运用导数为零去求解它的极大值和极小值点，以及运用拉格朗日乘子法去求解一些简单的带等式约束的极值问题．但是解析的方法只能解决一些规模非常小、目标函数和约束条件特别简单的问题，在实际问题中大量的优化模型是难以运用解析方法求解的．因此，本书主要研究各种优化模型的数值解法，而这才是实际中真正用于求解优化问题的实用方法．

因为数值算法的实现几乎不可能手工实现而必须借助于计算机编程，所以大家在学习这门课的过程中不仅要理解各种算法背后的数学原理，而且要尽可能运用计算机编程来实现这些算法，只有这样才能算是真正掌握这些方法，也才能够将它们用于实际问题的求解．由于最优化方法在实际问题中的广泛应用，现在已经出现了很多可以用于求解优化问题的商业软件，比如Matlab、lindo/lingo，等等，甚至得到广泛应用的办公软件Excel也有求解常见优化模型的功能，这也从一个侧面说明了优化问题的普遍性．

最优化问题的数学模型可以根据目标函数和约束条件划分为多种类型，针对每种具体的优化模型都有相应的算法．常见的优化模型包括线性规划、非线性规划、整数规划、动态规划和多目标规划等．本书将向数学、工科、管理各专业的学生和教师及专业人员介绍一些典型的优化模型及其应用背景、相关的优化理论和常用算法，以便大家应用．本书可作为数学系高年级本科生和工科研究生的最优化方法课程教材或参考书．期望通过本书的学习能使读者较好地理解优化的思想，掌握一些基本而常用的优化方法，并能运用优化的观点和方法分析解决实践中遇到的问题．

本书的出版得到了北京理工大学“十三五”规划教材项目立项资助，并得到了数学与统计学院各位领导与同事的帮助和支持，在出版过程中也得到了北京理工大学出版社的大力支持，在此一并表示感谢．

限于我们的水平，不妥与错误之处在所难免，殷切希望得到各位读者及同行专家们的批评指正．

编　者

目　录
CONTENTS

第 1 章
绪　　论

1.1　引言

最优化方法研究的问题是在众多的可行方案中怎样选择最合理的一种，以达到最优解．最优化问题至少有两个要素：一是可能的方案，二是追求的目标．当然无论问题的实际背景是什么，转化为数学问题就是求解函数极值（极大值或极小值），而且有的问题有约束，有的问题没有约束．要解决一个实际的最优化问题需要三步，一是将实际生产或科技问题转化成最优化的数学模型，二是运用优化算法对数学模型进行求解，三是将求解结果用于实际问题．

1. 最优化方法的由来与发展

最优化作为一门学科诞生于 20 世纪 40 年代第二次世界大战期间，以线性规划模型和单纯形法的出现为标志．作为一种思想的萌芽，可以追溯到更久以前的微积分时代，可以说求极值本身就是微积分研究的一个方面．比如费尔马（Fermat）在研究求极大和极小的方法时发现了连续可微一元函数取极值的必要条件，即导数为零；莱布尼兹（Leibniz）发表的第一篇有关微分学的论文研究的是一种求极大值与极小值和求切线的新方法；求解等式约束极值问题的拉格朗日（Lagrange）方法，等等．但是这些方法都是解析法，只能求解一些非常简单和规模非常小的问题，不是通用的方法．1847 年，柯西（Cauchy）提出了沿着负梯度方向寻找非线性函数极小点的方法（最速下降法），这是最优化方法研究历史上的第一种数值方法．数值方法和解析方法的不同在于它具有很强的通用性．数值方法是通过迭代过程来实现算法的，对大量不同的问题我们可以用同一个方法进行计算，这也是现今使用的最优化方法的共同特征．但是迭代算法往往需要大量的计算，而在计算机诞生并普及之前是无法做到的．后来随着第二次世界大战后线性规划的出现和发展，以及颇为引人注目的应用效果，各种不同的优化模型如非线性规划、整数规划、多目标规划等也被提出并得到了大量研究，各种算法层出不穷．尤其是随着计算机的普及，能够求解的优化问题的规模也越来越大，在实际中的应用也日趋广泛，各种最优化方法在许多领域得到了大量应用．最优化方法也就从微积分中独立出来，成为一门新兴的数学学科，而且现在仍在蓬勃的发展中．1939 年，苏联的康托罗维奇出版了《生产组织与计划中的数学方法》一书，书中建立了线性规划模型，用来解决下料问题和运输问题，这标志着线性规划的诞生，但是当时他的工作在自己的国家和世界上都没有得到应有的重视．后来美国的数学家丹齐克（Dantzig）正式提出了线性规划模型，并且给出了求解线性规划的单纯形法，用来制定军队的训练、部署、后勤保障的方案．他的工作得到了很大的重视．当时美国著名的经济学家库普曼斯和丹齐克合作将线性规划用于解决生产组织问题、运输问题、下料问题、营养配餐问题及国民经济计划等，在学术领域及社会上引起了极大的反响．1975 年的诺贝尔经济学奖就颁给了康托罗维奇和库普曼斯，以表彰他们将线性规划用于经济学领域从而为经济学作出的卓越贡献．与线性规划对应的“非线性规划”一词最早是由库恩和塔克在 1950 年提出的，非线性规划的研究也因为库恩－塔克条件的出现和计算机技术的进步而活跃起来，出现了很多有效的算法，如无约束非线性规划的共轭梯度法、拟牛顿法、约束非线性规划的乘子法和约束变尺度法等，到现在非线性规划仍然是优化研究的一个热点方向．

2. 最优化方法的特点

最优化方法在数学中是一个比较贴近应用的分支，在工程实际及经济管理等领域有着广泛应用，也是比较新的一门数学学科，大量新的算法还在不断涌现，而且这门学科的发展离不开计算机的广泛应用和普及．

（1）最优化方法的应用范围非常广泛．

最优化方法的出现和发展离不开大量实际问题的推动，其应用范围也遍及多个领域，涉及科学、工程、经济、工业和军事领域，等等，比如下面的问题：

在金融投资中，如何设计好的投资项目组合在可接受的风险限度内获得尽可能大的投资回报？

在工程设计中，如何使得工程设计方案既满足需要又能够降低工程的造价？

如何寻找飞行器或机械手的最优轨迹？

一个工厂如何在现有条件下安排生产，以达到最优利润？

如何控制一个化学过程或机械装置，既优化其性能又保证满足其稳健性？

……

在很多学科中都有大量的优化问题需要解决．

（2）最优化方法与实际联系密切．

与其他数学分支相比，最优化方法比较具体，具有很强的实用性．它不仅研究用数学方法分析实际问题，而且强调解决问题，将研究结果应用于实际情况，并且根据实际情况对所得的解进行进一步的考察及应用．

（3）最优化方法的跨学科性．

要想用最优化方法解决实际中的问题，就必须对问题有深入的了解，我们在平时也会遇到各行各业的人都说需要用到最优化的方法解决问题，但仅懂得要解决问题的相关学科的知识或仅懂得最优化的数学方法都不能很好地解决实际问题，而必须把二者结合起来才能真正解决问题．因此，除数学外，很多其他学科如经济管理、力学、机械等学科中也有大量的研究人员从事本专业中最优化问题的研究．

（4）最优化方法离不开计算机的应用．

计算机的发明和推广普及对整个社会都产生了很大的影响，对各个学科科研工作的影响也是翻天覆地的．最早的最优化数值算法，即柯西提出的最速下降法 1847 年就出现了，但在此后的一百年间几乎没有有影响的后续研究．这是因为数值计算需要迭代，需要大量的计算，在计算机得到普及应用之前，没有计算机的帮助，完全靠人工计算是不太可能完成的．计算机的出现不仅使得大量的计算成为可能而且变得非常简单，这就为最优化方法的大发展开辟出了一条光明大道，所以第二次世界大战以后，随着计算机的广泛应用，最优化方法在理论和应用各个领域都得到了快速的发展．因此，要想学好、用好最优化方法，一定要学好计算机编程，离开计算机，最优化方法的研究与应用是难以开展的．

3. 最优化方法的内容

最优化方法的研究内容就是根据各种实际问题建立的最优化模型的求解及应用．根据最优化模型中所用到的函数类型及是否有约束条件，将最优化模型划分为多种类型．针对不同的类型给出通用的数值迭代算法，并进一步研究算法的性质，如收敛性和收敛速度等，及其应用效果．

1.2 数学预备知识

在介绍具体的优化算法之前，我们先简单介绍一些与最优化相关的数学基础知识．这些知识我们在微积分、线性代数或许已经接触过，这里作一个回顾，以便后面应用．

1. 范数

范数是最优化方法中经常遇到的一个概念，我们经常需要衡量 n 维空间中两点之间的距离，而范数可以看作是距离概念的推广．下面给出范数的定义．

定义 1 在 n 维线性空间 $\mathbf{R}^n$ 中，定义实函数 $\|\boldsymbol{x}\|$，使其满足以下三个条件：

(i) 对任意 $\boldsymbol{x}\in\mathbf{R}^n$，有 $\|\boldsymbol{x}\|\geqslant 0$，当且仅当 $\boldsymbol{x}=\boldsymbol{0}$ 时 $\|\boldsymbol{x}\|=0$；

(ii) 对任意 $\boldsymbol{x}\in\mathbf{R}^n$ 及实数 α，有 $\|\alpha\boldsymbol{x}\|=|\alpha|\cdot\|\boldsymbol{x}\|$；

(iii) 对任意 $\boldsymbol{x},\boldsymbol{y}\in\mathbf{R}^n$，有 $\|\boldsymbol{x}+\boldsymbol{y}\|\leqslant\|\boldsymbol{x}\|+\|\boldsymbol{y}\|$

则称函数 $\|\boldsymbol{x}\|$ 为 $\mathbf{R}^n$ 上的向量范数．

在所有范数中最常用的是 2 - 范数，即对任意 $\boldsymbol{x}=(x_1,x_2,\cdots,x_n)^{\mathrm{T}}\in\mathbf{R}^n$，$\|\boldsymbol{x}\|_2=\left(\sum_{i=1}^{n}x_i^2\right)^{\frac{1}{2}}$，因此常记 $\|\cdot\|_2$ 为 $\|\cdot\|$．

2. 微积分中几个常用的概念和记号

考虑 n 元函数 $f(\boldsymbol{x})$，其中 $\boldsymbol{x}=(x_1,x_2,\cdots,x_n)^{\mathrm{T}}\in\mathbf{R}^n$，称 n 维向量

$$\nabla f(\boldsymbol{x})=\begin{pmatrix}\dfrac{\partial f(\boldsymbol{x})}{\partial x_1}\\ \dfrac{\partial f(\boldsymbol{x})}{\partial x_2}\\ \vdots\\ \dfrac{\partial f(\boldsymbol{x})}{\partial x_n}\end{pmatrix}$$

为 $f(\boldsymbol{x})$ 在 $\boldsymbol{x}$ 处的梯度向量，有时也记为 $\boldsymbol{g}(\boldsymbol{x})$．$f(\boldsymbol{x})$ 的二阶偏导数构成的矩阵

$$\nabla^2 f(\boldsymbol{x}) = \begin{pmatrix} \frac{\partial^2 f(\boldsymbol{x})}{\partial x_1^2} & \frac{\partial^2 f(\boldsymbol{x})}{\partial x_1 \partial x_2} & \cdots & \frac{\partial^2 f(\boldsymbol{x})}{\partial x_1 \partial x_n} \\ \frac{\partial^2 f(\boldsymbol{x})}{\partial x_2 \partial x_1} & \frac{\partial^2 f(\boldsymbol{x})}{\partial x_2^2} & \cdots & \frac{\partial^2 f(\boldsymbol{x})}{\partial x_2 \partial x_n} \\ \vdots & \vdots & & \vdots \\ \frac{\partial^2 f(\boldsymbol{x})}{\partial x_n \partial x_1} & \frac{\partial^2 f(\boldsymbol{x})}{\partial x_n \partial x_2} & \cdots & \frac{\partial^2 f(\boldsymbol{x})}{\partial x_n^2} \end{pmatrix}$$

称为$f(\boldsymbol{x})$ 在 $\boldsymbol{x}$ 点处的 Hesse 矩阵，有时也记为$\boldsymbol{G}(\boldsymbol{x})$.

3. Taylor 展开

Taylor 展开本质上就是用多项式函数近似代替一般函数，函数的 Taylor 展开式对于理解最优化方法十分重要．许多最优化数值迭代方法及其收敛性的证明都是从 Taylor 展开式出发的．一般优化中用到的 Taylor 展开大多是一阶或者二阶展开．

一元函数$f(x)$ 的展开：

$$f(x) = f(x_0) + f'(x_0)(x - x_0) + \frac{f''(x_0)}{2}(x - x_0)^2 + \cdots + \frac{f^{(n)}(x_0)}{n!}(x - x_0)^n + \frac{f^{(n+1)}(x_0 + \theta(x - x_0))}{(n+1)!}(x - x_0)^{n+1}, (0 < \theta < 1)$$

从几何上看，一阶展开就是用直线近似函数，二阶展开就是用二次曲线近似函数，如图 1－1 和图 1－2 所示．

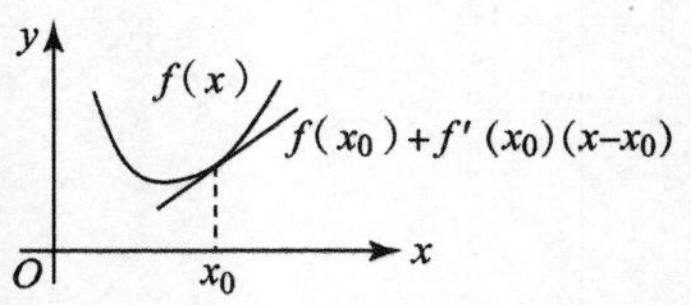

图 1－1　一元函数的一阶 Taylor 展开示意图

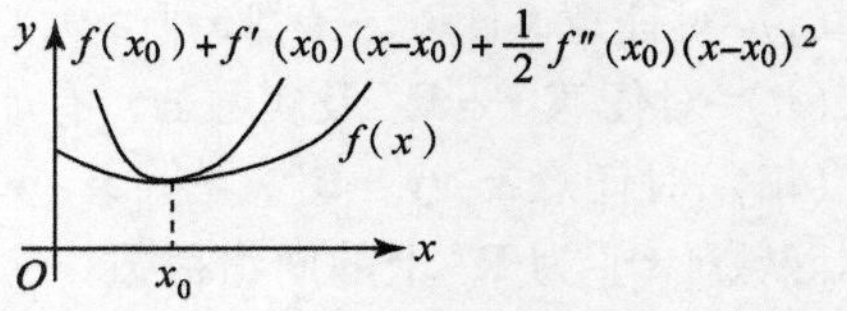

图 1－2　一元函数的二阶 Taylor 展开示意图

下面给出二元函数 Taylor 展开．

定理 1　设$z = f(x,y)$ 在点 (x_0, y_0) 的某一邻域内连续且有直到 $n + 1$ 阶的连续偏导数，$(x_0 + h, y_0 + k)$ 为此邻域内任一点，则有

$$f(x_0 + h, y_0 + k) = f(x_0, y_0) + \left(h\frac{\partial}{\partial x} + k\frac{\partial}{\partial y}\right)f(x_0, y_0) + \frac{1}{2!}\left(h\frac{\partial}{\partial x} + k\frac{\partial}{\partial y}\right)^2 f(x_0, y_0) + \cdots + \frac{1}{n!}\left(h\frac{\partial}{\partial x} + k\frac{\partial}{\partial y}\right)^n f(x_0, y_0) + \frac{1}{(n+1)!}\left(h\frac{\partial}{\partial x} + k\frac{\partial}{\partial y}\right)^{n+1} f(x_0 + \theta h, y_0 + \theta k), (0 < \theta < 1)$$

其中记号

$$\left(h\frac{\partial}{\partial x} + k\frac{\partial}{\partial y}\right)f(x_0, y_0) = h\frac{\partial f}{\partial x}(x_0, y_0) + k\frac{\partial f}{\partial y}(x_0, y_0)$$

$$\left(h\frac{\partial}{\partial x} + k\frac{\partial}{\partial y}\right)^2 f(x_0, y_0) = h^2\frac{\partial^2 f}{\partial x^2}(x_0, y_0) + 2hk\frac{\partial^2 f}{\partial x^2 y}(x_0, y_0) + k^2\frac{\partial^2 f}{\partial y^2}(x_0, y_0)$$

$$\left(h\frac{\partial}{\partial x}+k\frac{\partial}{\partial y}\right)^m f(x_0,y_0) = \sum_{p=0}^{m} C_m^p h^p k^{m-p}\frac{\partial^m f}{\partial x^p \partial y^{m-p}}\Big|_{(x_0,y_0)}$$

从几何上看，二元函数一阶展开就是用切平面近似函数，二阶展开就是用二次曲面近似函数.

n 元函数 $f(\boldsymbol{x})$ 的一阶 Taylor 展开：

$$\begin{aligned}f(\boldsymbol{x}) &= f(x_1,x_2,\cdots,x_n)\\ &= f(x_1^0,x_2^0,\cdots,x_n^0) + \frac{\partial f}{\partial x_1}\Big|_{\boldsymbol{x}_0}(x_1-x_1^0) + \frac{\partial f}{\partial x_2}\Big|_{\boldsymbol{x}_0}(x_2-x_2^0) + \cdots + \frac{\partial f}{\partial x_n}\Big|_{\boldsymbol{x}_0}(x_n-x_n^0) +\\ &\quad o\left(\sqrt{(x_1-x_1^0)^2+(x_2-x_2^0)^2+\cdots+(x_n-x_n^0)^2}\right)\end{aligned}$$

记 $\boldsymbol{x}=(x_1,\cdots x_n)$，$\boldsymbol{x}_0=(x_1^0,\ x_2^0,\ \cdots,\ x_n^0)$，一阶 Taylor 展开也可以写成向量形式：

$$f(\boldsymbol{x}) = f(\boldsymbol{x}_0) + \nabla f(\boldsymbol{x}_0)^{\mathrm{T}}(\boldsymbol{x}-\boldsymbol{x}_0) + o(\|\boldsymbol{x}-\boldsymbol{x}_0\|)$$

其中 $\nabla f(\boldsymbol{x})$ 为 n 元函数 $f(\boldsymbol{x})$ 在 $\boldsymbol{x}$ 处的梯度向量.

n 元函数二阶 Taylor 展开：

$$\begin{aligned}&f(x_1,x_2,\cdots,x_n)\\ &= f(x_1^0,x_2^0,\cdots,x_n^0) + \frac{\partial f}{\partial x_1}\Big|_{\boldsymbol{x}_0}(x_1-x_1^0) + \frac{\partial f}{\partial x_2}\Big|_{\boldsymbol{x}_0}(x_2-x_2^0) + \cdots + \frac{\partial f}{\partial x_n}\Big|_{\boldsymbol{x}_0}(x_n-x_n^0) +\\ &\quad \frac{1}{2}\Big[\frac{\partial^2 f}{\partial x_1^2}\Big|_{\boldsymbol{x}_0}(x_1-x_1^0)^2 + \frac{\partial^2 f}{\partial x_1\partial x_2}\Big|_{\boldsymbol{x}_0}(x_1-x_1^0)(x_2-x_2^0) + \cdots + \frac{\partial^2 f}{\partial x_1\partial x_n}\Big|_{\boldsymbol{x}_0}(x_1-x_1^0)(x_n-x_n^0) +\\ &\quad \frac{\partial^2 f}{\partial x_2\partial x_1}\Big|_{\boldsymbol{x}_0}(x_2-x_2^0)(x_1-x_1^0) + \frac{\partial^2 f}{\partial x_2^2}\Big|_{\boldsymbol{x}_0}(x_2-x_2^0)^2 + \cdots + \frac{\partial^2 f}{\partial x_2\partial x_n}\Big|_{\boldsymbol{x}_0}(x_2-x_2^0)(x_n-x_n^0) +\\ &\quad \cdots +\\ &\quad \frac{\partial^2 f}{\partial x_n\partial x_1}\Big|_{\boldsymbol{x}_0}(x_n-x_n^0)(x_1-x_1^0) + \frac{\partial^2 f}{\partial x_n\partial x_2}\Big|_{\boldsymbol{x}_0}(x_n-x_n^0)(x_2-x_2^0) + \cdots + \frac{\partial^2 f}{\partial x_n^2}\Big|_{\boldsymbol{x}_0}(x_n-x_n^0)^2\Big] +\\ &\quad o((x_1-x_1^0)^2+(x_2-x_2^0)^2+\cdots+(x_n-x_n^0)^2)\end{aligned}$$

同样也可以写成向量矩阵形式：

$$\begin{aligned}f(\boldsymbol{x}) &= f(\boldsymbol{x}_0) + \nabla f(\boldsymbol{x}_0)^{\mathrm{T}}(\boldsymbol{x}-\boldsymbol{x}_0) +\\ &\quad \frac{1}{2}(\boldsymbol{x}-\boldsymbol{x}_0)^{\mathrm{T}}\nabla^2 f(\boldsymbol{x}_0)^{\mathrm{T}}(\boldsymbol{x}-\boldsymbol{x}_0) + o(\|\boldsymbol{x}-\boldsymbol{x}_0\|^2)\end{aligned}$$

其中 $\nabla^2 f(\boldsymbol{x})$ 为 n 元函数 $f(\boldsymbol{x})$ 在 $\boldsymbol{x}$ 处的 Hesse 矩阵.

n 元函数一阶和二阶 Taylor 展开式的另一种形式：

$$f(\boldsymbol{x}_0+\boldsymbol{p}) = f(\boldsymbol{x}_0) + \nabla f(\boldsymbol{x}_0)^{\mathrm{T}}\boldsymbol{p} + o(\|\boldsymbol{p}\|)$$

$$f(\boldsymbol{x}_0+\boldsymbol{p}) = f(\boldsymbol{x}_0) + \nabla f(\boldsymbol{x}_0)^{\mathrm{T}}\boldsymbol{p} + \frac{1}{2}\boldsymbol{p}^{\mathrm{T}}\nabla^2 f(\boldsymbol{x}_0)\boldsymbol{p} + o(\|\boldsymbol{p}\|^2)$$

其中 $\boldsymbol{p}=\boldsymbol{x}-\boldsymbol{x}_0$.

有时候我们需要用到对 n 元函数 $f(\boldsymbol{x})$ 沿某个给定方向 $\boldsymbol{p}$ 展开，即构造一元函数

$$\phi(t) = f(\boldsymbol{x}_0+t\boldsymbol{p}) = f(x_1^0+tp_1,\cdots,x_n^0+tp_n)$$

则

$$\phi'(t) = \left(\frac{\partial f}{\partial x_1}p_1 + \frac{\partial f}{\partial x_2}p_2 + \cdots + \frac{\partial f}{\partial x_n}p_n\right)\Big|_{\boldsymbol{x}_0+t\boldsymbol{p}}$$

$$\phi''(t) = \left(\frac{\partial^2 f}{\partial x_1^2}p_1^2 + \frac{\partial^2 f}{\partial x_1 \partial x_2}p_1 p_2 + \cdots + \frac{\partial^2 f}{\partial x_1 \partial x_n}p_1 p_n + \frac{\partial^2 f}{\partial x_2 \partial x_1}p_2 p_1 + \frac{\partial^2 f}{\partial x_2^2}p_2^2 + \cdots + \right.$$

$$\left. \frac{\partial^2 f}{\partial x_2 \partial x_n}p_2 p_n + \cdots + \frac{\partial^2 f}{\partial x_n \partial x_1}p_n p_1 + \frac{\partial^2 f}{\partial x_n \partial x_2}p_n p_2 + \cdots + \frac{\partial^2 f}{\partial x_n^2}p_n^2\right)\bigg|_{x_0 + tp}$$

这两个式子可以用微积分多元复合函数求导方法推出，其向量形式：

$$\varphi'(t) = \nabla f(\boldsymbol{x}_0 + t\boldsymbol{p})^{\mathrm{T}}\boldsymbol{p}$$

$$\varphi''(t) = \boldsymbol{p}^{\mathrm{T}}\nabla^2 f(\boldsymbol{x}_0 + t\boldsymbol{p})\boldsymbol{p}$$

其中 $\boldsymbol{x}_0 = (x_1^0, x_2^0, \cdots, x_n^0)^{\mathrm{T}}, \boldsymbol{p} = (p_1, p_2, \cdots, p_n)^{\mathrm{T}}$.

1.3 微积分中的最优化方法

在微积分中我们已经学习了一些关于极值和最值的知识，如一元函数和多元函数无约束的极值与最值，以及带约束条件的极值和最值．微积分中的方法都是采用解析方法，只能处理表达式比较简单、变量个数也很少的优化问题．下面我们简单回顾一下，以便于进一步的学习．

1．微积分中一元函数的最值与极值

定义 1 一元函数的最值：定义在区间 I 上的函数 $f(x)$，如果有 $x_0 \in I$，使得对于任意 $x \in I$ 都有 $f(x) \leqslant f(x_0)$ $(f(x) \geqslant f(x_0))$，则称 $f(x_0)$ 是函数 $f(x)$ 在区间 I 上的最大（小）值．

最值有时难以求得，我们经常用极值的概念来代替，二者有时是统一的，有时是不统一的．下面考虑一元函数的极值问题．

定义 2 考虑定义在区间 I 上的一元函数 $f(x)$，若对于 $x^* \in I$，存在 x^* 的一个邻域 $N_\varepsilon(x^*)$，使得对任意 $x \in I \cap N_\varepsilon(x^*)$，均有 $f(x^*) \leqslant f(x)$ $(f(x^*) \geqslant f(x))$，则称 x^* 为 $f(x)$ 的局部极小值（极大值）点，其中 $N_\varepsilon(x^*) = \{x \mid |x - x^*| \leqslant \varepsilon, \varepsilon > 0\}$.

极小值点和极大值点统称为极值点．由于极值是相对于某个邻域而言的，所以极值是个局部性质，而最值是相对于整个定义域而言的，所以最值是一个整体性质．

根据费尔马引理，我们知道，若一元函数 $f(x)$ 在极值点 x_0 处可导，则 $f'(x_0) = 0$．通常称一阶导数为零的点为函数的驻点．但函数在极值点处不一定可导，如 $f(x) = |x|, x = 0$ 是极小值点，但 $f(x)$ 在 $x=0$ 点不可导，$f'(0)$ 不存在．一元可微函数的极值点必为驻点，驻点是极值点的必要条件，但不是充分条件，也就是说函数的驻点不一定是极值点．例如 $f(x) = x^3$，点 $x = 0$ 是驻点但不是极值点．

关于判定函数的驻点或不可导点是否为极值点、是什么样的极值点，微积分中有如下结论．

结论 1 设函数 $f(x)$ 在点 x_0 处连续，在点 x_0 的某一去心 δ 邻域内可导，则

（1）若当 $x \in (x_0 - \delta, x_0)$ 时，$f'(x) > 0$，而当 $x \in (x_0, x_0 + \delta)$ 时，$f'(x) < 0$，则 $f(x)$ 在 x_0 处取得极大值．

（2）若当 $x \in (x_0 - \delta, x_0)$ 时，$f'(x) < 0$，而当 $x \in (x_0, x_0 + \delta)$ 时，$f'(x) > 0$，则 $f(x)$ 在 x_0 处取得极小值．

（3）若当 $x \in (x_0 - \delta, x_0) \cup (x_0, x_0 + \delta)$ 时，$f'(x)$ 符号不变，则点 x_0 不是 $f(x)$ 的极

值点.

若函数$f(x)$在驻点x_0处二阶可导，则有下面的结论：

结论2. 设函数$f(x)$在点x_0处存在二阶导数，且$f'(x_0)=0$.

(1) 若$f''(x_0)<0$，则$f(x)$在x_0处取得极大值；

(2) 若$f''(x_0)>0$，则$f(x)$在x_0处取得极小值；

(3) 若$f''(x_0)=0$，则不能判定在x_0处是否取得极值.

闭区间上的连续函数$f(x)$一定可取到最值，最值可能在驻点、不可导点和端点上取得.

下面我们给出一元优化的几个例子.

例1　光的反射问题

设光源为S的光线射到平面镜OX上，再反射到B点，如图1-3所示. 试证光线所走的路径是从S到OX的任何M点再到B点的折线中最短的.

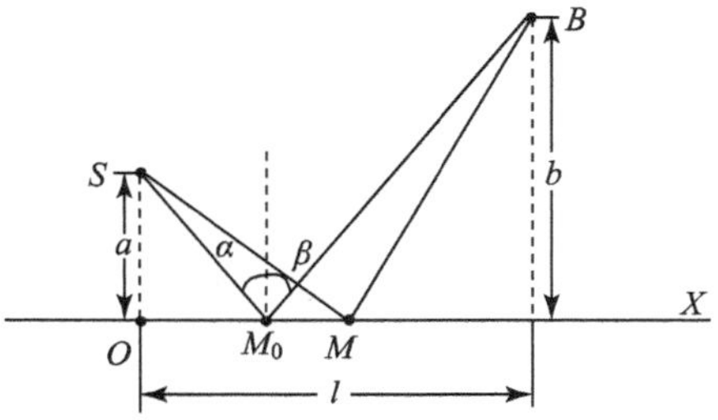

图1-3　光的反射路线问题

证明　设光的路线为$SM_0\to M_0B$，根据反射原理，入射角α等于反射角β，故

$$\frac{OM_0}{a}=\tan\alpha=\tan\beta=\frac{l-OM_0}{b}$$

即

$$al-OM_0a=OM_0b$$

得到$OM_0=\dfrac{al}{a+b}$.

再来看这条路径是否最短，在OX上任取M，设$OM=x$，则

$$d(x)=\sqrt{a^2+x^2}+\sqrt{b^2+(l-x)^2},(0\leqslant x\leqslant l)$$

于是

$$d'(x)=\frac{x}{\sqrt{a^2+x^2}}-\frac{l-x}{\sqrt{b^2+(l-x)^2}},(0\leqslant x\leqslant l)$$

令$d'(x)=0$，求得

$$x=\frac{al}{a+b}$$

恰为光线入射点，所以光线走过的路径是所有折线中最短的.

例2　懂微积分求最优值的威尔士柯基犬

蒂姆·彭宁斯是密歇根州霍普学院的数学教师. 2001年，他每周几次带着他的威尔士柯基犬埃尔维斯到密歇根湖岸边玩扔球游戏. 蒂姆有时把球沿湖滩扔出，埃尔维斯就沿着直线飞奔过去并把球叼回来，有时他把球以垂直湖岸扔到水中，狗也是直接冲入湖中沿直线追上球，但如果他把球以与湖岸成斜线方式扔入水中，埃尔维斯不是简单地直接朝球的方向冲去，而是在跳入水中之前，先沿着水边跑一段距离. 狗的行为让彭宁斯想起了他经常给学生们求解的一道计算题，由于狗在陆地上奔跑比他在水中游泳速度更快，所以到达一个斜向抛入湖的球的最快的路径是先沿着水边跑一段距离，再跳入水中沿一条斜线游到球处，而要求出这条最优路径就要用到微积分了. 彭宁斯决定搞清楚埃尔维斯是否找到了这条最优路径，他带着长卷尺、秒表和自己的游泳衣测量了狗在水中和岸上的速度及各段距离，他总共重复

了35次，回家后对所得的数据进行了计算，发现正如他所猜想的，平均来说，埃尔维斯入水的地点正是计算给出的正确地点．蒂姆写下了他的发现并发表在美国数学协会出版的2002年5月《大学数学杂志》（The College Mathematics Journal）上，杂志编辑把这篇文章作为头篇文章发表，并把埃尔维斯的照片刊登在封面上，这很可能是狗第一次出现在数学杂志的封面上．但是狗是如何做到的呢？彭宁斯认为隐藏在埃尔维斯非凡的行为之后的数学已通过天性进行了最优化的计算，通过自然选择的进化过程，狗已经发展了通过本能做数学的能力．

下面我们来看一下这条最优路径是如何得到的，如图1-4所示．

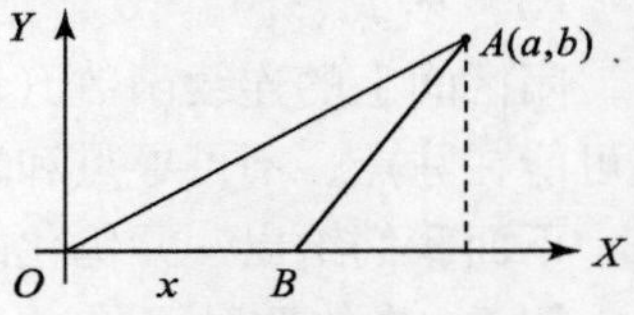

图1-4　最佳追球路线示意图

原点O是狗的起跑点，X轴为湖岸，Y轴正向是湖面，B是入水点，坐标为$(x,0)$，A是球所在的位置，坐标为(a,b)，假设狗在陆上和水中的速度分别为$v_1, v_2, v_1 > v_2 > 0$．则x应为下述优化问题的最优解

$$\min f(x) = \frac{x}{v_1} + \frac{\sqrt{(a-x)^2+b^2}}{v_2}, (0 \leqslant x \leqslant a)$$

令$f'(x) = 0$，得到

$$\frac{1}{v_1} - \frac{a-x}{v_2\sqrt{(a-x)^2+b^2}} = 0$$

求解方程得到

$$x = a - \sqrt{\frac{b^2 v_2^2}{v_1^2 - v_2^2}}$$

例3　库存问题：送货费用和储存费用的最小化

某汽车加油站连锁企业需要制定一个策略，希望确定向每个加油站多长时间送一次货，每次送多少汽油，才能使得成本最小而利润最大．经过询问，我们已经知道每次送货时加油站付出的费用是d美元，这不包括汽油本身的费用，与送货的数量也没有关系．汽油存储也会有费用，包括占用资金的费用，还包括存储容器和设备的折旧费用、保险费用、税收和安全保障费用．加油站位于高速公路附近，每周的汽油需求几乎是常数，可以得到每个加油站每天出售的汽油数量．

假设公司希望利润最大化，那么我们需要考虑每个加油站在保证持有足够多的汽油满足顾客需求的前提下使每天平均的送货和库存持货成本最小．从直观上看这样的成本是存在的，如果频繁地送货，那么送货费用会很高，相反如果每次送货量很大，那么库存费用就会很大，因此使费用最小的策略应是两种费用都不太高时．

下面考虑一下哪些因素对于决定维持多少库存来说是重要的．送货费用、储存费用和产品的需求率是很明显要考虑的因素，还可以考虑产品的销售价格和原料成本在市场上的稳定性，计划的时间跨度也是重要的．另一个需要考虑的因素是偶尔发生的不能满足需求（缺货）的事件的重要性有多大，是允许缺货还是不允许缺货．由此可以看出，库存决策要考虑的实际因素很复杂，这些因素也会影响到最后的储存策略．这里我们先不考虑一些复杂的因素，仅考虑一种最简单的情况，即假设：在短期内汽油的需求和价格是常数，成本只与送货费用、存储费用和产品需求率相关．

先来考虑存储费用，实际情况中存储费用的计算也可能很复杂，比如公司可能租赁仓库，当存储量达到一定费用后可获得折扣，其费用变化如图1－5（a）所示；也可能先利用最便宜的仓库，需要时再增加更多的存储空间，费用如图1－5（b）所示；或者公司租用整座仓库或楼层，单位产品存储费用会随着存储量的增加而减少，直到需要租用新的仓库或楼层，如图1－5（c）所示；也或者公司拥有自己的存储设施，这时也有相应的计算方法给出存储费用．在这里我们的模型假定单位产品的存储费用为常数，读者可以自己考虑一下如果是其他前述的费用计算方法应如何决策．

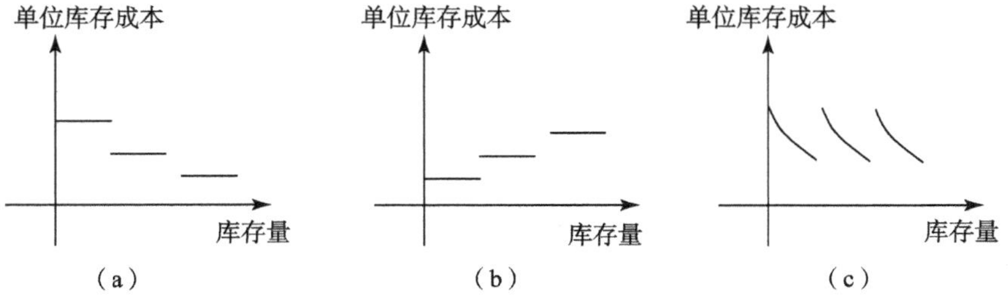

图1－5　商品库存量与单位库存成本的关系

再来考虑送货费用，在许多情况下，送货费用是与送货量有关的，如果需要使用更大载货量的卡车或额外增加货车，那就要额外增加费用．在我们的模型中，我们将其简化为送货费用是常数，与送货量无关．

还要考虑需求．对某个特定的加油站，通常来说其需求量是一个随机变量，我们可以调查一定时间内不同需求量发生的频率，这样我们需要建立一个随机规划模型，处理起来比较麻烦．为了简单起见，我们假定需求是连续发生的，如图1－6所示，其中直线的斜率代表的是常数需求量．

图1－6　需求量与时间的关系图

在构建模型时，我们使用如下的符号：

s：每加仑汽油一天的存储费用（美元）；

d：每次送货的费用（美元）；

r：加油站对汽油的需求率（加仑/天）；

Q：每次订货的汽油量（加仑）；

t：两次送货之间的间隔时间（天）．

根据前面的假设，我们知道加油站的库存策略就是隔一定的时间订货，这些货以均匀的速度用完，再进行订货，这样的周期周而复始，我们需要确定订货周期 t 和订货量 Q 使总费用达到最小．其库存状态如图1－7所示．

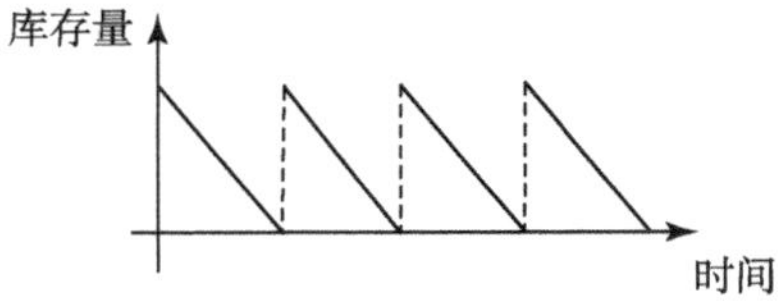

图1－7　库存量与时间关系示意图

我们需要找到日平均费用的表达式，所以考虑在长度为 t 天的一个周期内的存储费用和送货费用，因为一个周期只送一次货，所以送货费用为常数 d，为了计算存储费用，用每天的平均存储量 $\frac{Q}{2}$ 乘以储存天数，再乘以每加仑汽油一天的存储费用 s，即每个周期的费用是 $d+\frac{Q}{2}st$，则日平均费用为

$$C=\frac{d}{t}+\frac{Q}{2}s$$

又因为送货量 Q 和周期 t 的关系为

$$Q=rt$$

因此

$$C=\frac{d}{t}+\frac{rts}{2}$$

这是一个双曲函数和一个线性函数的和．要求极值，将 C 对 t 求导，并令导数为零，得

$$-\frac{d}{t^2}+\frac{rs}{2}=0$$

求出驻点（只取正值）为

$$t^*=\sqrt{\frac{2d}{sr}}$$

该点为费用函数的一个局部极小值点，因为对任何正的 t，二阶导数 $C''=\frac{2d}{t^3}$ 总是正的，此外 $\frac{d}{t^*}=\frac{rs}{2}t^*$，所以 t^* 也是线性函数与双曲线的交点．相应的最优订货量为

$$Q^*=rt^*=\sqrt{\frac{2dr}{s}}$$

这就是库存理论中有名的经济批量公式．

上式说明给定常数需求率 r，最优周期 t^* 与 $\sqrt{\frac{d}{s}}$ 成比例．

在前面的分析中，一个假设是忽略汽油本身的成本费用，因为汽油的成本是一个常数，所以它不会影响到最优周期．还有一点，模型中假设库存在每个周期中全部用完，并假设所有的需求立即得到满足，在实际中这不一定能够实现，因此实际中可以采用一定量的缓冲库存防止缺货发生．

如果实际问题条件发生改变，如允许缺货，或者需求量为变化的，那么可以相应地建立模型，读者可参考运筹学书籍中库存理论部分，如文献［4］．

2. 多元函数的极值和最值

与一元函数类似，最值不易求得，多数情况下我们都是考虑函数的极值问题．

我们知道若一元函数 $f(x)$ 在极值点 x_0 处可导，则 $f'(x_0)=0$．类似的，若多元函数 $f(\boldsymbol{x})$ 在极值点 $\boldsymbol{x}_0$ 处可导，则所有偏导数为零，即梯度向量为零向量．

$$\nabla f(\boldsymbol{x}) = \begin{pmatrix} \dfrac{\partial f(\boldsymbol{x})}{\partial x_1} \\ \dfrac{\partial f(\boldsymbol{x})}{\partial x_2} \\ \vdots \\ \dfrac{\partial f(\boldsymbol{x})}{\partial x_n} \end{pmatrix} = \boldsymbol{0}$$

对于多元函数，称梯度向量为零的点为函数的驻点．多元可微函数的极值点必为驻点，但反过来不成立，如 $f(\boldsymbol{x}) = x_1^2 - x_2^2$, $(0,0)$ 是驻点而不是极值点，偏导数不存在的点也可能是极值点，如 $f(x) = |x_1| + |x_2|$，$(0,0)$ 点是极值点，但是偏导数不存在．

关于判定函数的驻点或不可导点是否是极值点，是什么样的极值点，微积分中有如下结论：

如果函数 $f(\boldsymbol{x})$ 在驻点 $\boldsymbol{x}_0$ 处有二阶连续偏导数，那么

(1) 若 $\nabla^2 f(\boldsymbol{x}_0)$ 负定，则 $f(\boldsymbol{x})$ 在 $\boldsymbol{x}_0$ 处取得极大值；

(2) 若 $\nabla^2 f(\boldsymbol{x}_0)$ 正定，则 $f(\boldsymbol{x})$ 在 $\boldsymbol{x}_0$ 处取得极小值；

(3) 若 $\nabla^2 f(\boldsymbol{x}_0)$ 不定，则不能判定在 $\boldsymbol{x}_0$ 处是否取得极值．

闭区域上的连续函数 $f(\boldsymbol{x})$ 一定可取到最值，最值可能在驻点、不可导点和边界点上取得．对实际问题还可利用问题的性质来分析最值的情况．

下面我们给出几个多元函数优化问题的例子．

例4 制造问题：竞争性产品生产中的利润最大化

一家制造计算机的公司计划生产两种计算机产品，两种产品使用相同的微处理芯片，但是一种使用27英寸①的显示器，一种使用31英寸的显示器．除了400000美元的固定费用外，每台27英寸显示器的计算机的成本为1950美元，公司预计售价为3390美元，而31英寸的计算机的成本为2250美元，公司预计售价为3990美元，销售人员估计每种计算机多卖一台其价格将下降0.1美元，而多卖一台31英寸计算机，27英寸计算机将下降0.03元，多卖一台27英寸计算机，则31英寸计算机将下降0.04元．假设所有计算机都可以售出，那么该公司应如何安排生产使得利润最大?

在构建模型时，我们使用如下的符号

x_1：27英寸计算机销量（台）；

x_2：31英寸计算机销量（台）；

p_i：两种计算机的价格（美元）($i=1, 2$)；

R：总收入（美元）；

C：总成本（美元）；

P：总利润（美元）.

由已知条件可以得出

$$p_1 = 3390 - 0.1x_1 - 0.03x_2$$
$$p_2 = 3990 - 0.04x_1 - 0.1x_2$$
$$R = p_1x_1 + p_2x_2$$

① 1英寸=2.54厘米。

$$C = 1950x_1 + 2250x_2 + 400000$$
$$P = R - C$$
$$x_1 \geqslant 0, x_2 \geqslant 0$$

由此建立优化模型：

$$\begin{aligned} \max P(x_1, x_2) &= R - C \\ &= (3390 - 0.1x_1 - 0.03x_2)x_1 + (3990 - 0.04x_1 - 0.1x_2)x_2 - \\ &\quad (1950x_1 + 2250x_2 + 400000) \\ &= 1440x_1 - 0.1x_1^2 + 1740x_2 - 0.1x_2^2 - 0.07x_1x_2 - 400000 \end{aligned}$$

目标函数 P 为二次函数．求驻点

$$\frac{\partial P}{\partial x_1} = 1440 - 0.2x_1 - 0.07x_2 = 0$$

$$\frac{\partial P}{\partial x_2} = 1740 - 0.07x_1 - 0.2x_2 = 0$$

解得 $x_1 = 4736, x_2 = 7043$（经过舍入）.

可以验证目标函数的 Hesse 矩阵为负定矩阵，故（x_1，x_2）为极大值点．

例 5 有一宽为 24 厘米的正方形铁板，把它两边折起来，做成一个横截面为梯形的水槽（见图 1－8），问怎样的折法才能使梯形的截面积最大?

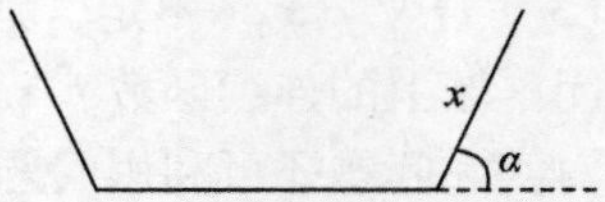

图 1－8 水槽横截面示意图

设每边折起来的部分长度为 x 厘米，折起的角度为 α，则截面积为

$$S = (24 - 2x + x\cos\alpha)x\sin\alpha$$

两个变量的取值范围为

$$0 \leqslant x \leqslant 12, 0 \leqslant \alpha \leqslant \frac{\pi}{2}$$

令二元目标函数 S 的偏导数为零，得

$$\begin{cases} 12 - 2x + x\cos\alpha = 0 \\ (24 - 2x)\cos\alpha + x\cos 2\alpha = 0 \end{cases}$$

解得 $x = 8$，$\alpha = \frac{\pi}{3}$. 因为在这个点处目标函数的 Hesse 阵是负定的，所以该点为极大值点．

3. 多元函数条件极值

自变量受到某种约束条件限制的极值问题，称为条件极值．我们先考虑等式约束，有时可通过将约束条件中的某些变量解出代入目标函数化为无条件极值，但一般情形下这样做是有困难的，甚至是不可能的，这时可以采用如下的 Lagrange 乘子法．Lagrange 乘子法的本质是利用隐函数将某些变量用另外一些变量表示出来代入目标函数，给出最优解的必要条件．先以等式约束的二元问题来说明．考虑如下问题

$$\min z = f(x, y)$$
$$\text{s.t.} \quad \phi(x, y) = 0$$

假定上述条件极值问题的最优解在 (x_0, y_0) 达到，$f(x,y)$ 与 $\phi(x,y)$ 在 (x_0, y_0) 的某邻域内有连续偏导数，且 $\phi'_y(x_0, y_0) \neq 0$．由隐函数存在定理，在（x_0，y_0）的某个邻域内 $\phi(x,y) = 0$ 唯

一地确定一个有连续导数的函数 $y = y(x)$，将它代入目标函数，得到一个 x 的一元函数

$$z = f(x, y(x))$$

这样问题就转化为一元函数 $f(x, y(x))$ 的无条件极值问题．x_0 是这个一元函数的极值点，故

$$\left.\frac{\mathrm{d}z}{\mathrm{d}x}\right|_{x_0} = 0$$

利用复合函数求导链式法则得：

$$f'_x(x_0, y_0) + f'_y(x_0, y_0)\left.\frac{\mathrm{d}y}{\mathrm{d}x}\right|_{x_0} = 0 \qquad (1-1)$$

根据 $\phi(x, y) = 0$，有 $\phi'_x + \phi'_y\frac{\mathrm{d}y}{\mathrm{d}x} = 0$，从而 $\frac{\mathrm{d}y}{\mathrm{d}x} = -\frac{\phi'_x}{\phi'_y}$，代入（1－1）式，得到

$$f'_x(x_0, y_0) + f'_y(x_0, y_0)\left[-\frac{\phi'_x(x_0, y_0)}{\phi'_y(x_0, y_0)}\right] = 0$$

令 $\frac{f'_y(x_0, y_0)}{\phi'_y(x_0, y_0)} = \lambda$，则有

$$f'_x(x_0, y_0) - \lambda\phi'_x(x_0, y_0) = 0$$
$$f'_y(x_0, y_0) - \lambda\phi'_y(x_0, y_0) = 0$$

于是点 (x_0, y_0) 是条件极值点的必要条件是它满足方程组

$$\begin{cases} f'_x(x_0, y_0) - \lambda\phi'_x(x_0, y_0) = 0 \\ f'_y(x_0, y_0) - \lambda\phi'_y(x_0, y_0) = 0 \\ \phi(x_0, y_0) = 0 \end{cases}$$

令 $L(x, y, \lambda) = f(x, y) - \lambda\phi(x, y)$，称为 Lagrange 函数，上述方程组等价于

$$\nabla L(x, y, \lambda) = \mathbf{0}$$

以上讨论可用于多个自变量的情形，原理是一样的，即利用约束条件把一部分变量看成另外一部分变量的隐函数，然后代入到目标函数，只是形式上因为变量多，故写起来麻烦一些，比如考虑如下问题

$$\begin{aligned} &\min z = f(x_1, x_2, \cdots, x_n) \\ \text{s. t. } &\phi_1(x_1, x_2, \cdots, x_n) = 0 \\ &\phi_2(x_1, x_2, \cdots, x_n) = 0 \\ &\cdots \\ &\phi_m(x_1, x_2, \cdots, x_n) = 0 \\ &m \leqslant n \end{aligned}$$

假定上述条件极值问题的最优解在 $\boldsymbol{x}_0 = (x_1^0, x_2^0, \cdots, x_n^0)$ 达到，$f(x_1, x_2, \cdots, x_n)$ 与 $\phi_1(x_1, x_2, \cdots, x_n), \phi_2(x_1, x_2, \cdots, x_n), \cdots, \phi_m(x_1, x_2, \cdots, x_n)$ 在 $\boldsymbol{x}_0$ 的某邻域内有连续偏导数，且雅可比矩阵有非奇异子阵，即 $\phi_1(x_1, x_2, \cdots, x_n), \phi_2(x_1, x_2, \cdots, x_n), \cdots, \phi_m(x_1, x_2, \cdots, x_n)$ 在 $\boldsymbol{x}_0$ 处的梯度向量 $\nabla\phi_1(x_1, x_2, \cdots, x_n)$，$\nabla\phi_2(x_1, x_2, \cdots, x_n)$，$\cdots$，$\nabla\phi_m(x_1, x_2, \cdots, x_n)$ 线性无关，不妨设 $\left.\frac{\partial(\phi_1, \phi_2, \cdots, \phi_m)}{\partial(x_1, x_2, \cdots, x_m)}\right|_{x_0}$ 是非奇异矩阵．由隐函数存在定理，方程组

$$\begin{cases}\phi_1(x_1,x_2,\cdots,x_n)=0\\ \phi_2(x_1,x_2,\cdots,x_n)=0\\ \cdots\\ \phi_m(x_1,x_2,\cdots,x_n)=0\end{cases}\tag{1-2}$$

在 $\boldsymbol{x}_0=(x_1^0,x_2^0,\cdots,x_n^0)$ 的一个邻域内可以确定 m 个连续可微函数

$$\begin{aligned}x_1&=x_1(x_{m+1},x_{m+2},\cdots,x_n)\\ x_2&=x_2(x_{m+1},x_{m+2},\cdots,x_n)\\ &\cdots\\ x_m&=x_m(x_{m+1},x_{m+2},\cdots,x_n)\end{aligned}\tag{1-3}$$

注意这里是隐函数，不是显式形式，$x_1,x_2,\cdots,x_m$ 是由隐函数确定的 $x_{m+1},x_{m+2},\cdots,x_n$ 的函数，即通过解方程组，可以利用 $x_{m+1},x_{m+2},\cdots,x_n$ 解出 $x_1,x_2,\cdots,x_m$. 于是可以认为目标函数中自变量只有 $x_{m+1},x_{m+2},\cdots,x_n$. 为了给出 $x_1,x_2,\cdots,x_m$ 关于 $x_{m+1},x_{m+2},\cdots,x_n$ 的偏导数，利用多元复合函数求导的链式法则，方程组（1－2）对变量 $x_{m+1},x_{m+2},\cdots,x_n$ 求导，则有

$$\begin{pmatrix}\frac{\partial\phi_1}{\partial x_1}&\frac{\partial\phi_1}{\partial x_2}&\cdots&\frac{\partial\phi_1}{\partial x_m}\\ \frac{\partial\phi_2}{\partial x_1}&\frac{\partial\phi_2}{\partial x_2}&\cdots&\frac{\partial\phi_2}{\partial x_m}\\ \cdots&\cdots&\cdots&\cdots\\ \frac{\partial\phi_m}{\partial x_1}&\frac{\partial\phi_m}{\partial x_2}&\cdots&\frac{\partial\phi_m}{\partial x_m}\end{pmatrix}\begin{pmatrix}\frac{\partial x_1}{\partial x_{m+1}}&\frac{\partial x_1}{\partial x_{m+2}}&\cdots&\frac{\partial x_1}{\partial x_n}\\ \frac{\partial x_2}{\partial x_{m+1}}&\frac{\partial x_2}{\partial x_{m+2}}&\cdots&\frac{\partial x_2}{\partial x_n}\\ \cdots&\cdots&\cdots&\cdots\\ \frac{\partial x_m}{\partial x_{m+1}}&\frac{\partial x_m}{\partial x_{m+2}}&\cdots&\frac{\partial x_m}{\partial x_n}\end{pmatrix}+\begin{pmatrix}\frac{\partial\phi_1}{\partial x_{m+1}}&\frac{\partial\phi_1}{\partial x_{m+2}}&\cdots&\frac{\partial\phi_1}{\partial x_n}\\ \frac{\partial\phi_2}{\partial x_{m+1}}&\frac{\partial\phi_2}{\partial x_{m+2}}&\cdots&\frac{\partial\phi_2}{\partial x_n}\\ \cdots&\cdots&\cdots&\cdots\\ \frac{\partial\phi_m}{\partial x_{m+1}}&\frac{\partial\phi_m}{\partial x_{m+2}}&\cdots&\frac{\partial\phi_m}{\partial x_n}\end{pmatrix}=\mathbf{0}$$

因此可以推出

$$\begin{pmatrix}\frac{\partial x_1}{\partial x_{m+1}}&\frac{\partial x_1}{\partial x_{m+2}}&\cdots&\frac{\partial x_1}{\partial x_n}\\ \frac{\partial x_2}{\partial x_{m+1}}&\frac{\partial x_2}{\partial x_{m+2}}&\cdots&\frac{\partial x_2}{\partial x_n}\\ \cdots&\cdots&\cdots&\cdots\\ \frac{\partial x_m}{\partial x_{m+1}}&\frac{\partial x_m}{\partial x_{m+2}}&\cdots&\frac{\partial x_m}{\partial x_n}\end{pmatrix}=-\begin{pmatrix}\frac{\partial\phi_1}{\partial x_1}&\frac{\partial\phi_1}{\partial x_2}&\cdots&\frac{\partial\phi_1}{\partial x_m}\\ \frac{\partial\phi_2}{\partial x_1}&\frac{\partial\phi_2}{\partial x_2}&\cdots&\frac{\partial\phi_2}{\partial x_m}\\ \cdots&\cdots&\cdots&\cdots\\ \frac{\partial\phi_m}{\partial x_1}&\frac{\partial\phi_m}{\partial x_2}&\cdots&\frac{\partial\phi_m}{\partial x_m}\end{pmatrix}^{-1}\begin{pmatrix}\frac{\partial\phi_1}{\partial x_{m+1}}&\frac{\partial\phi_1}{\partial x_{m+2}}&\cdots&\frac{\partial\phi_1}{\partial x_n}\\ \frac{\partial\phi_2}{\partial x_{m+1}}&\frac{\partial\phi_2}{\partial x_{m+2}}&\cdots&\frac{\partial\phi_2}{\partial x_n}\\ \cdots&\cdots&\cdots&\cdots\\ \frac{\partial\phi_m}{\partial x_{m+1}}&\frac{\partial\phi_m}{\partial x_{m+2}}&\cdots&\frac{\partial\phi_m}{\partial x_n}\end{pmatrix}$$

我们可以写成雅可比矩阵的简单形式：

$$\frac{\partial(x_1,\cdots,x_m)}{\partial(x_{m+1},\cdots,x_n)}=-\left[\frac{\partial(\phi_1,\cdots,\phi_m)}{\partial(x_1,\cdots,x_m)}\right]^{-1}\frac{\partial(\phi_1,\cdots,\phi_m)}{\partial(x_{m+1},\cdots,x_n)}\tag{1-4}$$

将隐函数式（1－3）代入目标函数f，得到一个关于 $x_{m+1},x_{m+2},\cdots,x_n$ 的 $n-m$ 元函数

$$z=f(x_1(x_{m+1},\cdots,x_n),\cdots,x_m(x_{m+1},\cdots,x_n),x_{m+1},\cdots,x_n)=g(x_{m+1},\cdots,x_n)$$

这样约束极值问题就变成无约束极值问题了，所以 $\boldsymbol{x}_0$ 的后 $n-m$ 个分量是 $n-m$ 元函数 $g(x_{m+1},\cdots,x_n)$ 的极值点，因此在这个点处有

$$\left.\frac{\partial g(x_{m+1},x_{m+2},\cdots,x_n)}{\partial(x_{m+1},x_{m+2},\cdots,x_n)}\right|_{(x_{m+1}^0,\cdots x_n^0)}=\mathbf{0}$$

利用复合函数求导法则，在 $\boldsymbol{x}_0$ 点处，有

$$\left(\frac{\partial f}{\partial x_{m+1}},\frac{\partial f}{\partial x_{m+2}},\cdots,\frac{\partial f}{\partial x_n}\right)+\left(\frac{\partial f}{\partial x_1},\frac{\partial f}{\partial x_2},\cdots,\frac{\partial f}{\partial x_m}\right)\begin{pmatrix}\frac{\partial x_1}{\partial x_{m+1}} & \frac{\partial x_1}{\partial x_{m+2}} & \cdots & \frac{\partial x_1}{\partial x_n}\\ \frac{\partial x_2}{\partial x_{m+1}} & \frac{\partial x_2}{\partial x_{m+2}} & \cdots & \frac{\partial x_2}{\partial x_n}\\ \cdots & \cdots & \cdots & \cdots\\ \frac{\partial x_m}{\partial x_{m+1}} & \frac{\partial x_m}{\partial x_{m+2}} & \cdots & \frac{\partial x_m}{\partial x_n}\end{pmatrix}=\mathbf{0}$$

写成向量矩阵形式

$$\left[\frac{\partial f(x_1,\cdots,x_n)}{\partial(x_{m+1},\cdots,x_n)}\right]^{\mathrm{T}}+\left[\frac{\partial f(x_1,\cdots,x_n)}{\partial(x_1,\cdots,x_m)}\right]^{\mathrm{T}}\left[\frac{\partial(x_1,\cdots,x_m)}{\partial(x_{m+1},\cdots,x_n)}\right]=\mathbf{0} \tag{1-5}$$

将式（1-4）代入式（1-5）得

$$\left[\frac{\partial f(x_1,\cdots,x_n)}{\partial(x_{m+1},\cdots,x_n)}\right]^{\mathrm{T}}+\left[\frac{\partial f(x_1,\cdots,x_n)}{\partial(x_1,\cdots,x_m)}\right]^{\mathrm{T}}\left[-\frac{\partial(\phi_1,\cdots,\phi_m)}{\partial(x_1,\cdots,x_m)}\right]^{-1}\frac{\partial(\phi_1,\cdots,\phi_m)}{\partial(x_{m+1},\cdots,x_n)}=\mathbf{0}$$

记

$$\left[\frac{\partial f(x_1,\cdots,x_n)}{\partial(x_1,\cdots,x_m)}\right]^{\mathrm{T}}\left[\frac{\partial(\phi_1,\cdots,\phi_m)}{\partial(x_1,\cdots,x_m)}\right]^{-1}=\boldsymbol{\lambda}^{\mathrm{T}}=(\lambda_1,\lambda_2\cdots,\lambda_m) \tag{1-6}$$

则得到

$$\left[\frac{\partial f(x_1,\cdots,x_n)}{\partial(x_{m+1},\cdots,x_n)}\right]^{\mathrm{T}}-\boldsymbol{\lambda}^{\mathrm{T}}\frac{\partial(\phi_1,\cdots,\phi_m)}{\partial(x_{m+1},\cdots,x_n)}=\mathbf{0} \tag{1-7}$$

又由式（1-6），得

$$\left[\frac{\partial f(x_1,\cdots,x_n)}{\partial(x_1,\cdots,x_m)}\right]^{\mathrm{T}}-\boldsymbol{\lambda}^{\mathrm{T}}\frac{\partial(\phi_1,\cdots,\phi_m)}{\partial(x_1,\cdots,x_m)}=\mathbf{0} \tag{1-8}$$

将式（1-7）和式（1-8）合起来，得点 $\boldsymbol{x}_0$ 为条件极值点的必要条件是它满足方程组

$$\left[\frac{\partial f(x_1,\cdots,x_n)}{\partial(x_1,\cdots,x_n)}\right]^{\mathrm{T}}-\boldsymbol{\lambda}^{\mathrm{T}}\frac{\partial(\phi_1,\cdots,\phi_m)}{\partial(x_1,\cdots,x_n)}=\mathbf{0}$$

即

$$\begin{pmatrix}\frac{\partial f}{\partial x_1}\\ \frac{\partial f}{\partial x_2}\\ \cdots\\ \frac{\partial f}{\partial x_n}\end{pmatrix}^{\mathrm{T}}-\boldsymbol{\lambda}^{\mathrm{T}}\begin{pmatrix}\frac{\partial \phi_1}{\partial x_1} & \frac{\partial \phi_1}{\partial x_2} & \cdots & \frac{\partial \phi_1}{\partial x_n}\\ \frac{\partial \phi_2}{\partial x_1} & \frac{\partial \phi_2}{\partial x_2} & \cdots & \frac{\partial \phi_2}{\partial x_n}\\ \cdots & \cdots & \cdots & \cdots\\ \frac{\partial \phi_m}{\partial x_1} & \frac{\partial \phi_m}{\partial x_2} & \cdots & \frac{\partial \phi_m}{\partial x_n}\end{pmatrix}=\mathbf{0}$$

也即

$$\begin{pmatrix} \frac{\partial f}{\partial x_1} \\ \frac{\partial f}{\partial x_2} \\ \cdots \\ \frac{\partial f}{\partial x_n} \end{pmatrix} - \begin{pmatrix} \frac{\partial \phi_1}{\partial x_1} & \frac{\partial \phi_1}{\partial x_2} & \cdots & \frac{\partial \phi_1}{\partial x_n} \\ \frac{\partial \phi_2}{\partial x_1} & \frac{\partial \phi_2}{\partial x_2} & \cdots & \frac{\partial \phi_2}{\partial x_n} \\ \cdots & \cdots & \cdots & \cdots \\ \frac{\partial \phi_m}{\partial x_1} & \frac{\partial \phi_m}{\partial x_2} & \cdots & \frac{\partial \phi_m}{\partial x_n} \end{pmatrix}^{\mathrm{T}} \boldsymbol{\lambda} = \mathbf{0}$$

也就是

$$\begin{pmatrix} \frac{\partial f}{\partial x_1} \\ \frac{\partial f}{\partial x_2} \\ \cdots \\ \frac{\partial f}{\partial x_n} \end{pmatrix} - \lambda_1 \begin{pmatrix} \frac{\partial \phi_1}{\partial x_1} \\ \frac{\partial \phi_1}{\partial x_2} \\ \cdots \\ \frac{\partial \phi_1}{\partial x_n} \end{pmatrix} - \lambda_2 \begin{pmatrix} \frac{\partial \phi_2}{\partial x_1} \\ \frac{\partial \phi_2}{\partial x_2} \\ \cdots \\ \frac{\partial \phi_2}{\partial x_n} \end{pmatrix} - \cdots - \lambda_m \begin{pmatrix} \frac{\partial \phi_m}{\partial x_1} \\ \frac{\partial \phi_m}{\partial x_2} \\ \cdots \\ \frac{\partial \phi_m}{\partial x_n} \end{pmatrix} = \mathbf{0} \tag{1-9}$$

令 $L(\boldsymbol{x},\boldsymbol{\lambda}) = f(\boldsymbol{x}) - \boldsymbol{\lambda}^{\mathrm{T}}\boldsymbol{\phi}(\boldsymbol{x})$ 为 Lagrange 函数，其中

$$\boldsymbol{\phi}(\boldsymbol{x}) = \begin{bmatrix} \phi_1(x_1, x_2, \cdots, x_n) \\ \phi_2(x_1, x_2, \cdots, x_n) \\ \cdots \\ \phi_m(x_1, x_2, \cdots, x_n) \end{bmatrix}$$

即

$$L(\boldsymbol{x},\boldsymbol{\lambda}) = f(\boldsymbol{x}) - \lambda_1\phi_1(\boldsymbol{x}) - \lambda_2\phi_2(\boldsymbol{x}) - \cdots - \lambda_m\phi_m(\boldsymbol{x})$$

方程组（1-9）等价于 Lagrange 函数梯度为零，$\nabla L(\boldsymbol{x},\boldsymbol{\lambda}) = 0$.

我们还可以给出另一种证明：

假定上述条件极值问题的最优解在 $\boldsymbol{x}_0 = (x_1^0, x_2^0, \cdots, x_n^0)$ 达到，$f(x_1, x_2, \cdots, x_n)$ 与 $\phi_1(x_1, x_2, \cdots, x_n)$，$\phi_2(x_1, x_2, \cdots, x_n)$，$\cdots$，$\phi_m(x_1, x_2, \cdots, x_n)$ 在 $\boldsymbol{x}_0 = (x_1^0, x_2^0, \cdots, x_n^0)$ 的某邻域内有连续偏导数，且雅可比矩阵有非奇异子阵，即 $\phi_1(x_1, x_2, \cdots, x_n)$，$\phi_2(x_1, x_2, \cdots, x_n)$，$\cdots$，$\phi_m(x_1, x_2, \cdots, x_n)$ 在 $\boldsymbol{x}_0$ 处的梯度向量 $\nabla\phi_1(x_1, x_2, \cdots, x_n)$，$\nabla\phi_2(x_1, x_2, \cdots, x_n)$，$\cdots$，$\nabla\phi_m(x_1, x_2, \cdots, x_n)$ 线性无关. 由隐函数存在定理，方程组

$$\begin{cases} \phi_1(x_1, x_2, \cdots, x_n) = 0 \\ \phi_2(x_1, x_2, \cdots, x_n) = 0 \\ \cdots \\ \phi_m(x_1, x_2, \cdots, x_n) = 0 \end{cases} \tag{1-10}$$

在 $\boldsymbol{x}_0$ 的一个邻域内可以确定 m 个连续可微函数

$$\begin{aligned} x_1 &= x_1(x_{m+1}, x_{m+2}, \cdots, x_n) \\ x_2 &= x_2(x_{m+1}, x_{m+2}, \cdots, x_n) \\ &\cdots \\ x_m &= x_m(x_{m+1}, x_{m+2}, \cdots, x_n) \end{aligned}$$

这样就可以把 $x_1, x_2, \cdots, x_m$ 看作 $x_{m+1}, x_{m+2}, \cdots, x_n$ 的函数. 因此，利用复合函数求导链式法则，对任意 $i \in \{1, 2, \cdots, m\}$，对 $\phi_i(x_1, \cdots, x_n) = 0$ 两边求偏导，得

$$\frac{\partial \phi_i}{\partial x_1}\frac{\partial x_1}{\partial x_{m+1}} + \frac{\partial \phi_i}{\partial x_2}\frac{\partial x_2}{\partial x_{m+1}} + \cdots + \frac{\partial \phi_i}{\partial x_m}\frac{\partial x_m}{\partial x_{m+1}} + \frac{\partial \phi_i}{\partial x_{m+1}} = 0$$

$$\frac{\partial \phi_i}{\partial x_1}\frac{\partial x_1}{\partial x_{m+2}} + \frac{\partial \phi_i}{\partial x_2}\frac{\partial x_2}{\partial x_{m+2}} + \cdots + \frac{\partial \phi_i}{\partial x_m}\frac{\partial x_m}{\partial x_{m+2}} + \frac{\partial \phi_i}{\partial x_{m+2}} = 0$$

$$\cdots$$

$$\frac{\partial \phi_i}{\partial x_1}\frac{\partial x_1}{\partial x_n} + \frac{\partial \phi_i}{\partial x_2}\frac{\partial x_2}{\partial x_n} + \cdots + \frac{\partial \phi_i}{\partial x_m}\frac{\partial x_m}{\partial x_n} + \frac{\partial \phi_i}{\partial x_n} = 0$$

即

$$\begin{pmatrix} \frac{\partial x_1}{\partial x_{m+1}} & \frac{\partial x_2}{\partial x_{m+1}} & \cdots & \frac{\partial x_m}{\partial x_{m+1}} & 1 & 0 & \cdots & 0 \\ \cdots & \cdots & \cdots & \cdots & \cdots & \cdots & \cdots & \cdots \\ \frac{\partial x_1}{\partial x_n} & \frac{\partial x_2}{\partial x_n} & \cdots & \frac{\partial x_m}{\partial x_n} & 0 & 0 & \cdots & 1 \end{pmatrix} \begin{pmatrix} \frac{\partial \phi_i}{\partial x_1} \\ \cdots \\ \frac{\partial \phi_i}{\partial x_m} \\ \cdots \\ \frac{\partial \phi_i}{\partial x_n} \end{pmatrix} = \mathbf{0}$$

记

$$\boldsymbol{A} = \begin{pmatrix} \frac{\partial x_1}{\partial x_{m+1}} & \frac{\partial x_2}{\partial x_{m+1}} & \cdots & \frac{\partial x_m}{\partial x_{m+1}} & 1 & 0 & \cdots & 0 \\ \cdots & \cdots & \cdots & \cdots & \cdots & \cdots & \cdots & \cdots \\ \frac{\partial x_1}{\partial x_n} & \frac{\partial x_2}{\partial x_n} & \cdots & \frac{\partial x_m}{\partial x_n} & 0 & 0 & \cdots & 1 \end{pmatrix}$$

则 $\nabla \phi_i \in N(\boldsymbol{A})$. 容易看出 $\mathrm{r}(\boldsymbol{A}) = n - m$，并且根据假设 $\nabla \phi_1, \nabla \phi_2, \cdots, \nabla \phi_m$ 是线性无关的，所以 $\nabla \phi_1, \nabla \phi_2, \cdots, \nabla \phi_m$ 构成 $\boldsymbol{A}$ 的零空间 $\boldsymbol{N}(\boldsymbol{A})$ 的一组基.

由于 $\boldsymbol{x}_0$ 是约束优化问题的极值点，故在此点处有

$$\frac{\partial f}{\partial x_1}\frac{\partial x_1}{\partial x_{m+1}} + \frac{\partial f}{\partial x_2}\frac{\partial x_2}{\partial x_{m+1}} + \cdots + \frac{\partial f}{\partial x_m}\frac{\partial x_m}{\partial x_{m+1}} + \frac{\partial f}{\partial x_{m+1}} = 0$$

$$\frac{\partial f}{\partial x_1}\frac{\partial x_1}{\partial x_{m+2}} + \frac{\partial f}{\partial x_2}\frac{\partial x_2}{\partial x_{m+2}} + \cdots + \frac{\partial f}{\partial x_m}\frac{\partial x_m}{\partial x_{m+2}} + \frac{\partial f}{\partial x_{m+2}} = 0$$

$$\cdots$$

$$\frac{\partial f}{\partial x_1}\frac{\partial x_1}{\partial x_n} + \frac{\partial f}{\partial x_2}\frac{\partial x_2}{\partial x_n} + \cdots + \frac{\partial f}{\partial x_m}\frac{\partial x_m}{\partial x_n} + \frac{\partial f}{\partial x_n} = 0$$

于是 $\nabla f \in N(\boldsymbol{A})$，因此存在一组数 $\lambda_1, \lambda_2, \cdots, \lambda_m$，使得

$$\nabla f = \lambda_1 \nabla \phi_1 + \lambda_2 \nabla \phi_2 + \cdots + \lambda_m \nabla \phi_m$$

上述方程组等价于 $\nabla L(\boldsymbol{x}, \boldsymbol{\lambda}) = \mathbf{0}$. 证毕.

由此得到求条件极值问题的 Lagrange 乘子法步骤：首先构造 Lagrange 函数，然后求其驻点，最后判断驻点是否为极值点. 实际问题可通过问题的实际意义加以判断. 下面给出几个优化模型的实例.

例 6 如何做一个最优的圆柱体.

将半径为 1 的实心金属球熔化后，铸成一个实心圆柱体，问圆柱体取什么尺寸才能使它的表面积最小？

解 决定圆柱体表面积大小的决策变量有两个：圆柱体底面半径 r、高 h. 问题的约束条件是所铸圆柱体的重量与球重相等，即

$$\pi r^2 h\rho = \frac{4}{3}\pi\rho$$

其中 ρ 为金属球比重，上式化简为

$$r^2 h - \frac{4}{3} = 0$$

问题目标是圆柱体表面积最小，即

$$\min 2\pi rh + 2\pi r^2$$

于是得到数学模型

$$\begin{aligned} &\min 2\pi rh + 2\pi r^2 \\ &\text{s. t.} \quad r^2 h - \frac{4}{3} = 0 \end{aligned}$$

利用前面的 Lagrange 乘子法可求解问题. 令

$$L(r,h,\lambda) = 2\pi rh + 2\pi r^2 - \lambda\left(r^2 h - \frac{4}{3}\right)$$

分别对 r,h,λ 求偏导数，并令其等于零，有

$$\begin{cases} \dfrac{\partial L}{\partial r} = 2\pi h + 4\pi r - 2rh\lambda = 0 \\ \dfrac{\partial L}{\partial h} = 2\pi r - \lambda r^2 = 0 \\ \dfrac{\partial L}{\partial \lambda} = -r^2 h + \dfrac{4}{3} = 0 \end{cases}$$

求解方程组得到 $h=2r$，即 $r = \sqrt[3]{\frac{2}{3}}, h = 2\sqrt[3]{\frac{2}{3}}$，此时圆柱体的表面积为 $6\pi\left(\frac{2}{3}\right)^{\frac{2}{3}}$.

例 7 求点$\left(1, 1, \frac{1}{2}\right)$到曲面 $z = x^2 + y^2$ 的最短距离.

解 设 (x,y,z) 是曲面上的点，则 $z = x^2 + y^2$，它到$\left(1, 1, \frac{1}{2}\right)$的距离为

$$d = \sqrt{(x-1)^2 + (y-1)^2 + \left(z - \frac{1}{2}\right)^2}$$

为简化计算，令

$$f(x,y,z) = (x-1)^2 + (y-1)^2 + \left(z - \frac{1}{2}\right)^2$$

则问题为

$$\begin{aligned} &\min f(x,y,z) = (x-1)^2 + (y-1)^2 + \left(z - \frac{1}{2}\right)^2 \\ &\text{s. t.} \quad z = x^2 + y^2 \end{aligned}$$

构造 Lagrange 函数

$$L(x,y,z,\lambda) = (x-1)^2 + (y-1)^2 + \left(z-\frac{1}{2}\right)^2 - \lambda(z-x^2-y^2)$$

由 $\nabla L(x,y,z,\lambda) = \mathbf{0}$ 得到方程组

$$\begin{cases} 2(x-1) + 2\lambda x = 0 \\ 2(y-1) + 2\lambda y = 0 \\ 2\left(z-\dfrac{1}{2}\right) - \lambda = 0 \\ z = x^2 + y^2 \end{cases}$$

求解得到 $x = y = \dfrac{\sqrt[3]{2}}{2}, z = \dfrac{\sqrt[3]{4}}{2}$.

根据问题背景，确实存在最小值，故在点 $\left(\dfrac{\sqrt[3]{2}}{2}, \dfrac{\sqrt[3]{2}}{2}, \dfrac{\sqrt[3]{4}}{2}\right)$ 处，d 有最小值 $\sqrt{2\left(\dfrac{\sqrt[3]{2}}{2}-1\right)^2 + \dfrac{(\sqrt[3]{4}-1)^2}{4}}$.

例8 光的折射问题

由于光线通过两种不同的介质速度发生了变化，从而会在两介质表面发生折射，证明折射光线所走路径为最速路径.

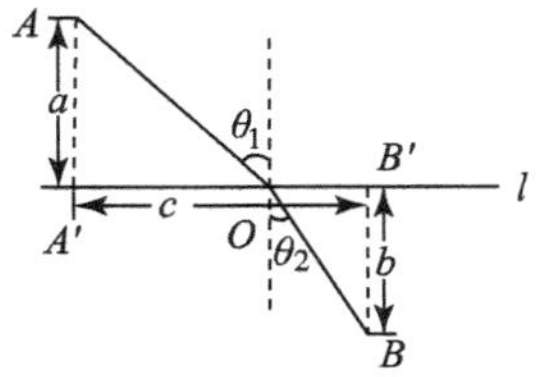

图1-9 光线折射示意图

如图1-9所示，光线从 A 折射到 B，入射角为 θ_1，折射角为 θ_2，假设光线在第一种介质中的速度为 v_1，在第二种介质中的速度为 v_2，则最速路径应是下述优化问题的解

$$\min T = \frac{AO}{v_1} + \frac{BO}{v_2} = \frac{a}{v_1\cos\theta_1} + \frac{b}{v_2\cos\theta_2}$$

$$\text{s. t. } a\tan\theta_1 + b\tan\theta_2 = c$$

构造 Lagrange 函数

$$L(\theta_1,\theta_2,\lambda) = \frac{a}{v_1\cos\theta_1} + \frac{b}{v_2\cos\theta_2} - \lambda(a\tan\theta_1 + b\tan\theta_2 - c)$$

令 $\nabla L(\theta_1,\theta_2,\lambda) = \mathbf{0}$，得到方程组

$$\begin{cases} \dfrac{\partial L}{\partial \theta_1} = \dfrac{a\sin\theta_1}{v_1\cos^2\theta_1} - \lambda\dfrac{a}{\cos^2\theta_1} = 0 \\ \dfrac{\partial L}{\partial \theta_2} = \dfrac{a\sin\theta_2}{v_2\cos^2\theta_2} - \lambda\dfrac{a}{\cos^2\theta_2} = 0 \\ \dfrac{\partial L}{\partial \lambda} = a\tan\theta_1 + b\tan\theta_2 = c \end{cases}$$

从方程组前两个方程可以得到

$$\begin{cases} \dfrac{\sin\theta_1}{v_1} = \lambda \\ \dfrac{\sin\theta_2}{v_2} = \lambda \end{cases}$$

从而可得 $\frac{\sin\theta_1}{v_1} = \frac{\sin\theta_2}{v_2}$，这就是著名的光线折射定律，因此光线确实走了一条最速线.

这个问题也等价于以下问题：

设 A，B 两城分别位于草原和沙漠之中，两区域的分界线为 l，骑手在草原中的速度是 v_1，在沙漠中的速度是 v_2，求骑手最快到达的路径.

这几个问题都是简单的带等式约束的条件极值问题，因为表达式简单，所以可以采用微积分中的解析方法——Lagrange 乘子法求解，即把问题转化为一个非线性方程组的求解. 但是如果问题复杂，转化成的方程组难以求解的话就只能用针对优化问题直接求解的数值迭代算法了.

1.4　最优化问题模型

当量化地求解一个实际的最优化问题时，首先要把实际问题转化为一个数学问题，即建立数学模型，这是一个非常重要的数学步骤. 要建立一个合适的数学模型，必须对实际问题有很好的了解，经过分析研究，抓住其主要因素，理清其相互的联系，综合利用有关学科的知识和数学知识才能完成. 而建立最优化问题数学模型要考虑下面的三个问题，我们称之为优化模型的三要素：

（1）决策变量和参数.

决策变量是问题要确定的未知数. 任何最优化问题都要确定某些变量，以达到目标最优，即选择最优的方案体现在数学模型上就是决定各决策变量的取值，如最优生产计划就是要决定每个时段要生产多少产品以达到利润最大.

（2）约束或限制条件.

由于现实系统的客观物质条件限制，模型必须包括将决策变量限制在它们可行值之内的约束条件，而这通常是用约束的数学函数形式来表示的. 约束条件可以是等式，也可以是不等式，比如原材料的限制、劳动力的限制、市场容量的限制，等等.

（3）目标函数.

目标函数是作为系统决策变量的一个数学函数来衡量系统的效率，即系统追求的目标，也就是说目标函数是用决策变量的函数来表示随之而变化的目标的取值，决策的目的就是决定各变量取多少时能够使目标函数达到极大或极小，比如利润最大，或者成本最小.

实际中的很多最优化问题比较复杂，变量个数多，问题规模也比较大. 下面我们来看几个简单优化模型，这些问题规模较小，但是各个要素和复杂优化模型是一样的，只不过后者的变量和约束条件更多一些.

例 1　饲料配制问题

假设有一个工厂生产饲料，考虑以最低成本确定满足动物所需营养的最优混合饲料的问题. 设该厂每天需要混合饲料的批量为 100 磅，这份饲料必须含：至少 0.8% 而不超过 1.2% 的钙；至少 22% 的蛋白质；至多 5% 的粗纤维. 假定主要配料包括石灰石、谷物、大豆粉. 这些配料的主要营养如表 1－1 所示.

表 1-1

每磅配料中的营养含量	钙/%	蛋白质/%	粗纤维/%	每磅成本/百元
石灰石	0.380	0.00	0.00	0.0164
谷物	0.001	0.09	0.02	0.0463
大豆粉	0.002	0.50	0.08	0.1250

解 设 x_1, x_2, x_3 是生产100磅混合饲料所需的石灰石、谷物、大豆粉的量（单位：磅），利用题目中的条件，我们可以得到下面的最优化模型

$$\begin{cases} \min z = 0.0164x_1 + 0.0463x_2 + 0.1250x_3 \\ \text{s. t.} \quad x_1 + x_2 + x_3 = 100 \\ \quad 0.380x_1 + 0.001x_2 + 0.002x_3 \leqslant 0.012 \times 100 \\ \quad 0.380x_1 + 0.001x_2 + 0.002x_3 \geqslant 0.008 \times 100 \\ \quad 0.09x_2 + 0.50x_3 \geqslant 0.22 \times 100 \\ \quad 0.02x_2 + 0.08x_3 \leqslant 0.05 \times 100 \\ \quad x_1 \geqslant 0, x_2 \geqslant 0, x_3 \geqslant 0 \end{cases}$$

其中目标函数的实际意义是总成本，第一个等式约束为饲料总量约束，第二到第五个约束为题目中的各营养成分含量约束，最后一个约束表示所有变量大于等于零.

这个优化问题的特点是优化模型中的目标函数和所有约束函数都是线性的，这类优化问题称为线性规划. 线性规划是最优化模型中最早提出并得到解决的问题，其理论与算法都非常成熟，本书第2章会作详细的介绍.

例2 运输问题

农产品经销公司有三个棉花收购站，向三个纺织厂供应棉花. 三个收购站 A_1、A_2、A_3 的供应量分别为50kt（千吨）、45kt和65kt，三个纺织厂 B_1、B_2、B_3 的需求量分别为20kt、70kt和70kt. 已知各收购站到各纺织厂的单位运价如表1-2所示，问如何安排运输方案，使得经销公司的总运费最少？

表 1-2 （千元/kt）

纺织厂 收购站	B_1	B_2	B_3
A_1	4	8	5
A_2	6	3	6
A_3	2	5	7

解 要想给出费用最小的运输方案，我们就要知道每个棉花收购站向每个纺织厂供应的棉花量. 设 x_{ij} 表示从 A_i 运往 B_j 的棉花数量. 由于总供应量等于总需求量，所以一方面从某收购站运往各纺织厂的总棉花数量等该收购站的供应量，即

$$x_{11} + x_{12} + x_{13} = 50$$

$$x_{21} + x_{22} + x_{23} = 45$$

$$x_{31} + x_{32} + x_{33} = 65$$

另一方面从各收购站运往某纺织厂的总棉花数量等该纺织厂的需要量，即

$$x_{11}+x_{21}+x_{31}=20$$
$$x_{12}+x_{22}+x_{32}=70$$
$$x_{13}+x_{23}+x_{33}=70$$

因此，该问题的数学模型为

$$\min z=4x_{11}+8x_{12}+5x_{13}+6x_{21}+3x_{22}+6x_{23}+2x_{31}+5x_{32}+7x_{33}$$

$$\begin{aligned}\text{s. t.}\quad & x_{11}+x_{12}+x_{13}=50\\ & x_{21}+x_{22}+x_{23}=45\\ & x_{31}+x_{32}+x_{33}=65\\ & x_{11}+x_{21}+x_{31}=20\\ & x_{12}+x_{22}+x_{32}=70\\ & x_{13}+x_{23}+x_{33}=70\\ & x_{ij}\geqslant 0, i=1,2,3, j=1,2,3\end{aligned}$$

生产实际中的一般的运输问题可用以下数学语言描述.

假设某种产品有 m 个生产地，用 $A_i(i=1,2,\cdots,m)$ 表示，其产量分别为 $a_i(i=1,2,\cdots,m)$；有 n 个消费地点，用 $B_j(j=1,2,\cdots,n)$ 表示，需要该种物资，其需求量分别为 $b_j(j=1,2,\cdots,n)$. 已知由第 i 个产地到第 j 个销地的单位物资运输成本为 c_{ij}，构造一个运输方案，使总的运输成本最小.

类似前面的分析，用 x_{ij} 表示从 $A_i(i=1,2,\cdots,m)$ 到 $B_j(j=1,2,\cdots,n)$ 的运量，在产销平衡的条件下，要求得总运费最小的调运方案，其数学模型如下

$$\min z=\sum_{i=1}^{m}\sum_{j=1}^{n}c_{ij}x_{ij}$$

$$\begin{aligned}\text{s. t.}\quad & \sum_{j=1}^{n}x_{ij}=a_i & i=1,\cdots,m\\ & \sum_{i=1}^{m}x_{ij}=b_j & j=1,\cdots,n\\ & x_{ij}\geqslant 0, & i=1,\cdots,m; j=1,\cdots,n\end{aligned}$$

该模型中，包含了 $m\times n$ 个变量，$m+n$ 个约束条件.

这是一种特殊的线性规划，有着广泛的实际应用背景，它可以采用本书第 2 章线性规划的方法求解，但是因为其模型的特殊性，也可以运用更简单的方法如表上作业法求解，关于表上作业法可参考相关的运筹学书籍，如文献［4］.

例 3 多参数曲线拟合问题

在工程领域我们很多时候都要处理根据实验数据确定参数的问题，比如很简单的一个问题，根据胡克定律，弹簧伸长的长度 y 与所受拉力 x 的关系为 $y=kx$，其中 k 为常数，称为弹簧的弹性系数. 如果我们要根据实验数据确定系数 k，理论上只要测量一组数据即可，但是这样实验数据的误差对系数 k 的取值影响太大，因此，实际中一般采用多测量几组数据 $(x_1,y_1),(x_2,y_2),\cdots,(x_m,y_m)$，然后根据所有数据点与函数 $y=kx$ 的误差的平方和为最小的原则来确定 k，即为下述极小化问题

$$\min S = \sum_{i=1}^{m} (y_i - kx_i)^2$$

这个优化问题的目标函数为二次函数，可运用解析法求得

$$k = \frac{x_1y_1 + x_2y_2 + \cdots + x_my_m}{x_1^2 + x_2^2 + \cdots + x_m^2}$$

由此确定 k，可尽量减少实验误差的影响，这种方法称为线性最小二乘法．这种方法容易推广到确定 n 个参数的线性最小二乘法，即要确定的是 $y = \lambda_1 a_1 + \lambda_2 a_2 + \cdots + \lambda_n a_n$ 中的所有系数 $\lambda_1, \lambda_2, \cdots, \lambda_n$，为了减少误差，也不会用 n 组数据通过解线性方程组得到，而是测量 m 组数据（$m > n$）

$$(a_1^1, a_2^1, \cdots, a_n^1, y^1), (a_1^2, a_2^2, \cdots, a_n^2, y^2), \cdots, (a_1^m, a_2^m, \cdots, a_n^m, y^m)$$

注意这里每个上标表示对应哪一组数据．同样根据所有数据点与函数 $y = \lambda_1 a_1 + \lambda_2 a_2 + \cdots + \lambda_n a_n$ 的误差的平方和为最小的原则来确定 $\lambda_1, \lambda_2, \cdots, \lambda_n$，即为下述极小化问题的解：

$$\min S = \sum_{i=1}^{m} (a_1^i\lambda_1 + a_2^i\lambda_2 + \cdots + a_n^i\lambda_n - y^i)^2$$

将 S 写成矩阵向量形式

$$S = (\boldsymbol{A\lambda} - \boldsymbol{Y})^{\mathrm{T}}(\boldsymbol{A\lambda} - \boldsymbol{Y})$$

其中

$$\boldsymbol{A} = \begin{pmatrix} a_1^1 & a_2^1 & \cdots & a_n^1 \\ a_1^2 & a_2^2 & \cdots & a_n^2 \\ \cdots & \cdots & \cdots & \cdots \\ a_1^m & a_2^m & \cdots & a_n^m \end{pmatrix}, \boldsymbol{\lambda} = \begin{pmatrix} \lambda_1 \\ \lambda_2 \\ \cdots \\ \lambda_n \end{pmatrix}, \boldsymbol{Y} = \begin{pmatrix} y_1 \\ y_2 \\ \cdots \\ y_n \end{pmatrix}$$

展开为

$$S = \boldsymbol{\lambda}^{\mathrm{T}}\boldsymbol{A}^{\mathrm{T}}\boldsymbol{A\lambda} - 2\boldsymbol{Y}^{\mathrm{T}}\boldsymbol{A\lambda} - \boldsymbol{Y}^{\mathrm{T}}\boldsymbol{Y}$$

S 对 $\boldsymbol{\lambda}$ 求导，并令其等于零，得到方程

$$\boldsymbol{A}^{\mathrm{T}}\boldsymbol{A\lambda} = \boldsymbol{A}^{\mathrm{T}}\boldsymbol{Y}$$

这个方程的解即为要求的参数，这个方程称为问题的正规方程．

我们可以将这个问题推广到更一般的情况．比如在实际中遇到的两个物理量 x 和 y 之间的依赖关系解析表达式 $y = f(x)$ 未知或者虽然已知但过于复杂，我们希望得到两者之间的一个简单而近似的解析表达式．设已测得 m 组数据 $(x_1, y_1), (x_2, y_2), \cdots, (x_m, y_m)$，这时我们可以取一个简单的函数序列 $\phi_0(x), \phi_1(x), \cdots, \phi_n(x)$，比如取幂函数序列 $1, x, x^2, \cdots, x^n$ 作为基本函数系，求 $\phi_0(x), \phi_1(x), \cdots, \phi_n(x)$ 的一个线性组合 $a_0\phi_0(x) + a_1\phi_1(x) + \cdots + a_n\phi_n(x)$ 作为函数 $f(x)$ 的近似表达式，而系数 a_1，$\cdots$，a_n 就是下述优化问题的解

$$\min S = \sum_{i=1}^{m} [y_i - (a_0\phi_0(x_i) + a_1\phi_1(x_i) + \cdots + a_n\phi_n(x_i))]^2$$

即曲线与所有点的偏差达到最小．其解法类似于前面的方法，得出其正规方程求解即可．

这种方法也可以用于非线性的情况，比如已知两个物理量 x 和 y 之间的依赖关系为

$$y = a_1 + \frac{a_2}{1 + a_3 \ln\left(1 + \exp \frac{x - a_4}{a_5}\right)}$$

其中 a_1, a_2, a_3, a_4, a_5 为待定参数．同前面的分析一样，我们会测量多于 5 组数据 (x_1, y_1), $(x_2, y_2), \cdots, (x_m, y_m)$.

将测量点到曲线的误差的平方和作为偏差的度量，即令

$$S = \sum_{i=1}^{m} \left[y_i - \left(a_1 + \frac{a_2}{1 + a_3 \ln\left(1 + \exp \frac{x_i - a_4}{a_5}\right)} \right) \right]^2$$

如图 1－10 所示，问题就转化为 5 维无约束最优化问题，即

$$\min S = \sum_{i=1}^{m} \left\{ y_i - \left[a_1 + \frac{a_2}{1 + a_3 \ln\left(1 + \exp \frac{x_i - x_4}{a_5}\right)} \right] \right\}^2$$

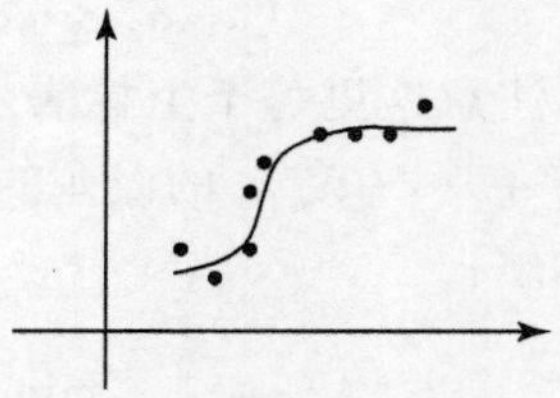

图 1－10　多参数曲线拟合

我们所要确定的参数就是上述最优化问题的解．

对于这个最优化问题，我们看到，再用梯度等于零的解析法就难以求解了，最好用数值优化方法求解．第 4 章会具体讲到求解无约束非线性优化的数值算法．

例 4　两杆桁架的最优设计问题．

由两根空心圆杆组成对称的两杆桁架，其顶点承受负载为 $2p$，两支座之间的水平距离为 $2L$，圆杆的壁厚为 B，杆的比重为 ρ，弹性模量为 E，屈曲强度为 σ，圆杆与垂直方向的夹角为 θ，如图 1－11 所示．求在桁架不被破坏的情况下使桁架重量最轻的桁架高度 h 及圆杆平均直径 d.

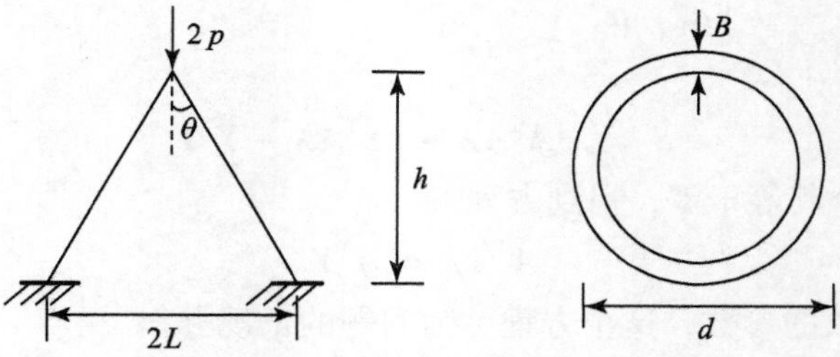

图 1－11　两杆桁架问题示意图

解　桁杆的总重量为

$$W = 2\pi d B \sqrt{L^2 + h^2}\ \rho$$

负载 $2p$ 在每个杆上的分力为

$$p_1 = \frac{p}{\cos\theta} = \frac{p\sqrt{L^2 + h^2}}{h}$$

于是杆截面的应力为

$$\sigma_1 = \frac{p_1}{S} = \frac{P\sqrt{L^2 + h^2}}{\pi d h B}$$

其中 S 为圆杆截面积，根据结构力学原理，杆件不出现屈曲的条件是

$$\frac{p\sqrt{L^2+h^2}}{\pi dhB} \leqslant \sigma$$

而杆件不出现弹性弯曲的稳定约束为

$$\frac{\pi^2 E(d^2+B^2)}{8(L^2+h^2)} - \frac{p\sqrt{L^2+h^2}}{\pi dhB} \geqslant 0$$

考虑到 d 和 h 的选择受到尺寸的限制，可以有上下限约束．由此得到问题的优化模型

$$\begin{aligned}
\min \quad & 2\pi\rho dB\sqrt{L^2+h^2} \\
\text{s. t.} \quad & \sigma - \frac{p\sqrt{L^2+h^2}}{\pi dhB} \geqslant 0 \\
& \frac{\pi^2 E(d^2+B^2)}{8(L^2+h^2)} - \frac{p\sqrt{L^2+h^2}}{\pi dhB} \geqslant 0 \\
& d_{\max} \geqslant d \geqslant d_{\min} \\
& h_{\max} \geqslant h \geqslant h_{\min}
\end{aligned}$$

这是一个约束非线性规划，用解析方法难以求解，求解这类问题的数值方法将在第5章论述．

例5 整数规划

某工厂生产甲、乙两种设备，已知生产这两种设备需要消耗材料A、材料B，有关数据如表1－3所示，问这两种设备各生产多少使工厂利润最大？

表1－3

设备 材料	甲	乙	资源限量
材料A/kg	2	3	14
材料B/kg	1	0.5	4.5
利润/(元·件$^{-1}$)	3	2	

解 设生产甲、乙这两种设备的数量分别为 x_1、x_2，x_1，x_2 为整数，建立如下模型

$$\begin{aligned}
\max z &= 3x_1 + 2x_2 \\
\text{s. t.}\ 2x_1 + 3x_2 &\leqslant 14 \\
x_1 + 0.5x_2 &\leqslant 4.5 \\
x_1, x_2 &\geqslant 0 \\
x_1, x_2 &\ \text{为整数}
\end{aligned}$$

这个问题与前面的问题不同，变量取整数，属于整数线性规划，其求解方法将在第2章讲述．

例6 指派问题（Assignment Problem）．

在实践中经常会遇到一种问题：有 m 项任务要 m 个人去完成（每人只完成一项工作），第 i 个人完成第 j 项任务的时间为 c_{ij}，应如何分配才能使总时间最少？

这类问题就属于指派问题．比如有四项工作A、B、C、D要求甲、乙、丙、丁四个人去完成，每人完成每项工作所需时间如表1－4所示，应指派何人去完成何种工作，使总的时

间最少?

表 1-4

工作＼人员	甲	乙	丙	丁
A	6	5	4	7
B	10	8	5	6
C	5	7	10	11
D	12	10	7	5

解 引入 0-1 变量 x_{ij},

$$x_{ij} = \begin{cases} 1 & \text{指派第 } i \text{ 个人完成第 } j \text{ 项任务} \\ 0 & \text{不指派第 } i \text{ 个人完成第 } j \text{ 项任务} \end{cases}$$

$$(i=1,\ 2,\ \cdots,\ m;\ j=1,\ 2,\ \cdots,\ m)$$

则指派问题的数学模型为

$$\min z = \sum_{i=1}^{m}\sum_{j=1}^{m} c_{ij}x_{ij}$$

$$\text{s.t}\quad \sum_{j=1}^{m} x_{ij} = 1,(i = 1,2,\cdots,m)$$

$$\sum_{i=1}^{m} x_{ij} = 1,(j = 1,2,\cdots,m)$$

$$x_{ij} = 0 \text{ 或 } 1$$

由模型可知，指派问题是整数规划的特例，其变量是一种特殊的整数变量，即 0-1 变量，它只有两种取值，要么为 0，要么为 1，这样的优化问题也称为 0-1 规划．这个模型可用匈牙利法进行求解，这个方法是由匈牙利数学家狄·考尼格提出来的．具体求解方法可以参看运筹学相关书籍．

还有一些问题可能涉及两种变量：连续变量和离散变量，我们称之为混合整数规划或混合 0-1 规划．

例 7 非线性方程组的求解．解非线性方程组是相当困难的一类问题，由于最优化方法的发展，为解非线性方程组提供了一种有力的手段．

解非线性方程组：

$$\begin{cases} f_1(x_1,x_2,\cdots,x_n) = 0 \\ f_2(x_1,x_2,\cdots,x_n) = 0 \\ \cdots \\ f_n(x_1,x_2,\cdots,x_n) = 0 \end{cases}$$

在方程组有解的情况下，求方程组的解等价于求下列函数的最小值点这个优化问题，即

$$\min F(x_1,x_2,\cdots,x_n) = \sum_{i=1}^{n} f_i^2(x_1,x_2,\cdots,x_n)$$

如果优化问题最优值取到0，则其解为方程组的解；反过来如果方程组有解，那么优化问题一定可以达到其极小值0. 实际上，优化问题的求解和方程组的求解有非常密切的联系，不仅在某些情况下可以互相代替，而且非线性方程组的数值求解方法和优化问题的数值求解方法有着很强的一致性.

通过前面的例子我们可以看出，优化模型可以分为两大类，全部变量为连续变量的优化模型，和部分变量或全部变量为离散变量的优化模型. 在这两种模型中，由于前者可以应用微积分的解析工具来进行分析求解，所以发展的较早也较为成熟；而对于后者，理论工具较少. 本书主要探讨的是前一类模型的求解.

连续变量优化模型的一般形式可以写为

$$\begin{aligned} &\min f(\boldsymbol{x}) \\ &\text{s.t.}\quad c_i(\boldsymbol{x}) = 0 \quad i = 1,\cdots,l \\ &\qquad\ \ c_i(\boldsymbol{x}) \geqslant 0 \quad i = l+1,\cdots,m \end{aligned} \tag{P}$$

其中，$\boldsymbol{x} = (x_1,x_2,\cdots,x_n) \in \mathbf{R}^n$ 为 n 维向量，是需要决定的未知数，称为决策变量；$f(\boldsymbol{x})$，$c_i(\boldsymbol{x})(i = 1,\cdots,m)$ 为 $\boldsymbol{x}$ 的函数，$f(\boldsymbol{x})$ 为目标函数，是要求达到极小的目标的衡量；求极大值的问题可转化为目标函数的相反数求极小. $c_i(\boldsymbol{x}) = 0(i = 1,\cdots,l)$ 称为等式约束；$c_i(\boldsymbol{x}) \geqslant 0(i = l+1,\cdots,m)$ 称为不等式约束；s. t. 为英文“subject to”的缩写，表示“受限制于”. 当然不等式约束可能有“大于等于（$\geqslant 0$）”或“小于等于（$\leqslant 0$）”两种形式，但是因为它们可以互相转换，所以我们指定为一种就可以了，本书为前一种方式.

在上述连续优化问题的一般形式（P）中，若所有函数，即目标函数和约束函数都为线性函数，则优化问题称为线性规划，否则称为非线性规划. 非线性规划又分为无约束非线性规划和约束非线性规划两大类. 若问题的变量为离散的，一般离散变量有两种常见形式，一种是取整数的变量，还有一种是取值为0－1的变量. 若为前者，则称为整数规划，后者则称为0－1规划. 若一个模型中部分变量为连续变量，部分为整数变量或0－1变量，则称为混合整数规划，或混合0－1规划.

在上述问题中，把满足所有约束条件的点称为可行点或可行解，所有可行点构成的集合称为可行域，记为 D，即

$$D = \{\boldsymbol{x} \mid c_i(\boldsymbol{x}) = 0, i = 1,\cdots,l; c_i(\boldsymbol{x}) \geqslant 0, i = l+1,\cdots,m\}$$

对模型（P），最优解的定义如下：

定义1 若存在 $\boldsymbol{x}^* \in D$，使得对任意 $\boldsymbol{x} \in D$，均有 $f(\boldsymbol{x}^*) \leqslant f(\boldsymbol{x})$，则称 $\boldsymbol{x}^*$ 为最优化问题（P）的整体最优解.

定义2 若存在 $\boldsymbol{x}^* \in D$，使得对任意 $\boldsymbol{x} \in D, \boldsymbol{x} \neq \boldsymbol{x}^*$，均有 $f(\boldsymbol{x}^*) < f(\boldsymbol{x})$，则称 $\boldsymbol{x}^*$ 为最优化问题（P）的严格整体最优解.

定义3 若存在 $\boldsymbol{x}^* \in D$ 及 $\boldsymbol{x}^*$ 的一个邻域 $N_\varepsilon(\boldsymbol{x}^*)$，使得对任意 $\boldsymbol{x} \in D \cap N_\varepsilon(\boldsymbol{x}^*)$，均有 $f(\boldsymbol{x}^*) \leqslant f(\boldsymbol{x})$，则称 $\boldsymbol{x}^*$ 为最优化问题（P）的局部最优解，其中 $N_\varepsilon(\boldsymbol{x}^*) = \{\boldsymbol{x} \mid \|\boldsymbol{x} - \boldsymbol{x}^*\| \leqslant \varepsilon, \varepsilon > 0\}$.

定义4 若存在 $\boldsymbol{x}^* \in D$ 及 $\boldsymbol{x}^*$ 的一个邻域 $N_\varepsilon(\boldsymbol{x}^*)$，使得对任意 $\boldsymbol{x} \in D \cap N_\varepsilon(\boldsymbol{x}^*)$，$\boldsymbol{x} \neq \boldsymbol{x}^*$，均有 $f(\boldsymbol{x}^*) < f(\boldsymbol{x})$，则称 x^* 为最优化问题（P）的严格局部最优解.

显然，整体最优解一定是局部最优解，反之不一定成立. 求解最优化问题（P）就是求目标函数 $f(x)$ 在约束条件下的极小点，实际上是求解可行域上的整体最优解. 但是在一般

情况下不容易求出问题的整体最优解，往往只能求出局部最优解，现在通用的一般最优化数值算法，尤其是针对非线性规划的算法，理论上大多只能得到局部最优解.

1.5 凸集和凸函数

凸集与凸函数的定义和性质在最优化的理论中是较为重要的一部分内容，称为凸分析.本节将简单介绍一些相关的基本概念和基本结果.

1. 凸集

定义1 设集合 $D \subset \mathbf{R}^n$，若对于任意点 $\boldsymbol{x},\boldsymbol{y} \in D$ 及实数 $\alpha \in [0,1]$，都有

$$\alpha\boldsymbol{x} + (1-\alpha)\boldsymbol{y} \in D$$

则称集合 D 为凸集.

当 $n=2$ 时，可以用平面图形来表示一个集合，这时凸集的几何意义是：若两点属于此集合，则两点连线上的任意一点均属于此集合，如图 1-12 所示.

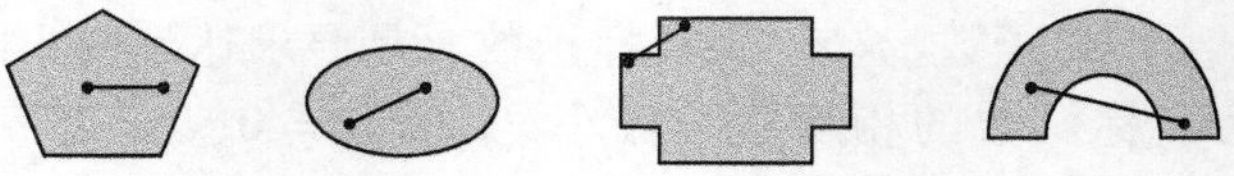

(a)　　　　(b)

图 1-12 凸集的几何意义示意图

(a) 凸集；(b) 非凸集

图 1-12 (a) 所示为凸集，图 1-12 (b) 所示为非凸集.

关于 n 维空间的凸集我们有下列几个结论.

(1) 超平面 $H = \{\boldsymbol{x} \in \mathbf{R}^n \mid \boldsymbol{a}^{\mathrm{T}}\boldsymbol{x} = b, \boldsymbol{a} \in \mathbf{R}^n, b \in \mathbf{R}\}$ 为凸集.

(2) 半空间 $H^- = \{\boldsymbol{x} \in \mathbf{R}^n \mid \boldsymbol{a}^{\mathrm{T}}\boldsymbol{x} \leqslant b, \boldsymbol{a} \in \mathbf{R}^n, b \in \mathbf{R}\}$ 为凸集.

(3) 超球 $H^- = \{\boldsymbol{x} \in \mathbf{R}^n \mid \|\boldsymbol{x}\| \leqslant r, r \in \mathbf{R}\}$ 是凸集.

(4) 欧氏空间 $\mathbf{R}^n$ 是凸集，规定空集 $\varnothing$ 是凸集.

(5) 有限个凸集的交集仍然是凸集，即设 $D_1, D_2, \cdots, D_k$ 是凸集，则 $D_1 \cap D_2 \cap \cdots \cap D_k$ 是凸集.

定义2 凸组合：设 $\boldsymbol{x}_i \in \mathbf{R}^n, i=1,2,\cdots,k$，实数 $\lambda_i \geqslant 0, \sum_{i=1}^{k}\lambda_i = 1$，则 $\boldsymbol{x} = \sum_{i=1}^{k}\lambda_i\boldsymbol{x}_i$ 称为 $\boldsymbol{x}_1$，$\boldsymbol{x}_2$，…，$\boldsymbol{x}_k$ 的凸组合.

由凸集的定义知，凸集中任意两点的凸组合属于凸集.

考虑三个点的凸组合：

由 $\mu_1 + \mu_2 + \mu_3 = 1$ 得到

$$\begin{aligned}&\mu_1\boldsymbol{x}_1 + \mu_2\boldsymbol{x}_2 + \mu_3\boldsymbol{x}_3\\ &= (\mu_1 + \mu_2)\left(\frac{\mu_1}{\mu_1+\mu_2}\boldsymbol{x}_1 + \frac{\mu_2}{\mu_1+\mu_2}\boldsymbol{x}_2\right) + \mu_3\boldsymbol{x}_3\end{aligned}$$

因此，凸集中三个点的凸组合也属于这个凸集.

以此类推，对于 m 个点的凸组合，因为 $\mu_1 + \mu_2 + \cdots + \mu_m = 1$，所以

$$\mu_1 \boldsymbol{x}_1 + \mu_2 \boldsymbol{x}_2 + \cdots + \mu_m \boldsymbol{x}_m$$
$$= (\mu_1 + \mu_2 + \cdots + \mu_{m-1})\left(\frac{\mu_1}{\mu_1 + \mu_2 + \cdots + \mu_{m-1}}\boldsymbol{x}_1 + \cdots + \frac{\mu_{m-1}}{\mu_1 + \mu_2 + \cdots + \mu_{m-1}}\boldsymbol{x}_{m-1}\right) + \mu_m \boldsymbol{x}_m$$

因此，凸集中任意多个点的凸组合仍然属于这个凸集.

定义3 设 D 是凸集，若 D 中的点 $\boldsymbol{x}$ 不能成为 D 中任何线段上的内点，则称 $\boldsymbol{x}$ 为凸集 D 的极点.

由定义3，若 D 中的点 $\boldsymbol{x}$ 不能写成 D 中另外两个点 $\boldsymbol{x}_1$，$\boldsymbol{x}_2$ 的一个凸组合，即不能表示为 $\boldsymbol{x} = \alpha\boldsymbol{x}_1 + (1-\alpha)\boldsymbol{x}_2$，其中 $0 < \alpha < 1$，则 $\boldsymbol{x}$ 为 D 的一个极点（顶点），凸多边形的顶点是该凸集的极点（顶点），圆周上的点都是这个圆的极点（顶点）. 如图1－13所示.

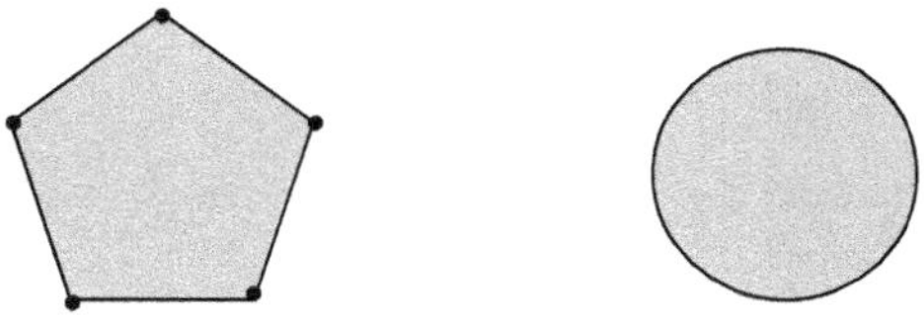
(a) (b)

图1－13 凸集的极点（顶点）

2. 凸集分离定理

下面证明凸集中较为重要的两个定理，凸集分离定理，这两个定理在后面的最优性条件证明中将会用到.

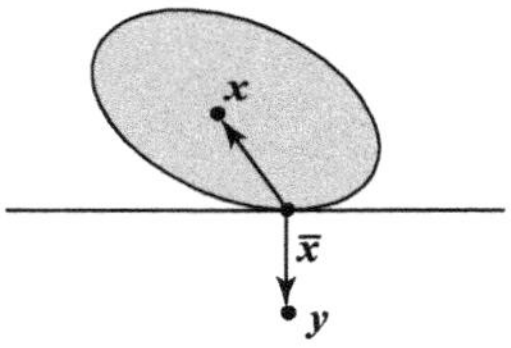

图1－14 凸集分离定理1示意图

定理1 设 $D \subseteq \mathbf{R}^n$ 为非空闭凸集，若 $\boldsymbol{y} \notin D$，则存在唯一的点 $\bar{\boldsymbol{x}} \in D$，使得它与 $\boldsymbol{y}$ 的距离最短，且满足对任意的 $\boldsymbol{x} \in D$，$(\boldsymbol{x} - \bar{\boldsymbol{x}}, \boldsymbol{y} - \bar{\boldsymbol{x}}) \leqslant 0$. 如图1－14所示.

证明 令 $\inf\{\|\boldsymbol{y} - \boldsymbol{x}\| \mid \boldsymbol{x} \in D\} = \gamma > 0$，由下确界的定义，存在序列 $\{\boldsymbol{x}_k\} \in D$，使得 $\|\boldsymbol{y} - \boldsymbol{x}_k\| \to \gamma$.

下面证明 $\{\boldsymbol{x}_k\}$ 是Cauchy序列. 由平行四边形法则，有

$$\|\boldsymbol{x}_k - \boldsymbol{x}_m\|^2 = 2\|\boldsymbol{y} - \boldsymbol{x}_k\|^2 + 2\|\boldsymbol{y} - \boldsymbol{x}_m\|^2 - \|2\boldsymbol{y} - \boldsymbol{x}_k - \boldsymbol{x}_m\|^2$$
$$= 2\|\boldsymbol{y} - \boldsymbol{x}_k\|^2 + 2\|\boldsymbol{y} - \boldsymbol{x}_m\|^2 - 4\left\|\boldsymbol{y} - \frac{\boldsymbol{x}_k + \boldsymbol{x}_m}{2}\right\|^2$$

由于 D 为凸集，所以 $\frac{\boldsymbol{x}_k + \boldsymbol{x}_m}{2} \in D$，由 γ 的定义有

$$\left\|\boldsymbol{y} - \frac{\boldsymbol{x}_k + \boldsymbol{x}_m}{2}\right\|^2 \geqslant \gamma^2$$

于是

$$\|\boldsymbol{x}_k - \boldsymbol{x}_m\|^2 \leqslant 2\|\boldsymbol{y} - \boldsymbol{x}_k\|^2 + 2\|\boldsymbol{y} - \boldsymbol{x}_m\|^2 - 4\gamma^2$$

当 k,m 充分大时，有

$$\|\boldsymbol{x}_k - \boldsymbol{x}_m\|^2 \to 0$$

因此，$\{\boldsymbol{x}_k\}$ 是Cauchy序列，这样存在点 $\bar{\boldsymbol{x}} \in D$，使得 $\boldsymbol{x}_k \to \bar{\boldsymbol{x}}$. 由于 D 是闭集，所以 $\bar{\boldsymbol{x}} \in D$.

再证唯一性，假设存在 $\bar{\boldsymbol{x}}, \bar{\boldsymbol{x}}' \in D$ 满足

$$\|y-\bar{x}\| = \|y-\bar{x}'\| = \gamma$$

因为 D 是凸集，所以 $\frac{\bar{x}+\bar{x}'}{2} \in D$，即

$$\left\|y-\frac{\bar{x}+\bar{x}'}{2}\right\| \leqslant \frac{1}{2}\|y-\bar{x}\| + \frac{1}{2}\|y-\bar{x}'\|^2 = \gamma$$

如果上式中不等号严格成立，则与 γ 的定义矛盾，于是等号成立，因此存在常数 α，使得

$$y-\bar{x} = \alpha(y-\bar{x}')$$

因为 $\|y-\bar{x}\| = \|y-\bar{x}'\| = \gamma$，所以 $|\alpha| = 1$. 若 $\alpha = -1$，则有 $y = \frac{\bar{x}+\bar{x}'}{2} \in D$，这与 $y \notin D$ 矛盾，因此，$\alpha = 1$，即 $\bar{x} = \bar{x}'$，唯一性得证.

最后证明对任意 $x \in D$, $\bar{x}$ 满足 $(x-\bar{x}, y-\bar{x}) \leqslant 0$. 对于 $x \in D, \alpha \in (0,1)$，有

$$\bar{x} + \alpha(x-\bar{x}) = \alpha x + (1-\alpha)\bar{x} \in D$$

因为 $\bar{x}$ 是距离 y 最小的点，所以

$$\|y-\bar{x}\|^2 \leqslant \|y-\bar{x}-\alpha(x-\bar{x})\|^2$$

即有

$$0 \leqslant -2(y-\bar{x}, x-\bar{x}) + \alpha\|x-\bar{x}\|^2$$

令 $\alpha \to 0^+$，得证.

定理 2 设 $D \subseteq \mathbf{R}^n$ 为非空闭凸集，若 $y \notin D$，则存在 $c \in \mathbf{R}^n, c \neq \mathbf{0}$ 和 $\alpha \in \mathbf{R}$，使得对任意的 $x \in D$，有 $c^{\mathrm{T}}x \leqslant \alpha, c^{\mathrm{T}}y > \alpha$.

这个定理将为凸集分离定理,其几何意义如图 1－15 所示.

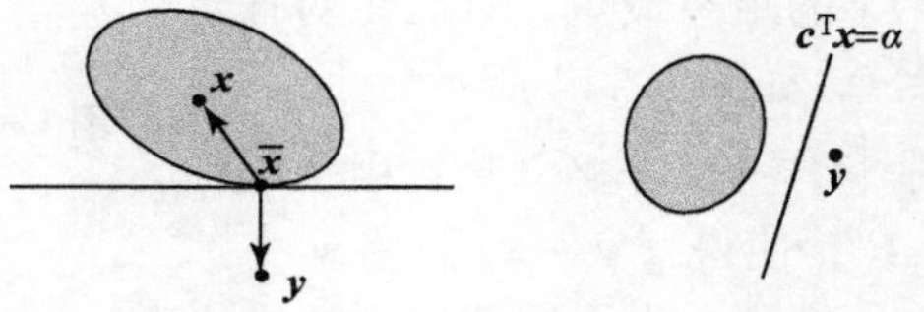

图 1－15　凸集分离定理 2 示意图

证明　因为 D 为非空凸集，$y \in D$，所以由定理 1，存在 $\bar{x} \in D$，使得对任意 $x \in D$

$$(x-\bar{x}, y-\bar{x}) \leqslant 0$$

令 $c = y-\bar{x}$，则

$$(x-\bar{x}, c) \leqslant 0$$

即

$$c^{\mathrm{T}}x \leqslant c^{\mathrm{T}}\bar{x}$$

令 $\alpha = c^{\mathrm{T}}\bar{x}$，于是

$$c^{\mathrm{T}}x \leqslant \alpha$$

成立.

由于 $c = y-\bar{x} \neq \mathbf{0}$，所以

$$0 < (y-\bar{x}, y-\bar{x}) = (y-\bar{x}, c)$$

因此

$$c^{T}y > c^{T}\bar{x} = \alpha$$

即

$$c^{T}y > \alpha$$

证毕.

3. 凸函数的概念

定义4 设函数$f(\boldsymbol{x})$定义在凸集$D \subset \mathbf{R}^n$上，若对于任意的$\boldsymbol{x},\boldsymbol{y} \in D$及任意实数$\alpha \in [0,1]$，都有

$$f(\alpha\boldsymbol{x} + (1-\alpha)\boldsymbol{y}) \leqslant \alpha f(\boldsymbol{x}) + (1-\alpha)f(\boldsymbol{y})$$

则称$f(\boldsymbol{x})$为凸集D上的凸函数.

定义5 设函数$f(\boldsymbol{x})$定义在凸集$D \subset \mathbf{R}^n$上，若对于任意的$\boldsymbol{x},\boldsymbol{y} \in D,\boldsymbol{x} \neq \boldsymbol{y}$及任意实数$\alpha \in (0,1)$，都有

$$f(\alpha\boldsymbol{x} + (1-\alpha)\boldsymbol{y}) < \alpha f(\boldsymbol{x}) + (1-\alpha)f(\boldsymbol{y})$$

则称函数$f(\boldsymbol{x})$为凸集D上的严格凸函数.

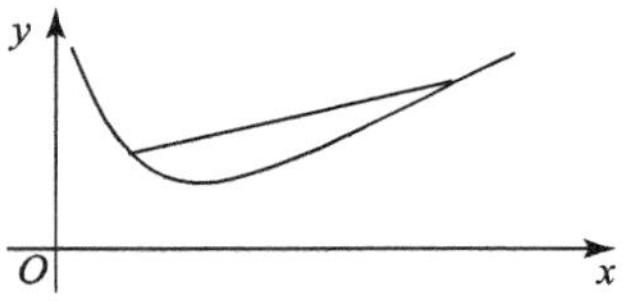

图1-16 凸函数的几何意义

一元凸函数的几何意义为：在曲线上任取两点$(x_1,y_1),(x_2,y_2)$，两点之间的弦位于弧之上，如图1-16所示.

在上述定义中若把不等号换一个方向，则得到凹函数、严格凹函数的定义.

利用定义容易证明线性函数$f(\boldsymbol{x}) = \boldsymbol{c}^{T}\boldsymbol{x} = c_1x_1 + c_2x_2 + \cdots + c_nx_n$是$\mathbf{R}^n$上的凸函数. 同理线性函数也是$\mathbf{R}^n$上的凹函数.

下面给出凸函数的几个性质.

性质1 设f_1,f_2为定义在凸集$D \subseteq \mathbf{R}^n$上的凸函数，α为非负实数，则$\alpha f_1,f_1+f_2$也是D上的凸函数.

性质2 设D是$\mathbf{R}^n$中一个凸集，f是定义在D上的一个凸函数，则f在D的内部连续.

性质3 设D是$\mathbf{R}^n$中一个非空凸集，f是定义在D上的凸函数，则水平集$D_\alpha = \{\boldsymbol{x} \mid f(\boldsymbol{x}) \leqslant \alpha\}$是凸集.

证明 设D凸集，$f(x)$是定义在D上的凸函数对于任意的$\boldsymbol{x}_1,\boldsymbol{x}_2 \in D_\alpha, 0 \leqslant \lambda \leqslant 1$，有$\lambda x_1 + (1-\lambda)x_2 \in D$. 因为

$$\begin{aligned} & f(\lambda\boldsymbol{x}_1 + (1-\lambda)\boldsymbol{x}_2) \\ \leqslant\ & \lambda f(\boldsymbol{x}_1) + (1-\lambda)f(\boldsymbol{x}_2) \\ \leqslant\ & \alpha \end{aligned}$$

所以水平集$D_\alpha = \{\boldsymbol{x} \mid f(\boldsymbol{x}) \leqslant \alpha\}$是凸集.

性质4 $f(\boldsymbol{x})$是凸集D上凹函数的充要条件是$-f(\boldsymbol{x})$为D上的凸函数.

定理3 设函数$f(\boldsymbol{x})$定义在凸集$D \subseteq \mathbf{R}^n$上，令

$$\phi(t) = f(t\boldsymbol{x} + (1-t)\boldsymbol{y}),t \in [0,1]$$

则$f(\boldsymbol{x})$是凸集D上凸函数的充要条件是$\phi(t)$为$[0,1]$上的凸函数.

证明 必要性. 因为$f(x)$为凸函数，所以

$$\begin{aligned} \phi(\lambda t_1 + (1-\lambda)t_2) &= f((\lambda t_1 + (1-\lambda)t_2)\boldsymbol{x} + (1 - \lambda t_1 - (1-\lambda)t_2)\boldsymbol{y}) \\ &= f(\lambda t_1\boldsymbol{x} + (1-\lambda)t_2\boldsymbol{x} + \boldsymbol{y} - \lambda t_1\boldsymbol{y} - (1-\lambda)t_2\boldsymbol{y}) \end{aligned}$$

$$\begin{aligned}&= f(\lambda(t_1\boldsymbol{x} + (1 - t_1)\boldsymbol{y}) + (1 - \lambda)(t_2\boldsymbol{x} + (1 - t_2)\boldsymbol{y}))\\&\leqslant \lambda f(t_1\boldsymbol{x} + (1 - t_1)\boldsymbol{y}) + (1 - \lambda)f(t_2\boldsymbol{x} + (1 - t_2)\boldsymbol{y})\\&= \lambda\phi(t_1) + (1 - \lambda)\phi(t_2)\end{aligned}$$

因此，$\phi(t)$ 是凸函数

充分性．因为 $\phi(t)$ 是凸函数，所以对任意 x，$y \in D$ 有

$$\begin{aligned}f(t\boldsymbol{x} + (1 - t)\boldsymbol{y}) &= \phi(t)\\&= \phi(t \cdot 1 + (1 - t) \cdot 0)\\&\leqslant t\phi(1) + (1 - t)\phi(0)\\&= tf(\boldsymbol{x}) + (1 - t)f(\boldsymbol{y})\end{aligned}$$

因此，$f(\boldsymbol{x})$ 为 D 上的凸函数．

通过这个定理我们可以把多元凸函数和一元凸函数联系在一起．

下面给出凸函数的两个判断定理．

定理 4（一阶条件） 设 D 是 $\mathbf{R}^n$ 中非空开凸集，$f(\boldsymbol{x})$ 是定义在 D 上的可微函数，则 $f(\boldsymbol{x})$ 是凸函数的充要条件为对任意 $\boldsymbol{x}$，$\boldsymbol{y} \in D$，有

$$f(\boldsymbol{y}) \geqslant f(\boldsymbol{x}) + \nabla f(\boldsymbol{x})^{\mathrm{T}}(\boldsymbol{y} - \boldsymbol{x})$$

而 $f(\boldsymbol{x})$ 是 D 上严格凸函数的充要条件为对任意 $\boldsymbol{x}$，$\boldsymbol{y} \in D$，$\boldsymbol{x} \neq \boldsymbol{y}$，以上不等式严格成立．

当函数为一元函数时，其几何意义为函数在切线上方，如图 1－17 所示．

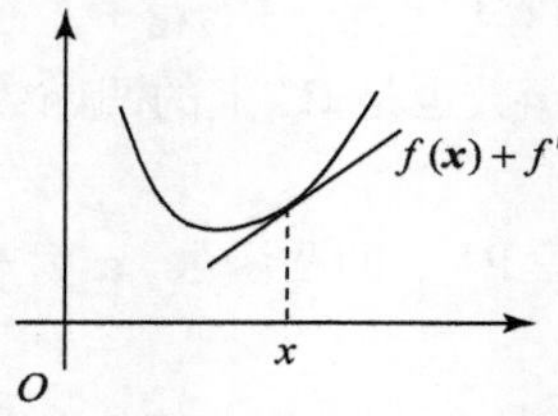

图 1－17　一元函数凸函数一阶条件示意图

证明　必要性．因为 $f(\boldsymbol{x})$ 为凸函数，所以对 $\alpha \in (0, 1)$，有

$$f(\alpha\boldsymbol{y} + (1 - \alpha)\boldsymbol{x}) \leqslant \alpha f(\boldsymbol{y}) + (1 - \alpha)f(\boldsymbol{x})$$

即

$$f(\boldsymbol{x} + \alpha(\boldsymbol{y} - \boldsymbol{x})) \leqslant f(\boldsymbol{x}) + \alpha(f(\boldsymbol{y}) - f(\boldsymbol{x}))$$

又由 Taylor 公式

$$f(\boldsymbol{x} + \alpha(\boldsymbol{y} - \boldsymbol{x})) = f(\boldsymbol{x}) + \alpha \nabla f(\boldsymbol{x})^{\mathrm{T}}(\boldsymbol{y} - \boldsymbol{x}) + o(\|\alpha(\boldsymbol{y} - \boldsymbol{x})\|)$$

因此得到

$$f(\boldsymbol{y}) - f(\boldsymbol{x}) \geqslant \nabla f(\boldsymbol{x})^{\mathrm{T}}(\boldsymbol{y} - \boldsymbol{x}) + \frac{o(\|\alpha(\boldsymbol{y} - \boldsymbol{x})\|)}{\alpha}$$

令 $\alpha \to 0$ 得

$$f(\boldsymbol{y}) \geqslant f(\boldsymbol{x}) + \nabla f(\boldsymbol{x})^{\mathrm{T}}(\boldsymbol{y} - \boldsymbol{x})$$

必要性得证．

充分性．设 $\boldsymbol{x},\boldsymbol{y} \in D,\alpha \in [0,1]$，则

$$\alpha\boldsymbol{x} + (1 - \alpha)\boldsymbol{y} \in D$$

令

$$\alpha \boldsymbol{x} + (1-\alpha)\boldsymbol{y} = \boldsymbol{z}$$

于是

$$f(\boldsymbol{x}) \geqslant f(\boldsymbol{z}) + \nabla f(\boldsymbol{z})^{\mathrm{T}}(\boldsymbol{x}-\boldsymbol{z})$$

即

$$f(\boldsymbol{x}) - f(\boldsymbol{z}) \geqslant \nabla f(\boldsymbol{z})^{\mathrm{T}}(\boldsymbol{x}-\boldsymbol{z})$$

同理，有

$$f(\boldsymbol{y}) - f(\boldsymbol{z}) \geqslant \nabla f(\boldsymbol{z})^{\mathrm{T}}(\boldsymbol{y}-\boldsymbol{z})$$

从而

$$\alpha f(\boldsymbol{x}) + (1-\alpha)f(\boldsymbol{y}) - f(\boldsymbol{z}) \geqslant \nabla f(\boldsymbol{x})^{\mathrm{T}}[\alpha(\boldsymbol{x}-\boldsymbol{z}) + (1-\alpha)(\boldsymbol{y}-\boldsymbol{z})]$$

于是

$$\alpha f(\boldsymbol{x}) + (1-\alpha)f(\boldsymbol{y}) - f(\boldsymbol{z}) \geqslant 0$$

也就是

$$f(\alpha\boldsymbol{x} + (1-\alpha)\boldsymbol{y}) \leqslant \alpha f(\boldsymbol{x}) + (1-\alpha)f(\boldsymbol{y})$$

因此，$f(\boldsymbol{x})$ 为凸函数.

对于严格凸函数的情况，读者可以自己完成证明.

定理 5（二阶条件） （I）设 D 是 $\mathbf{R}^n$ 中非空开凸集，$f(\boldsymbol{x})$ 是定义在 D 上的二次可微函数，则 $f(\boldsymbol{x})$ 是凸函数的充要条件为对任意 $\boldsymbol{x} \in D, \boldsymbol{G}(\boldsymbol{x}) = \nabla^2 f(\boldsymbol{x}) \geqslant 0$，即 Hesse 矩阵 $\boldsymbol{G}(\boldsymbol{x})$ 是半正定的.

（II）若对任意 $\boldsymbol{x} \in D$, $\boldsymbol{G}(\boldsymbol{x}) = \nabla^2 f(\boldsymbol{x}) > 0$，即 Hesse 矩阵正定，则 $f(\boldsymbol{x})$ 为严格凸函数.

证明 （I）必要性. 对任意 $\boldsymbol{x} \in D, \boldsymbol{p} \in \mathbf{R}^n, \boldsymbol{p} \neq \boldsymbol{0}$，因为 D 为开集，所以存在 $\varepsilon > 0, \alpha \in (-\varepsilon, \varepsilon)$，使得 $\boldsymbol{x} + \alpha\boldsymbol{p} \in D$. 因为 $f(\boldsymbol{x})$ 为 D 上的凸函数，所以由一阶条件可得

$$f(\boldsymbol{x} + \alpha\boldsymbol{p}) \geqslant f(\boldsymbol{x}) + \alpha \nabla f(\boldsymbol{x})^{\mathrm{T}}\boldsymbol{p}$$

由 Taylor 公式

$$f(\boldsymbol{x} + \alpha\boldsymbol{p}) = f(\boldsymbol{x}) + \alpha \nabla f(\boldsymbol{x})^{\mathrm{T}}\boldsymbol{p} + \frac{1}{2}\alpha^2\boldsymbol{p}^{\mathrm{T}}\boldsymbol{G}(\boldsymbol{x})\boldsymbol{p} + o(\alpha^2)$$

于是

$$\frac{1}{2}\alpha^2\boldsymbol{p}^{\mathrm{T}}\boldsymbol{G}(\boldsymbol{x})\boldsymbol{p} + o(\alpha^2) \geqslant 0$$

从而

$$\frac{1}{2}\boldsymbol{p}^{\mathrm{T}}\boldsymbol{G}(\boldsymbol{x})\boldsymbol{p} + \frac{o(\alpha^2)}{\alpha^2} \geqslant 0$$

令 $\alpha \to 0$，得

$$\boldsymbol{p}^{\mathrm{T}}\boldsymbol{G}(\boldsymbol{x})\boldsymbol{p} \geqslant 0$$

由 $\boldsymbol{p}$ 的任意性，$\boldsymbol{G}(\boldsymbol{x})$ 是半正定的.

充分性. 对任意 $\boldsymbol{x}, \boldsymbol{y} \in D$，由 Taylor 公式

$$f(\boldsymbol{y}) = f(\boldsymbol{x}) + \nabla f(\boldsymbol{x})^{\mathrm{T}}(\boldsymbol{y}-\boldsymbol{x}) + \frac{1}{2}(\boldsymbol{y}-\boldsymbol{x})^{\mathrm{T}}\boldsymbol{G}(\boldsymbol{\xi})(\boldsymbol{y}-\boldsymbol{x})$$

其中 $\boldsymbol{\xi} = \boldsymbol{x} + \alpha(\boldsymbol{y}-\boldsymbol{x}), \alpha \in [0,1]$. 因为 $\boldsymbol{G}(\boldsymbol{\xi})$ 是半正定的，所以

$$f(\boldsymbol{y}) \geqslant f(\boldsymbol{x}) + \nabla f(\boldsymbol{x})^{\mathrm{T}}(\boldsymbol{y}-\boldsymbol{x})$$

因此，$f(\boldsymbol{x})$ 为凸函数.

（II）对于严格凸函数，Hesse 矩阵正定是凸函数的一个充分条件．证明如下：

对于任意的 $\boldsymbol{x},\boldsymbol{y}\in D$，由 Taylor 展开，有

$$f(\boldsymbol{y})=f(\boldsymbol{x})+\nabla f(\boldsymbol{x})^{\mathrm{T}}(\boldsymbol{y}-\boldsymbol{x})+\frac{1}{2}(\boldsymbol{y}-\boldsymbol{x})^{\mathrm{T}}\boldsymbol{G}(\boldsymbol{\xi})(\boldsymbol{y}-\boldsymbol{x})$$

其中 $\boldsymbol{\xi}=\boldsymbol{x}+\alpha(\boldsymbol{y}-\boldsymbol{x}),\alpha\in[0,1]$，因为 $\boldsymbol{G}(\boldsymbol{\xi})$ 是正定的，$\boldsymbol{x}\neq\boldsymbol{y}$，所以

$$f(\boldsymbol{y})>f(\boldsymbol{x})+\nabla f(\boldsymbol{x})^{\mathrm{T}}(\boldsymbol{y}-\boldsymbol{x})$$

因此 $f(\boldsymbol{x})$ 为严格凸函数．

例 1 证明函数 $f(\boldsymbol{x})=\boldsymbol{x}^{\mathrm{T}}\boldsymbol{x}=x_1^2+x_2^2+\cdots+x_n^2$ 是 $\mathbf{R}^n$ 上的凸函数．

证明 用一阶条件证明．因为

$$f(\boldsymbol{y})=\boldsymbol{y}^{\mathrm{T}}\boldsymbol{y}$$

$$f(\boldsymbol{x})+\nabla f(\boldsymbol{x})^{\mathrm{T}}(\boldsymbol{y}-\boldsymbol{x})=\boldsymbol{x}^{\mathrm{T}}\boldsymbol{x}+2\boldsymbol{x}^{\mathrm{T}}(\boldsymbol{y}-\boldsymbol{x})=2\boldsymbol{x}^{\mathrm{T}}\boldsymbol{y}-\boldsymbol{x}^{\mathrm{T}}\boldsymbol{x}$$

于是

$$f(\boldsymbol{y})-f(\boldsymbol{x})-\nabla f(\boldsymbol{x})^{\mathrm{T}}(\boldsymbol{y}-\boldsymbol{x})\geqslant 0$$

即

$$f(\boldsymbol{y})\geqslant f(\boldsymbol{x})+\nabla f(\boldsymbol{x})^{\mathrm{T}}(\boldsymbol{y}-\boldsymbol{x})$$

因此，函数 $f(\boldsymbol{x})=\boldsymbol{x}^{\mathrm{T}}\boldsymbol{x}$ 为凸函数．

用二阶条件证明．因为函数 Hesse 矩阵 $\boldsymbol{G}(\boldsymbol{x})=2\boldsymbol{I}$ 是正定的，所以函数 $f(\boldsymbol{x})$ 为凸函数．

定义 6 设 D 为凸集，$f(\boldsymbol{x})$ 是定义 D 在上的凸函数，则称规划问题

$$\min_{\boldsymbol{x}\in D} f(\boldsymbol{x})$$

为凸规划．

凸规划是非线性规划中的一种重要特殊情形，它具有很好的性质．

定理 6 （I）凸规划的任意局部极小点都是整体极小点，且极小点集合是凸集．

（II）如果凸规划的目标函数是严格凸函数，又存在极小点，则它的极小点还是唯一的．

定理 6 的证明作为习题．

习 题 一

1. 用拉格朗日乘子法解下列问题：

（1）$\min\ (x_1-2)^2+(x_2-1)^2$

　　s.t. $x_1+x_2+5=0$

（2）$\min\ x_1-2x_2+3x_3$

　　s.t. $x_1^2+x_2^2+x_3^2=1$

2. 设函数 $f(\boldsymbol{x})$ 定义在凸集 $D\subset\mathbf{R}^n$ 上．

（1）写出 $f(\boldsymbol{x})$ 在 D 上为凸函数的定义．

（2）设 $f(\boldsymbol{x})$ 可微，写出 $f(\boldsymbol{x})$ 在 D 上为凸函数的一阶充要条件．

（3）设 $f(\boldsymbol{x})$ 二阶可微，写出 $f(\boldsymbol{x})$ 在 D 上为凸函数的二阶充要条件．

3. 证明 1.5 节的定理 6.

4. 证明：（1）两个凸集的交集是凸集．

（2）两个凸函数的和函数是凸函数．

5. 判断下面集合是否是凸集.

$S_1 = \{\boldsymbol{x} = (x_1, x_2)^{\mathrm{T}} \mid \|\boldsymbol{x}\| \leqslant 1, x_1 \geqslant 0\}$, $S_2 = \{\boldsymbol{x} = (x_1, x_2)^{\mathrm{T}} \mid |x_1| + |x_2| \leqslant 1\}$,

$S_3 = \{\boldsymbol{x} = (x_1, x_2, x_3)^{\mathrm{T}} \mid \|\boldsymbol{x}\| \geqslant 1\}$, $S_4 = \{\boldsymbol{x} = (x_1, x_2, x_3)^{\mathrm{T}} \mid \|\boldsymbol{x}\|_0 \leqslant 1\}$,

其中，$\|\boldsymbol{x}\|_0$ 为 $\boldsymbol{x}$ 中非零分量的个数.

6. 证明：如果 $f_i, i = 1, \cdots, m$ 是 $S \subseteq \mathbf{R}^n$ 上的凸函数，则下面的函数都是 S 上的凸函数.

$$\max_{1 \leqslant i \leqslant m} f_i(\boldsymbol{x}),\ \sum_{i=1}^{m} f_i(\boldsymbol{x}),\ \sum_{i=1}^{m} \max\{f_i(\boldsymbol{x}), 0\}.$$

7. 设 $S \subseteq \mathbf{R}^n$ 是凸集. 如果函数 $f: S \to \mathbf{R}$ 连续且满足

$$f\left(\frac{\boldsymbol{x} + \boldsymbol{y}}{2}\right) \leqslant \frac{1}{2}[f(\boldsymbol{x}) + f(\boldsymbol{y})],\ \forall \boldsymbol{x}, \boldsymbol{y} \in S.$$

证明 f 是 S 上的凸函数.

8. 设 $f: \mathbf{R}^n \to \mathbf{R}$ 二次连续可微，$\boldsymbol{x}^* \in \mathbf{R}^n$ 使得 $\nabla^2 f(\boldsymbol{x}^*)$ 正定. 证明：存在 $\boldsymbol{x}^*$ 的邻域 $N(\boldsymbol{x}^*)$ 以及常数 $M \geqslant m > 0$，使得下面的不等式对任意 $\boldsymbol{x} \in N(\boldsymbol{x}^*)$，任意 $\boldsymbol{d} \in \mathbf{R}^n$ 成立：

$$m \|\boldsymbol{d}\|^2 \leqslant \boldsymbol{d}^{\mathrm{T}} \nabla^2 f(\boldsymbol{x}) \boldsymbol{d} \leqslant M \|\boldsymbol{d}\|^2,$$

$$m \|\boldsymbol{d}\| \leqslant \|\nabla^2 f(\boldsymbol{x}) \boldsymbol{d}\| \leqslant M \|\boldsymbol{d}\|,$$

$$m \|\boldsymbol{x} - \boldsymbol{x}^*\| \leqslant \|\nabla f(\boldsymbol{x}) - \nabla f(\boldsymbol{x}^*)\| \leqslant M \|\boldsymbol{x} - \boldsymbol{x}^*\|.$$

若进一步假设 $\nabla f(\boldsymbol{x}^*) = 0$，证明：存在常数 $\bar{M} \geqslant \bar{m} > 0$，使得

$$\bar{m} \|\boldsymbol{x} - \boldsymbol{x}^*\|^2 \leqslant f(\boldsymbol{x}) - f(\boldsymbol{x}^*) \leqslant \bar{M} \|\boldsymbol{x} - \boldsymbol{x}^*\|^2,\ \forall \boldsymbol{x} \in N(\boldsymbol{x}^*),$$

$$\bar{m} \|\nabla f(\boldsymbol{x})\|^2 \leqslant f(\boldsymbol{x}) - f(\boldsymbol{x}^*) \leqslant \bar{M} \|\nabla f(\boldsymbol{x})\|^2,\ \forall x \in N(\boldsymbol{x}^*).$$

9. 设无穷点列 $\{\boldsymbol{x}^{(k)}\} \subset \mathbf{R}^n$ 有界，且 $\{\|\boldsymbol{x}^{(k)} - \boldsymbol{x}^{(k-1)}\|\} \to 0$. 证明：若 $\{\boldsymbol{x}^{(k)}\}$ 有孤立极限点 $\bar{\boldsymbol{x}}$，即在 $\bar{\boldsymbol{x}}$ 的某个邻域内没有 $\{\boldsymbol{x}^{(k)}\}$ 的其他极限点，则 $\{\boldsymbol{x}^{(k)}\}$ 本身收敛于 $\bar{\boldsymbol{x}}$.

第 2 章

线性规划

在很多生产管理活动中，通常需要对“有限的资源”寻求“最佳”的利用或分配方式．有限的资源可以是劳动力、原材料、设备或资金等，最佳的衡量有一个标准或目标，使利润达到最大或成本达到最小．有限的资源的合理配置常见的有两类问题：如何合理地使用有限的资源，使生产经营的效益达到最大；在生产或经营任务确定的条件下，合理地组织生产，安排经营活动，使所消耗的资源数最少．这些问题得到的优化问题数学模型很多时候目标函数和约束条件都是线性函数．从第 1 章的讨论中我们知道，如果优化模型中的目标函数和约束函数均为线性函数，则这个模型称为线性规划模型．研究这类模型的理论与算法称为线性规划．线性规划是最优化方法中研究较早、理论和算法都比较成熟的一个重要分支．线性规划在实际问题中的应用非常广泛，而且线性规划的算法为某些非线性规划问题的解法起到间接的作用．

线性规划问题是 1939 年由苏联数学家康托罗维奇在研究铁路运输的组织问题、工业生产的管理问题时提出来的．但是当时并未引起人们的重视．1947 年，美国学者丹齐克（G. B. Dantzig）提出了线性规划问题的单纯形方法，在数学界引起了很大反响．后来，库普曼斯（T. C. Koopmans）和查恩斯（A. Charnes）对线性规划的理论和应用做出了突出贡献．之后，线性规划在生产计划、运输、军事等领域都得到了广泛的应用．

康托罗维奇，苏联经济学家，苏联科学院院士，最优计划理论的创始人，1912 年生，1930 年毕业于列宁格勒大学①物理数学系，1935 年获数学博士学位，1964 年被选为苏联科学院院士．因提出资源最大限度分配理论，1975 年与库普曼斯一起获得诺贝尔经济学奖．

康托罗维奇的主要贡献是把线性规划用于经济管理，创立了最优计划理论，对有效利用资源和提高企业经济效益做出了重大贡献．他还提出经济效果的概念和衡量经济效果的统一指标体系，作为经济决策的定量依据，来选择最合理的社会生产结构．其主要著作有《生产组织与计划的数学方法》（1939 年）、《资源最优利用的经济计算》（1959 年）、《最优计划的动态模型》（1964 年）等．

丹齐克，美国数学家，美国全国科学院院士，线性规划的奠基人如图 2－1 所示．1914 年 11 月 8 日生于美国俄勒冈州波特兰市．1946 年在伯克利加利福尼亚大学数学系获哲学博士学位．1947 年丹齐克在总结前人工作的基础上创立了线性规划，并提出了解决线性规划问题的单纯形法．丹齐克 1937—1939 年任美国劳工统计局统计员，1941—1952 年任美国空军司令部数学顾问、战斗分析部和统计管理部主任，

图 2－1　丹齐克

① 列宁格勒大学：今为圣彼得堡国立大学。

1952—1960 年任美国兰德公司数学研究员，1960—1966 年任伯克利加利福尼亚大学教授和运筹学中心主任，1966 年后任斯坦福大学运筹学和计算机科学教授，1971 年当选为美国科学院院士．1975 年获美国科学奖章和诺伊曼理论奖金，丹齐克在线性规划方面的奠基性工作使得线性规划广为人知并得到大量应用．

图 2－2　佳林·库普曼斯

佳林·库普曼斯（1910—1985 年），美国人，1910 年 8 月 28 日生于荷兰，1940 年离开荷兰移居美国，如图 2－2 所示．1975 年，他和康托罗维奇同时获得诺贝尔经济学奖，是线性规划经济分析法的创立者．他的最大贡献就是使得线性规划在经济学中得到了广泛而重要的应用．

图 2－3　冯·诺依曼

冯·诺依曼（John von Neumann，1903—1957 年）是出生于匈牙利的美国籍犹太人数学家，现代电子计算机创始人之一，如图 2－3 所示．他在计算机科学、经济、物理学中的量子力学及几乎所有数学领域都做出过重大贡献．他在线性规划的对偶理论与算法方面做出了很大贡献．

后来，1953 年丹齐克又提出了改进单纯形法；1954 年兰姆凯（Lemke）提出了对偶单纯形法；1976 年 Bland 提出了避免循环的方法后，使线性规划的理论更加完善．但在 1972 年，V. Klee 和 G. Minty 构造了一个例子，发现单纯形法的迭代次数是指数次运算，单纯形法不是多项式算法，而一般认为多项式算法是有效算法，这对单纯形法提出了挑战．1979 年，苏联数学家哈奇扬提出了一种线性规划的新算法——椭球算法，理论上证明了这是一种多项式算法．这一结果被认为是线性规划理论上的历史突破，然而在实际计算中，椭球算法的计算效果并不比单纯形法的计算效果好，因此椭球算法并不实用．

1984 年，在美国贝尔实验室工作的印度裔数学家 N. Karmarkar 又提出了一种线性规划的多项式算法——Karmarkar 算法，这种方法不仅在理论上优于单纯形法，而且也显示出求解大规模实际问题的巨大潜力．这种方法本质上属于内点法，由此也掀起了一股研究内点法解决各类优化问题的热潮．至今，线性规划的新理论和新算法还在不断地涌现．

2.1　线性规划问题模型

一、问题提出

线性规划目前在各行各业的实际问题中得到了广泛的应用，首先来看两个简单的例子．

例 1　（生产计划问题）某制药厂生产甲、乙两种药品，生产这两种药品要消耗某种维生素．生产每吨药品所需要的维生素量、所占用的设备时间，以及该厂每周可提供的资源总量如表 2－1 所示．

表 2-1

项目	每吨产品的消耗		每周资源总量
	甲	乙	
维生素/公斤	30	20	160
设备/台班	5	1	15

已知该厂生产每吨甲、乙药品的利润分别为 5 万元和 2 万元．问该厂应如何安排两种药品的产量才能使每周获得的利润最大?

解 设 x_1, x_2 分别代表甲、乙两种药品的产量，z 表示公司总利润．依题意，问题为求变量 x_1, x_2 的值，使总利润最大，即

$$\max z = 5x_1 + 2x_2$$

同时满足甲、乙两种产品所消耗的 A、B、C 三种资源的数量不能超过它们的限量，即

$$30x_1 + 20x_2 \leqslant 160$$
$$5x_1 + x_2 \leqslant 15$$

此外，一般实际问题都要满足非负条件，即 $x_1 \geqslant 0, x_2 \geqslant 0$.

这样有

$$\begin{aligned} \max z &= 5x_1 + 2x_2 \\ \text{s.t}\quad & 30x_1 + 20x_2 \leqslant 160 \\ & 5x_1 + x_2 \leqslant 15 \\ & x_1 \geqslant 0, x_2 \geqslant 0 \end{aligned}$$

即称为上述生产计划问题的数学模型．

例 2 靠近某河流有两个化工厂，流经工厂 1 的河流流量为每天 500 万 m^3，在两个工厂之间有一条流量为 200 万 m^3 的支流，如图 2-4 所示．两化工厂每天排放某种有害物质的工业污水分别为 2 万 m^3 和 1.4 万 m^3．从工厂 1 排出的工业污水流到工厂 2 以前，有 20% 可以自然净化．环保要求河流中工业污水含量不能大于 0.2%．两化工厂处理工业污水的成本分别为 1000 元/万 m^3 和 800 元/万 m^3．现在要问在满足环保要求的条件下，每厂各应处理多少工业污水，使这两个工厂处理工业污水的总费用最小．

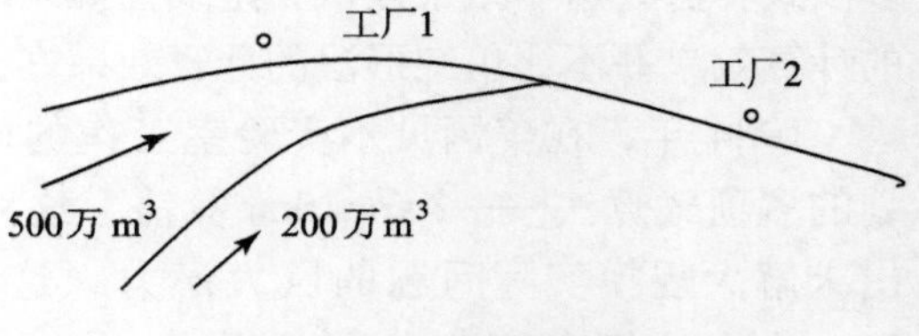

图 2-4 化工厂示意图

解 设 x_1, x_2 分别代表工厂 1 和工厂 2 处理污水的数量（万 m^3），则问题的目标可描述为总费用最小

$$\min z = 1000x_1 + 800x_2$$

约束条件有：

第一段河流（工厂 1—工厂 2 之间）环保要求

$$(2 - x_1)/500 \leqslant 0.2\%$$

第二段河流（工厂 2 以下河段）环保要求

$$[0.8(2 - x_1) + (1.4 - x_2)]/700 \leqslant 0.2\%$$

此外有

$$x_1 \leqslant 2, x_2 \leqslant 1.4$$

化简得到问题的数学模型

$$\begin{aligned}
\min z &= 1000x_1 + 800x_2 \\
\text{s.t. } & x_1 \geqslant 1 \\
& 0.8x_1 + x_2 \geqslant 1.6 \\
& x_1 \leqslant 2 \\
& x_2 \leqslant 1.4 \\
& x_1 \geqslant 0, x_2 \geqslant 0
\end{aligned}$$

二、线性规划数学模型

从上述两个例子，我们可以总结出线性规划数学模型的一般形式．

$$\begin{aligned}
\max(\min) z &= c_1x_1 + c_2x_2 + \cdots + c_nx_n \\
\text{s.t. } & a_{11}x_1 + a_{12}x_2 + \cdots + a_{1n}x_n \leqslant (=, \geqslant) b_1 \\
& a_{21}x_1 + a_{22}x_2 + \cdots + a_{2n}x_n \leqslant (=, \geqslant) b_2 \\
& \cdots \\
& a_{m1}x_1 + a_{m2}x_2 + \cdots + a_{mn}x_n \leqslant (=, \geqslant) b_m \\
& x_1, x_2, \cdots, x_n \geqslant 0
\end{aligned}$$

线性规划模型的特征：

（1）用一组决策变量 $x_1, x_2, \cdots, x_n$ 表示某一方案，且在一般情况下，变量的取值是非负的．

（2）有一个目标函数，这个目标函数可表示为这组变量的线性函数．

（3）存在若干个约束条件，约束条件用变量的线性等式或线性不等式来表达．

（4）要求目标函数实现极大化（max）或极小化（min）．

满足上述 4 个特征的规划问题称为线性规划问题．

上述模型中，$x_1, x_2, \cdots, x_n$ 通常称为**决策变量**；$c_1, c_2, \cdots, c_n$ 称为**价值系数**，$a_{11}, a_{12}, \cdots, a_{mn}$ 为**消耗系数**，$b_1, b_2, \cdots, b_m$ 为**资源限制系数**．满足约束条件的一组决策变量 $x_1, x_2, \cdots, x_n$ 的值称为线性规划的一个**可行解**；一个线性规划所有可行解组成的集合称为线性规划的**可行解集**（**可行域**）；使目标函数取得最大值（或最小值）的可行解称为线性规划的**最优解**．

下面我们考虑上述一般线性规划问题的求解．我们先从简单的、变量较少的线性规划问题入手，然后将其结果推广到一般的、n 个变量的线性规划问题．考虑两个变量的线性规划问题，对于两个变量的函数，我们可以用几何图形表示．因此，两个变量的线性规划都可以用几何方法来求解，也就是图解法．图解法非常直观，但超过三个变量用图解法就很难求解了，因此图解法不是求解线性规划问题的通用办法，但是用图解法可以得到一些一般性的结论，可以对抽象的多个变量问题的求解有思路上的启发，从而设计出一般问题的算法．

三、线性规划图解法

两个变量的线性规划问题的图解法步骤如下：

（1）画出线性规划问题的可行域；

（2）画出目标函数等值线，所谓目标函数等值线就是位于该直线上的点，具有相同的目标函数值；

（3）平行移动目标函数等值线，使目标函数在可行域范围内达到最优．

例 3 考虑下述线性规划问题的最优解

$$\max z = 5x_1 + 2x_2$$
$$\text{s. t. } 30x_1 + 20x_2 \leqslant 160$$
$$5x_1 + x_2 \leqslant 15$$
$$x_1 \geqslant 0, x_2 \geqslant 0$$

解 首先根据上述约束条件画出问题的可行域，约束是线性的，满足一个不等式约束的点集是一个半平面，多个半平面的交集是一个多边形，如图 2 – 5 所示．

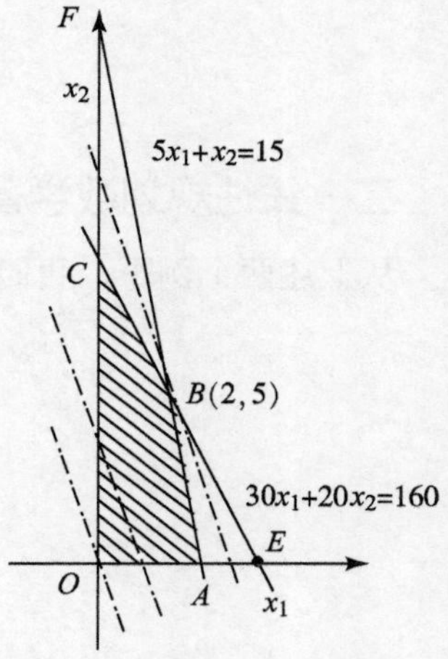

图 2 – 5 例 3 图解法示意图

图 2 – 5 中由 $OABC$ 围成的多边形（阴影部分）是可行域；再画两条目标函数等值线，如图 2 – 5 中 $5x_1 + 2x_2 = 0$ 和 $5x_1 + 2x_2 = 7$．注意到由于目标函数是线性的，因此等值线是一组平行线，由此可知，目标函数等值线向右上移动，目标函数会增加，这样在可行域中平行移动等值线，当移动到第一个和第二个约束的交点 B 点时使目标函数值达到最大，于是得到最优解，即 $x_1^* = 2, x_2^* = 5$，相应的最优值为 $z^* = 20$，且该问题有**唯一最优解**．

可以看出，在上例中所有可行点构成的可行域是一个凸多边形，是一个凸集，这个凸集的顶点个数是有限多个，而最优解在某个顶点上达到，顶点在可行域中具有非常特殊的地位．我们可以想象，如果目标函数改变，那么等值线仍然是一组平行线，因此最优解不可能在可行域内部达到，必然在凸多边形的边界上达到．上例有唯一的最优解而且在顶点上达到，是否任意两个变量的线性规划都是如此呢？还有没有其他的可能呢？若上例中的目标函数改为 $z = 5x_1 + x_2$，则等值线与第二个约束条件平行，因此当等值线移动到凸多边形的边界上时，不仅 B 点是最优值点，而且 AB 线段上的所有点都是最优值点，且其最优值相等，这种情形下线性规划有无穷多个最优解．见例 4.

例 4

$$\max z = 5x_1 + x_2$$
$$\text{s. t. } 30x_1 + 20x_2 \leqslant 160$$
$$5x_1 + x_2 \leqslant 15$$
$$x_1 \geqslant 0, x_2 \geqslant 0$$

显然，该问题的约束条件与例 3 完全相同，如图 2 – 6 所示，其可行域是图 2 – 6 中的阴影部分．另外，此问题仍然为极大化问题，且目标函数等值线的斜率与约束条件 $5x_1 + x_2 \leqslant 15$ 相同，依照例 3 同样的方法可知，目标函数等值线与直线 $5x_1 + x_2 = 15$ 重合时，问题得到极大值．

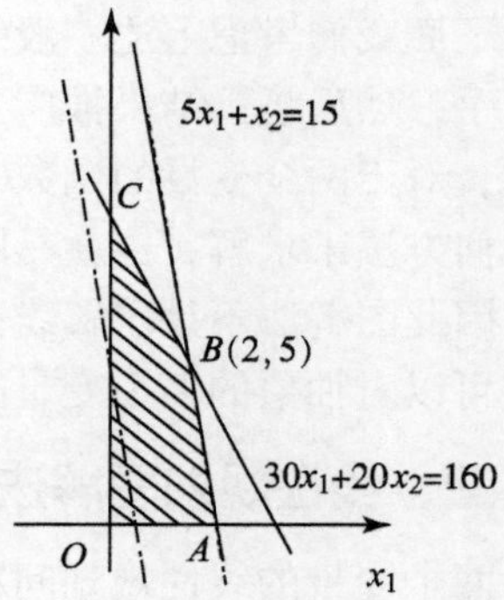

图 2 – 6 例 4 图解法示意图

因此该问题的最优解为图 2 – 6 中线段 AB 上所有的点，即该问题有**无穷多个最优解**．

上述两种情况均称为有最优解，我们可以看到，因为约束条件和目标函数都是线性的，所以有最优解的情况只能是这两种，要么在一个顶点上达到最优解，要么在包括顶点在内的无穷多个点构成的集合上达到最优解．

那么两个变量的线性规划问题是否一定能达到最优解呢？大家可以设想这样一种情况，可行域是一个开放的区域，这样等值线就可以一直变下去，若目标函数取极小值，则可以趋向于 $-\infty$，即可以小于任何数；若目标函数取极大值，则可以趋向于 $+\infty$，即可以大于任何数．这种情况我们称为无界，或称为无最优解．比如例 5 所示．

例 5

$$\begin{aligned} \max z &= 2x_1 + 2x_2 \\ \text{s.t. } & x_1 - x_2 \geqslant 1 \\ & -x_1 + 2x_2 \leqslant 0 \\ & x_1 \geqslant 0, x_2 \geqslant 0 \end{aligned}$$

解　图 2－7 中阴影部分是该问题的可行域，显然该可行域是无界的．两条虚线为目标函数等值线，它们对应的目标值分别为 3 和 5. 可以看出，目标函数等值线向右移动，问题的目标值会增大．但由于可行域无界，目标函数可以增大到无穷，故这种情况为**无界解**或**无最优解**．

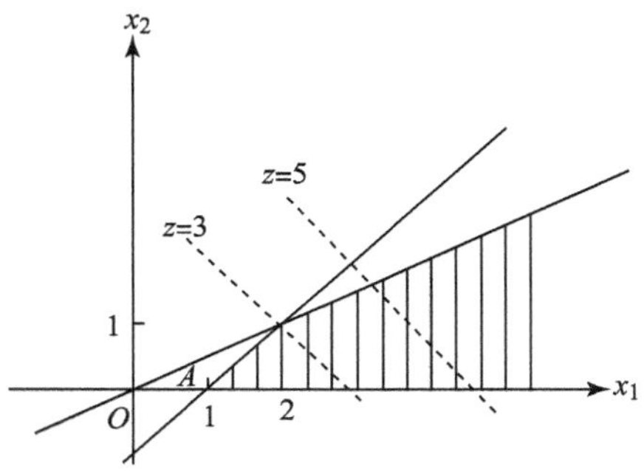

图 2－7　例 5 图解法示意图

若线性规划有无界解，则可行域一定无界，但是反之不一定成立．如在例 5 中，将极大化目标函数改为极小化目标函数，即 $\min z = 2x_1 + 2x_2$，则问题有唯一最优解 $(1, 0)^{\mathrm{T}}$. 因此，可行域无界，但并不一定无最优解．

两个变量的线性规划除了上述情况以外还有没有其他的可能？前面的情形都是可行域非空的，也就是说总是有可行点存在的，这是不是必然的呢？各个线性约束会不会出现矛盾的情况，也就是没有可行解的情况会不会出现呢？其实这也是有可能的．

例 6

$$\begin{aligned} \max z &= x_1 + 2x_2 \\ \text{s.t. } & -x_1 + 2x_2 \geqslant 1 \\ & x_1 + x_2 \leqslant -2 \\ & x_1 \geqslant 0, x_2 \geqslant 0 \end{aligned}$$

这个线性规划问题前两个约束的公共部分是如图 2－8 所示的阴影部分，但是又有两个变量都是非负的约束，因此没有哪个点可以同时满足所有约束．该问题各约束条件所描述的范围没有公共部分，即可行域为空集，也就是说该问题无可行解，也不存在最优解．

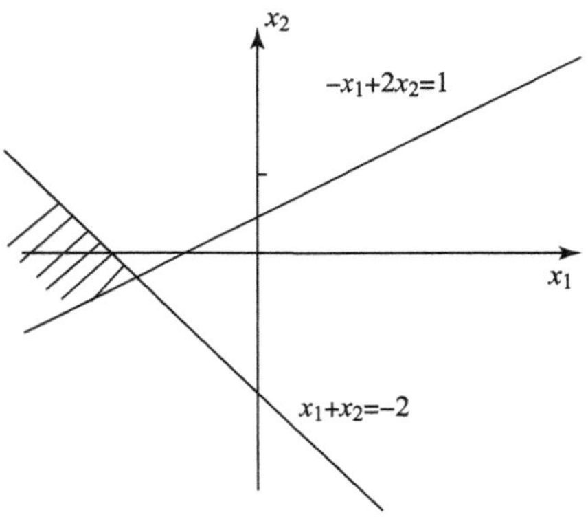

图 2－8　例 6 图解法示意图

对两个变量的线性规划问题除以上的几种情形之外不会有其他的可能了，即只可能出现以下的 3 种情况：

（1）有最优解．在可行域上目标函数能取到最优解．

这种情况又可分为有唯一最优解和无穷多最优解两种．

（2）无界解（无最优解），在可行域内若目标函数取极小则可任意小，即趋向于 $-\infty$，取极大值则可以任意大，即趋向于 $+\infty$．

（3）无可行解．约束条件互相矛盾，可行域为空集．

这些结论是否可以推广到多维的线性规划问题中．因为目标函数和约束条件都是线性函数，所以对于多个变量的线性规划可能的情况也只有 3 种．

对于二维线性规划，我们还可以得出以下直观结论：

（1）可行域可能是一个凸多边形，可能无界，也可能为空集．

（2）若线性规划问题的最优解存在，则它一定可以在可行域的某一个顶点上得到．

（3）若在两个顶点上同时得到最优解，则该两点连线上的所有点都是最优解，即线性规划有无穷多最优解．

（4）若可行域非空有界，则一定有最优解．

根据以上讨论可以看出，我们在求解线性规划时只要求出达到最优值的顶点就可以了，而顶点个数是有限个，问题就变得简单了，但是这个结论如何推广到多个变量的情况呢？

我们来看一下凸多边形的顶点和其他点有什么不同，还是以例 3 的线性规划来看：

$$\begin{aligned} \max z &= 5x_1 + 2x_2 \\ \text{s. t. } 30x_1 + 20x_2 &\leqslant 160 \\ 5x_1 + x_2 &\leqslant 15 \\ x_1 \geqslant 0, x_2 &\geqslant 0 \end{aligned}$$

如图 2－5 所示，我们看到顶点就是可行域凸集的极点，对二维问题来说是两个约束的交点，即把两个约束改为等式然后求解方程组即可得到顶点，选择不同的约束就能得到不同的顶点．如果这些点还满足其他不等式约束，那么就是可行域的顶点，如 O,A,B,C，但是在有些情况下得到的顶点不满足其他不等式，在可行域外，如点 $E\left(\frac{16}{3},0\right)$，这时不等式 $5x_1 + x_2 \leqslant 15$ 不成立，就不是凸多边形的顶点．但是在多维问题中没有几何表示的情况下怎样表示或求出这些顶点呢？

1947 年，丹齐格给出的单纯形法采用了一种非常巧妙的方法来解决这个问题，即将几何中的顶点对应为方程组的解，这样就可以处理多维问题了．为了将不等式约束处理成等式约束方程组的形式，我们需要将线性规划化为统一的标准形，将目标函数为极小、所有变量都是非负变量，而变量非负之外的所有约束都是右端项为正的等式约束的线性规划称为单纯形法的标准形．要用单纯形法求解线性规划都要首先将其化为标准形然后求解．我们首先给出例 3 的线性规划对应的标准形：

$$\begin{aligned} \min z &= -5x_1 - 2x_2 \\ \text{s. t. } 30x_1 + 20x_2 + x_3 &= 160 \\ 5x_1 + x_2 + x_4 &= 15 \\ x_1 \geqslant 0, x_2 \geqslant 0, x_3 &\geqslant 0, x_4 \geqslant 0 \end{aligned}$$

本例化标准形的方法是将除变量非负约束外每个不等式约束加上一个非负变量变为等式．

我们可以看出，标准形中除变量非负约束外，等式约束两个，变量四个，方程组系数矩阵行满秩，因此这是一个不定的方程组，满足方程组的解及变量非负条件的所有点构成了整个可行域．可行域中什么样的点对应顶点呢？从解方程组的角度我们知道，方程组系数矩阵秩为 2，变量个数为 4，则有两个自由未知数可以任意取值，而其他的变量可以通过自由未知数表示出来．比如上例，我们取 x_1, x_2 为自由未知数，并让自由未知数取值为零，求得一个解 $(0, 0, 160, 15)^T$，这个点正好对应图 2-2 的 O 点．如果我们取 x_3, x_4 为自由未知数并取值为零，解为 $(2, 5, 0, 0)^T$，正好对应图上的 B 点．相应地取自由未知数为 x_1, x_3 并取值为零，得对应 C 点 $(0, 8, 0, 7)^T$. 取自由未知数为 x_2, x_4 并取值为零，得对应 A 点 $(3, 0, 70, 0)^T$. 但是如果我们取的自由未知数分别为 x_2, x_3 或者 x_1, x_4 并取值为零，得到的点分别为 $\left(\frac{16}{3}, 0, 0, -\frac{35}{3}\right)^T$，$(0, 15, -140, 0)^T$，因为这样的点不满足所有变量非负的条件，所以不在可行域中，但是在图中也有相应的顶点 E 和 F 与之对应．因此，我们看到一个点是顶点必须满足两个条件，一是自由未知数取零，二是所有变量非负条件都满足．上述结论可以推广到含有 n 个变量的线性规划问题，首先将问题化为标准形，除所有变量非负约束外，其余约束化为等式．假设约束条件行满秩，即约束条件中没有矛盾约束也没有多余约束，那么变量个数 n 大于等于等式约束个数 m．类似于前面的分析，取 $n-m$ 个自由未知数为零，对应的点为顶点，如果还满足所有变量非负的约束就是可行域的顶点了．因此，要用单纯形法求解线性规划的第一步就是将任意一个线性规划化为标准形．

四、线性规划问题的标准形

对单纯形法来说，规定如下形式的线性规划数学模型为标准形

$$
\begin{aligned}
\min z &= c_1x_1 + c_2x_2 + \cdots + c_nx_n \\
\text{s. t. } & a_{11}x_1 + a_{12}x_2 + \cdots + a_{1n}x_n = b_1 \\
& a_{21}x_1 + a_{22}x_2 + \cdots + a_{2n}x_n = b_2 \\
& \cdots \\
& a_{m1}x_1 + a_{m2}x_2 + \cdots + a_{mn}x_n = b_m \\
& x_1, x_2, \cdots, x_n \geqslant 0
\end{aligned}
$$

与线性规划模型一般形式相比，标准形线性规划问题的特点有：

（1）目标函数极小化（min z）；

（2）除变量非负约束外约束条件为等号；

（3）所有变量非负；

（4）右端常数项大等于零．

上述标准形式的线性规划模型还可写成其他形式．

1. 简写形式

$$
\begin{aligned}
\min z &= \sum_{j=1}^{n} c_jx_j \\
\text{s. t. } & \sum_{j=1}^{n} a_{ij}x_j = b_i, i = 1, \cdots, m \\
& x_j \geqslant 0, j = 1, \cdots, n
\end{aligned}
$$

2. 向量或矩阵形式

$$\min z = \boldsymbol{c}^{\mathrm{T}}\boldsymbol{x}$$
$$\text{s. t.} \sum_{j=1}^{n} \boldsymbol{p}_j x_j = \boldsymbol{b}$$
$$x_j \geqslant 0, j = 1, \cdots, n$$

或

$$\min z = \boldsymbol{c}^{\mathrm{T}}\boldsymbol{x}$$
$$\text{s. t.} \ \boldsymbol{A}\boldsymbol{x} = \boldsymbol{b}$$
$$\boldsymbol{x} \geqslant \boldsymbol{0}$$

其中

$$\boldsymbol{c} = \begin{pmatrix} c_1 \\ c_2 \\ \cdots \\ c_n \end{pmatrix}, \boldsymbol{x} = \begin{pmatrix} x_1 \\ x_2 \\ \cdots \\ x_n \end{pmatrix}, \boldsymbol{p}_j = \begin{pmatrix} a_{1j} \\ a_{2j} \\ \cdots \\ a_{mj} \end{pmatrix}, \boldsymbol{b} = \begin{pmatrix} b_1 \\ b_2 \\ \cdots \\ b_m \end{pmatrix}$$

$$\boldsymbol{A} = (\boldsymbol{p}_1, \boldsymbol{p}_2, \cdots, \boldsymbol{p}_n) = \begin{pmatrix} a_{11} & a_{12} & \cdots & a_{1n} \\ a_{21} & a_{22} & \cdots & a_{2n} \\ \cdots & \cdots & & \cdots \\ a_{m1} & a_{m2} & \cdots & a_{mn} \end{pmatrix}$$

3. 集合形式

$$\min_{x \in D} z = \boldsymbol{c}^{\mathrm{T}}\boldsymbol{x}$$

其中，$D = \{\boldsymbol{x} \mid \boldsymbol{A}\boldsymbol{x} = \boldsymbol{b}, \boldsymbol{x} \geqslant \boldsymbol{0}\}$.

将非标准形式的线性规划问题化为标准形式，具体有如下几种情况.

（1）目标函数为 $\max z = \boldsymbol{c}^{\mathrm{T}}\boldsymbol{x}$.

此时可令 $z = -f$，则 $\min z = -\max f$，这样处理所得最优解不变.

（2）约束条件为"≤".

设第 i 个约束为 $\sum_{j=1}^{n} a_{ij}x_j \leqslant b_i$，在约束条件左边加上非负的**松弛变量** x_{n+i}，变为等式约束，即 $\sum_{j=1}^{n} a_{ij}x_j + x_{n+i} = b_i$.

（3）约束条件为"≥".

设第 i 个约束为 $\sum_{j=1}^{n} a_{ij}x_j \geqslant b_i$，在约束条件左边减去非负的**过剩变量（剩余变量）** x_{n+i}，变为等式约束，即 $\sum_{j=1}^{n} a_{ij}x_j - x_{n+i} = b_i$.

（4）若 x_k 为无限制.

令 $x_k = x_{k1} - x_{k2}$，其中 $x_{k1}, x_{k2} \geqslant 0$.

（5）若右端项为负.

设 $b_i < 0$，则约束两端乘以（-1）.

以上各种处理方式所得线性规划问题与原问题等价.

例 7 将下述线性规划问题化为标准形.

$$\begin{aligned} \max z &= -x_1 + 2x_2 - 3x_3 \\ \text{s. t. } & x_1 + x_2 + x_3 \leqslant 7 \\ & x_1 - x_2 + x_3 \geqslant 2 \\ & 3x_1 - x_2 - 2x_3 = 5 \\ & x_1 \geqslant 0, x_2 \geqslant 0, x_3 \text{ 无限制} \end{aligned}$$

解 按照上述方法处理，令 $x_3 = x_4 - x_5$，其中 $x_4 \geqslant 0, x_5 \geqslant 0$. 标准形为

$$\begin{aligned} \min z &= x_1 - 2x_2 + 3x_4 - 3x_5 \\ \text{s. t. } & x_1 + x_2 + x_4 - x_5 + x_6 = 7 \\ & x_1 - x_2 + x_4 - x_5 - x_7 = 2 \\ & 3x_1 - x_2 - 2x_4 + 2x_5 = 5 \\ & x_1, x_2, x_4, x_5, x_6, x_7 \geqslant 0 \end{aligned}$$

下面介绍几个线性规划问题的基本概念. 对于标准形的线性规划

$$\begin{aligned} \min z &= c_1x_1 + c_2x_2 + \cdots + c_nx_n \\ \text{s. t. } & a_{11}x_1 + a_{12}x_2 + \cdots + a_{1n}x_n = b_1 \\ & a_{21}x_1 + a_{22}x_2 + \cdots + a_{2n}x_n = b_2 \\ & \cdots \\ & a_{m1}x_1 + a_{m2}x_2 + \cdots + a_{mn}x_n = b_m \\ & x_1, x_2, \cdots, x_n \geqslant 0 \end{aligned}$$

或者其矩阵形式

$$\begin{aligned} \min z &= \boldsymbol{c}^{\mathrm{T}}\boldsymbol{x} \\ \text{s. t. } & \boldsymbol{Ax} = \boldsymbol{b} \\ & \boldsymbol{x} \geqslant \boldsymbol{0} \end{aligned}$$

对于标准形式的线性规划有如下基本概念:

(1) 可行解.

满足所有约束条件的点 $\boldsymbol{x} = (x_1, x_2, \cdots, x_n)^{\mathrm{T}}$ 称为该线性规划的一个**可行解**.

(2) 最优解.

使目标函数值达到最小的可行解称为该线性规划的**最优解**.

(3) 基、基变量、非基变量.

设约束方程的系数矩阵 $\boldsymbol{A}$ 中，有 m 个线性无关的列向量，不妨设 $\boldsymbol{p}_1$，$\boldsymbol{p}_2$，$\cdots$，$\boldsymbol{p}_m$ 线性无关，令 $\boldsymbol{B} = (\boldsymbol{p}_1, \boldsymbol{p}_2, \cdots, \boldsymbol{p}_m)$，则称 $\boldsymbol{B}$ 为该线性规划的一个**基**；相应的向量 $\boldsymbol{p}_1, \boldsymbol{p}_2, \cdots, \boldsymbol{p}_m$ 称为**基向量**；与之对应的变量 $x_1, x_2, \cdots, x_m$ 称为**基变量**，记为 $\boldsymbol{x}_B = (x_1, x_2, \cdots, x_m)^{\mathrm{T}}$；其余的向量为**非基向量**，记为 $\boldsymbol{N} = (\boldsymbol{p}_{m+1}, \boldsymbol{p}_{m+2}, \cdots, \boldsymbol{p}_n)$；其余的变量为非基变量，记为 $\boldsymbol{x}_N = (x_{m+1}, x_{m+2}, \cdots, x_n)^{\mathrm{T}}$. 如果把非基变量看作自由未知数，那么基变量就可以由非基变量表示出来.

(4) 基本解.

将上述线性规划约束方程 $\boldsymbol{Ax} = \boldsymbol{b}$ 改写成以下形式

$$(\boldsymbol{B}, \boldsymbol{N})\begin{pmatrix} \boldsymbol{x}_B \\ \boldsymbol{x}_N \end{pmatrix} = \boldsymbol{b}$$

从而有

$$Bx_B + Nx_N = b$$

令自由未知数（非基变量）为零，即 $x_N = 0$，得到线性方程组

$$Bx_B = b$$

由于 B 中各列向量线性无关，所以方程组有唯一解，$x_B = B^{-1}b$. 于是得到 $Ax = b$ 的一个确定的解，$x = \begin{pmatrix} B^{-1}b \\ 0 \end{pmatrix}$，称为该线性规划对应于基 B 的一个基本解.

同样，在 A 中任选 m 个线性无关的列向量都可以组成一个基，对应的就有一个基本解. 因此，对于一个线性规划基本解最多有 C_n^m 个，是有限的.

例 8 找出下列线性规划问题所有的基及其对应的基本解，其示意图如图 2－9 所示.

$$\begin{aligned} \min z &= -6x_1 - 4x_2 \\ \text{s.t. } & x_1 + 2x_2 \leqslant 8 \\ & x_2 \leqslant 2 \\ & x_1, x_2 \geqslant 0 \end{aligned}$$

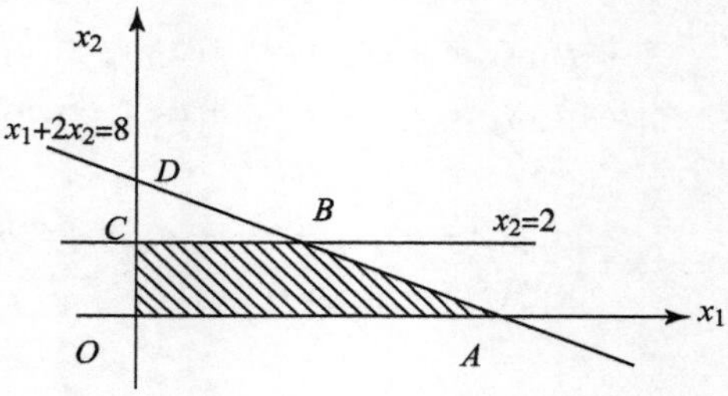

图 2－9 例 8 基本解示意图

解 将线性规划化为标准形

$$\begin{aligned} \min z &= -6x_1 - 4x_2 \\ \text{s.t. } & x_1 + 2x_2 + x_3 = 8 \\ & x_2 + x_4 = 2 \\ & x_1, x_2, x_3, x_4 \geqslant 0 \end{aligned}$$

其中

$$A = \begin{pmatrix} 1 & 2 & 1 & 0 \\ 0 & 1 & 0 & 1 \end{pmatrix} = (p_1, p_2, p_3, p_4)$$

显然，A 中 p_1，p_2 线性无关，从而 p_1，p_2 构成一个基. 令 $B_1 = (p_1, p_2)$，对应的 $x_B = (x_1, x_2)^T$，$x_N = (x_3, x_4)^T$. 这样，在约束方程中令 $x_N = (0,0)^T$，得到以下线性方程组

$$\begin{cases} x_1 + 2x_2 = 8 \\ x_2 = 2 \end{cases}$$

解得 $x_B = (4,2)^T$，这样就得到了满足约束方程组的一个解 $(4, 2, 0, 0)^T$，称为线性规划对应于基 B_1 的**基本解**.

因为 A 中 p_1，p_3 线性相关，所以不能构成一个基，在 $A = (p_1, p_2, p_3, p_4)$ 中任选两个线性无关的列向量，都可以构成一个基，即可得到对应的一个基本解. 该线性规划问题所有基本解如表 2－2 所示.

表 2－2

基	基本解	可行否	目标值	对应图 2－9 中的点
$\boldsymbol{B}_1=(\boldsymbol{p}_1,\boldsymbol{p}_2)$	$\boldsymbol{x}_1=(4,2,0,0)^{\mathrm{T}}$	是	－20	B
$\boldsymbol{B}_2=(\boldsymbol{p}_1,\boldsymbol{p}_4)$	$\boldsymbol{x}_2=(8,0,0,2)^{\mathrm{T}}$	是	－48	A
$\boldsymbol{B}_3=(\boldsymbol{p}_2,\boldsymbol{p}_3)$	$\boldsymbol{x}_3=(0,2,4,0)^{\mathrm{T}}$	是	－8	C
$\boldsymbol{B}_4=(\boldsymbol{p}_2,\boldsymbol{p}_4)$	$\boldsymbol{x}_4=(0,4,0,-2)^{\mathrm{T}}$	否	－16	D
$\boldsymbol{B}_5=(\boldsymbol{p}_3,\boldsymbol{p}_4)$	$\boldsymbol{x}_5=(0,0,8,2)^{\mathrm{T}}$	是	0	O

（5）基本可行解．

设 $\boldsymbol{x}$ 为线性规划问题对应于基 $\boldsymbol{B}$ 的基本解，若满足 $\boldsymbol{x}\geqslant\boldsymbol{0}$，则称 $\boldsymbol{x}$ 为该线性规划问题的一个**基本可行解**，简称基可行解，$\boldsymbol{B}$ 为该线性规划问题的一个可行基．

从上述定义可知，基本解不一定是可行解，基本可行解就是满足非负条件的基本解，或者说既是基本解又是可行解的解．如例 8 中，$\boldsymbol{x}_1$，$\boldsymbol{x}_2$，$\boldsymbol{x}_3$，$\boldsymbol{x}_5$ 为基本可行解，且分别对应于图 2－9 中可行域的四个顶点．

当基本可行解中有一个或多个基变量取零值时，称此解为退化的**基本可行解**．一个线性规划问题，如果它的所有基本可行解都是非退化的，那么称这个线性规划是**非退化的**．对非退化线性规划，可行基和基本可行解之间是一一对应的．

例 9　设某个线性规划问题的约束条件如下：

$$\begin{cases}x_1+x_2\leqslant 10\\ x_1\qquad\ \leqslant 10\\ x_1,x_2\geqslant 0\end{cases}$$

试讨论可行域顶点和基本可行解之间的对应关系．

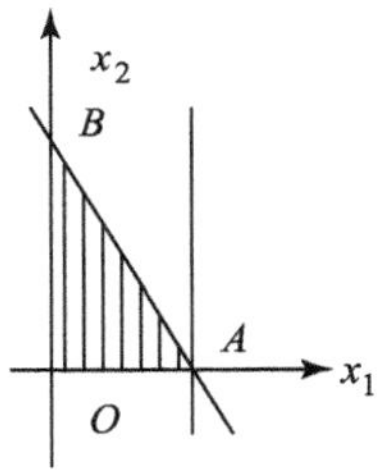

图 2－10　例 9 基本解示意图

解　画出其可行域，可得 3 个顶点 $O(0,0)$，$A(10,0)$，$B(0,10)$，如图 2－10 所示．

将约束条件化为标准形

$$\begin{cases}x_1+x_2+x_3=10\\ x_1+x_4=10\\ x_1,\ x_2,\ x_3,\ x_4\geqslant 0\end{cases}$$

其系数矩阵为

$$\boldsymbol{A}=\begin{pmatrix}1&1&1&0\\1&0&0&1\end{pmatrix}$$

3 个顶点与线性规划的 5 个基本可行解的对应关系如下：

顶点 $O(0,0)$ 对应以 x_3、x_4 为基变量的基本可行解；

顶点 $B(0,10)$ 对应以 x_2、x_4 为基变量的基本可行解；

顶点 $A(10,0)$ 对应以 x_1、x_2，x_1、x_3 或者 x_1、x_4 为基变量的退化基本可行解．

上面这些概念和理论可以用到任意多个变量的情形，我们需要在 n 维空间中证明这些结论．

五、线性规划的基本定理

定理 1 若线性规划可行域非空，则其可行域 $D = \{\boldsymbol{x} \mid \boldsymbol{A}\boldsymbol{x} = \boldsymbol{b}, \boldsymbol{x} \geqslant \boldsymbol{0}\}$ 是凸集．

证明 任取 $\boldsymbol{x},\boldsymbol{y} \in D$，满足 $\boldsymbol{A}\boldsymbol{x} = \boldsymbol{b},\boldsymbol{x} \geqslant \boldsymbol{0},\boldsymbol{A}\boldsymbol{y} = \boldsymbol{b},\boldsymbol{y} \geqslant \boldsymbol{0}$，则对任意的 $\boldsymbol{z} = \alpha\boldsymbol{x} + (1-\alpha)\boldsymbol{y}, 0 \leqslant \alpha \leqslant 1$，有

$$\boldsymbol{A}\boldsymbol{z} = \boldsymbol{A}[\alpha\boldsymbol{x} + (1-\alpha)\boldsymbol{y}] = \alpha\boldsymbol{A}\boldsymbol{x} + (1-\alpha)\boldsymbol{A}\boldsymbol{y} = \alpha\boldsymbol{b} + (1-\alpha)\boldsymbol{b} = \boldsymbol{b}$$

因此，$\boldsymbol{z} = \alpha\boldsymbol{x} + (1-\alpha)\boldsymbol{y} \in D$，即 D 是凸集．

定理 2 线性规划问题的可行解 $\boldsymbol{x} = (x_1, x_2, \cdots, x_n)^{\mathrm{T}}$ 为基本可行解的充要条件是 $\boldsymbol{x}$ 的非零分量所对应的系数矩阵的列向量是线性无关的．

证明 必要性．因为 $\boldsymbol{x}$ 是基本解，由基本解的定义，$\boldsymbol{x}$ 的非零分量所对应的系数矩阵的列向量线性无关，又因为 $\boldsymbol{x}$ 是可行解，所以 $\boldsymbol{x}$ 的非零分量均是正的，所以 $\boldsymbol{x}$ 的正分量所对应的系数矩阵的列向量线性无关．

充分性．设 $\boldsymbol{x}$ 是线性规划问题的可行解，且正分量 $x_1, x_2, \cdots, x_k$ 所对应的列向量 $\boldsymbol{p}_1, \boldsymbol{p}_2, \cdots, \boldsymbol{p}_k$ 也线性无关，则必有 $k \leqslant m$．若 $k = m$，则 $\boldsymbol{p}_1, \boldsymbol{p}_2, \cdots, \boldsymbol{p}_m$ 刚好构成一个基，$\boldsymbol{x}$ 为相应的基本可行解；若 $k < m$，则由线性代数知识，一定可以从其余的 $n-k$ 个系数矩阵的列向量中取出 $m-k$ 个与 $\boldsymbol{p}_1, \boldsymbol{p}_2, \cdots, \boldsymbol{p}_k$ 构成最大线性无关向量组，其对应的基本可行解恰好为 $\boldsymbol{x}$，不过此时的 $\boldsymbol{x}$ 是一个退化的基本可行解．

由此定理可知，若线性规划系数方程矩阵 $\boldsymbol{A}$ 的秩为 m，则任一基可行解的非零分量的个数最多只有 m 个．

定理 3 如果线性规划有可行解，则一定有基本可行解．

证明 设 $\boldsymbol{x}$ 为可行解．不失一般性，设其前 k 个分量为正分量．若系数矩阵的前 k 列线性无关，则 $\boldsymbol{x}$ 为基本可行解．

若系数矩阵的前 $\boldsymbol{k}$ 列线性相关，则存在不全为零的一组数 a_1，a_2，…，a_k，使得下式成立

$$\sum_{j=1}^{k} a_j \boldsymbol{p}_j = \boldsymbol{0}$$

令 $\boldsymbol{a} = (a_1, a_2, \cdots, a_k, 0, \cdots, 0)^{\mathrm{T}}$，对 $\boldsymbol{x}_1 = \boldsymbol{x} + \varepsilon\boldsymbol{a}, \boldsymbol{x}_2 = \boldsymbol{x} - \varepsilon\boldsymbol{a}$，选择充分小 ε 使 $x_j + \varepsilon a_j$，$x_j - \varepsilon a_j$ 至少有一个为0，其余大于等于0，得到新可行解，非零分量减少一个．重复这个过程，直到正分量对应的系数矩阵的列向量线性无关为止．

证毕．

定理 4 线性规划问题的基本可行解对应于可行域的顶点，即一个可行解为基本可行解的充要条件是它为可行域的顶点．

证明 充分性．由定理 1，若 $\boldsymbol{x}$ 是 D 的一个顶点，不失一般性，设 $\boldsymbol{x}$ 的前 k 个分量为正分量．要证明 $\boldsymbol{x}$ 是线性规划的一个基本可行解，只要证明 $\boldsymbol{x}$ 的正分量所对应的系数矩阵的列向量线性无关．

用反证法，如果 $\boldsymbol{x}$ 的正分量所对应的系数矩阵的列向量线性相关，则存在一组不全为零的数 a_1，a_2，…，a_k，满足

$$\sum_{j=1}^{k} a_j \boldsymbol{p}_j = \boldsymbol{0}$$

令 $\boldsymbol{\alpha}=(a_1,a_2,\cdots,a_k,0,\cdots,0)^{\mathrm{T}}$，取足够小的 ε 使得下述两个向量

$$\boldsymbol{x}+\varepsilon\boldsymbol{\alpha}=(x_1,x_2,\cdots,x_k,0,\cdots,0)^{\mathrm{T}}+\varepsilon(a_1,a_2,\cdots,a_k,0,\cdots,0)^{\mathrm{T}}$$

$$\boldsymbol{x}-\varepsilon\boldsymbol{\alpha}=(x_1,x_2,\cdots,x_k,0,\cdots,0)^{\mathrm{T}}-\varepsilon(a_1,a_2,\cdots,a_k,0,\cdots,0)^{\mathrm{T}}$$

的前 k 个分量仍为正分量，则

$$\boldsymbol{x}=\frac{1}{2}(\boldsymbol{x}+\varepsilon\boldsymbol{\alpha})+\frac{1}{2}(\boldsymbol{x}-\varepsilon\boldsymbol{\alpha})$$

这与 $\boldsymbol{x}$ 是 D 的一个顶点矛盾，故 $\boldsymbol{x}$ 是线性规划的一个基本可行解．

必要性．若 $\boldsymbol{x}$ 是线性规划的一个基本可行解，要证明 $\boldsymbol{x}$ 是可行域 D 的一个顶点．

用反证法．设 $\boldsymbol{x}$ 不是可行域 D 的顶点，不失一般性，设

$$\boldsymbol{x}=(x_1,x_2,\cdots,x_m,0,\cdots0)^{\mathrm{T}}$$

根据顶点的定义，存在线性规划问题的另外两个不同的解 $\boldsymbol{x}_1$，$\boldsymbol{x}_2$ 使得

$$\boldsymbol{x}=\alpha\boldsymbol{x}_1+(1-\alpha)\boldsymbol{x}_2,0<\alpha<1$$

成立．因为

$$x_{m+1}=x_{m+2}=\cdots=x_n=0$$

由此推出 $\boldsymbol{x}_1$，$\boldsymbol{x}_2$ 的后 $n-m$ 个分量为零，即

$$x_{m+1}^{(1)}=x_{m+2}^{(1)}=\cdots=x_n^{(1)}=0,$$

$$x_{m+1}^{(2)}=x_{m+2}^{(2)}=\cdots=x_n^{(2)}=0$$

代入问题约束，有

$$\sum_{j=1}^{m}x_j^{(1)}\boldsymbol{p}_j=\boldsymbol{b},\sum_{j=1}^{m}x_j^{(2)}\boldsymbol{p}_j=\boldsymbol{b}.$$

因此

$$\sum_{j=1}^{m}(x_j^{(1)}-x_j^{(2)})\boldsymbol{p}_j=\boldsymbol{0}$$

即 $\boldsymbol{x}$ 的基变量所对应的系数列向量线性相关，与 $\boldsymbol{x}$ 是基本可行解矛盾．因此 $\boldsymbol{x}$ 是可行域 D 的一个顶点．

定理 5　若线性规划问题的最优解存在，则线性规划问题的最优解一定可以在其可行域的某个基本可行解（顶点）上得到．

证明　设 $\boldsymbol{x}=(x_1,x_2,\cdots,x_k,0,\cdots,0)^{\mathrm{T}}$ 为最优解，设其前 k 个分量为正．若系数矩阵的前 k 列线性无关，则 $\boldsymbol{x}$ 为基本可行解，结论成立．否则，存在一组不全为零的数 a_1，a_2，$\cdots$，a_k 使得下式成立

$$\sum_{j=1}^{k}a_j\boldsymbol{p}_j=\boldsymbol{0}$$

令 $\boldsymbol{\alpha}=(a_1,a_2,\cdots,a_k,0,\cdots,0)^{\mathrm{T}}$，对 $\boldsymbol{x}_1=\boldsymbol{x}+\varepsilon\boldsymbol{\alpha},\boldsymbol{x}_2=\boldsymbol{x}-\varepsilon\boldsymbol{\alpha}$，选择充分小 ε 使 $x_j+\varepsilon\alpha_j$，$x_j-\varepsilon\alpha_j$ 至少有一个为 0，其余分量大于等于 0，得到新可行解，非零分量减少一个．由 $\boldsymbol{x}$ 为最优解得

$$\boldsymbol{c}^{\mathrm{T}}(\boldsymbol{x}+\varepsilon\boldsymbol{\alpha})\geqslant\boldsymbol{c}^{\mathrm{T}}\boldsymbol{x}$$

$$\boldsymbol{c}^{\mathrm{T}}(\boldsymbol{x}-\varepsilon\boldsymbol{\alpha})\geqslant\boldsymbol{c}^{\mathrm{T}}\boldsymbol{x}$$

故

$$\boldsymbol{c}^{\mathrm{T}}\boldsymbol{\alpha}=0$$

由此

$$c^{\mathrm{T}}(x+\varepsilon\alpha) = c^{\mathrm{T}}(x-\varepsilon\alpha) = c^{\mathrm{T}}x$$

即得到正分量减少一个的最优解.

重复上述过程，直到正分量对应的系数矩阵的列向量线性无关为止，由此最优解一定可以在基本可行解上达到.

根据上述定理可知：只要线性规划问题有可行解，则它必有基本可行解（顶点），而基本可行解（顶点）的个数是有限的.因此，若线性规划问题有最优解，我们只需在这有限多个基本可行解（顶点）中找到使目标函数取得最小值的那个基本可行解（顶点）即可.求线性规划问题的单纯形方法正是利用了这一思想.

2.2 线性规划单纯形法

下面考虑线性规划标准形

$$\begin{aligned}
\min z &= c_1x_1 + c_2x_2 + \cdots + c_nx_n \\
\text{s.t. } & a_{11}x_1 + a_{12}x_2 + \cdots + a_{1n}x_n = b_1 \\
& a_{21}x_1 + a_{22}x_2 + \cdots + a_{2n}x_n = b_2 \\
& \cdots \\
& a_{m1}x_1 + a_{m2}x_2 + \cdots + a_{mn}x_n = b_m \\
& x_1, x_2, \cdots, x_n \geqslant 0
\end{aligned}$$

的求解方法.由上节的理论分析我们知道，若其有最优解，则一定可以在基本可行解（即可行域顶点）上达到，而基本可行解个数最多为 C_n^m 个，但是如果求出所有基本可行解，则计算量太大了，所以要寻找更有效的、计算量更小的算法.Dantzig（丹齐克）在 1947 年提出的单纯形法就是通过迭代的方法找出最优的基本可行解的.这种方法从一个基本可行解迭代到另一个更优的基本可行解，直到找到最优的基本可行解，或者判定最优解不存在.单纯形法非常有效，一般情况下其迭代次数远远小于基本可行解的个数，该算法一直沿用到今天，仍然是一种常用的算法.

单纯形法的基本思想：在有限的基本可行解中寻找最优解.首先求得一初始基本可行解，并判断其是否为最优解，若是，则停止计算，否则转换到另一个基本可行解，使目标函数值有所改善.如此重复进行，直到得到线性规划问题的最优解，或判断出无最优解为止.

为了更清楚地说明具体算法，我们给出一个简单的例子.

例 1 用单纯形方法求解下列线性规划

$$\begin{aligned}
\max z &= 6x_1 + 4x_2 \\
\text{s.t. } & 2x_1 + 3x_2 \leqslant 100 \\
& 4x_1 + 2x_2 \leqslant 120 \\
& x_1 \geqslant 0, x_2 \geqslant 0
\end{aligned}$$

其可行域如图 2-11 所示.

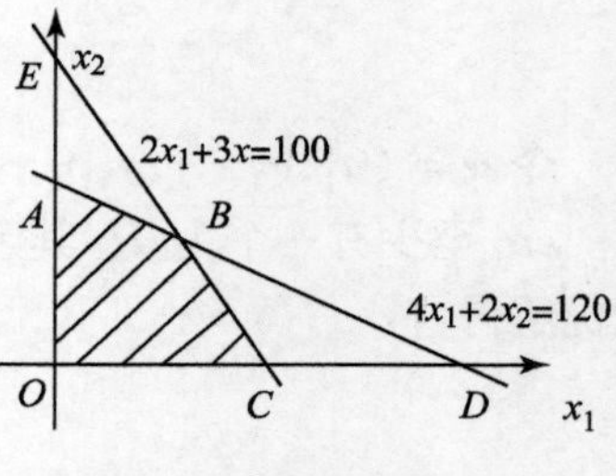

图 2-11 例 1 的可行域

引入松弛变量 x_3，x_4 将线性规划化为标准形

$$\begin{aligned}
\min z &= -6x_1 - 4x_2 \\
\text{s.t. } & 2x_1 + 3x_2 + x_3 \quad\quad = 100
\end{aligned}$$

$$4x_1 + 2x_2 \quad + x_4 = 120$$
$$x_1 \geq 0, x_2 \geq 0, x_3 \geq 0, x_4 \geq 0$$

约束条件系数矩阵为

$$\boldsymbol{A} = \begin{pmatrix} 2 & 3 & 1 & 0 \\ 4 & 2 & 0 & 1 \end{pmatrix} = (\boldsymbol{p}_1, \boldsymbol{p}_2, \boldsymbol{p}_3, \boldsymbol{p}_4)$$

（1）寻找初始可行基.

观察问题的标准形，可以看出 $\boldsymbol{B}_1 = (\boldsymbol{p}_3, \boldsymbol{p}_4) = \begin{pmatrix} 1 & 0 \\ 0 & 1 \end{pmatrix}$ 为初始可行基；

将约束方程写成表格形式：

2	3	1	0	100
4	2	0	1	120

此时基变量为 $\boldsymbol{x}_B = (x_3, x_4)^{\mathrm{T}}$，非基变量 $\boldsymbol{x}_N = (x_1, x_2)^{\mathrm{T}}$，用非基变量 $\boldsymbol{x}_N$ 表示目标函数 z 和基变量 $\boldsymbol{x}_B$，则有

$$\begin{aligned} \min z &= -6x_1 - 4x_2 \\ \text{s. t. } x_3 &= 100 - 2x_1 - 3x_2 \\ x_4 &= 120 - 4x_1 - 2x_2 \end{aligned}$$

令非基变量为零，即 $\boldsymbol{x}_N = (0,0)^{\mathrm{T}}$，得到 $\boldsymbol{x}_B = (100,120)^{\mathrm{T}}$. 因此，$\boldsymbol{x}_1 = (0,0,100,120)^{\mathrm{T}}$ 为线性规划对应于初始可行基 $\boldsymbol{B}_1 = (\boldsymbol{p}_3, \boldsymbol{p}_4)$ 的基本可行解.

现在的问题是：$\boldsymbol{x}_1$ 是否为最优解呢？那么就要看非基变量从取零到取非零值对目标函数的影响. 因为非基变量 x_1 和 x_2 在目标函数中的系数分别为 -6 和 -4，均为负. 因此在 $\boldsymbol{x}_1$ 中，当第一个分量 x_1 增大，即从零变为非零时，问题的目标函数值 z 会相应减小；同样，当 x_2 增大，即从零变为非零时，问题的目标函数值 z 也会相应减小，所以可以看出 $\boldsymbol{x}_1$ 不是最优解.

因此，对于某一基可行解，在用非基变量表示目标函数以后，可用非基变量在目标函数中的系数来判别该基可行解是否为最优解，此时称目标函数中非基变量的系数为**检验数**.

这个检验数的计算也可以在表格中实现，即在前面的表格下面加一底行，把目标函数的系数写在底行中：

2	3	1	0	100
4	2	0	1	120
-6	-4	0	0	0

如果检验数全都大于等于零，则当前基本可行解为最优解. 如果检验数有小于零的，则不是最优基本可行解，需要进行迭代.

（2）寻找可行基 $\boldsymbol{B}_2$，使其对应的基本可行解 $\boldsymbol{x}_2$ 能使目标函数值减少.

为使目标函数值有所改善，在 $\boldsymbol{x}_1$ 中必须使分量 x_1 或 x_2 从零变为非零. 由于 x_1 的系数较小，因此首先选 x_1 从零变为非零，即选 $x_1 > 0, x_2 = 0$，则有 $\boldsymbol{x}_2 = (x_1, 0, x_3, x_4)^{\mathrm{T}}$.

要使 $\boldsymbol{x}_2$ 为基本可行解，x_3，x_4 中必有一个为零，而另一个大于等于零.

当 $x_2=0$ 时，由约束条件有

$$x_3 = 100 - 2x_1$$

$$x_4 = 120 - 4x_1$$

只要取 $x_1=\min\{100/2, 120/4\}=30$，就有 $x_3=40>0$，$x_4=0$，这样 $\boldsymbol{x}_2 = (30,0,40,0)^{\mathrm{T}}$.

显然 $\boldsymbol{x}_2$ 中的非零分量对应的系数列向量 $\boldsymbol{p}_1$，$\boldsymbol{p}_3$ 线性无关，$\boldsymbol{B}_2 = (\boldsymbol{p}_1, \boldsymbol{p}_3)$ 为一个基，因而 $\boldsymbol{x}_2$ 为线性规划对应于 $\boldsymbol{B}_2$ 的基本可行解. 在从 $\boldsymbol{x}_1$ 到 $\boldsymbol{x}_2$ 的变换过程中，x_1 从零变为非零，称为**进基变量**（换入变量）；x_4 从非零变为零，称为**出基变量**（换出变量）.

对于 $\boldsymbol{x}_2$，基变量和非基变量为：$\boldsymbol{x}_B = (x_1, x_3)^{\mathrm{T}}, \boldsymbol{x}_N = (x_2, x_4)^{\mathrm{T}}$. 通过变换用 $\boldsymbol{x}_N$ 描述 $\boldsymbol{x}_B$ 有

$$x_1 = 30 - \frac{1}{2}x_2 - \frac{1}{4}x_4$$

$$x_3 = 40 - 2x_2 + \frac{1}{2}x_4$$

用 $\boldsymbol{x}_N$ 表示目标函数 z

$$z = -180 - x_2 + \frac{3}{2}x_4$$

由于 x_2 在目标函数中的系数为负，所以 $\boldsymbol{x}_2$ 仍然不是最优解.

把这个计算过程写在表格中，上一步的表格是：

2	3	1	0	100	100/2
[4]	2	0	1	120	120/4 (min)
-6	-4	0	0	0	

因为 x_1 为**进基变量**（换入变量），x_4 为**出基变量**（换出变量），所以令主元为第二行第一列的元素，利用行变换把主元所在列化为单位向量，主元变为 1，则表格变为

0	2	1	-1/2	40	
1	1/2	0	1/4	30	
0	-1	0	3/2		

对应新的基本可行解 $\boldsymbol{x}_2$，检验数中有负数，仍要迭代.

(3) 寻找可行基 $\boldsymbol{B}_3$，使其对应的基可行解 $\boldsymbol{x}_3$ 能使目标函数值进一步改善. 根据上述分析，选 x_2 为进基变量，即 $x_2>0$，这样有

$$\boldsymbol{x}_3 = (x_1, x_2, x_3, 0)^{\mathrm{T}}$$

同理，要使 $\boldsymbol{x}_3$ 为基本可行解，x_1，x_3 中必有一个为零，而另一个大于等于零.

当 $x_4=0$ 时，有

$$x_1 = 30 - \frac{1}{2}x_2$$

$$x_3 = 40 - 2x_2$$

只要取 $x_2 = \min\left\{\frac{30}{1/2}, \frac{40}{2}\right\} = 20$ ，就有 $x_1 = 20$，$x_3 = 0$.

这样

$$\boldsymbol{x}_3 = (20,\ 20,\ 0,\ 0)^{\mathrm{T}}$$

显然 $\boldsymbol{p}_1, \boldsymbol{p}_2$ 是线性无关的，因此，$\boldsymbol{B}_3 = (\boldsymbol{p}_1, \boldsymbol{p}_2)$ 为一个基．从而 $\boldsymbol{x}_3$ 为对应于 $\boldsymbol{B}_3$ 的基本可行解，此时 $\boldsymbol{x}_B = (x_1, x_2)^{\mathrm{T}}, \boldsymbol{x}_N = (x_3, x_4)^{\mathrm{T}}$．同样用 $\boldsymbol{x}_N$ 表示目标函数 z 和基变量 $\boldsymbol{x}_B$ ，有

$$z = 200 - \frac{1}{2}x_3 - \frac{5}{4}x_4$$

$$x_1 = 20 + \frac{1}{4}x_3 - \frac{3}{8}x_4$$

$$x_2 = 20 - \frac{1}{2}x_3 + \frac{1}{4}x_4$$

对于 $\boldsymbol{x}_3$，由于用非基变量表示目标函数以后，非基变量在目标函数中的系数为负，所以 $\boldsymbol{x}_3$ 就是该线性规划问题的最优解，相应的目标值为 $z^* = -200$.

用表格形式表示上述过程，上一步的表格如下：

0	[2]	1	-1/2	40	40/2（min）
1	1/2	0	1/4	30	30/（1/2）
0	-1	0	3/2		

根据检验数判定 x_2 为**进基变量**，x_1 为出基变量，于是令主元为第一行第二列的元素，表格变为

0	1	1/2	-1/4	20
1	0	-1/4	3/8	20
0	0	1/2	5/4	

得到的新的基本可行解对应的检验数全大于等于零，因此 $\boldsymbol{x}_3$ 为最优解．

从上述例子可以总结出单纯形法的求解过程（最优解存在的线性规划问题），这个过程可以用表格形式实现：

（1）找一个初始基及其基本可行解；

（2）判断当前基本可行解是否为最优解，如果是，停止，否则转下一步；

（3）转换可行基，并求出相应的基本可行解，使目标函数值有所改进，转（2）．

这个过程可以用于一般的线性规划问题．

一、单纯形法

首先确定初始的基本可行解，确定初始的基本可行解等价于确定初始的可行基，在线性规划标准形中设法得到一个 m 阶单位矩阵 $\boldsymbol{I}$ 作为初始可行基 $\boldsymbol{B}$. 若在化标准形式前，m 个约束方程都是“ $\leqslant$ ”的形式，那么在化标准形时只需在每一个约束不等式左端都加上一个松弛变量 $x_{n+i}(i = 1,2,\cdots,m)$ ，这时恰好有一个初始基本可行解．如果没有一个明显的初始基

可行解．我们后面会给出另外的方法求出初始基本可行解，现在先假定有一个初始基本可行解．设有标准形式的线性规划问题：

$$
\begin{aligned}
\min z &= c_1x_1 + c_2x_2 + \cdots + c_nx_n \\
\text{s. t. }\ & a_{11}x_1 + a_{12}x_2 + \cdots + a_{1n}x_n = b_1 \\
& a_{21}x_1 + a_{22}x_2 + \cdots + a_{2n}x_n = b_2 \\
& \cdots \\
& a_{m1}x_1 + a_{m2}x_2 + \cdots + a_{mn}x_n = b_m \\
& x_1, x_2, \cdots, x_n \geqslant 0
\end{aligned}
$$

假定系数矩阵 $\boldsymbol{A}$ 中存在一可行基 $\boldsymbol{B}$，且 $\boldsymbol{B}$ 为单位矩阵（不妨假设 $\boldsymbol{A}$ 中前 m 列构成 $\boldsymbol{I}$）

$$
\begin{aligned}
& \min z = c_1x_1 + c_2x_2 + \cdots + c_nx_n \\
\text{s. t. }\ & x_1 \qquad\qquad + a_{1(m+1)}x_{m+1} + \cdots + a_{1n}x_n = b_1 \\
& \quad x_2 \qquad\quad + a_{2(m+1)}x_{m+1} + \cdots + a_{2n}x_n = b_2 \\
& \cdots \\
& \qquad\qquad x_m + a_{m(m+1)}x_1 + \cdots + a_{mn}x_n = b_m \\
& x_1, x_2, \cdots, x_n \geqslant 0
\end{aligned}
$$

得到对应于基 $\boldsymbol{B}$ 的基本可行解 $\boldsymbol{x} = (b_1, b_2, \cdots, b_m, 0, \cdots, 0)^{\mathrm{T}}$.

有了一个初始基本可行解之后，接下来判断现行的基本可行解是否最优，如果是，结束；否则寻找一个相邻的基本可行解，使得目标函数下降．按照例 1 中的方法判断当前基本可行解是否为最优解，只要计算出其对应的检验数，如果检验数全部大于等于零，则为最优解，否则不是最优解．为了描述检验数的一般性，这里给出其具体的表达式．

先用非基变量表示基变量，

$$x_i = b_i - \sum_{j=m+1}^{n} a_{ij}x_j, i = 1, \cdots, m$$

用非基变量表示目标函数，得到

$$
\begin{aligned}
z &= \sum_{j=1}^{n} c_jx_j = \sum_{i=1}^{m} c_ix_i + \sum_{j=m+1}^{n} c_jx_j \\
&= \sum_{i=1}^{m} c_i\left(b_i - \sum_{j=m+1}^{n} a_{ij}x_j\right) + \sum_{j=m+1}^{n} c_jx_j \\
&= \sum_{i=1}^{m} c_ib_i + \sum_{j=m+1}^{n} (c_j - \sum_{i=1}^{m} c_ia_{ij})x_j
\end{aligned}
$$

令

$$z_0 = \sum_{i=1}^{m} c_ib_i$$

$$\sigma_j = c_j - \sum_{i=1}^{m} c_ia_{ij}, j = m+1, \cdots, n$$

则

$$z = z_0 + \sum_{j=m+1}^{n} \sigma_jx_j$$

其中，σ_j 就是基本可行解 $\boldsymbol{x}$ 的检验数（$j = m+1$，$\cdots$，n）．

更一般地，设 I 为基变量的下标集，J 为非基变量的下标集，则

$$z_0 = \sum_{i \in I} c_i b_i$$

$$\sigma_j = c_j - \sum_{i \in I} c_i a_{ij}, \ j \in J$$

$$z = z_0 + \sum_{j \in J} \sigma_j x_j$$

这个推导过程也可以用向量矩阵形式表示．设线性规划的标准形为

$$\begin{aligned} &\min \ \boldsymbol{c}^{\mathrm{T}} \boldsymbol{x} \\ &\text{s.t.} \quad \boldsymbol{A}\boldsymbol{x} = \boldsymbol{b} \\ &\qquad \ \ \boldsymbol{x} \geqslant \boldsymbol{0} \end{aligned}$$

记 $\boldsymbol{x}_B, \boldsymbol{x}_N$ 为基变量和非基变量，则可以将线性规划写为

$$\begin{aligned} &\min \ \boldsymbol{c}_B^{\mathrm{T}} \boldsymbol{x}_B + \boldsymbol{c}_N^{\mathrm{T}} \boldsymbol{x}_N \\ &\text{s.t.} \quad \boldsymbol{B}\boldsymbol{x}_B + \boldsymbol{N}\boldsymbol{x}_N = \boldsymbol{b} \\ &\qquad \ \ \boldsymbol{x}_B, \boldsymbol{x}_N \geqslant \boldsymbol{0} \end{aligned}$$

利用非基变量表示基变量

$$\boldsymbol{x}_B = \boldsymbol{B}^{-1}\boldsymbol{b} - \boldsymbol{B}^{-1}\boldsymbol{N}\boldsymbol{x}_N$$

令非基变量取零，则求得一个基本可行解

$$\boldsymbol{x} = \begin{pmatrix} \boldsymbol{B}^{-1}\boldsymbol{b} \\ \boldsymbol{0} \end{pmatrix}$$

相应的目标函数值为

$$z = \boldsymbol{c}^{\mathrm{T}}\boldsymbol{x} = (\boldsymbol{c}_B^{\mathrm{T}}, \boldsymbol{c}_N^{\mathrm{T}}) \begin{pmatrix} \boldsymbol{B}^{-1}\boldsymbol{b} \\ \boldsymbol{0} \end{pmatrix} = \boldsymbol{c}_B^{\mathrm{T}} \boldsymbol{B}^{-1}\boldsymbol{b}$$

要判定 $z = \boldsymbol{c}_B^{\mathrm{T}}\boldsymbol{B}^{-1}\boldsymbol{b}$ 是否已经达到最小值，只需将 $\boldsymbol{x}_B = \boldsymbol{B}^{-1}\boldsymbol{b} - \boldsymbol{B}^{-1}\boldsymbol{N}\boldsymbol{x}_N$ 代入目标函数，于是

$$\begin{aligned} z &= \boldsymbol{c}^{\mathrm{T}}\boldsymbol{x} = (\boldsymbol{c}_B^{\mathrm{T}}, \boldsymbol{c}_N^{\mathrm{T}}) \begin{pmatrix} \boldsymbol{x}_B \\ \boldsymbol{x}_N \end{pmatrix} \\ &= \boldsymbol{c}_B^{\mathrm{T}}\boldsymbol{x}_B + \boldsymbol{c}_N^{\mathrm{T}}\boldsymbol{x}_N = \boldsymbol{c}_B^{\mathrm{T}}(\boldsymbol{B}^{-1}\boldsymbol{b} - \boldsymbol{B}^{-1}\boldsymbol{N}\boldsymbol{x}_N) + \boldsymbol{c}_N^{\mathrm{T}}\boldsymbol{x}_N \\ &= \boldsymbol{c}_B^{\mathrm{T}}\boldsymbol{B}^{-1}\boldsymbol{b} + (\boldsymbol{c}_N^{\mathrm{T}} - \boldsymbol{c}_B^{\mathrm{T}}\boldsymbol{B}^{-1}\boldsymbol{N})\boldsymbol{x}_N \\ &= \boldsymbol{c}_B^{\mathrm{T}}\boldsymbol{B}^{-1}\boldsymbol{b} + \boldsymbol{\sigma}_N^{\mathrm{T}}\boldsymbol{x}_N = \boldsymbol{c}_B^{\mathrm{T}}\boldsymbol{B}^{-1}\boldsymbol{b} + (\sigma_{m+1}, \sigma_{m+2}, \cdots, \sigma_n) \begin{pmatrix} x_{m+1} \\ x_{m+2} \\ \vdots \\ x_n \end{pmatrix} \end{aligned}$$

其中

$$\boldsymbol{\sigma}_N^{\mathrm{T}} = \boldsymbol{c}_N^{\mathrm{T}} - \boldsymbol{c}_B^{\mathrm{T}}\boldsymbol{B}^{-1}\boldsymbol{N} = (\sigma_{m+1}, \sigma_{m+2}, \cdots, \sigma_n)$$

就是非基变量 $\boldsymbol{x}_N$ 的检验向量，它的各个分量就是检验数．若 $\boldsymbol{\sigma}_N$ 的每一个检验数均大于等于0，即 $\boldsymbol{\sigma}_N \geqslant \boldsymbol{0}$，那么现在的基本可行解就是最优解．

利用前面的推导可得到当前基本可行解是否为最优解的判别定理．

定理1　最优解判别定理

对于线性规划问题 $\min z = \boldsymbol{c}^{\mathrm{T}}\boldsymbol{x}, D = \{\boldsymbol{x} \in \mathbf{R}^n \mid \boldsymbol{A}\boldsymbol{x} = \boldsymbol{b}, \boldsymbol{x} \geqslant \boldsymbol{0}\}$，若当前基本可行解 $\boldsymbol{x} =$

$\begin{pmatrix} \boldsymbol{B}^{-1}\boldsymbol{b} \\ \boldsymbol{0} \end{pmatrix}$ 所对应的检验向量 $\boldsymbol{\sigma}_N = \boldsymbol{c}_N^{\mathrm{T}} - \boldsymbol{c}_B^{\mathrm{T}}\boldsymbol{B}^{-1}\boldsymbol{N} \geqslant \boldsymbol{0}$，则这个基本可行解就是最优解.

当最优性满足即所有检验数大于等于零时，如果出现某个非基变量对应的检验数为零，则此时这个非基变量在一定范围内取零或大于零的值对目标函数值没有影响，因此这时线性规划最优解不唯一，即线性规划有无穷多最优解，则得到下面的定理2

定理2 无穷多最优解判别定理

设 $\boldsymbol{x} = \begin{pmatrix} \boldsymbol{B}^{-1}\boldsymbol{b} \\ \boldsymbol{0} \end{pmatrix}$ 是一个基本可行解，如果 $\boldsymbol{x}$ 所对应的检验向量 $\boldsymbol{\sigma}_N = \boldsymbol{c}_N^{\mathrm{T}} - \boldsymbol{c}_B^{\mathrm{T}}\boldsymbol{B}^{-1}\boldsymbol{N} \geqslant \boldsymbol{0}$，并且其中存在一个检验数 $\sigma_{m+k} = 0$，则线性规划问题有无穷多最优解.

证明略.

当最优性条件不满足时，若出现某个非基变量对应检验数小于零，但本列对应约束条件系数都小于等于零，则线性规划无最优解，即无界.

定理3 无最优解（无界）判别定理

设 $\boldsymbol{x} = \begin{pmatrix} \boldsymbol{B}^{-1}\boldsymbol{b} \\ \boldsymbol{0} \end{pmatrix}$ 是一个基本可行解，如果有一个检验数 $\sigma_{m+k} < 0$，但是 $\boldsymbol{B}^{-1}\boldsymbol{p}_{m+k} \leqslant \boldsymbol{0}$，则该线性规划问题无最优解.

证明 在 $\boldsymbol{x} = \begin{pmatrix} \boldsymbol{B}^{-1}\boldsymbol{b} \\ \boldsymbol{0} \end{pmatrix}$ 中令 $x_{m+k} = \lambda(\lambda > 0)$，则得到新的可行解，将此解代入约束条件，得

$$\boldsymbol{x}_B = \boldsymbol{B}^{-1}\boldsymbol{b} - \boldsymbol{B}^{-1}\boldsymbol{p}_{m+k}x_{m+k} = \boldsymbol{B}^{-1}\boldsymbol{b} - \boldsymbol{B}^{-1}\boldsymbol{p}_{m+k}\lambda$$

可以看出，无论 $x_{m+k} = \lambda$ 如何取值，$\boldsymbol{x} = (\boldsymbol{x}_B, \boldsymbol{x}_N)^{\mathrm{T}}$ 都为可行解，其中 $\boldsymbol{x}_N$ 中 $x_{m+k} = \lambda$，其余分量为0，将其代入目标函数，得

$$z = \boldsymbol{c}_B^{\mathrm{T}}\boldsymbol{B}^{-1}\boldsymbol{b} + (\sigma_{m+1}, \cdots, \sigma_{m+k}, \cdots, \sigma_n)\begin{pmatrix} x_{m+1} \\ \vdots \\ \lambda \\ \vdots \\ x_n \end{pmatrix} = \boldsymbol{c}_B^{\mathrm{T}}\boldsymbol{B}^{-1}\boldsymbol{b} + \sigma_{m+k}\lambda$$

因为 $\sigma_{m+k} < 0$，所以当 $\lambda \to +\infty$ 时，$z \to -\infty$，故线性规划无最优解，即无界.

由上面的推理过程可以给出基本可行解的改进方法：

如果现行的基本可行解 $\boldsymbol{x}$ 不是最优解，即在检验向量 $\boldsymbol{\sigma}_N = \boldsymbol{c}_N^{\mathrm{T}} - \boldsymbol{c}_B^{\mathrm{T}}\boldsymbol{B}^{-1}\boldsymbol{N}$ 中存在负的检验数，则需在原基本可行解 $\boldsymbol{x}$ 的基础上寻找一个新的基本可行解，并使目标函数值有所改善.具体做法如下：

先从检验数为负的非基变量中确定一个换入变量，使它从非基变量变成基变量（将它的值从零增至正值），再从原来的基变量中确定一个换出变量，使它从基变量变成非基变量（将它的值从正值减至零）.由此可得一个新的基本可行解，由

$$z = \boldsymbol{c}_B^{\mathrm{T}}\boldsymbol{B}^{-1}\boldsymbol{b} + (\sigma_{m+1}, \sigma_{m+2}, \cdots, \sigma_n)\begin{pmatrix} x_{m+1} \\ x_{m+2} \\ \vdots \\ x_n \end{pmatrix}$$

可知，这样的变换一定能使目标函数值有所减少．因此，**换入变量的确定采用最大减少原则**．假设检验向量

$$\boldsymbol{\sigma}_N^{\mathrm{T}} = \boldsymbol{c}_N^{\mathrm{T}} - \boldsymbol{c}_B^{\mathrm{T}}\boldsymbol{B}^{-1}\boldsymbol{N} = (\sigma_{m+1},\sigma_{m+2},\cdots,\sigma_n)^{\mathrm{T}}$$

选取最小负检验数所对应的非基变量为换入变量，即若

$$\min\{\sigma_j \mid \sigma_j < 0, m+1 \leqslant j \leqslant n\} = \sigma_{m+k}$$

则选取 x_{m+k} 为换入变量，由于 $\sigma_{m+k} < 0$ 且为最小，所以可使目标函数值最大限度地减少．

换出变量的确定则采用最小比值原则，如果确定 x_{m+k} 为换入变量，方程

$$\boldsymbol{x}_B = \boldsymbol{B}^{-1}\boldsymbol{b} - \boldsymbol{B}^{-1}\boldsymbol{N}\boldsymbol{x}_N$$

可以写成

$$\boldsymbol{x}_B = \boldsymbol{B}^{-1}\boldsymbol{b} - \boldsymbol{B}^{-1}\boldsymbol{p}_{m+k}x_{m+k}$$

式中，$\boldsymbol{p}_{m+k}$ 为 $\boldsymbol{A}$ 中与 x_{m+k} 对应的系数列向量．现在需在 $\boldsymbol{x}_B = (x_1, x_2, \cdots, x_m)^{\mathrm{T}}$ 中确定一个基变量为换出变量．当 x_{m+k} 由零慢慢增加到某个值时，$\boldsymbol{x}_B$ 的非负性可能被打破．为保持解的可行性，可以按最小比值原则确定换出变量．若

$$\min\left\{\frac{(\boldsymbol{B}^{-1}\boldsymbol{b})_i}{(\boldsymbol{B}^{-1}\boldsymbol{p}_{m+k})_i} \,\middle|\, (\boldsymbol{B}^{-1}\boldsymbol{p}_{m+k})_i > 0, 1 \leqslant i \leqslant m\right\} = \frac{(\boldsymbol{B}^{-1}\boldsymbol{b})_l}{(\boldsymbol{B}^{-1}\boldsymbol{p}_{m+k})_l}$$

则选取基变量 x_l 为换出变量．

为了便于计算，通常采用例 1 的单纯形表的形式，每步迭代都是通过行变换实现的．

二、单纯形表

对于线性规划标准形，设初始可行基为 $\boldsymbol{B} = (\boldsymbol{p}_1, \boldsymbol{p}_2, \cdots, \boldsymbol{p}_m)$，对应的基变量为 $\boldsymbol{x}_B = (x_1, x_2, \cdots, x_m)^{\mathrm{T}}$，非基变量为 $\boldsymbol{x}_N = (x_{m+1}, x_{m+2}, \cdots, x_n)^{\mathrm{T}}$，则对应的单纯形表如下：

$\boldsymbol{B}$	$\boldsymbol{N}$	$\boldsymbol{b}$
$\boldsymbol{c}_B^{\mathrm{T}}$	$\boldsymbol{c}_N^{\mathrm{T}}$	

利用初等行变换将基矩阵变为单位阵 $\boldsymbol{I}$，则最后一列为当前的基变量取值，最后一行为检验数，即

$\boldsymbol{I}$	$\boldsymbol{B}^{-1}\boldsymbol{N}$	$\boldsymbol{B}^{-1}\boldsymbol{b}$
$\boldsymbol{0}$	$\boldsymbol{c}_N^{\mathrm{T}} - \boldsymbol{c}_B^{\mathrm{T}}\boldsymbol{B}^{-1}\boldsymbol{N}$	

根据检验数的情况可以判断当前基可行解是否为最优解，如果不是的话，则寻找负的检验数，进行进基、离基的迭代，利用行变换得到下一个更优的基可行解，或判断无界．迭代过程中始终保持系数矩阵中包含单位阵 $\boldsymbol{I}$，虽然各单位向量所在的列不固定，但是始终有 m 个单位向量．具体可见下面例题．

例 2　用单纯形方法求解线性规划问题

$$\begin{aligned}
\min z &= -x_1 - 2x_2 \\
\text{s.t. } & x_1 + x_3 = 4 \\
& x_2 + x_4 = 3 \\
& x_1 + 2x_2 + x_5 = 8
\end{aligned}$$

$$x_j \geqslant 0, \quad j = 1,2,3,4,5$$

解：题目中有一个初始基可行解，$(0, 0, 4, 3, 8)^T$，因为初始基可行解的检验数是利用目标函数系数得到的，所以第一个单纯形表格上面加了一行，就是目标函数的系数，对这个题目来说，目标函数的系数与检验数一致，因为目标函数中不含基变量，迭代过程如下：

-1	-2	0	0	0		
1	0	1	0	0	4	
0	[1]	0	1	0	3	3/1 (min)
1	2	0	0	1	8	8/2
-1	-2	0	0	0		

1	0	1	0	0	4	4/1
0	1	0	1	0	3	
[1]	0	0	-2	1	2	2/1 (min)
-1	0	0	2	0		

0	0	1	[2]	-1	2	2/2 (min)
0	1	0	1	0	3	3/1
1	0	0	-2	1	2	
0	0	0	0	1		

此时，所有检验数非负，因此我们得到最优解 $\boldsymbol{x}^* = (2,3,2,0,0)^T$，对应的最优值 $z^* = -8$

因为非基变量 x_4 的检验数 $\sigma_4 = 0$，由无穷多最优解判别定理，本例的线性规划问题存在无穷多个最优解．事实上若以 x_4 为换入变量，以 x_3 为换出变量，再进行一次迭代，可得以下单纯形表：

0	0	$\frac{1}{2}$	1	$-\frac{1}{2}$	2
0	1	$-\frac{1}{2}$	0	$\frac{1}{2}$	3
1	0	1	0	0	2
0	0	0	0	1	

于是 $\boldsymbol{x}^* = (2, 3, 0, 2, 0)^T$ 也是最优解，最优值 $z^* = -8$ 不变．

例 3　用单纯形法求解线性规划

$$\max z = 2x_1 + x_2$$
$$\text{s.t.}\ -x_1 + x_2 \leqslant 5$$
$$2x_1 - 5x_2 \leqslant 10$$
$$x_1, x_2 \geqslant 0$$

解　引入松弛变量 x_3，x_4，将线性规划化为标准形

$$\min z = -2x_1 - x_2$$
$$\text{s.t.}\ -x_1 + x_2 + x_3 = 5$$
$$2x_1 - 5x_2 + x_4 = 10$$
$$x_1, x_2, x_3, x_4 \geqslant 0$$

用单纯形表实现：

-2	-1	0	0		
-1	1	1	0	5	—
[2]	-5	0	1	10	10/2（min）
-2	-1	0	0		

0	-3/2	1	1/2	10
1	-5/2	0	1/2	5
0	-6	0	1	

因为 $\sigma_2 < 0$，且 $\boldsymbol{p}_2 \leqslant \boldsymbol{0}$，所以该线性规划（无最优解）有无界解．

三、人工变量法

上述单纯形法的基础是假定线性规划问题有初始基本可行解．如约束条件全部为“$\leqslant$”的线性规划问题，化为标准形以后，就存在初始可行基．但是对于标准形式的线性规划问题约束方程系数矩阵中不存在现成的初始可行基，则不能简单地用上述单纯形法，而需要采用所谓的人工变量法．

将线性规划问题化为标准形后，如果约束方程组中包含一个单位矩阵 $\boldsymbol{I}$，那么已经得到了一个初始可行基．否则在约束方程组的左边加上若干个非负的人工变量，使人工变量对应的系数列向量与其他变量的系数列向量共同构成一个单位矩阵．以单位矩阵为初始基，即可求得一个初始的基本可行解．

例 4　线性规划问题约束条件为

$$\begin{cases} x_1 + x_2 \geqslant 2 \\ -x_1 + x_2 \geqslant 1 \\ x_2 \leqslant 3 \\ x_1, x_2 \geqslant 0 \end{cases}$$

引入松弛变量 x_3，x_4，x_5 将其化为标准形

$$\begin{cases} x_1 + x_2 - x_3 = 2 \\ -x_1 + x_2 - x_4 = 1 \\ x_2 + x_5 = 3 \\ x_j \geqslant 0,\ j = 1,2,3,4,5 \end{cases}$$

增加人工变量 x_6，x_7，构造出一个初始基本可行解

$$\begin{cases} x_1 + x_2 - x_3 + x_6 = 2 \\ -x_1 + x_2 - x_4 + x_7 = 1 \\ x_2 + x_5 = 3 \\ x_j \geqslant 0, j = 1,2,3,4,5,6,7 \end{cases}$$

加入人工变量后的约束方程组与原约束方程组是不等价的．加上人工变量以后，线性规划的基本可行解不一定是原线性规划问题的基本可行解．只有当基本可行解中所有人工变量都为取零值的非基变量时，该基本可行解对原线性规划才有意义．此时只需去掉基本可行解中的人工变量部分，剩余部分即为原线性规划的一个基本可行解，而这正是我们引入人工变量的主要目的．

考虑一般情况，对于标准形式的线性规划问题的约束条件（问题 A）

$$\begin{cases} a_{11}x_1 + a_{12}x_2 + \cdots + a_{1n}x_n = b_1 \\ a_{21}x_1 + a_{22}x_2 + \cdots + a_{2n}x_n = b_2 \\ \cdots \\ a_{m1}x_1 + a_{m2}x_2 + \cdots + a_{mn}x_n = b_m \\ x_1, x_2, \cdots, x_n \geqslant 0 \end{cases}$$

若其约束方程的系数矩阵中不存在现成的初始可行基，则引入人工变量 x_{n+1}，…，x_{n+m}，构造如下形式的线性规划问题约束条件（问题 B）

$$\begin{cases} a_{11}x_1 + a_{12}x_2 + \cdots + a_{1n}x_n + x_{n+1} = b_1 \\ a_{21}x_1 + a_{22}x_2 + \cdots + a_{2n}x_n + x_{n+2} = b_2 \\ \cdots \\ a_{m1}x_1 + a_{m2}x_2 + \cdots + a_{mn}x_n + x_{n+m} = b_m \\ x_1, x_2, \cdots, x_{n+m} \geqslant 0 \end{cases}$$

初始基本可行解 $\boldsymbol{x}_0 = (0,0,\cdots,0,b_1,b_2,\cdots,b_m)^{\mathrm{T}}$ 对原线性规划没有意义的，但是我们可以从它出发进行单纯形法迭代，迭代过程中一旦人工变量离基，就不允许其再一次进基．人工变量法一般有大 M 法和两阶段法．

（一）大 M 法

为了求得原问题的初始基本可行解，必须尽快通过迭代过程将人工变量从基变量中替换出来成为非基变量，为此可以在目标函数中赋予人工变量一个绝对值很大的系数 M. 计算方法与单纯形表解法相同，在计算中 M 只需认定是一个很大的正数即可．

将求解问题

$$\min z = \sum_{j=1}^{n} c_j x_j$$

$$\text{s. t.}\ \sum_{j=1}^{n} a_{ij}x_j = b_i, i = 1,2,\cdots,m$$
$$x_j \geqslant 0, j = 1,2,\cdots.,n$$

转化为求解

$$\min\ \bar{z} = \sum_{j=1}^{n} c_j x_j + M\sum_{j=n+1}^{n+m} x_j$$
$$\text{s. t.}\ \sum_{j=1}^{n} a_{ij}x_j + x_{n+i} = b_i, i = 1,2,\cdots,m$$
$$x_j \geqslant 0, j = 1,2,\cdots,n+m$$

求解问题 B 迭代结果有以下 4 种可能：

(1) 有最优解，且在最优解中人工变量都为零，则得到原问题的最优解．

(2) 有最优解，但最优解中有人工变量不为零，那么该线性规划就不存在可行解．

(3) 无界，且最终单纯形表格中所有的人工变量为零，那么该线性规划无界．

(4) 无界，且最终单纯形表格中有人工变量为非零的基变量，则原线性规划无可行解．

下面给出几个对应的例子．

例 5　用单纯形法（大 M 法）求解下列线性规划

$$\begin{aligned} \max\ z &= 3x_1 - 2x_2 - x_3 \\ \text{s. t.}\ & x_1 - 2x_2 + x_3 \leqslant 11 \\ & -4x_1 + x_2 + 2x_3 \geqslant 3 \\ & -2x_1 + x_3 = 1 \\ & x_1, x_2, x_3 \geqslant 0 \end{aligned}$$

解　引入松弛变量 x_4，x_5 将线性规划化为标准形式

$$\begin{aligned} \min z &= -3x_1 + 2x_2 + x_3 \\ \text{s. t.}\ & x_1 - 2x_2 + x_3 + x_4 = 11 \\ & -4x_1 + x_2 + 2x_3 - x_5 = 3 \\ & -2x_1 + x_3 = 1 \\ & x_1, x_2, x_3, x_4, x_5 \geqslant 0 \end{aligned}$$

显然上述标准形式的线性规划问题没有现成的初始可行基．观察可知，需要在第二、三个约束方程中分别加入人工变量 x_6、x_7，构造如下线性规划问题

$$\begin{aligned} \min\ z &= -3x_1 + 2x_2 + x_3 + Mx_6 + Mx_7 \\ \text{s. t.}\ & x_1 - 2x_2 + x_3 + x_4 = 11 \\ & -4x_1 + x_2 + 2x_3 - x_5 + x_6 = 3 \\ & -2x_1 + x_3 + x_7 = 1 \\ & x_1, x_2, x_3, x_4, x_5, x_6, x_7 \geqslant 0 \end{aligned}$$

用单纯形表进行计算：

−3	1	1	0	0	M	M	
1	−2	1	1	0	0	0	11
−4	1	2	0	−1	1	0	3
−2	0	[1]	0	0	0	1	1
$-3+6M$	$1-M$	$1-3M$	0	M	0	0	

初始单纯形表格中，第一行为目标函数系数，最后一行为检验数.

3	−2	0	1	0	0	−1	10
0	[1]	0	0	−1	1	−2	1
−2	0	1	0	0	0	1	1
−1	$1-M$	0	0	M	0	$3M-1$	

[3]	0	0	1	−2	2	−5	12
0	1	0	0	−1	1	−2	1
−2	0	1	0	0	0	1	1
−1	0	0	0	1	$M-1$	$M+1$	

1	0	0	1/3	−2/3	2/3	−5/3	4
0	1	0	0	−1	1	−2	1
0	0	1	2/3	−4/3	4/3	−7/3	9
0	0	0	1/3	1/3	$M-1/3$	$M-2/3$	

由于 $\sigma_j \geqslant 0(j=1, \cdots, 7)$，且基变量中不含人工变量，故 $\boldsymbol{x}^* = (4, 1, 9)^{\mathrm{T}}$，$z^* = 2$.

例 6 用单纯形法（大 M 法）求解下列线性规划

$$
\begin{aligned}
\max z &= 3x_1 + 2x_2 \\
\text{s.t. } & 2x_1 + x_2 \leqslant 2 \\
& 3x_1 + 4x_2 \geqslant 12 \\
& x_1, x_2 \geqslant 0
\end{aligned}
$$

解 化为标准形式后引入人工变量 x_5，得到

$$
\begin{aligned}
\min z &= -3x_1 - 2x_2 + Mx_5 \\
\text{s.t. } & 2x_1 + x_2 + x_3 = 2 \\
& 3x_1 + 4x_2 - x_4 + x_5 = 12 \\
& x_1, x_2, x_3, x_4, x_5 \geqslant 0
\end{aligned}
$$

用单纯形表计算.

-3	-2	0	0	M	
2	[1]	1	0	0	2
3	4	0	-1	1	12
$-3-3M$	$-2-4M$	0	M	0	

2	1	1	0	0	2
-5	0	-4	-1	1	4
$1+5M$	0	$2+4M$	M	0	

从表中可以看出，虽然检验数均非负，但基变量中含有非零的人工变量 $x_5=4$，所以原问题无可行解．

例 7　用单纯形法（大 M 法）求解下列线性规划

$$\begin{aligned} \min z &= -x_1-x_2 \\ \text{s.t. } & x_1-x_2-x_3=1 \\ & -x_1+x_2+2x_3-x_4=1 \\ & x_1,x_2,x_3,x_4 \geqslant 0 \end{aligned}$$

解　问题已经是标准形式；上述标准形式的线性规划问题没有现成的初始可行基．加入人工变量 x_5、x_6，构造如下线性规划问题

$$\begin{aligned} \min z &= -x_1-x_2+Mx_5+Mx_6 \\ \text{s.t. } & x_1-x_2-x_3+x_5=1 \\ & -x_1+x_2+2x_3-x_4+x_6=1 \\ & x_1,x_2,x_3,x_4,x_5,x_6 \geqslant 0 \end{aligned}$$

用单纯形表进行计算：

-1	-1	0	0	M	M	
1	-1	-1	0	1	0	1
-1	1	[2]	-1	0	1	1
-1	-1	$-M$	M	0	0	

$\left[\frac{1}{2}\right]$	$-\frac{1}{2}$	0	$-\frac{1}{2}$	1	$\frac{1}{2}$	$\frac{3}{2}$
$-\frac{1}{2}$	$\frac{1}{2}$	1	$-\frac{1}{2}$	0	$\frac{1}{2}$	$\frac{1}{2}$
$-1-\frac{M}{2}$	$-1+\frac{M}{2}$	0	$\frac{M}{2}$	0	$\frac{M}{2}$	

1	-1	0	-1	2	1	3
0	0	1	-1	1	1	2
0	-2	0	-1	$M+2$	$M+1$	

在最终单纯形表中，由于 x_5, x_6 都是非基变量，还有 $\sigma_2 < 0$，且 $a_{i2} \leqslant 0(i=1,2)$，故原问题无下界.

例 8 用单纯形法（大 M 法）求解下列线性规划

$$\min z = -x_1 - x_2$$
$$\text{s.t. } x_1 - x_2 \geqslant 1$$
$$-x_1 + x_2 \geqslant 1$$
$$x_1, x_2 \geqslant 0$$

解 引入松弛变量 x_3，x_4，将线性规划化为标准形式

$$\min z = -x_1 - x_2$$
$$\text{s.t. } x_1 - x_2 - x_3 \quad = 1$$
$$-x_1 + x_2 \quad - x_4 = 1$$
$$x_1, x_2, x_3, x_4 \geqslant 0$$

加入人工变量 x_5、x_6，构造如下线性规划问题

$$\min z = -x_1 - x_2 + Mx_5 + Mx_6$$
$$\text{s.t. } x_1 - x_2 - x_3 \quad + x_5 \quad = 1$$
$$-x_1 + x_2 \quad - x_4 \quad + x_6 = 1$$
$$x_1, x_2, x_3, x_4, x_5, x_6 \geqslant 0$$

用单纯形表进行计算：

-1	-1	0	0	M	M	
[1]	-1	-1	0	1	0	1
-1	1	0	-1	0	1	1
-1	-1	M	M	0	0	

1	-1	-1	0	1	0	1
0	0	-1	-1	1	1	2
0	-2	$-1+M$	M	1	0	

在最终单纯形表格中，因为有 $\sigma_2 < 0$，$a_{i2} \leqslant 0$（$i=1$，2），并且 x_6 是非零基变量，所以原问题无可行解.

对于加入了人工变量后线性规划问题的求解还可以采用两阶段法.

（二）两阶段法

对于标准形式的线性规划问题（问题 A）

$$\min z = \sum_{j=1}^{n} c_j x_j$$

$$\text{s.t.}\ \sum_{j=1}^{n} a_{ij}x_j = b_i, i = 1,2,\cdots,m$$
$$x_j \geqslant 0, j = 1,2,\cdots,n$$

若其约束方程的系数矩阵中不存在现成的初始可行基，则引入**人工变量** x_{n+1}，…，x_{n+m}，构造如下**辅助线性规划问题**（问题 C）

$$\min w = \sum_{j=n+1}^{n+m} x_j$$
$$\text{s.t.}\ \sum_{j=1}^{n} a_{ij}x_j + x_{n+i} = b_i, i = 1,2,\cdots,m$$
$$x_j \geqslant 0, j = 1,2,\cdots,n+m$$

关于问题 C 的几点结论：

（1）由于问题 C 为极小化问题，有初始基本可行解且目标函数有下界，因此问题 C 肯定有最优解 .

（2）设已求得问题 C 的最优解，若问题 C 的最优解所对应目标函数值 $w>0$，则原问题 A 无可行解；若 $w=0$，则得到原问题 A 的一个基本可行解 .

因此，问题的求解有如下两阶段：

第一阶段　用单纯形法求解辅助线性规划问题 C，若问题 C 的目标函数值 $w=0$，则得到原线性规划问题的基可行解，于是转向第二阶段；若问题 C 的目标函数值 $w>0$，则原线性规划问题无可行解，计算停止 .

第二阶段　把第一阶段的辅助线性规划问题 C 的最优解作为原问题的初始基本可行解，用单纯形法继续求解 .

第一阶段　迭代结果有以下 3 种可能：

（1）一旦所有的人工变量都从基变量迭代出来，变成非基变量，我们就求得了原线性规划问题的一个初始的基本可行解，此时可以把所有人工变量剔除，开始正式进入求原线性规划最优解的过程 .

（2）如果最优单纯形表的基变量中仍含有人工变量，且人工变量非零，那么该线性规划不存在可行解 .

（3）如果最优单纯形表的基变量中仍含有人工变量，且人工变量为零，则考虑该人工变量为基变量的行，如果非基变量对应系数有非零的，则以该系数为主元再迭代一次，使得这个人工变量成为非基变量；如果该行非基变量对应的系数全为零，则该行对应约束为多余约束，去掉这一行和这一列，继续计算 .

例 9　用两阶段法求例 5.

解　构造辅助线性规划问题

$$\begin{aligned}
&\min w = x_6 + x_7\\
&\text{s.t.}\ x_1 - 2x_2 + x_3 + x_4 = 11\\
&\quad -4x_1 + x_2 + 2x_3 - x_5 + x_6 = 3\\
&\quad -2x_1 + x_3 + x_7 = 1\\
&x_1, x_2, x_3, x_4, x_5, x_6, x_7 \geqslant 0
\end{aligned}$$

利用单纯形法求解该辅助线性规划问题：

0	0	0	0	0	1	1	
1	−2	1	1	0	0	0	11
−4	1	2	0	−1	1	0	3
−2	0	[1]	0	0	0	1	1
6	−1	−3	0	1	0	0	

3	−2	0	1	0	0	−1	10
0	[1]	0	0	−1	1	−2	1
−2	0	1	0	0	0	1	1
0	−1	0	0	1	0	3	

3	0	0	1	−2	2	−5	12
0	[1]	0	0	−1	1	−2	1
−2	0	1	0	0	0	1	1
0	0	0	0	0	1	1	

在上述最优单纯形表中，基变量中已无人工变量，且 $w^*=0$. 消去第一阶段最优单纯形表中人工变量所在列，并将目标函数的系数换成原线性规划问题相应的系数，进行第二阶段的单纯形迭代，计算过程如下：

3	−1	−1	0	0	
[3]	0	0	1	−2	12
0	1	0	0	−1	1
−2	0	1	0	0	1
1	0	0	0	−1	

1	0	0	1/3	−2/3	4
0	1	0	0	−1	1
0	0	1	2/3	−4/3	9
0	0	0	−1/3	−1/3	

得到与例 5 同样的结果 .

例 10 用单纯形法（两阶段法）求解下列线性规划

$$\begin{aligned} \max\ z &= 3x_1+2x_2 \\ \text{s.t.}\ & 2x_1+x_2\leqslant 2 \\ & 3x_1+4x_2\geqslant 12 \\ & x_1,x_2\geqslant 0 \end{aligned}$$

解　化为标准形式后引入人工变量 x_5，得到辅助线性规划

$$\min w = x_5$$
$$\text{s.t. } 2x_1 + x_2 + x_3 = 2$$
$$3x_1 + 4x_2 - x_4 + x_5 = 12$$
$$x_1, x_2, x_3, x_4, x_5 \geqslant 0$$

用单纯形法计算：

0	0	0	0	1	
2	[1]	1	0	0	2
3	4	0	-1	1	12
-3	-4	0	1	0	

2	1	1	0	0	2
-5	0	-4	-1	1	4
5	0	4	1	0	

从表中可以看出，虽然检验数均非负，但基变量中含有非零的人工变量 $x_5=4$，所以原问题无可行解．

例 11　用单纯形法（两阶段法）求解下列线性规划

$$\min z = -x_1 + 2x_2 - 3x_3$$
$$\text{s.t. } x_1 + x_2 + x_3 = 6$$
$$-x_1 + x_2 + 2x_3 = 4$$
$$2x_1 + 3x_3 = 10$$
$$x_3 \leqslant 2$$
$$x_1, x_2, x_3 \geqslant 0$$

解　化为标准形式

$$\min z = -x_1 + 2x_2 - 3x_3$$
$$\text{s.t. } x_1 + x_2 + x_3 = 6$$
$$-x_1 + x_2 + 2x_3 = 4$$
$$2x_1 + 3x_3 = 10$$
$$x_3 + x_4 = 2$$
$$x_1, x_2, x_3, x_4 \geqslant 0$$

显然上述标准形式的线性规划问题没有现成的初始可行基．观察可知，需要在前三个约束方程中分别加入人工变量 x_5、x_6、x_7，构造如下辅助线性规划问题

$$\min w = x_5 + x_6 + x_7$$
$$\text{s.t. } x_1 + x_2 + x_3 + x_5 = 6$$
$$-x_1 + x_2 + 2x_3 + x_6 = 4$$
$$2x_1 + 3x_3 + x_7 = 10$$
$$x_3 + x_4 = 2$$

$$x_1, x_2, x_3, x_4, x_5, x_6, x_7 \geqslant 0$$

用单纯形法进行计算：

0	0	0	0	1	1	1	
1	1	1	0	1	0	0	6
-1	1	2	0	0	1	0	4
0	2	3	0	0	0	1	10
0	0	[1]	1	0	0	0	2
0	-4	-6	0	0	0	0	

1	1	0	-1	1	0	0	4
-1	[1]	0	-2	0	1	0	0
0	2	0	-3	0	0	1	4
0	0	1	1	0	0	0	2
0	-4	0	6	0	0	0	

[2]	0	0	1	1	-1	0	4
-1	1	0	-2	0	1	0	0
2	0	0	1	0	-2	1	4
0	0	1	1	0	0	0	2
-4	0	0	-2	0	4	0	

1	0	0	$\frac{1}{2}$	$\frac{1}{2}$	$-\frac{1}{2}$	0	2
0	1	0	$-\frac{3}{2}$	$\frac{1}{2}$	$\frac{1}{2}$	0	2
0	0	0	0	-1	-1	1	0
0	0	1	1	0	0	0	2
0	0	0	0	2	2	0	

得到辅助线性规划的最优解 $(2, 2, 2, 0, 0, 0, 0)^T$，最优目标函数值为零，但是此时基变量中含有人工变量 x_7，考虑本行系数，发现除人工变量外其他变量的系数都为零，故这是一个多余方程，去掉多余方程，再去掉人工变量，得到原问题的一个可行解，进入第二阶段：

-1	2	-3	0	
1	0	0	$\frac{1}{2}$	2
0	1	0	$-\frac{3}{2}$	2
0	0	1	1	2
0	0	0	$\frac{13}{2}$	

得到问题的最优解 $\boldsymbol{x}^* = (2,2,2,0)^{\mathrm{T}}$.

例 12　用单纯形法（两阶段法）求解下列线性规划：

$$\min z = x_1 + 2x_2 + 3x_3$$
$$x_1 - x_2 - x_3 \geqslant 4$$
$$x_2 - x_3 \geqslant 2$$
$$x_1 + x_2 + 3x_3 \leqslant 8$$
$$x_1, x_2, x_3 \geqslant 0$$

解　化为标准形式

$$\min z = x_1 + 2x_2 + 3x_3$$
$$x_1 - x_2 - x_3 - x_4 = 4$$
$$x_2 - x_3 - x_5 = 2$$
$$x_1 + x_2 + 3x_3 + x_6 = 8$$
$$x_1, x_2, x_3, x_4, x_5, x_6 \geqslant 0$$

加入人工变量 x_7、x_8，构造如下辅助线性规划问题

$$\begin{aligned} \min w &= x_7 + x_8 \\ \text{s. t. } & x_1 - x_2 - x_3 - x_4 + x_7 = 4 \\ & x_1 + x_2 + 3x_3 + x_6 = 8 \\ & x_2 - x_3 - x_5 + x_8 = 2 \\ & x_1, x_2, x_3, x_4, x_5, x_6, x_7, x_8 \geqslant 0 \end{aligned}$$

用单纯形表进行计算，计算过程如下：

0	0	0	0	0	0	1	1	
[1]	-1	-1	-1	0	0	1	0	4
1	1	3	0	0	1	0	0	8
0	1	-1	0	-1	0	0	1	2
-1	0	2	1	1	0	0	0	

1	-1	-1	-1	0	0	1	0	4
0	[2]	4	1	0	1	-1	0	4
0	1	-1	0	-1	0	0	1	2
0	-1	1	0	1	0	1	0	

1	0	1	$-\frac{1}{2}$	0	$\frac{1}{2}$	$\frac{1}{2}$	0	6
0	1	2	$\frac{1}{2}$	0	$\frac{1}{2}$	$-\frac{1}{2}$	0	2
0	0	-3	$-\frac{1}{2}$	-1	$-\frac{1}{2}$	$\frac{1}{2}$	1	0
0	0	3	$\frac{1}{2}$	1	$\frac{1}{2}$	$\frac{1}{2}$	0	

得到辅助线性规划的最优解为 $(6, 2, 0, 0, 0, 0, 0, 0)^T$，最优目标函数值为零，但是此时基变量中含有人工变量 x_8，考虑本行系数，发现除人工变量外多个变量的系数非零，$a_{32} \neq 0$，$a_{33} \neq 0$，$a_{34} \neq 0$，$a_{35} \neq 0$，可任取其中一个作主元进行计算，不妨取 a_{35}，则得到原问题的一个可行解.

1	0	1	$-\frac{1}{2}$	0	$\frac{1}{2}$	$\frac{1}{2}$	0	6
0	1	2	$\frac{1}{2}$	0	$\frac{1}{2}$	$-\frac{1}{2}$	0	2
0	0	3	$\frac{1}{2}$	1	$\frac{1}{2}$	$-\frac{1}{2}$	-1	0
0	0	0	0	1	0	1	0	

得到辅助线性规划的最优解仍为 $(6, 2, 0, 0, 0, 0, 0, 0)^T$，最优目标函数值为零，但是此时基变量中不再含有人工变量，去掉人工变量，得到原问题的一个可行解，进入第二阶段：

1	2	3	0	0	0	
1	0	1	$-\frac{1}{2}$	0	$\frac{1}{2}$	6
0	1	2	$\frac{1}{2}$	0	$\frac{1}{2}$	2
0	0	[3]	$\frac{1}{2}$	1	$\frac{1}{2}$	0
0	0	-2	$-\frac{1}{2}$	0	$-\frac{3}{2}$	

1	0	0	$-\frac{2}{3}$	$-\frac{1}{3}$	$\frac{1}{3}$	6
0	1	0	$\frac{1}{6}$	$-\frac{2}{3}$	$\frac{1}{6}$	2
0	0	1	$\frac{1}{6}$	$\frac{1}{3}$	$\left[\frac{1}{6}\right]$	0
0	0	0	$-\frac{1}{6}$	$\frac{2}{3}$	$-\frac{7}{6}$	

1	0	-2	-1	-1	0	6
0	1	-1	0	-1	0	2
0	0	6	1	2	1	0
0	0	7	1	4	0	

最后得到问题的最优解 $\boldsymbol{x}^* = (6,2,0,0,0,0)^{\mathrm{T}}$.

四、退化与循环

单纯形法计算中用最小比值规则确定出基变量时，有时存在两个或两个以上相同的最小比值，这样在下一次迭代中就有一个或几个基变量等于零，这就出现了所谓的**退化解**，这样的线性规划问题称为退化的线性规划问题．此时出基变量如果为零，迭代后目标函数不变，这时不同基表示为同一顶点．理论上当线性规划问题出现退化时，用单纯形法计算有可能会出现**循环**，即进行多次迭代，而基从 B_1，B_2，…，又返回到 B_1，永远达不到最优解．1955年，比尔（E. M. Beale）给出了如下退化与循环的例子，即

$$\min w = -\frac{3}{4}x_1 + 150x_2 - \frac{1}{50}x_3 + 6x_4$$

$$\text{s.t.} \begin{cases} \frac{1}{4}x_1 - 60x_2 - \frac{1}{25}x_3 + 9x_4 + x_5 = 0 \\ \frac{1}{2}x_1 - 90x_2 - \frac{1}{50}x_3 + 3x_4 + x_6 = 0 \\ x_3 + x_7 = 1 \\ x_1, \cdots, x_7 \geqslant 0 \end{cases}$$

用单纯形法求解，经过 6 次转换，就回到初始基可行解上，其基变量的转换次序为：$(x_5, x_6, x_7) \to (x_1, x_6, x_7) \to (x_1, x_2, x_7) \to (x_3, x_2, x_7) \to (x_3, x_4, x_7) \to (x_5, x_4, x_7) \to (x_5, x_6, x_7)$．为了解决循环的问题，历史上出现过好几种办法．1952 年查尼期（A. Charnes）提出了摄动法，1954 年丹齐克等人提出了字典法，但这些方法规则比较复杂，不便应用．1976 年，勃兰特（R. G. Bland）提出了一种简便的规则，简称勃兰特规则，具体为：进基变量选取时选取检验数小于零的、检验数中下标最小的变量进基，而离基变量选取时若有两个或两个以上最小比值则选取下标最小的变量离基．可以证明，按照勃兰特规则计

算时，一定能避免出现循环. 大量计算实践表明，退化是常见的，而循环则极少出现，至今还没有发现任何一个实际问题是循环的，一般计算机程序中也不采用克服的方法，这些方法的意义主要是为了理论上的完美.

五、线性规划多项式算法简介

针对一种模型可以有各种算法，衡量算法好坏的一个重要标准是该算法的计算次数或者计算时间. 显然计算次数或者计算时间跟问题规模有关，如果存在 n（问题变量的个数）和 L（输入数据的字节数）的一个多项式函数 $P(n,L)$，使得该算法求解任何实例都在计算时间（或次数）$T = O(P(n,L))$ 之内完成，则称该模型存在多项式算法，而 $O(P(n,L))$ 称为算法的计算复杂性. 一般说来，多项式算法被认为是好的算法，其计算量的增长随问题规模的增长不会太快，而不存在这样一个多项式界的算法称为指数型算法，例如 $T = O(2^n)$ 的算法就是指数型算法.

在丹齐克创立单纯形法之后，Klee 和 Minty 在 1972 年通过一个病态的例子说明单纯形法在最坏的情况下计算时间是呈现指数量级增长的，因此不是一个多项式算法. 1979 年，苏联数学家哈奇扬给出了一个解线性规划的椭球算法，并从理论上证明了该算法为多项式算法，其计算复杂性为 $O(n^6L^2)$，但是这种算法比较复杂，所以应用较少. 1984 年，卡玛卡（Karmarkar）给出了一个新的线性规划多项式算法，其计算复杂性为 $O(n^{3.5}L^2)$，大大改进了哈奇扬的结果，而且在实际应用中也非常有效，因此得到了广泛的重视. 卡玛卡算法是一个内点算法，由此在优化领域掀起了一股内点算法的研究高潮. 单纯形法虽然理论上来说最坏情形下不是多项式算法，但是通常情况下它的计算步骤并不多，在概率意义上它是多项式算法，因此单纯形法仍然是相当有效的算法，目前仍被广泛采用.

2.3 线性规划对偶问题

线性规划早期发展过程中的最为重要的理论成果之一就是线性规划的对偶问题及其相关理论的提出. 线性规划的对偶理论是解释资源的影子价格、线性规划问题灵敏度分析等的理论基础.

对偶理论是线性规划的重要内容之一. 对应于每个线性规划问题都伴生一个相应的对偶线性规划问题. 原问题和对偶问题紧密关联，它们不但有相同的数据集合、相同的最优目标函数值，而且在求得一个线性规划最优解的同时，也同步得到对偶线性规划的最优解.

由对偶问题引申出来的对偶解还有着重要的经济意义，是研究经济学的重要概念和工具之一.

一、对偶问题的提出

例 1 某工厂生产甲、乙两种产品，这两种产品需要在 A、B、C 三种不同设备上加工. 每种甲、乙产品在不同设备上加工所需的台时，它们销售后所能获得的利润，以及这三种设备在计划期内能提供的有限台时数均列于表 2－3. 试问如何安排生产计划，可使该厂所获得利润达到最大.

表 2-3

设备	每吨产品的加工台时		可供台时数
	甲	乙	
A	3	4	36
B	5	4	40
C	9	8	76
利润/(元·吨$^{-1}$)	32	30	

在这个生产计划问题中，从安排生产使企业利润最大的角度考虑，若用 x_1、x_2 分别代表甲、乙两种产品的生产数量，则问题的数学模型为以下线性规划：

问题 A

$$\begin{aligned} \max z &= 32x_1 + 30x_2 \\ \text{s. t. } & 3x_1 + 4x_2 \leqslant 36 \\ & 5x_1 + 4x_2 \leqslant 40 \\ & 9x_1 + 8x_2 \leqslant 76 \\ & x_1 \geqslant 0, x_2 \geqslant 0 \end{aligned}$$

现在从另一个角度考虑，即企业不安排生产，而转让三种资源，应如何给三种资源定价？

设 y_1、y_2、y_3 分别代表 A、B、C 三种资源的价格，即转让每种资源单位数量所获收益．对于决策者，首先会考虑以下两个条件：

约束条件 1：生产一件产品甲所耗资源数量转让所得总收益不能低于一件产品甲所获利润，即

$$3y_1 + 5y_2 + 9y_3 \geqslant 32$$

约束条件 2：生产一件产品乙所耗资源数量转让所得总收益不能低于一件产品乙所获利润，即

$$4y_1 + 4y_2 + 8y_3 \geqslant 30$$

而企业将现有三种资源全部转让所得总收益，即目标函数为

$$w = 36y_1 + 40y_2 + 76y_3$$

从经济的角度看，A、B、C 三种资源的转让是与企业利用这三种资源进行最优生产进行比较的，因此，企业的决策者可以从这种比较中了解在不低于企业最优生产所获利润条件下使得总转让价格达到最低，以具有最大的市场竞争力，这样问题的目标函数就要求为极小化．因此问题的数学模型为以下线性规划：

问题 B

$$\begin{aligned} \min w &= 36y_1 + 40y_2 + 76y_3 \\ \text{s. t. } & 3y_1 + 5y_2 + 9y_3 \geqslant 32 \\ & 4y_1 + 4y_2 + 8y_3 \geqslant 30 \\ & y_1 \geqslant 0, y_2 \geqslant 0, y_3 \geqslant 0 \end{aligned}$$

称问题 B 为问题 A 的对偶问题，问题 A 为原始问题．

将问题 A 写成向量矩阵形式：

$$\max z = (32,30)\begin{pmatrix} x_1 \\ x_2 \end{pmatrix}$$

$$\text{s.t.} \begin{pmatrix} 3 & 4 \\ 5 & 4 \\ 9 & 8 \end{pmatrix}\begin{pmatrix} x_1 \\ x_2 \end{pmatrix} \leqslant \begin{pmatrix} 36 \\ 40 \\ 76 \end{pmatrix}$$

$$\begin{pmatrix} x_1 \\ x_2 \end{pmatrix} \geqslant \mathbf{0}$$

同时将问题 B 写成向量矩阵形式：

$$\min w = (36,40,76)\begin{pmatrix} y_1 \\ y_2 \\ y_3 \end{pmatrix}$$

$$\text{s.t.} \begin{pmatrix} 3 & 5 & 9 \\ 4 & 4 & 8 \end{pmatrix}\begin{pmatrix} y_1 \\ y_2 \\ y_3 \end{pmatrix} \geqslant \begin{pmatrix} 32 \\ 30 \end{pmatrix}$$

$$\begin{pmatrix} y_1 \\ y_2 \\ y_3 \end{pmatrix} \geqslant \mathbf{0}$$

我们可以看到原始规划与对偶规划具有非常密切的关系，其目标函数系数与约束条件右端项恰好互换，约束条件系数矩阵互为转置矩阵．求解两个问题可得：

问题 A：$\boldsymbol{x}^* = \left(\frac{4}{3},8\right)^{\mathrm{T}}$，$\max z = 282\frac{2}{3}$.

问题 B：$\boldsymbol{y}^* = \left(\frac{7}{6},0,\frac{19}{6}\right)^{\mathrm{T}}$，$\min w = 282\frac{2}{3}$.

问题 A、B 的最优值是相等的．

推广到一般问题，考虑如下具有不等式约束的线性规划问题

$$\begin{aligned} &\min z = \boldsymbol{c}^{\mathrm{T}}\boldsymbol{x} \\ &\text{s.t. } \boldsymbol{A}\boldsymbol{x} \geqslant \boldsymbol{b} \\ &\quad\ \ \boldsymbol{x} \geqslant \mathbf{0} \end{aligned}$$

其对偶问题定义为

$$\begin{aligned} &\max w = \boldsymbol{b}^{\mathrm{T}}\boldsymbol{y} \\ &\text{s.t. } \boldsymbol{A}^{\mathrm{T}}\boldsymbol{y} \leqslant \boldsymbol{c} \\ &\quad\ \ \boldsymbol{y} \geqslant \mathbf{0} \end{aligned}$$

前者称为原始问题，后者称为对偶问题．写成分量形式为

原始问题

$$\begin{aligned} &\min z = c_1x_1 + c_2x_2 + \cdots + c_nx_n \\ &\text{s.t. } a_{11}x_1 + a_{12}x_2 + \cdots + a_{1n}x_n \geqslant b_1 \\ &\quad\ \ a_{21}x_1 + a_{22}x_2 + \cdots + a_{2n}x_n \geqslant b_2 \\ &\quad\ \ \cdots \end{aligned}$$

$$a_{m1}x_1 + a_{m2}x_2 + \cdots + a_{mn}x_n \geqslant b_m$$
$$x_1, x_2, \cdots, x_n \geqslant 0$$

对偶问题

$$\begin{aligned} \max w &= b_1y_1 + b_2y_2 + \cdots + b_my_m \\ \text{s.t. } & a_{11}y_1 + a_{21}y_2 + \cdots + a_{m1}y_n \leqslant c_1 \\ & a_{12}y_1 + a_{22}y_2 + \cdots + a_{m2}x_n \leqslant c_2 \\ & \cdots \\ & a_{1n}y_1 + a_{2n}y_2 + \cdots + a_{mn}y_n \leqslant c_n \\ & y_1, y_2, \cdots, y_m \geqslant 0 \end{aligned}$$

关于互为对偶的两个线性规划，有以下的结论：

定理 1　（对合性）对偶问题的对偶问题是原始问题 .

证明　设原始问题为

$$\begin{aligned} \min z &= \boldsymbol{c}^{\mathrm{T}}\boldsymbol{x} \\ \text{s.t. } & \boldsymbol{A}\boldsymbol{x} \geqslant \boldsymbol{b} \\ & \boldsymbol{x} \geqslant \boldsymbol{0} \end{aligned}$$

对偶问题为

$$\begin{aligned} \max w &= \boldsymbol{b}^{\mathrm{T}}\boldsymbol{y} \\ \text{s.t. } & \boldsymbol{A}^{\mathrm{T}}\boldsymbol{y} \leqslant \boldsymbol{c} \\ & \boldsymbol{y} \geqslant \boldsymbol{0} \end{aligned}$$

改写对偶问题为

$$\begin{aligned} \min -w &= -\boldsymbol{b}^{\mathrm{T}}\boldsymbol{y} \\ \text{s.t. } & -\boldsymbol{A}^{\mathrm{T}}\boldsymbol{y} \geqslant -\boldsymbol{c} \\ & \boldsymbol{y} \geqslant \boldsymbol{0} \end{aligned}$$

则对偶问题的对偶问题为

$$\begin{aligned} \max -z &= -\boldsymbol{c}^{\mathrm{T}}\boldsymbol{x} \\ \text{s.t. } & -\boldsymbol{A}\boldsymbol{x} \leqslant -\boldsymbol{b} \\ & \boldsymbol{x} \geqslant \boldsymbol{0} \end{aligned}$$

该问题等价于

$$\begin{aligned} \min z &= \boldsymbol{c}^{\mathrm{T}}\boldsymbol{x} \\ \text{s.t. } & \boldsymbol{A}\boldsymbol{x} \geqslant \boldsymbol{b} \\ & \boldsymbol{x} \geqslant \boldsymbol{0} \end{aligned}$$

即两个线性规划问题互为对偶 . 事实上，任一个线性规划问题都有一个线性规划问题与之对偶，二者互为对偶关系 . 上述形式的对偶称为对称形式 .

定理 2　若原始线性规划问题的第 $k(1 \leqslant k \leqslant m)$ 个约束为等式约束，即

$$a_{k1}x_1 + a_{k2}x_2 + \cdots + a_{kn}x_n = b_k$$

则其对偶线性规划的第 k 个变量 y_k 为自由变量 .

证明　原始线性规划的第 k 个等式约束等价于

$$a_{k1}x_1 + a_{k2}x_2 + \cdots + a_{kn}x_n \geqslant b_k$$
$$-a_{k1}x_1 - a_{k2}x_2 - \cdots - a_{kn}x_n \geqslant -b_k$$

则原始线性规划可写为下面形式，每个约束后的变量为对偶变量

$$
\begin{aligned}
\min z &= c_1x_1 + c_2x_2 + \cdots + c_nx_n \\
\text{s.t. } & a_{11}x_1 + a_{12}x_2 + \cdots + a_{1n}x_n \geqslant b_1 \qquad y_1 \\
& \cdots \\
& a_{k1}x_1 + a_{k2}x_2 + \cdots + a_{kn}x_n \geqslant b_k \qquad y'_k \\
& -a_{k1}x_1 - a_{k2}x_2 - \cdots - a_{kn}x_n \geqslant -b_k \quad y''_k \\
& \cdots \\
& a_{m1}x_1 + a_{m2}x_2 + \cdots + a_{mn}x_n \geqslant b_m \qquad y_m \\
& x_1, x_2, \cdots, x_n \geqslant 0
\end{aligned}
$$

则对偶规划为

$$
\begin{aligned}
\max w &= b_1y_1 + \cdots + b_ky'_k - b_ky''_k + \cdots + b_my_m \\
\text{s.t. } & a_{11}y_1 + \cdots + a_{k1}y'_k - a_{k1}y''_k + \cdots + a_{m1}y_m \leqslant c_1 \\
& \cdots \\
& a_{1l}y_1 + \cdots + a_{kl}y'_k - a_{kl}y''_k + \cdots + a_{ml}y_m \leqslant c_l \\
& \cdots \\
& a_{1n}y_1 + \cdots + a_{kn}y'_k - a_{kn}y''_k + \cdots + a_{mn}y_m \leqslant c_n \\
& y_1, \cdots, y'_k, y''_k, \cdots, y_m \geqslant 0
\end{aligned}
$$

令 $y_k = y'_k - y''_k$，则 y_k 为自由变量．

推论 若原始线性规划问题的第 $k(1 \leqslant k \leqslant m)$ 个变量 y_k 为自由变量，则其对偶线性规划的第 k 个约束为等式约束．

更进一步有，对于线性规划问题：

$$
\begin{aligned}
\min z &= \boldsymbol{c}^{\mathrm{T}}\boldsymbol{x} \\
\text{s.t. } \boldsymbol{Ax} &= \boldsymbol{b} \\
\boldsymbol{x} &\geqslant \boldsymbol{0}
\end{aligned}
$$

其对偶问题为

$$
\begin{aligned}
\max w &= \boldsymbol{b}^{\mathrm{T}}\boldsymbol{y} \\
\text{s.t. } \boldsymbol{A}^{\mathrm{T}}\boldsymbol{y} &\leqslant \boldsymbol{c} \\
& y \text{ 无限制}
\end{aligned}
$$

这种形式的对偶称为非对称形式．

根据以上分析，线性规划原始问题与对偶问题的关系可用表 2－4 描述．从任何一个线性规划出发，都可以给出相应的对偶规划．

表 2－4

原始问题（或对偶问题）		对偶问题（或原始问题）	
目标函数	$\max z$	$\min w$	目标函数
变量	n 个 $\geqslant 0$ $\leqslant 0$ 无约束	n 个 $\geqslant$ $\leqslant$ $=$	约束条件

续表

原始问题（或对偶问题）		对偶问题（或原始问题）	
目标函数	max z	min w	目标函数
约束条件	m 个 $\leqslant$ $\geqslant$ $=$	m 个 $\geqslant 0$ $\leqslant 0$ 无约束	变量
约束条件右端常数项		目标函数变量系数	
目标函数变量系数		约束条件右端常数项	

例 2　写出下列线性规划问题的对偶问题

$$
\begin{aligned}
\max z &= 2x_1 + 2x_2 - 4x_3 \\
\text{s. t. }\ & x_1 + 3x_2 + 3x_3 \leqslant 30 \\
& 4x_1 + 2x_2 + 4x_3 \leqslant 80 \\
& x_1 \geqslant 0, x_2 \geqslant 0, x_3 \geqslant 0
\end{aligned}
$$

解　其对偶问题为

$$
\begin{aligned}
\min w &= 30y_1 + 80y_2 \\
\text{s. t. }\ & y_1 + 4y_2 \geqslant 2 \\
& 3y_1 + 2y_2 \geqslant 2 \\
& 3y_1 + 4y_2 \geqslant -4 \\
& y_1 \geqslant 0, y_2 \geqslant 0
\end{aligned}
$$

例 3　写出下列线性规划问题的对偶问题

$$
\begin{aligned}
\min z = & \quad 2x_1 + 8x_2 - 4x_3 \\
\text{s. t. }\ & x_1 + 3x_2 - 3x_3 \geqslant 30 \\
& -x_1 + 5x_2 + 4x_3 = 80 \\
& 4x_1 + 2x_2 - 4x_3 \leqslant 50 \\
& x_1 \leqslant 0, x_2 \geqslant 0
\end{aligned}
$$

解　其对偶问题为

$$
\begin{aligned}
\max w = & \quad 30y_1 + 80y_2 + 50y_3 \\
\text{s. t. }\ & y_1 - y_2 + 4y_3 \geqslant 2 \\
& 3y_1 + 5y_2 + 2y_3 \leqslant 8 \\
& -3y_1 + 4y_2 - 4y_3 = -4 \\
& y_1 \geqslant 0, y_3 \leqslant 0
\end{aligned}
$$

下面给出互为对偶的两个线性规划性质，证明采用对称形式对偶或非对称形式对偶，其实二者是一致的，可以互推.

二、对偶问题的基本定理

定理 3（弱对偶定理）　设 $\bar{x}$ 是原始问题

$$
\min z = \boldsymbol{c}^{\mathrm{T}}\boldsymbol{x}
$$

$$\text{s.t.}\ \boldsymbol{Ax} \geqslant \boldsymbol{b}$$
$$\boldsymbol{x} \geqslant \boldsymbol{0}$$

的可行解，$\bar{y}$ 是其对偶问题

$$\max w = \boldsymbol{b}^{\mathrm{T}}\boldsymbol{y}$$
$$\text{s.t.}\ \boldsymbol{A}^{\mathrm{T}}\boldsymbol{y} \leqslant \boldsymbol{c}$$
$$\boldsymbol{y} \geqslant \boldsymbol{0}$$

的可行解，则有 $\boldsymbol{c}^{\mathrm{T}}\bar{\boldsymbol{x}} \geqslant \boldsymbol{b}^{\mathrm{T}}\bar{\boldsymbol{y}}$.

证 由 $\bar{\boldsymbol{x}}$ 、$\bar{\boldsymbol{y}}$ 分别为原问题和对偶问题的可行解的条件可知

$$\boldsymbol{A}\bar{\boldsymbol{x}} \geqslant \boldsymbol{b}, \bar{\boldsymbol{x}} \geqslant \boldsymbol{0}, \boldsymbol{A}^{\mathrm{T}}\bar{\boldsymbol{y}} \leqslant \boldsymbol{c}, \bar{\boldsymbol{y}} \geqslant \boldsymbol{0}$$

于是

$$\boldsymbol{c}^{\mathrm{T}}\bar{\boldsymbol{x}} \geqslant \bar{\boldsymbol{y}}^{\mathrm{T}}\boldsymbol{A}\bar{\boldsymbol{x}} \geqslant \bar{\boldsymbol{y}}^{\mathrm{T}}\boldsymbol{b}$$

原始（极小化）问题的最优目标函数值以对偶问题任一可行解的目标函数值为下界，对偶（极大化）问题的最优目标函数值以原始问题任一可行解的目标函数值为上界.

推论 1 如果原始问题没有下界（即 $\min z \to -\infty$），则对偶问题不可行.

如果对偶问题没有上界（即 $\max w \to +\infty$），则原始问题不可行.

综上，若原始问题与对偶问题之一无界，则另一个无可行解.

定理 4（最优性定理） 设 $\bar{\boldsymbol{x}}$ 是原始问题

$$\min z = \boldsymbol{c}^{\mathrm{T}}\boldsymbol{x}$$
$$\text{s.t.}\ \boldsymbol{Ax} \geqslant \boldsymbol{b}$$
$$\boldsymbol{x} \geqslant \boldsymbol{0}$$

的可行解，$\bar{\boldsymbol{y}}$ 是其对偶问题

$$\max w = \boldsymbol{b}^{\mathrm{T}}\boldsymbol{y}$$
$$\text{s.t.}\ \boldsymbol{A}^{\mathrm{T}}\boldsymbol{y} \leqslant \boldsymbol{c}$$
$$\boldsymbol{y} \geqslant \boldsymbol{0}$$

的可行解，若 $\boldsymbol{c}^{\mathrm{T}}\bar{\boldsymbol{x}} = \boldsymbol{b}^{\mathrm{T}}\bar{\boldsymbol{y}}$，则 $\bar{\boldsymbol{x}}$ 、$\bar{\boldsymbol{y}}$ 分别是它们的最优解.

证明 设 $\tilde{\boldsymbol{x}}$ 是原始问题的任一可行解，由弱对偶定理可知

$$\boldsymbol{c}^{\mathrm{T}}\tilde{\boldsymbol{x}} \geqslant \boldsymbol{b}^{\mathrm{T}}\bar{\boldsymbol{y}} = \boldsymbol{c}^{\mathrm{T}}\bar{\boldsymbol{x}}$$

故 $\bar{\boldsymbol{x}}$ 为原始问题的最优解. 同理可证 $\bar{\boldsymbol{y}}$ 为对偶问题的最优解.

定理 5（对偶定理） 若原始问题

$$\min z = \boldsymbol{c}^{\mathrm{T}}\boldsymbol{x}$$
$$\text{s.t.}\ \boldsymbol{Ax} = \boldsymbol{b}$$
$$\boldsymbol{x} \geqslant \boldsymbol{0}$$

有最优解，则其对偶问题

$$\max w = \boldsymbol{b}^{\mathrm{T}}\boldsymbol{y}$$
$$\text{s.t.}\ \boldsymbol{A}^{\mathrm{T}}\boldsymbol{y} \leqslant \boldsymbol{c}$$
$$\boldsymbol{y}\ \text{无限制}$$

一定有最优解，且二者的目标函数值相等.

证明 设 $\boldsymbol{x}^*$ 是原始问题（min）的最优解，对应的基为 $\boldsymbol{B}$，则必有

$$\boldsymbol{c}^{\mathrm{T}} - \boldsymbol{c}_{\mathrm{B}}^{\mathrm{T}}\boldsymbol{B}^{-1}\boldsymbol{A} \geqslant \boldsymbol{0}$$

若定义

$$\boldsymbol{y}^{*\mathrm{T}} = \boldsymbol{c}_B^{\mathrm{T}}\boldsymbol{B}^{-1}$$

则

$$\boldsymbol{A}^{\mathrm{T}}\boldsymbol{y}^{*} \leqslant \boldsymbol{c}$$

因此 $\boldsymbol{y}$ 为对偶问题的可行解，而且

$$\boldsymbol{c}^{\mathrm{T}}\boldsymbol{x}^{*} = \boldsymbol{c}_B^{\mathrm{T}}\boldsymbol{B}^{-1}\boldsymbol{b} = \boldsymbol{y}^{*\mathrm{T}}\boldsymbol{b}$$

由最优性定理，

$$\boldsymbol{y}^{*\mathrm{T}} = \boldsymbol{c}_B^{\mathrm{T}}\boldsymbol{B}^{-1}$$

是对偶问题的最优解 .

定理 6　设 $\bar{\boldsymbol{x}}$ 是满足原始问题

$$\begin{aligned} \min z &= \boldsymbol{c}^{\mathrm{T}}\boldsymbol{x} \\ \text{s. t. } \boldsymbol{A}\boldsymbol{x} &= \boldsymbol{b} \\ \boldsymbol{x} &\geqslant \boldsymbol{0} \end{aligned}$$

的最优性条件的一个基本解，则其对应的线性规划问题的检验数对应对偶问题的一个基本可行解 .

证明　设 $\bar{\boldsymbol{x}}$ 满足原问题

$$\begin{aligned} \min z &= \boldsymbol{c}^{\mathrm{T}}\boldsymbol{x} \\ \text{s. t. } \boldsymbol{A}\boldsymbol{x} &= \boldsymbol{b} \\ \boldsymbol{x} &\geqslant \boldsymbol{0} \end{aligned}$$

的最优性条件，对应的基为 $\boldsymbol{B}$，则必有

$$\boldsymbol{c}^{\mathrm{T}} - \boldsymbol{c}_B^{\mathrm{T}}\boldsymbol{B}^{-1}\boldsymbol{A} \geqslant \boldsymbol{0}$$

若定义

$$\bar{\boldsymbol{y}}^{\mathrm{T}} = \boldsymbol{c}_B^{\mathrm{T}}\boldsymbol{B}^{-1}$$

则

$$\bar{\boldsymbol{y}}^{\mathrm{T}}\boldsymbol{A} \leqslant \boldsymbol{c}$$

因此 $\bar{\boldsymbol{y}}$ 为对偶问题的基本可行解 .

原始问题与对偶问题可能出现的情况：

(1) 两者都有最优解，且最优值相等；

(2) 一个有可行解，但无界，则另一个无可行解；

(3) 两者都无可行解 .

定理 7（互补松弛定理）　原始问题

$$\begin{aligned} \min z &= \boldsymbol{c}^{\mathrm{T}}\boldsymbol{x} \\ \text{s. t. } \boldsymbol{A}\boldsymbol{x} &\geqslant \boldsymbol{b} \\ \boldsymbol{x} &\geqslant \boldsymbol{0} \end{aligned}$$

及其对偶问题

$$\begin{aligned} \max w &= \boldsymbol{b}^{\mathrm{T}}\boldsymbol{y} \\ \text{s. t. } \boldsymbol{A}^{\mathrm{T}}\boldsymbol{y} &\leqslant \boldsymbol{c} \\ \boldsymbol{y} &\geqslant \boldsymbol{0} \end{aligned}$$

的可行解 $\bar{\boldsymbol{x}}$ 、$\bar{\boldsymbol{y}}$ 是最优解的充要条件是

$$\bar{\boldsymbol{y}}^{\mathrm{T}}(\boldsymbol{A}\bar{\boldsymbol{x}}-\boldsymbol{b})=0$$
$$(\boldsymbol{A}^{\mathrm{T}}\bar{\boldsymbol{y}}-\boldsymbol{c})^{\mathrm{T}}\bar{\boldsymbol{x}}=0$$

证明 充分性．设 $\bar{\boldsymbol{x}}$ 、$\bar{\boldsymbol{y}}$ 是原始问题及其对偶问题的可行解，并且满足

$$\bar{\boldsymbol{y}}^{\mathrm{T}}(\boldsymbol{A}\bar{\boldsymbol{x}}-\boldsymbol{b})=0$$
$$(\boldsymbol{A}^{\mathrm{T}}\bar{\boldsymbol{y}}-\boldsymbol{c})^{\mathrm{T}}\bar{\boldsymbol{x}}=0$$

则

$$\bar{\boldsymbol{y}}^{\mathrm{T}}\boldsymbol{A}\bar{\boldsymbol{x}}=\bar{\boldsymbol{y}}^{\mathrm{T}}\boldsymbol{b}$$
$$\bar{\boldsymbol{y}}^{\mathrm{T}}\boldsymbol{A}\bar{\boldsymbol{x}}=\boldsymbol{c}^{\mathrm{T}}\bar{\boldsymbol{x}}$$

由定理 4 可知，$\bar{\boldsymbol{x}}$ 、$\bar{\boldsymbol{y}}$ 分别是两个问题的最优解．

必要性．设 $\bar{\boldsymbol{x}}$ 、$\bar{\boldsymbol{y}}$ 分别是两个问题的最优解，则由两个解的可行性得

$$\bar{\boldsymbol{y}}^{\mathrm{T}}\boldsymbol{b}\leqslant\bar{\boldsymbol{y}}^{\mathrm{T}}\boldsymbol{A}\bar{\boldsymbol{x}}\leqslant\boldsymbol{c}^{\mathrm{T}}\bar{\boldsymbol{x}}$$

因为两者的最优值相等，所以

$$\bar{\boldsymbol{y}}^{\mathrm{T}}\boldsymbol{b}=\bar{\boldsymbol{y}}^{\mathrm{T}}\boldsymbol{A}\bar{\boldsymbol{x}}=\boldsymbol{c}^{\mathrm{T}}\bar{\boldsymbol{x}}$$

因此

$$\bar{\boldsymbol{y}}^{\mathrm{T}}(\boldsymbol{A}\bar{\boldsymbol{x}}-\boldsymbol{b})=0$$
$$(\bar{\boldsymbol{y}}^{\mathrm{T}}\boldsymbol{A}-\boldsymbol{c}^{\mathrm{T}})\bar{\boldsymbol{x}}=0$$

成立．

从这个定理可以看出，当原始问题和对偶问题取到最优解时，对偶变量和原始问题约束条件互补，也就是说要么原始问题某个约束条件等号成立，要么其对偶变量为零．反过来，对偶问题的约束和原始问题的变量也是互补的．利用这个性质，我们可以在已知原始最优解时求对偶问题的最优解，或者相反．

例 4 已知线性规划问题

$$\begin{aligned}\max z&=x_1+2x_2+3x_3+4x_4\\ \text{s.t. }&x_1+2x_2+2x_3+3x_4\leqslant 20\\ &2x_1+x_2+3x_3+2x_4\leqslant 20\\ &x_1,x_2,x_3,x_4\geqslant 0\end{aligned}$$

其对偶问题的最优解为 $y_1^*=\dfrac{6}{5},y_2^*=\dfrac{1}{5}$．试用互补松弛定理求该线性规划问题的最优解．

解 线性规划的对偶问题为

$$\begin{aligned}\min w&=20y_1+20y_2\\ \text{s.t. }&y_1+2y_2\geqslant 1\\ &2y_1+y_2\geqslant 2\\ &2y_1+3y_2\geqslant 3\\ &3y_1+2y_2\geqslant 4\\ &y_1\geqslant 0,y_2\geqslant 0\end{aligned}$$

将 $y_1^*=\dfrac{6}{5},y_2^*=\dfrac{1}{5}$ 代入，前两个约束为严格不等式；由互补松弛定理可以推得 $x_1^*=0$，$x_2^*=0$．又因为 $y_1^*>0,y_2^*>0$，所以原始问题的两个约束条件应取等式，于是

$$2x_3^* + 3x_4^* = 20$$
$$3x_3^* + 2x_4^* = 20$$

解得 $x_3^* = x_4^* = 4$．因此，原问题的最优解为

$$\boldsymbol{x}^* = (0,0,4,4)^{\mathrm{T}}$$

三、对偶问题的经济意义

1. 资源的影子价格

如前所述，若 $\boldsymbol{x}^*$ 为线性规划

$$\max z = \boldsymbol{c}^{\mathrm{T}}\boldsymbol{x}$$
$$\text{s. t. } \boldsymbol{Ax} \leqslant \boldsymbol{b}$$
$$\boldsymbol{x} \geqslant \boldsymbol{0}$$

的最优解，则 $z^* = \boldsymbol{c}^{\mathrm{T}}\boldsymbol{x}^*$；若 $\boldsymbol{y}^*$ 为其对偶问题

$$\min w = \boldsymbol{b}^{\mathrm{T}}\boldsymbol{y}$$
$$\text{s. t. } \boldsymbol{A}^{\mathrm{T}}\boldsymbol{y} \leqslant \boldsymbol{c}$$
$$\boldsymbol{y} \geqslant \boldsymbol{0}$$

的最优解，则 $w^* = \boldsymbol{b}^{\mathrm{T}}\boldsymbol{y}^*$．根据对偶定理有 $w^* = z^*$，即 $z^* = \boldsymbol{b}^{\mathrm{T}}\boldsymbol{y}^*$．

因此

$$y_i^* = \partial z^* / \partial b_i, i = 1, \cdots, m$$

由此可以看出，对偶问题的最优解实际上是原始线性规划右端常数项的单位变化所引起的目标值的变化量．

若原始问题描述的是资源有限条件下最优生产决策问题，则其对偶问题的最优解 y_i^*（$i = 1, \cdots, m$）表示第 i 种资源在最优生产决策下的边际值，即若其他条件不变，增加一个单位第 i 种资源将会使目标函数值增加 y_i^*．其经济意义是：y_i^* 描述了第 i 种资源在具体生产中的一种估价，这种估价不同于该种资源的市场价格，而是该种资源在给定条件某生产的最优生产方案下的一种实际存在而又看不见的真实价值，因此称为**影子价格**．

资源的影子价格是针对具体生产或具体企业而言的．从 y_i^* 在单纯形表中的计算过程可知：同一种资源在不同的生产条件或不同的范围可能有不同的影子价格；产品的市场价格变化时，资源的影子价格也会发生变化；资源的数量结构不同时，资源的影子价格也不同．

影子价格对于拥有资源的决策者来说有着非常重要的作用．具体有：

（1）当资源的市场价格低于影子价格时，可适量买进该种资源，组织和增加生产；相反，当资源的市场价格高于影子价格时，可以卖出资源而不安排生产或提高产品的价格．

（2）要提高资源的影子价格，可以对生产工艺进行革新，以降低对这种资源的消耗，从而增加企业的利润．

（3）可以指导管理部门对紧缺资源进行“择优分配”．

（4）帮助预测产品的价格．买方要购入卖方的产品作为资源投入生产，要求其价格必须小于该产品作为自己最优生产资源的影子价格，否则将无利可图；卖方要求出售产品的价格必须大于自己的生产“成本”，否则，利益将受到损失．因此，产品的价格应在“成本”和影子价格之间．

（5）影子价格的高低可以作为同类企业经济效益的评估标准之一．

2. 任务的边际成本

对于目标函数极小化约束条件为大于等于号的问题

$$\min z = \boldsymbol{c}^{\mathrm{T}}\boldsymbol{x}$$
$$\text{s. t. } \boldsymbol{A}\boldsymbol{x} \geqslant \boldsymbol{b}$$
$$\boldsymbol{x} \geqslant \boldsymbol{0}$$

约束条件右端常数项可理解为需要完成的任务．因此，该类线性规划一般为描述完成一定任务使耗费的资源最小的问题．此时，其对偶问题的最优解 y_i^*（$i=1$，…，m）表示第 i 种任务的边际成本，即单位任务的增加引起的资源耗费的增加量．

四、对偶单纯形法

定义 设 $\boldsymbol{x}$ 为线性规划问题

$$\min z = \boldsymbol{c}^{\mathrm{T}}\boldsymbol{x}$$
$$\text{s. t. } \boldsymbol{A}\boldsymbol{x} = \boldsymbol{b}$$
$$\boldsymbol{x} \geqslant \boldsymbol{0}$$

的一个基本解，若对应的检验数全部非负，也就是最优性条件成立，则称 $\boldsymbol{x}$ 为该线性规划问题的一个**正则解**，相应的基称为**正则基**．

正则解一般为非可行解，若正则解同时为可行解，则该正则解就是线性规划问题的最优解．由正则解的这一性质，我们就有与单纯形法基本思想对应的对偶单纯形法的基本思想．

单纯形法的基本思想是：从一基本可行解出发，在保持可行解的基础上，通过逐次基本可行解的转换，直至检验数全部非负，即达到可行的正则解，从而判断是否得到最优解或无最优解．单纯形法是以保持原始问题可行为条件，即不论进行怎样的基变换，约束条件右端常数列必须保持非负．

对偶单纯形法的基本思想是：利用对偶问题的对称性，从另一个角度来考虑求解原始问题最优解的方法．从一正则解（检验数都大于等于零）出发，在满足最优性条件（正则解）的基础上，通过逐次基转换，直至 $\boldsymbol{B}^{-1}\boldsymbol{b}\geqslant\boldsymbol{0}$ 成立，即达到满足条件的正则的可行解，从而判断是否得到最优解或无可行解．这种方法以保持对偶问题可行为条件，即不论进行何种基变换，必须保持所有的检验数非负，同时取消原始问题必须可行的要求，即取消常数列的非负限制，通过基变换使原始问题在非可行解的基础上逐步转换成基本可行解，则该基本可行解也就是最优解，这就是对偶单纯形法的基本思想．

需要指出的是：对偶单纯形法是求解线性规划问题的另一种方法，而不是求解线性规划对偶问题的单纯形法．单纯形法是在可行性一直满足的基础上通过迭代达到最优性条件满足．而对偶单纯形法是在最优性条件始终成立的基础上通过迭代达到可行性条件成立．

用对偶单纯形法求解线性规划问题的一般步骤如下：

（1）寻找初始正则基，列出对应的初始单纯形表．

（2）若右端常数项 $b_i \geqslant 0$，则已得到问题的最优解，停止计算，否则转下一步．

（3）确定出基变量．若 $\min\{b_i \mid b_i < 0, i = 1,2,\cdots,m\} = b_r$，则 b_r 所在行对应的基变量 x_r 为出基变量．若 b_r 所在行对应的矩阵 $\boldsymbol{A}$ 中各元素 $a_{rj} \geqslant 0$，则问题无可行解，停止计算．否则转下一步．

(4) 确定进基变量. 设 $\max\left\{\frac{\sigma_j}{a_{rj}} \mid a_{rj} < 0, j \in J\right\} = \frac{\sigma_k}{a_{rk}}$，则该列对应的变量 x_k 为进基变量.

(5) 以 a_{rk} 为主元素，按原单纯形法同样方法进行迭代计算，得到新的正则解，转(2).

例 5 用对偶单纯形法求解下列线性规划

$$\begin{aligned} \min z &= 4x_1 + 2x_2 + 6x_3 \\ \text{s.t. } & 2x_1 + 4x_2 + 8x_3 \geqslant 24 \\ & 4x_1 + x_2 + 4x_3 \geqslant 8 \\ & x_1, x_2, x_3 \geqslant 0 \end{aligned}$$

解 引入松弛变量将问题改写为如下形式

$$\begin{aligned} \min z &= 4x_1 + 2x_2 + 6x_3 \\ \text{s.t. } & -2x_1 - 4x_2 - 8x_3 + x_4 \quad = -24 \\ & -4x_1 - x_2 - 4x_3 \quad + x_5 = -8 \\ & x_1, x_2, x_3, x_4, x_5 \geqslant 0 \end{aligned}$$

显然，$\boldsymbol{p}_4$，$\boldsymbol{p}_5$ 可以构成正则基，此时，非基变量在目标函数中的系数全为非负数，因此 $\boldsymbol{p}_4$，$\boldsymbol{p}_5$ 构成初始正则基. 计算过程列在下表：

4	2	6	0	0	
-2	[-4]	-8	1	0	-24
-4	-1	-4	0	1	-8
4	2	6	0	0	
4/-2	2/-4	6/-10			

初始表格中第一行为目标函数系数，倒数第二行为检验数，倒数第一行为确定进基变量的比值.

1/2	1	2	-1/4	0	6
-7/2	0	[-2]	-1/4	1	-2
3	0	2	1/2	0	
3/(-7/2)		2/-2	(1/2)/(-1/4)		

-3	1	0	-1/2	1	4
7/4	0	1	1/8	-1/2	1
1/2	0	0	1/4	1	

在最后一个单纯形表中，得到一个可行的正则解，因而得到问题的最优解为 $\boldsymbol{x}^* = (0,$

4，1)^{T}，即最优值为 $z^*=14$.

例 6 用对偶单纯形法求解下列线性规划

$$\begin{aligned} \min z &= x_1+2x_2 \\ \text{s.t. } & x_1+x_2 \leqslant 4 \\ & 2x_1+3x_2 \geqslant 18 \\ & x_1,x_2 \geqslant 0 \end{aligned}$$

解 引入松弛变量 x_3，x_4，将线性规划化为如下形式

$$\begin{aligned} &\min z = x_1+2x_2 \\ &x_1+x_2+x_3=4 \\ &-2x_1-3x_2+x_4=-18 \\ &x_1,x_2,x_3,x_4 \geqslant 0 \end{aligned}$$

显然，$\boldsymbol{p}_3$，$\boldsymbol{p}_4$ 可以构成基矩阵，此时，非基变量在目标函数中的系数全为非负数，因此 $\boldsymbol{p}_3$，$\boldsymbol{p}_4$ 构成初始正则基．整个问题的计算过程如下：

1	2	0	0	
1	1	1	0	4
[−2]	−3	0	1	−18
1	2	0	0	
1/−2	2/−3			

0	$\left[-\frac{1}{2}\right]$	1	$\frac{1}{2}$	−5
1	$\frac{3}{2}$	0	$-\frac{1}{2}$	9
0	$\frac{1}{2}$	0	$\frac{1}{2}$	

0	1	−2	−1	10
1	0	3	1	−6
0	0	1	1	

在最终单纯形表中，b_2 所在行对应的 $\boldsymbol{A}$ 矩阵中各元素 $a_{2j} \geqslant 0$，$j=1$，2，3，4，则问题无可行解．

对偶单纯形法在以下情况使用较为方便：

(1) 对于形如

$$\begin{aligned} \min z &= \boldsymbol{c}^{\mathrm{T}}\boldsymbol{x} \\ \text{s.t. } & \boldsymbol{Ax} \geqslant \boldsymbol{b} \\ & \boldsymbol{x} \geqslant \boldsymbol{0} \end{aligned}$$

且 $\boldsymbol{c} \geqslant 0$ 的线性规划问题，如果将其改写为

$$\begin{aligned} \min z &= \boldsymbol{c}^{\mathrm{T}}\boldsymbol{x} \\ \text{s.t. } \boldsymbol{A}\boldsymbol{x} + \boldsymbol{x}_s &= \boldsymbol{b} \\ \boldsymbol{x}, \boldsymbol{x}_s &\geqslant \boldsymbol{0} \end{aligned}$$

则立即可以得到初始正则解 .

（2） 在灵敏度分析和整数线性规划的求解中，有时用对偶单纯形法，可使问题的处理简化 .

2.4　线性规划灵敏度分析

线性规划问题的数据集合常常是通过预测或估计所得到的，不免会有一定的误差 . 而且随着市场环境、工艺条件和资源数量的改变，这些数据完全有可能发生变化 . 这些系数的变化，均会影响企业的决策 . 因此，有必要分析当这些数据发生波动时，对目前的最优解、最优值或者最优基会产生什么影响，这就是所谓的灵敏度分析 . 灵敏度分析就是研究这些因素中的一个或几个的变化给生产决策带来的影响 . 灵敏度分析的内容是：一个或几个数据发生变化时，线性规划问题的最优决策相应会发生什么样的变化；数据在什么范围内变化，线性规划问题的最优解或最优基不变 .

灵敏度分析一般是在已得到线性规划问题最优基的基础上进行的 . 现在假定已经求出一个线性规划的最优解，如果它的一个或几个系数有改变，没有必要重新求解它，只需要考查改变后的系数是否破坏了最优性条件 . 如果最优性条件仍然成立，说明最优基没有变化；如果最优性条件不成立了，说明原来的最优基已经改变，在这种情况下要继续迭代，直至求出新的最优基 . 从单纯形法计算过程可知：右端项的改变只会引起后面各步右端项的改变；目标函数系数的改变只会引起检验数的改变 .

一、目标函数中价值系数 c_j 的变化分析

1. 若 c_j 为非基变量的价格系数

根据以上分析，此时 c_j 的变化只影响 σ_j 的变化 . 设

$$c_j \to c_j' = c_j + \Delta c_j$$

则

$$\begin{aligned} \sigma_j' &= c_j' - \boldsymbol{c}_{\mathrm{B}}^{\mathrm{T}}\boldsymbol{B}^{-1}\boldsymbol{p}_j = c_j + \Delta c_j - \boldsymbol{c}_{\mathrm{B}}^{\mathrm{T}}\boldsymbol{B}^{-1}\boldsymbol{p}_j \\ &= \sigma_j + \Delta c_j \end{aligned}$$

当 $\sigma_j' \geqslant 0$，即 $\Delta c_j \geqslant -\sigma_j$ 时，原线性规划问题的最优解不变；否则，需要将 x_j 作为进基变量用单纯形法迭代计算，求新的最优解 .

例 1　设某线性规划问题的初始单纯形表和最优单纯形表分别为表 2 – 5、表 2 – 6.

表 2 – 5

1	1	1	1	0	60
2	1	4	0	1	80
–5	–4	–3	0	0	

表 2-6

0	1	-2	2	-1	40
1	0	3	-1	1	20
0	0	4	3	1	

(1) c_3 在什么范围内变化，表中最优解不变？

(2) c_3 从 -3 变为 -8，求新的最优解．

解 (1) 由于在最优单纯形表中，c_3 为非基变量的价格系数，所以其变化仅会影响到检验数 σ_3，因此，当 $\Delta c_3 \geqslant -\sigma_3 = -4$ 时，表中最优解不变．

(2) 当 c_3 从 -3 变为 -8 时，表中的检验数 σ_3 从 4 变为 -1，即表中的最优解将发生变化，用单纯形法求解得到新的最优解．

0	1	-2	2	-1	40
1	0	[3]	-1	1	20
0	0	-1	3	1	

2/3	1	0	4/3	-1/3	160/3
1/3	0	1	-1/3	1/3	20/3
1/3	0	0	8/3	4/3	

因此新的最优解为 $\boldsymbol{x}^* = (0, 160/3, 20/3)^{\mathrm{T}}$.

2. *若 c_k 为基变量的价格系数*

由于 c_k 是向量 $\boldsymbol{c_B}$ 的一个分量，所以当 c_k 改变时，可能会使最优单纯形表中多个检验数都受到影响．

二、增加新的约束条件

生产上增加加工工序，反映在线性规划模型中即相当于增加新的约束条件，对这种情况下的灵敏度分析，一般可先将求出的最优解代入新增加的约束条件，如果满足该约束条件，则最优解不变；否则，需将新增加的约束条件加到原先得到的最优单纯形表中，利用对偶单纯形法重新求得最优解．

2.5 整数线性规划

整数规划主要是指整数线性规划．一个线性规划问题，如果要求部分或全部决策变量为整数，则构成一个整数规划问题．整数规划在项目投资、人员分配等方面有着广泛的应用．根据整数规划中变量为整数条件的不同，整数规划可以分为三大类：所有变量都要求为整数的称为纯整数规划或称全整数规划；仅有一部分变量要求为整数的称为混合整数规划；要求变量取值只能为 0 或 1 的整数规划称为 0-1 规划．

本节主要讨论整数规划的分枝定界法和割平面法．

一、问题的提出

整数规划是一类特殊的线性规划，为了满足整数解的条件，初看起来，只要对相应线性规划的非整数解四舍五入取整就可以了．当然在变量取值很大时，用上述方法得到的解与最优解差别不大；但是当变量取值较小时，得到的解与实际最优解差别可能会较大．先来看下面的例子．

例 1　某工厂生产甲、乙两种设备，已知生产这两种设备需要消耗材料 A、材料 B，有关数据见表 2－7，问这两种设备各生产多少使工厂利润最大？

表 2－7

材料＼设备	甲	乙	资源限量
材料 A/kg	2	3	14
材料 B/kg	1	0.5	4.5
利润/(元·件$^{-1}$)	3	2	

解　设生产甲、乙这两种设备的数量分别为 x_1、x_2，由于是设备台数，所以变量 x_1，x_2 都要求为整数．建立模型如下：

$$\begin{aligned} \max z &= 3x_1 + 2x_2 \\ \text{s.t. } & 2x_1 + 3x_2 \leqslant 14 \\ & x_1 + 0.5x_2 \leqslant 4.5 \\ & x_1, x_2 \geqslant 0 \\ & x_1, x_2 \text{ 为整数} \end{aligned}$$

要求该模型的解，首先不考虑整数约束条件，对相应线性规划求解，其最优解为

$$x_1 = 3.25，\ x_2 = 2.5，\ \max z = 14.75$$

由于 $x_1 = 3.25$，$x_2 = 2.5$ 都不是整数，故不符合整数约束条件．如图 2－12 所示．

用四舍五入凑整的办法能否得到最优解呢？取 $x_1 = 3$，$x_2 = 3$ 代入约束条件，破坏约束；向下取整，取 $x_1 = 3$，$x_2 = 2$ 代入约束条件，满足要求，此时 $z = 13$，这不是最优解，向上取整，$x_1 = 4$，$x_2 = 3$，破坏约束．实际上问题的最优解为 $x_1 = 4$，$x_2 = 1$，最优值 $z = 14$.

由此可知，这种用四舍五入或凑整的方法不一定能找到最优解，因此需要设计针对整数规划的求解方法．

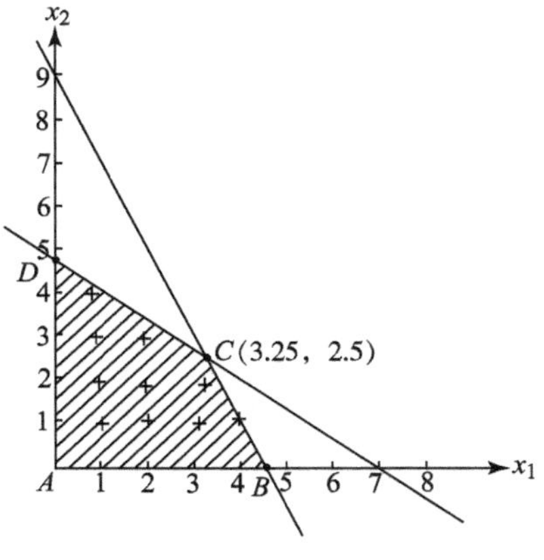

图 2－12　例 1 的可行域示意图

二、整数规划数学模型的一般形式

考虑整数规划数学模型的一般形式：

$$\min z = \boldsymbol{c}^{\mathrm{T}}\boldsymbol{x}$$
$$\text{s.t. } \boldsymbol{A}\boldsymbol{x} = \boldsymbol{b}$$
$$\boldsymbol{x} \geqslant \boldsymbol{0}\text{（且 } \boldsymbol{x} \text{ 为整数或部分为整数）}$$

若称该整数规划问题为原问题A，则线性规划问题

$$\min z = \boldsymbol{c}^{\mathrm{T}}\boldsymbol{x}$$
$$\boldsymbol{A}\boldsymbol{x} = \boldsymbol{b}$$
$$\boldsymbol{x} \geqslant \boldsymbol{0}$$

为原问题对应的松弛问题B.

显然，原问题A与松弛问题B有如下关系：

（1）松弛问题B可行域包含原问题A可行域；

（2）若两者都有最优解，则松弛问题B最优值小于等于原问题A最优值；

（3）若松弛问题B的最优解恰为整数解，则该最优解就是原问题A最优解.

整数规划常用的解法有分枝定界法和割平面法，它们适用于解纯整数规划问题和混合整数规划问题.

1. *分枝定界法*

分枝定界法是在二十世纪六十年代初由 Land Doig 和 Dakin 等人提出的，其求解步骤如下：

第一步：令整数规划模型为A，首先不考虑整数约束条件，求相应线性规划模型B的最优解. 若B没有可行解，则A也没有可行解，结束计算；若B有最优解且符合A中整数约束条件，则B的最优解即为A的最优解，结束计算；若B有最优解，但不符合A的整数约束条件，转第二步进行计算.

第二步：用观察法找A的一个整数可行解，求得A的目标函数值作为上界 $\overline{z}$ ，若没有明显的整数解，则可取 $\overline{z} = +\infty$. B模型的最优目标函数值作为下界 $\underline{z}$ ，那么整数规划A的最优目标函数值 z^* 符合以下条件：

$$\underline{z} \leqslant z^* \leqslant \overline{z}$$

第三步：分枝. 在B的最优解中任选一个不符合整数条件的变量 x_j，令 $x_j = b_j$，以 $[b_j]$ 表示小于 b_j 的最大整数，构造两个约束条件：

$$x_j \leqslant [b_j]$$
$$x_j \geqslant [b_j] + 1$$

分别加入问题B，得到两个后继问题 B_1 和 B_2，不考虑整数约束条件求解这两个后继问题.

定界. 以每个后继问题为一分枝标明求解的结果，并与其他问题的解进行比较，找出分枝中最优目标函数值最大者作为新的下界 $\underline{z}$ ，从已符合整数条件的各分枝中找出目标函数值最小者作为新的上界 $\overline{z}$.

第四步：比较与剪枝. 各分枝的最优目标函数值中若有大于 $\overline{z}$ 者或无可行解者，则剪掉这枝（用打×表示），即以后不再考虑了；若有小于 $\overline{z}$ 者，且不符合整数条件，则重复第三步，一直到求得 $z^* = \underline{z} = \overline{z}$ 为止，得最优整数解 $\boldsymbol{x}^*$.

例2 用分枝定界法求解纯整数规划：

$$\min z = -3x_1 - 2x_2$$

$$\text{s. t. } 2x_1 + 3x_2 \leqslant 14$$
$$x_1 + 0.5x_2 \leqslant 4.5$$
$$x_1, x_2 \geqslant 0$$
$$x_1, x_2 \text{ 为整数}$$

解 首先不考虑整数约束，得到相应的线性规划问题 B：

$$\min z = -3x_1 - 2x_2$$
$$\text{s. t. } 2x_1 + 3x_2 \leqslant 14$$
$$x_1 + 0.5x_2 \leqslant 4.5$$
$$x_1, x_2 \geqslant 0$$

用单纯形法求解问题 B，得到最优解为 $x_1 = 3.25$，$x_2 = 2.5$，最优值 $z = -14.75$. 这时上界 $\overline{z} = 0$，下界 $\underline{z} = -14.75$.

由于 $x_1 = 3.25$，$x_2 = 2.5$ 为非整数解，取 $x_2 = 2.5$ 构造两个分枝：$x_2 \leqslant 2, x_2 \geqslant 3$，分别加到 B 中构成两个后继问题 B_1，B_2：

B_1：$\min z = -3x_1 - 2x_2$

$$\text{s. t. } 2x_1 + 3x_2 \leqslant 14$$
$$x_1 + 0.5x_2 \leqslant 4.5$$
$$x_2 \leqslant 2$$
$$x_1, x_2 \geqslant 0$$

B_2：$\min z = -3x_1 - 2x_2$

$$\text{s. t. } 2x_1 + 3x_2 \leqslant 14$$
$$x_1 + 0.5x_2 \leqslant 4.5$$
$$x_2 \geqslant 3$$
$$x_1, x_2 \geqslant 0$$

如图 2-13 所示，经过分枝，将原来的可行域分为两部分，把中间没有整数解的部分切割掉，从而缩小搜索范围.

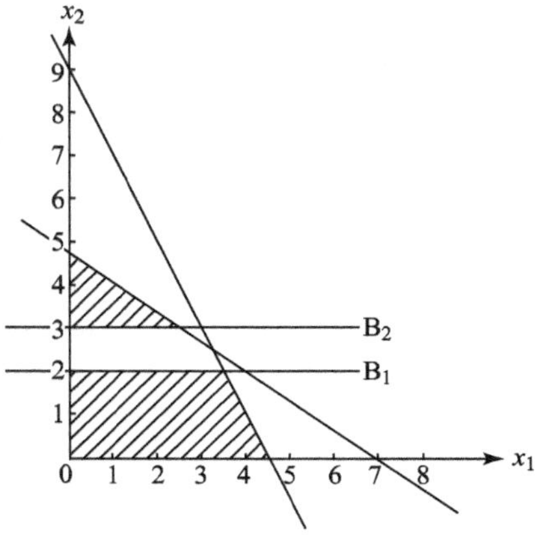

图 2-13 对 x_2 进行分枝

对 B_1、B_2 求解. B_1 的最优解为 $x_1 = 3.5$，$x_2 = 2$，最优值 $z = -14.5$；B_2 的最优解为 $x_1 = 2.5$，$x_2 = 3$，最优值 $z = -13.5$.

B_1，B_2 仍没有满足整数条件，需要继续分枝，这时的下界为 $\underline{z} = \min\{-14.5, -13.5\} = -14.5$，上界为 $\overline{z} = 0$. 对 B_1 继续分枝，B_1 中只有 x_1 为非整数，取 $x_1 = 3.5$ 进行分枝，构造两个约束，分别为：$x_1 \leqslant 3, x_1 \geqslant 4$，得到两个新的分枝 B_{11}、B_{12}：

B_{11}：$\min z = -3x_1 - 2x_2$　　　　B_{12}：$\min z = -3x_1 - 2x_2$

$$\text{s.t.}\ 2x_1+3x_2\leqslant 14 \qquad\qquad \text{s.t.}\ 2x_1+3x_2\leqslant 14$$
$$x_1+0.5x_2\leqslant 4.5 \qquad\qquad x_1+0.5x_2\leqslant 4.5$$
$$x_2\leqslant 2 \qquad\qquad x_2\leqslant 2$$
$$x_1\leqslant 3 \qquad\qquad x_1\geqslant 4$$
$$x_1,x_2\geqslant 0 \qquad\qquad x_1,x_2\geqslant 0$$

其可行域如图 2－14 所示，求解 B_{11}，得 $x_1=3$，$x_2=3$，$z=-13$；B_{12}的最优解为 $x_1=4$，$x_2=1$，最优值 $z=-14$.

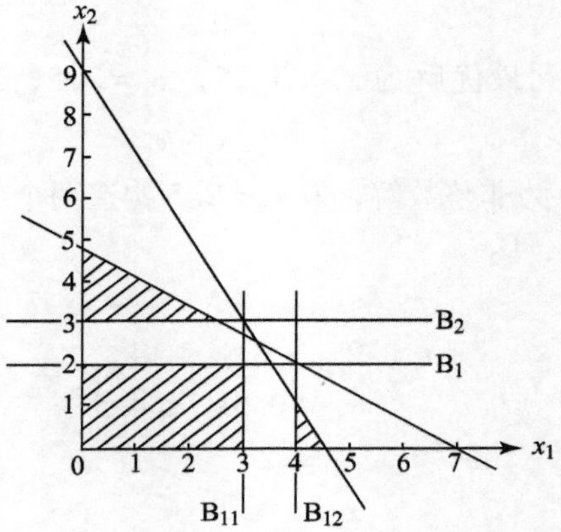

图 2－14 对 x_1 进行分枝

这时得到的满足整数约束条件的新的目标函数值为 －14，小于 B_2 分枝的目标函数值，因此 B_2 分枝不需要再分枝了．这时下界为 $\underline{z}=-14$，上界为 $\overline{z}=-14$，因此该整数规划的最优解为 $x_1=4$，$x_2=1$，最优值 $z=-14$.

分枝定界法的计算过程如图 2－15 所示．

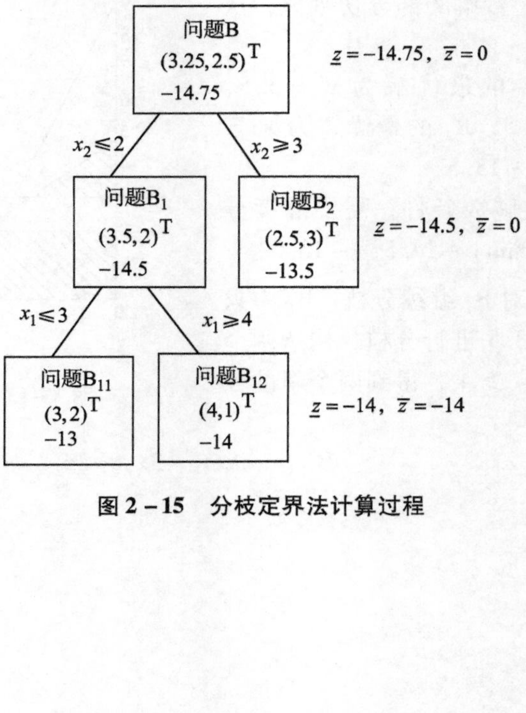

图 2－15 分枝定界法计算过程

2. 割平面法

割平面法是 1958 年由 Gomory 提出来的，考虑求解纯整数线性规划问题．割平面法的基本思想是先求解整数规划问题对应的线性规划松弛问题，若线性规划无可行解，则整数规划无可行解；若线性规划最优解恰为整数解，则该最优解为整数规划问题最优解；若线性规划问题最优解不满足整数条件，则构造约束条件（割平面方程），增加到线性规划问题中，该约束条件切掉线性规划问题可行域的一部分，其中包括线性规划问题的最优解，但是切掉的部分中只包含非整数解，不包含任何整数解．重复这个过程，直到满足整数条件为止．这个方法的关键是怎样找到适当的约束条件（割平面方程），既使可行域缩小又不切掉整数解的条件．

下面以实例说明割平面法的求解过程．

例 3

$$
\begin{aligned}
\min z &= -7x_1 - 9x_2 \\
\text{s.t.}\ & -x_1 + 3x_2 \leqslant 6 \\
& 7x_1 + x_2 \leqslant 35 \\
& x_1, x_2 \geqslant 0 \text{ 且为整数}
\end{aligned}
$$

解　首先不考虑整数约束，用单纯形法求解相应的线性规划问题 B. 将问题 B 化为标准形

$$
\begin{aligned}
\min z &= -7x_1 - 9x_2 \\
\text{s.t.}\ & -x_1 + 3x_2 + x_3 = 6 \\
& 7x_1 + x_2 + x_4 = 35 \\
& x_1, x_2, x_3, x_4 \geqslant 0
\end{aligned}
$$

最终单纯形表：

0	1	7/22	1/22	7/2
1	0	-1/22	3/22	9/2
0	0	28/11	15/11	

线性规划 B 的最优解为 $x_1 = 9/2, x_2 = 7/2, x_3 = x_4 = 0$，最优值为

$$z = -63$$

在最终单纯形表中选择不满足整数条件的基变量对应的一行，如第一行，得

$$x_2 + \frac{7}{22}x_3 + \frac{1}{22}x_4 = \frac{7}{2}$$

将每个系数和常数项分解成整数和非负真分式之和，上式化为

$$x_2 + \frac{7}{22}x_3 + \frac{1}{22}x_4 = 3 + \frac{1}{2}$$

将所有整数部分放在左边，非负真分式部分放在右边，移项后得

$$x_2 - 3 = \frac{1}{2} - \left(\frac{7}{22}x_3 + \frac{1}{22}x_4\right)$$

现考虑整数条件，由于 x_1、x_2 为非负整数，所以由条件知 x_3、x_4 也为非负整数．因为在上式中左边为整数，所以右边也为整数，而由右边的表达式可知其为小于等于 $\frac{1}{2}$ 的整数，

因此右边必小于等于零

$$\frac{1}{2}-\left(\frac{7}{22}x_3+\frac{1}{22}x_4\right)\leqslant 0$$

即
$$-\frac{7}{22}x_3-\frac{1}{22}x_4\leqslant -\frac{1}{2}$$

这个就是割平面方程，将它作为约束条件，加到相应线性规划 B 中，得到问题 B_1.

$$\begin{aligned}B_1:\min z&=-7x_1-9x_2\\ \text{s. t. }-x_1+3x_2+x_3&=6\\ 7x_1+x_2+x_4&=35\\ -\frac{7}{22}x_3-\frac{1}{22}x_4&\leqslant-\frac{1}{2}\\ x_1,x_2,x_3,x_4&\geqslant 0\end{aligned}$$

再对问题 B_1 继续求解即可.

事实上，因为

$$\begin{cases}x_3=6+x_1-3x_2\\ x_4=35-x_2-7x_1\end{cases}$$

所以约束方程

$$-\frac{7}{22}x_3-\frac{1}{22}x_4\leqslant-\frac{1}{2}$$

变为 $x_2\leqslant 3$.

从图 2-16 中可见，切割方程只割去相应线性规划问题可行域的部分非整数解，原来的整数解全部保留.

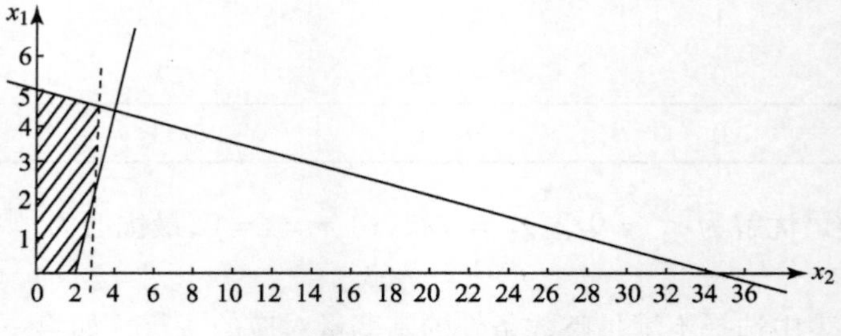

图 2-16　割平面法示意图

对模型 B_1 不需要重新求解，只要把增加的约束条件化为 $-\frac{7}{22}x_3-\frac{1}{22}x_4+x_5=-\frac{1}{2}$, $x_5\geqslant 0$ 加到 B 问题的最优单纯形表中即可.

0	1	7/22	1/22	0	7/2
1	0	-1/22	3/22	0	9/2
0	0	[-7/22]	-1/22	1	-1/2
0	0	28/11	15/11	0	

这时得到的基本解为不可行解，用对偶单纯形法进行求解. 选择 x_5 作为出基变量，x_3

作为进基变量，进行迭代得到：

0	1	0	0	1	3
1	0	0	1/7	-1/7	32/7
0	0	1	1/7	-22/7	11/7
0	0	0	1	8	

得到的 B_1 的最优基本可行解为 $\left(\frac{32}{7}, 3, \frac{11}{7}, 0, 0\right)^T$.

由计算结果知还没有得到整数解，重新再寻找割平面方程.

由 x_1 为基变量所在的第二行得

$$x_1 + \frac{1}{7}x_4 - \frac{1}{7}x_5 = \frac{32}{7}$$

将系数与常数项分解成整数和非负真分数之和

$$x_1 + \frac{1}{7}x_4 - x_5 + \frac{6}{7}x_5 = 4 + \frac{4}{7}$$

移项得

$$x_1 - x_5 - 4 = \frac{4}{7} - \left(\frac{1}{7}x_4 + \frac{6}{7}x_5\right)$$

于是得到新的约束条件

$$-\frac{1}{7}x_4 - \frac{6}{7}x_5 \leqslant -\frac{4}{7}$$

加入松弛变量 x_6
$$-\frac{1}{7}x_4 - \frac{6}{7}x_5 + x_6 = -\frac{4}{7}$$

在 B_1 的最优单纯形表中加上此约束，用对偶单纯形法求解：

0	1	0	0	1	0	3
1	0	0	1/7	-1/7	0	32/7
0	0	1	1/7	-22/7	0	11/7
0	0	0	[-1/7]	-6/7	1	-4/7
0	0	0	1	8	0	

0	1	0	0	1	0	3
1	0	0	0	-1	1	4
0	0	1	0	-4	1	1
0	0	0	1	6	-7	4
0	0	0	0	2	7	

则最优解为 $x_1^* = 4, x_2^* = 3$，最优目标函数值为 $z^* = -55$.

由上例求解过程，归纳割平面法求解步骤如下：

第一步：不考虑整数约束，求松弛线性规划模型的最优解．若最优解恰为整数，则停止计算；若最优解不为整数，则进入第二步．

第二步：寻找割平面方程．

①令 x_i 为松弛线性规划最优解中不符合整数条件的一个基变量，由单纯形表的最终表得到：

$$x_i + \sum_k a_{ik}x_k = b_i$$

②将 b_i 和 a_{ik} 都分解成整数部分与非负真分数之和：

$$b_i = N_i + f_i, \quad 0 < f_i < 1$$

$$a_{ik} = N_{ik} + f_{ik}, 0 \leqslant f_{ik} < 1$$

将 b_i，a_{ik} 代入原约束条件 $x_i + \sum\limits_k a_{ik}x_k = b_i$，得到

$$x_i + \sum_k N_{ik}x_k - N_i = f_i - \sum_k f_{ik}x_k$$

③得到割平面方程：

$$f_i - \sum_k f_{ik}x_k \leqslant 0$$

第三步：把割平面方程加入到松弛线性规划 B 的最终单纯形表中，用对偶单纯形法求解．若解为非负整数解，则停止计算，得到最优整数解；若得到的解不是非负整数解，重复第二步过程．

习　题　二

1. 画出下列线性规划的可行域，求出顶点坐标，画出目标函数的等值线，并找出最优解．

（1）$\max \quad 3x_1 - x_2$

s. t. $\quad x_1 + 2x_2 \leqslant 4$

$\quad x_1, x_2 \geqslant 0$

（2）$\min \quad -x_1 - 3x_2$

s. t. $\quad x_1 + x_2 \leqslant 3$

$\quad x_1 - 2x_2 \geqslant 2$

$\quad x_1, x_2 \geqslant 0$

2. 各举一例说明：可行域为空集；最优点有无穷多个；目标函数值无界，无最优解(可仅在平面上画图表示)．

3. 将下面的线性规划问题化为标准形式：

（1）$\max z = x_1 - 2x_2 + 3x_3$

s. t. $3x_1 - x_2 + x_3 \geqslant 5$

$x_1 + x_2 + x_3 \leqslant 4$

$x_1 \geqslant 0, x_3 \geqslant 0, x_2$ 无限制

（2）$\min z = -3x_1 + x_2 + x_3$

s. t. $5 \leqslant x_1 + x_2 + x_3 \leqslant 10$

$3x_1 \geqslant 4x_3$

$x_1 \geqslant 0, x_2 \geqslant 0, x_3 \geqslant 0$

4. 把下列线性规划化为标准形，求出所有基本解、基本可行解．

（1）$\max \quad z = 2x_1 + x_2 - x_3$

s. t. $\quad x_1 + x_2 + 2x_3 \leqslant 6$

$\quad x_1 + 4x_2 - x_3 \leqslant 4$

$\quad x_1, x_2, x_3 \geqslant 0$

（2）$\min \quad z = -x_1 + x_2 - x_3$

s. t. $\quad x_1 - 2x_2 + x_3 \geqslant 1$

$\quad -x_1 + x_2 + x_3 = 2$

$\quad x_1 \geqslant -1, x_2 \geqslant 0, x_3 \geqslant 0$

5. 用单纯形方法求解下面的线性规划问题：

（1）$\max z=10x_1+6x_2+4x_3$

s. t. $x_1+x_2+x_3\leqslant 100$

$10x_1+4x_2+5x_3\leqslant 600$

$x_1+x_2+3x_3\leqslant 150$

$x_1\geqslant 0, x_2\geqslant 0, x_3\geqslant 0$

（2）$\max z=3x_1+4x_2$

s. t. $x_1+2x_2\leqslant 6$

$3x_1+2x_2\leqslant 12$

$x_2\leqslant 2$

$x_1\geqslant 0, x_2\geqslant 0$

（3）$\min z=2x_1+3x_2+x_3$

s. t. $x_1-x_3\leqslant 2$

$x_1+x_2\geqslant 6$

$x_1\geqslant 0, x_2\geqslant 0, x_3\geqslant 0$

6. 用两阶段法求解线性规划问题：

（1）$\min z=x_1-x_2+x_3$

s. t. $x_1+2x_2+3x_3=6$

$4x_1+5x_2-6x_3=6$

$x_1\geqslant 0, x_2\geqslant 0, x_3\geqslant 0$

（2）$\min z=2x_1-3x_2$

s. t. $-x_1+x_2\geqslant 1$

$-x-x_2\geqslant 2$

$x_1\geqslant 0, x_2\geqslant 0$

（3）$\max z=3x_1+2x_2+3x_3$

s. t. $2x_1+x_2+x_3\leqslant 2$

$3x_1+4x_2+2x_3\geqslant 8$

$x_1, x_2, x_3\geqslant 0$

（4）$\max z=x_1+5x_2+3x_3$

s. t. $x_1+2x_2+x_3=2$

$2x_1-x_2\geqslant 4$

$x_1, x_2, x_3\geqslant 0$

（5）$\min f(x)=-3x_1+x_2+x_3$

s. t. $x_1-2x_2+x_3\leqslant 11$

$-4x_1+x_2+2x_3-x_4=3$

$-2x_1+x_3=1$

$x_1, x_2, x_3, x_4\geqslant 0$

7. 写出下列线性规划问题的对偶问题：

（1）$\min z=2x_1-3x_2+7x_3$

s. t. $x_1+2x_2-3x_3\geqslant 5$

$2x_1-3x_2+4x_3=7$

$2x_1+4x_2+3x_3\leqslant 15$

$x_1\geqslant 0, x_2\geqslant 0, x_3$ 无限制

（2）$\max z=x_1+2x_2-3x_3$

s. t. $x_1-x_2+3x_3\leqslant 8$

$5x_1+2x_2-x_3=12$

$2x_1-x_2+3x_3\geqslant 3$

$x_2\geqslant 0, x_3\leqslant 0, x_1$ 无限制

8. 已知线性规划问题

$$\begin{aligned}&\max z=x_1+2x_2-3x_3\\&2x_1+x_3+x_4\leqslant 8\\&2x_1+2x_2+x_3+2x_4\leqslant 12\\&x_j\geqslant 0, j=1,\cdots,4\end{aligned}$$

其对偶问题的最优解为 $y_1^*=4$，$y_2^*=1$，试用对偶问题的性质，求原问题的最优解 .

9. 给定线性规划问题

$$\begin{aligned}\min z &= 5x_1 + 21x_3 \\ \text{s. t. } & x_1 - x_2 + 6x_3 \geqslant b_1 \\ & x_1 + x_2 + 2x_3 \geqslant 1 \\ & x_1, x_2, x_3 \geqslant 0\end{aligned}$$

其中 b_1 是一个正数，已知这个问题的一个最优解为 $\boldsymbol{x}^* = \left(\frac{1}{2}, 0, \frac{1}{4}\right)^{\mathrm{T}}$，写出对偶问题，求对偶问题的最优解，计算 b_1 的值.

10. 某工厂生产甲、乙两种产品，需要 A、B、C 三种设备，每件产品占用各种设备的机时、总机时的限额和每件产品利润如表 2 - 8 所示.

表 2 - 8

设备	甲	乙	限额/小时
A	3	2	65
B	2	1	40
C	0	3	75
利润/(元 · 件$^{-1}$)	1 500	2 500	

问工厂如何安排生产可获得最大利润.

(1) 建立问题的线性规划模型并用单纯形法求解.

(2) 给出模型的对偶线性规划并根据原问题的最优解给出对偶问题的最优解.

11. 用对偶单纯形法求解

$$\begin{aligned}\min f(x) &= 2x_1 + 3x_2 + 4x_3 \\ \text{s. t. } & x_1 + 2x_2 + x_3 \geqslant 3 \\ & 2x_1 - x_2 + 3x_3 \geqslant 4 \\ & x_1, x_2, x_3 \geqslant 0\end{aligned}$$

12. 求解线性规划

$$\begin{aligned}\max f(x) &= 2x_1 - x_2 + x_3 \\ \text{s. t. } & x_1 + x_2 + x_3 \leqslant 6 \\ & -x_1 + 2x_2 \leqslant 4 \\ & x_1, x_2, x_3 \geqslant 0\end{aligned}$$

不用重新计算，给出发生下列变化后新的最优解.

(1) $\max f(x) = 2x_1 + 3x_2 + x_3$.

(2) 增加一个新约束 $-x_1 + 2x_3 \geqslant 2$.

13. 用分枝定界法求解下列整数规划：

(1)
$$\begin{aligned}\max z &= x_1 + x_2 \\ \text{s. t. } & x_1 + \frac{9}{14}x_2 \leqslant \frac{51}{14} \\ & -2x_1 + x_2 \leqslant \frac{1}{3} \\ & x_1, x_2 \geqslant 0 \text{ 且为整数}\end{aligned}$$

(2)
$$\begin{aligned}\max z &= 3x_1 + x_2 + 3x_3 \\ \text{s. t. } & -x_1 + 2x_2 + x_3 \leqslant 4 \\ & 4x_2 - 3x_3 \leqslant 2 \\ & x_1 - 3x_2 + 2x_3 \leqslant 3 \\ & x_1, x_2, x_3 \geqslant 0 \text{ 且 } x_1, x_3 \text{ 为整数}\end{aligned}$$

14. 用割平面法求解下列整数规划 .

(1) $\max z = 3x_1 + x_2$

s. t. $2x_1 + x_2 \leqslant 6$

$4x_1 + 5x_2 \leqslant 6$

$4x_1 + 5x_2 \leqslant 20$

$x_1, x_2 \geqslant 0$ 且为整数

(2) $\max z = 10x_1 + 20x_2$

s. t $0.25x_1 + 0.4x_2 \leqslant 3$

$x_1 \leqslant 8$

$x_2 \leqslant 4$

$x_1, x_2 \geqslant 0$ 且为整数

第 3 章

无约束最优化一般算法及一维搜索

3.1 无约束最优化问题的一般算法

本章考虑无约束最优化问题的数学模型

$$\min f(\boldsymbol{x}), \boldsymbol{x} \in \mathbf{R}^n \qquad (\mathrm{P})$$

即问题（P）. 求解无约束最优化问题（P）的基本方法是给定一个初始点 $\boldsymbol{x}_0$，依次产生一个点列 $\boldsymbol{x}_1$，$\boldsymbol{x}_2$，…，$\boldsymbol{x}_k$，…，记为$\{\boldsymbol{x}_k\}$，使得或者某个 $\boldsymbol{x}_k$ 恰好是问题的一个最优解，或者该点列$\{\boldsymbol{x}_k\}$收敛到问题的一个最优解 $\boldsymbol{x}^*$. 这就是迭代算法.

在迭代算法中由点 $\boldsymbol{x}_k$ 迭代到 $\boldsymbol{x}_{k+1}$时，要求$f(\boldsymbol{x}_{k+1}) \leqslant f(\boldsymbol{x}_k)$，称这种算法为下降算法. 点列$\{\boldsymbol{x}_k\}$的产生，通常由两步完成. 首先在 $\boldsymbol{x}_k$ 点处求一个方向 $\boldsymbol{p}_k$，使得$f(\boldsymbol{x})$沿方向 $\boldsymbol{p}_k$ 移动时函数值有所下降，一般称这个方向为下降方向或搜索方向. 然后以 $\boldsymbol{x}_k$ 为出发点，以 $\boldsymbol{p}_k$ 为方向作射线 $\boldsymbol{x}_k+\alpha\boldsymbol{p}_k$，其中 $\alpha>0$，在此射线上求一点 $\boldsymbol{x}_{k+1}=\boldsymbol{x}_k+\alpha_k\boldsymbol{p}_k$，使得 $f(\boldsymbol{x}_{k+1})<f(\boldsymbol{x}_k)$，其中 α_k 称为步长.

定义 1 在 $\boldsymbol{x}_k$ 点处，对于向量 $\boldsymbol{p}_k \neq 0$，若存在实数 $\bar{\alpha}>0$，使任意的 $\alpha \in (0, \bar{\alpha})$ 有

$$f(\boldsymbol{x}_k+\alpha\boldsymbol{p}_k)<f(\boldsymbol{x}_k)$$

成立，则称 $\boldsymbol{p}_k$ 为函数$f(\boldsymbol{x})$ 在点 $\boldsymbol{x}_k$ 处的一个下降方向.

当$f(\boldsymbol{x})$ 具有连续的一阶偏导数时，记 $f(\boldsymbol{x})$ 在 $\boldsymbol{x}_k$ 处的梯度为$\nabla \boldsymbol{f}(\boldsymbol{x}_k)=\boldsymbol{g}_k$. 由 Taylor 公式

$$f(\boldsymbol{x}_k+\alpha\boldsymbol{p}_k)=f(\boldsymbol{x}_k)+a\boldsymbol{g}_k^{\mathrm{T}}\boldsymbol{p}_k+o(\alpha)$$

当 $\boldsymbol{g}_k^{\mathrm{T}}\boldsymbol{p}_k<0$ 时，有$f(\boldsymbol{x}_k+\alpha\boldsymbol{p}_k)<f(\boldsymbol{x}_k)$，所以 $\boldsymbol{p}_k$ 是$f(\boldsymbol{x})$ 在 $\boldsymbol{x}_k$ 处的一个下降方向. 反之，当 $\boldsymbol{p}_k$ 是$f(\boldsymbol{x})$ 在 $\boldsymbol{x}_k$ 处的下降方向时，有 $\boldsymbol{g}_k^{\mathrm{T}}\boldsymbol{p}_k<0$，所以也称满足

$$\boldsymbol{g}_k^{\mathrm{T}}\boldsymbol{p}_k<0$$

的方向 $\boldsymbol{p}_k$ 为$f(\boldsymbol{x})$ 在 $\boldsymbol{x}_k$ 处的下降方向.

无约束最优化问题（P）的算法的一般迭代格式：

给定初始点 $\boldsymbol{x}_0$，令 $k=0$.

（1）确定 $\boldsymbol{x}_k$ 处的下降方向 $\boldsymbol{p}_k$；

（2）确定步长 $\alpha_k>0$，使得$f(\boldsymbol{x}_k+\alpha_k\boldsymbol{p}_k)<f(\boldsymbol{x}_k)$；

（3）令 $\boldsymbol{x}_{k+1}=\boldsymbol{x}_k+\alpha_k\boldsymbol{p}_k$；

（4）若 $\boldsymbol{x}_{k+1}$满足某种终止准则，则停止迭代，以 $\boldsymbol{x}_{k+1}$为近似最优解. 否则令 $k=k+1$，转（1）.

由 $\boldsymbol{x}_k$ 出发沿 $\boldsymbol{p}_k$ 方向求步长 α_k 的过程叫一维搜索或线性搜索.

如果某算法构造出的点列$\{\boldsymbol{x}_k\}$能够在有限步之内得到最优化问题的最优解 $\boldsymbol{x}^*$，或者点列$\{\boldsymbol{x}_k\}$有极限点，并且其极限点是最优解 $\boldsymbol{x}^*$，则称这种算法是收敛的.

一个算法是否收敛，往往同初始点 $\boldsymbol{x}_0$ 的选取有关. 如果只有当 $\boldsymbol{x}_0$ 充分接近最优解 $\boldsymbol{x}^*$ 时，由算法产生的点列才收敛于 $\boldsymbol{x}^*$，则该算法称为具有局部收敛性的算法. 如果对于任意的初始点 $\boldsymbol{x}_0$，由算法产生的点列都收敛于最优解 $\boldsymbol{x}^*$，则这个算法称为具有全局收敛性的算法.

另外，作为一个好算法，还必须以较快的速度收敛到最优解. 如果一个算法产生的序列$\{\boldsymbol{x}_k\}$虽然收敛于最优解 $\boldsymbol{x}^*$，但收敛得太“慢”，以至于在计算机允许的时间内得不到满意的结果，则这种算法就不是好算法. 下面给出与收敛速度有关的概念.

定义 2　设序列$\{\boldsymbol{x}_k\}$收敛于 $\boldsymbol{x}^*$，而且

$$\lim_{k\to\infty}\frac{\|\boldsymbol{x}_{k+1}-\boldsymbol{x}^*\|}{\|\boldsymbol{x}_k-\boldsymbol{x}^*\|}=\beta$$

若 $\beta=1$，则称序列$\{\boldsymbol{x}_k\}$为次线性收敛的；

若 $0<\beta<1$，则称序列$\{\boldsymbol{x}_k\}$为线性收敛的，称 β 为收敛比；

若 $\beta=0$，则称序列$\{\boldsymbol{x}_k\}$为超线性收敛的.

定义 3　设序列$\{\boldsymbol{x}_k\}$收敛于 $\boldsymbol{x}^*$，若对于某个实数 $p\geqslant 1$，有

$$\lim_{k\to\infty}\frac{\|\boldsymbol{x}_{k+1}-\boldsymbol{x}^*\|}{\|\boldsymbol{x}_k-\boldsymbol{x}^*\|^p}=\beta,\ 0<\beta<+\infty,$$

则称序列$\{\boldsymbol{x}_k\}$为 p 阶收敛的.

如果我们说一个算法是线性（或超线性或二阶）收敛的，则指算法产生的序列是线性（或超线性或二阶）收敛的.

对于迭代算法，我们还要给出某种终止准则. 当某次迭代满足终止准则时，就停止计算，而以这次迭代所得到的点 $\boldsymbol{x}_k$ 或 $\boldsymbol{x}_{k+1}$ 为最优解 $\boldsymbol{x}^*$ 的近似解. 常用的终止准则有下面几种：

(1)　$\|\boldsymbol{x}_{k+1}-\boldsymbol{x}_k\|<\varepsilon$ 或 $\dfrac{\|\boldsymbol{x}_{k+1}-\boldsymbol{x}_k\|}{\|\boldsymbol{x}_k\|}<\varepsilon$；

(2)　$|f(\boldsymbol{x}_{k+1})-f(\boldsymbol{x}_k)|<\varepsilon$ 或 $\dfrac{|f(\boldsymbol{x}_{k+1})-f(\boldsymbol{x}_k)|}{|f(\boldsymbol{x}_k)|}<\varepsilon$；

(3)　$\|\nabla f(\boldsymbol{x}_k)\|=\|\boldsymbol{g}_k\|<\varepsilon$；

(4)　上述三种终止准则的组合.

其中，$\varepsilon>0$ 是预先给定的适当小的实数.

3.2　无约束最优化问题的最优性条件

对于一元二阶可微函数 $\varphi(\alpha)$，在微积分学中有以下最优性条件：

(1) 若 α^* 为 $\varphi(\alpha)$ 的局部极小点，则 $\varphi'(\alpha^*)=0$；

(2) 若 $\varphi'(\alpha^*)=0$，$\varphi''(\alpha^*)>0$，则 α^* 为 $\varphi(\alpha)$ 的严格局部极小点；

(3) 若 α^* 为 $\varphi(\alpha)$ 的局部极小点，则 $\varphi'(\alpha^*)=0$，$\varphi''(\alpha^*)\geqslant 0$.

对多元函数 $f(\boldsymbol{x})$ 来说，有下面的最优性条件．

定理1 （一阶必要条件）若 $\boldsymbol{x}^*$ 为 $f(\boldsymbol{x})$ 的局部极小点，且在 $\boldsymbol{x}^*$ 的某邻域内 $f(\boldsymbol{x})$ 具有一阶连续偏导数，记 $\boldsymbol{g}^*=\nabla f(\boldsymbol{x}^*)$，则

$$\boldsymbol{g}^*=\boldsymbol{0}$$

证明 若 $\boldsymbol{g}^*\neq\boldsymbol{0}$，则存在方向 $\boldsymbol{p}\in\mathbf{R}^n$（例如 $\boldsymbol{p}=-\boldsymbol{g}^*$），使 $\boldsymbol{p}^{\mathrm{T}}\boldsymbol{g}^*<0$. 由微分学中值定理，存在 $\alpha_1\in(0,\alpha)$，使得

$$f(\boldsymbol{x}^*+\alpha\boldsymbol{p})=f(\boldsymbol{x}^*)+\alpha\boldsymbol{p}^{\mathrm{T}}\boldsymbol{g}(\boldsymbol{x}^*+\alpha_1\boldsymbol{p})$$

成立．由于 $\boldsymbol{g}$ 在 $\boldsymbol{x}^*$ 的某邻域内连续，故存在 $\delta>0$，使对任意 $\alpha\in[0,\delta]$，有 $\boldsymbol{p}^{\mathrm{T}}\boldsymbol{g}(\boldsymbol{x}^*+\alpha\boldsymbol{p})<0$. 所以，对任意的 $\alpha\in[0,\delta]$ 有

$$f(\boldsymbol{x}^*+\alpha\boldsymbol{p})<f(\boldsymbol{x}^*)$$

这与 $\boldsymbol{x}^*$ 是 f 的局部极小点矛盾，因此结论成立．

注意梯度向量为零是可微函数取到局部极小点的必要条件，梯度向量为零的点称为函数的驻点，驻点可分为三种类型：极小点、极大点和鞍点．

定理2 （二阶充分条件）若在 $\boldsymbol{x}^*$ 的某邻域内 $f(\boldsymbol{x})$ 有二阶连续偏导数，且 $\boldsymbol{g}^*=\boldsymbol{0}$，$\boldsymbol{G}^*=\boldsymbol{G}(\boldsymbol{x}^*)$ 正定，则 $\boldsymbol{x}^*$ 为问题（P）的严格局部极小点．

证明 因为 $\boldsymbol{G}^*$ 正定，故对任意 $\boldsymbol{p}\in\mathbf{R}^n$ 有 $\boldsymbol{p}^{\mathrm{T}}\boldsymbol{G}^*\boldsymbol{p}\geqslant\lambda\|\boldsymbol{p}\|^2$，其中 $\lambda>0$ 为 $\boldsymbol{G}^*$ 的最小特征值．现将 $f(\boldsymbol{x})$ 在 $\boldsymbol{x}^*$ 点用 Taylor 公式展开，并注意到 $\boldsymbol{g}^*=\boldsymbol{0}$，有

$$f(\boldsymbol{x})=f(\boldsymbol{x}^*)+\frac{1}{2}(\boldsymbol{x}-\boldsymbol{x}^*)^{\mathrm{T}}\boldsymbol{G}^*(\boldsymbol{x}-\boldsymbol{x}^*)+o(\|\boldsymbol{x}-\boldsymbol{x}^*\|^2)$$

于是

$$f(\boldsymbol{x})-f(\boldsymbol{x}^*)\geqslant\left[\frac{1}{2}\lambda+o(1)\right]\|\boldsymbol{x}-\boldsymbol{x}^*\|^2$$

当 $\boldsymbol{x}$ 充分接近 $\boldsymbol{x}^*$（但 $\boldsymbol{x}\neq\boldsymbol{x}^*$）时，上式右边大于0，故 $f(\boldsymbol{x})>f(\boldsymbol{x}^*)$，即 $\boldsymbol{x}^*$ 为 $f(\boldsymbol{x})$ 的严格局部极小点．

定理3 （二阶必要条件）若 $\boldsymbol{x}^*$ 为 $f(\boldsymbol{x})$ 的局部极小点，且在 $\boldsymbol{x}^*$ 的某邻域内 $f(\boldsymbol{x})$ 有二阶连续偏导数，则

$$\boldsymbol{g}^*=\boldsymbol{0}，\boldsymbol{G}^*\text{半正定}$$

证明 任取非零向量 $\boldsymbol{p}\in\mathbf{R}^n$，对于 $\alpha\in\mathbf{R}$ 定义一元函数 $\varphi(\alpha)=f(\boldsymbol{x}^*+\alpha\boldsymbol{p})$，则

$$\varphi'(\alpha)=\boldsymbol{g}(\boldsymbol{x}^*+\alpha\boldsymbol{p})^{\mathrm{T}}\boldsymbol{p},\varphi''(\alpha)=\boldsymbol{p}^{\mathrm{T}}\boldsymbol{G}(\boldsymbol{x}^*+\alpha\boldsymbol{p})\boldsymbol{p}$$

因为 $\boldsymbol{x}^*$ 是 $f(\boldsymbol{x})$ 的局部极小点，所以当 α 充分小时，$\varphi(\alpha)\geqslant\varphi(0)$，即 $\alpha=0$ 为 $\varphi(\alpha)$ 的局部极小点，故由一元函数的最优性条件，有

$$\varphi'(0)=0，\varphi''(0)\geqslant 0$$

即

$$\boldsymbol{g}(\boldsymbol{x}^*)^{\mathrm{T}}\boldsymbol{p}=\boldsymbol{0}，\boldsymbol{p}^{\mathrm{T}}\boldsymbol{G}(\boldsymbol{x}^*)\boldsymbol{p}\geqslant\boldsymbol{0}$$

成立．由 $\boldsymbol{p}$ 的任意性知，$\boldsymbol{g}^*=\boldsymbol{0}$，$\boldsymbol{G}^*$ 半正定．

定理4 设 $f(\boldsymbol{x})$ 在 $\mathbf{R}^n$ 上是凸函数且有一阶连续偏导数，则 $\boldsymbol{x}^*$ 为 $f(\boldsymbol{x})$ 的整体极小点的充分必要条件是 $\boldsymbol{g}^*=\boldsymbol{0}$.

证明略．

3.3　一维搜索

已知 $\boldsymbol{x}_k$，并且求出了 $\boldsymbol{x}_k$ 处的下降方向 $\boldsymbol{p}_k$，从 $\boldsymbol{x}_k$ 出发，沿方向 $\boldsymbol{p}_k$ 求目标函数的最优解，即求解问题

$$\min_{\alpha>0} f(\boldsymbol{x}_k+\alpha\boldsymbol{p}_k)=\min_{\alpha>0}\varphi(\alpha)$$

或者

$$\min_{0<\alpha\leqslant\alpha_{\max}} f(\boldsymbol{x}_k+\alpha\boldsymbol{p}_k)=\min_{0<\alpha\leqslant\alpha_{\max}}\varphi(\alpha)$$

称为一维搜索，设其最优解为 α_k，于是得到一个新点

$$\boldsymbol{x}_{k+1}=\boldsymbol{x}_k+\alpha_k\boldsymbol{p}_k$$

所以一维搜索是求解一元函数 $\varphi(\alpha)$ 的最优化问题（也叫一维最优化问题）. 我们把此问题仍表示为

$$\min_{x\in\mathbf{R}} f(x) \text{ 或 } \min_{a\leqslant x\leqslant b} f(x)$$

在一维搜索中，一般要求 $f(x)$ 在初始区间 $[a, b]$ 上是下单峰函数. 下单峰函数的定义为：设 $f(x)$ 定义在区间 $[a, b]$ 上，如果在 $[a, b]$ 内 $f(x)$ 有唯一极小点 x^*，在 x^* 的左边 $f(x)$ 严格下降，在 x^* 的右边 $f(x)$ 严格上升，则称之为下单峰函数. 有时在最优化算法中需要先确定初始的一维搜索区间，下面我们给出一个求一元函数初始搜索区间的启发式算法，使得在所求出的区间上 $f(x)$ 是下单峰函数. 此算法叫进退法. 这种方法的思想就是通过试探的方法找到函数值呈现“高，低，高”的三点，分别记为：*a_left*，*c_middle*，*b_right*，这样就可以以 *a_left* 和 *b_right* 作为初始的搜索区间端点了，这个算法不一定能保证函数在这个区间上一定是单峰函数，但是一定有局部极小值点.

算法 1　进退法

给定初始点 x_0，初始步长 $\Delta x(>0)$.

step 1　计算 $f(x_0)$，转 step 2.

step 2　$x_1=x_0+\Delta x$，计算 $f(x_1)$. 若 $f(x_1)\leqslant f(x_0)$，则转 step 3；否则转 step 5.

step 3　令 $\Delta x=2\Delta x$，若 $\Delta x>10^8$，则算法失效，停止运算，否则 $x_2=x_1+\Delta x$，计算 $f(x_2)$. 若 $f(x_1)\leqslant f(x_2)$，则得到区间 $[x_0, x_2]$ 为初始区间，令 $a\_left=x_0$，$c\_middle=x_1$，$b\_right=x_2$，停止；若 $f(x_1)>f(x_2)$，则转 step 4.

step 4　令 $x_0=x_1$，$x_1=x_2$，$f(x_0)=f(x_1)$，$f(x_1)=f(x_2)$，转 step 3.

step 5　令 $\Delta x=2\Delta x$，若 $\Delta x>10^8$，则算法失效，停止运算，否则 $x_2=x_0-\Delta x$，计算 $f(x_2)$. 若 $f(x_0)\leqslant f(x_2)$，则得到区间 $[x_2, x_1]$ 为初始区间，令 $a\_left=x_2$，$c\_middle=x_0$，$b\_right=x_1$，停止；若 $f(x_0)>f(x_2)$，则转 step 6.

step 6　令 $x_1=x_0$，$x_0=x_2$，$f(x_1)=f(x_0)$，$f(x_0)=f(x_2)$，转 step 5.

算法中的 Δx 要根据函数来取，通常取为一个较小的数，比如 0.1，因为它可以在算法过程中自动加大，如果开始取得过大，则可能跳过函数的下单峰区间从而导致算法失败.

下面我们给出一些函数运用进退法求解初始搜索区间的结果，其中初始点取 $x_0=0$，初始步长取 $\Delta x=0.1$.

例 1　利用进退法确定函数的初始搜索区间.

(1) $f(x)=x^2-2x+1$.

程序输出结果为：$a\_left=0.3$，$c\_middle=0.7$，$b\_right=1.5$.

(2) $f(x)=e^{-x}+x^2$.

程序输出结果为：$a\_left=0.1$，$c\_middle=0.3$，$b\_right=0.7$.

(3) $f(x)=x^4+2x+4$.

程序输出结果为：$a\_left=-1.4$，$c\_middle=-0.6$，$b\_right=-0.2$.

(4) $f(x)=x^3-2x+1$.

程序输出结果为：$a\_left=0.3$，$c\_middle=0.7$，$b\_right=1.5$.

(5) $f(x)=\sin x$.

程序输出结果为：$a\_left=-3$，$c\_middle=-1.4$，$b\_right=-0.6$.

(6) $f(x)=-x^2$.

程序输出结果为：$\Delta x>10^8$，算法失效.

(7) $f(x)=x$.

程序输出结果为：$\Delta x>10^8$，算法失效.

如果函数没有下单峰区间，如（6）和（7），则算法会输出算法失效的信息. 不过也要注意这个算法是一个启发式算法，虽然对一般的函数是有效的，但是无论 Δx 取一个什么值，理论上来说总可以举出反例使得某个函数有下单峰区间，而算法无法找到，比如图 3-1 的函数：它有下单峰区间，但是可以任意小，那么只要事先给定 Δx，就可以构造出反例使算法失效，所以从理论上来说进退法并不能保证在任何情况下都成功，但是作为一种启发式算法，它在实际问题中还是很有效的，所以进退法成为一种非常实用的算法.

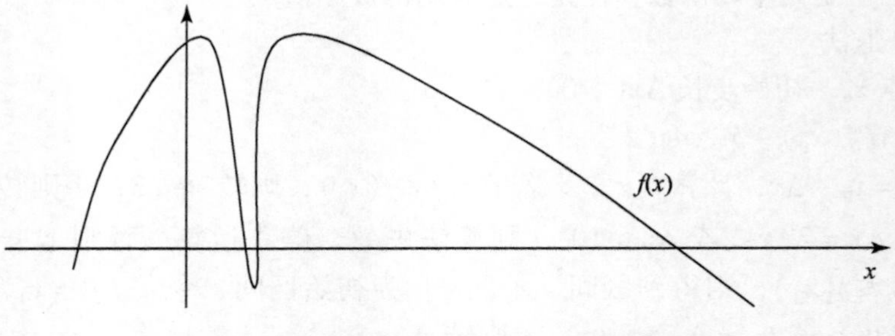

图 3-1　进退法容易失败的一个函数的例子

下面介绍几类求解一维最优化问题的方法.

1. 试探法

我们可以设想最简单的方法就是通过试探某些点上的函数值来逐步缩小区间长度，从而得到近似最优值点 x^*. 我们设 $f(x)$ 在区间 $[a, b]$ 上是下单峰函数，怎样才能缩短最优值所在的区间呢？每次求一个试探点是显然不行的，一个试探点只能把区间分成两段，无论试探点函数值如何，我们都不能肯定最优值在哪一段上. 因此，每次计算至少需要两个试探点. 设在 $[a, b]$ 内任取两个试探点 x_1，x_2，且 $x_1<x_2$，计算这两点处的函数值 $f(x_1)$，$f(x_2)$. 若 $f(x_1)<f(x_2)$，则 $x^*\in[a, x_2]$；若 $f(x_1)\geqslant f(x_2)$，则 $x^*\in[x_1, b]$. 如图 3-2 所示.

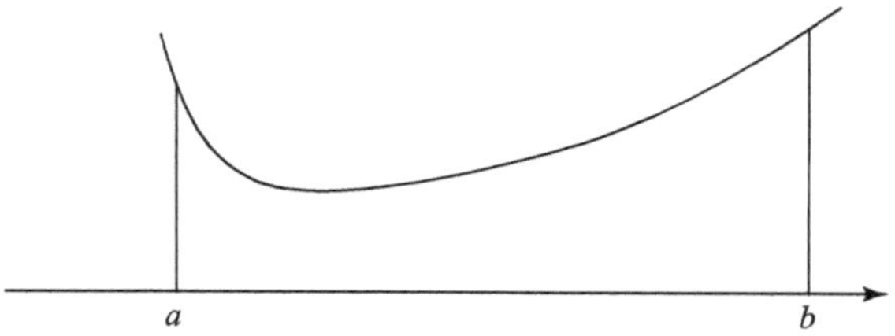

图 3-2　区间 [a, b] 上的下单峰函数图像

由此，通过这样的算法我们可以逐步缩短区间，直到任意小，就可以得到最优值点的近似值了．既然每次需要两个试探点，那么我们比较容易想到的方法就是在区间的$\frac{1}{3}$和$\frac{2}{3}$处作为试探点，这样每次计算两个点的函数值，区间缩短为原来的$\frac{2}{3}$，因为$\left(\frac{2}{3}\right)^n \to 0$，所以区间可以缩到任意小．这是一种可行的简单方法，但是这种方法显然效率不高，因为它的试探点不能重复利用，每次迭代都要计算两个新的试探点．如果试探点能够重复利用的话，每次只计算一个新的试探点，这样算法效率就可以大为提高，也就是说计算同样多的函数值次数，可以使区间缩短更多，达到更高的精度．一种比较好的方法就是利用 Fibonacci 数列的 Fibonacci 法．

(1) Fibonacci 法．

先引入 Fibonacci 数列．

由 $F_0 = F_1 = 1$，$F_n = F_{n-1} + F_{n-2}$，$n \geqslant 2$ 所确定的数列$\{F_n\}$称为 Fibonacci 数列．$\{F_n\}$ 中的数 F_n 称为（第 $n+1$ 个）Fibonacci 数．Fibonacci 数列的前 10 个数如表 3-1 所示．

表 3-1　Fibonacci 数列中的前 10 个数

n	0	1	2	3	4	5	6	7	8	9	10
F_n	1	1	2	3	5	8	13	21	34	55	89

假设试探点个数 n 确定之后，最初的两个试点分别选为

$$x_1 = a + \frac{F_{n-2}}{F_n}(b-a)$$

$$x_2 = a + \frac{F_{n-1}}{F_n}(b-a)$$

显然 x_1，x_2 关于区间 $[a, b]$ 对称，即有 $x_1 - a = b - x_2$.

通过计算$f(x_1)$，$f(x_2)$ 并比较其大小就得到一个新的区间，新区间仍然记为 $[a, b]$，这就完成了一次迭代．现在假设已经迭代了 $i-1$ 次，在第 i 次迭代开始时，我们还有 $n-i+1$ 个试点，其中包括已经计算过函数值的一个试点．这时令

$$x_1 = a + \frac{F_{n-i-1}}{F_{n-i+1}}(b-a)$$

$$x_2 = a + \frac{F_{n-i}}{F_{n-i+1}}(b-a)$$

其中，x_1，x_2 中有一个已经计算过函数值，只需再计算另一个点的函数值并进行比较，便可

完成第 i 次迭代．当 $i=n-1$，即进行最后一次迭代时，由于 $F_0=F_1=1$，x_1 与 x_2 重合，且已计算过函数值，因此第 n 个试点可以选在离该点距离为一个充分小的正数 δ 处．

下面我们看一下如何确定计算函数值的次数，即如何选取最初的 F_n. 若原始区间为 $[a, b]$，要求最终的区间长度小于等于 $\varepsilon(\varepsilon>0)$，则有

$$F_n \geqslant \frac{b-a}{\varepsilon}$$

由此可以确定试点的个数 n. 试点个数 n 确定之后，区间缩短后的长度与缩短前的长度之比（即区间缩短率）依次为

$$\frac{F_{n-1}}{F_n},\ \frac{F_{n-2}}{F_{n-1}},\ \cdots,\ \frac{3}{5},\ \frac{2}{3},\ \frac{1}{2}$$

且有

$$\frac{F_{n-1}}{F_n}+\frac{F_{n-2}}{F_n}=1,\ n,\ 3,\ \cdots$$

归纳以上讨论，就得到一个求解问题

$$\min_{a \leqslant x \leqslant b} f(x)$$

的方法，这个方法就是 Fibonacci 法．

需要指出的是，在使用 Fibonacci 法之前必须事先计算出计算函数值的次数 n. 除了第一次迭代需要计算两个函数值之外，其余每次迭代只需计算一个函数值．

算法 2　Fibonacci 法

给定区间 $[a, b]$ 及 $\varepsilon>0$.

step 1　令 $c=\dfrac{b-a}{\varepsilon}$，$n=1$，$F_0=1$，$F_1=1$，转 step 2.

step 2　$n=n+1$，$F_n=F_{n-2}+F_{n-1}$，转 step 3.

step 3　若 $F_n<c$，则转 step 2；否则转 step 4.

step 4　令 $k=1$，$x_1=a+\dfrac{F_{n-2}}{F_n}(b-a)$，$x_2=a+\dfrac{F_{n-1}}{F_n}(b-a)$，$f_1=f(x_1)$，$f_2=f(x_2)$，转 step 5.

step 5　若 $f_1<f_2$，则令 $b=x_2$，$x_2=x_1$，$f_2=f_1$，$x_1=a+\dfrac{F_{n-k-2}}{F_{n-k}}(b-a)$，$f_1=f(x_1)$，转 step 6；否则令 $a=x_1$，$x_1=x_2$，$f_1=f_2$，$x_2=a+\dfrac{F_{n-k-1}}{F_{n-k}}(b-a)$，$f_2=f(x_2)$，转 step 6.

step 6　令 $k=k+1$，若 $k<n-2$，则转 step 5；若 $k=n-2$，则转 step 7.

step 7　若 $f_1<f_2$，则令 $b=x_2$，$x_2=x_1$，$f_2=f_1$，转 step 8；否则令 $a=x_1$，转 step 8.

step 8　令 $x_1=x_2-0.1(b-a)$，$f_1=f(x_1)$.

若 $f_1<f_2$，则 $x^*=\dfrac{1}{2}(a+x_2)$；

若 $f_1=f_2$，则 $x^*=\dfrac{1}{2}(x_1+x_2)$；

若 $f_1>f_2$，则 $x^*=\dfrac{1}{2}(x_1+b)$.

算法最后一步，当两个试探点重合时，增加的试探点在该试探点左侧距离 $\delta=0.1(b-a)$ 处，这样下一个区间长度可能为原来的 0.5 倍或者 0.6 倍，可近似看作区间缩短率为$\frac{1}{2}$.

可以证明，在借助于计算 n 个函数值的所有非随机搜索方法中，Fibonacci 法可使原始区间与最终区间长度之比达到最大值，这是它的优点．Fibonacci 法的主要缺点是区间缩短率$\frac{F_{i-1}}{F_i}$不固定，选取试点的公式不是固定的．

利用数学归纳法可以证明 Fibonacci 法是计算同样个数试探点能够将试探区间缩小到最短的算法，换句话说：我们希望寻找按什么方式取点，求 n 次函数值之后可最多将多长的原始区间缩短为最终区长度为 1？设 L_n 表示试点个数为 n、最终区间长度为 1 时的原始区间 $[a, b]$ 的最大可能长度，现在找出 L_n 的一个上界．设最初的两个试点为 x_1 和 x_2，且 $x_1<x_2$. 如果极小点位于 $[a, x_1]$ 内，则我们至多还有 $n-2$ 个试点，因此

$$x_1-a\leqslant L_{n-2}$$

如果极小点位于 $[x_1, b]$ 内，则包括 x_2 在内还可以有 $n-1$ 个试点，因此

$$b-x_1\leqslant L_{n-1}$$

因为

$$L_n=b-a=(b-x_1)+(x_1-a)\leqslant L_{n-1}+L_{n-2}$$

所以

$$L_n\leqslant L_{n-1}+L_{n-2}$$

显然，不计算函数值或只计算一次函数值不能使区间缩小，故有 $L_0=L_1=1$. 因此，如果原始区间长度满足递推关系：

$$L_n=L_{n-1}+L_{n-2},\quad n\geqslant 2$$
$$L_0=L_1=1$$

则 L_n 是最大原始区间的长度，这正是上述 Fibonacci 数列应满足的关系．也就是说经过 n 次试探点计算，Fibonacci 法可以将 Fibonacci 数列第 n 项 F_n 这么长的区间缩短为 1，而这恰好是试探法所能达到的上界．

下面给出一些 Fibonacci 法的算例，计算结果列在表格中．

例 2　设 $f(x)=x^2-2x+1$. 初始区间为 $[-1, 2]$，精度 $\varepsilon=10^{-4}$，程序输出结果如下：

k	a_k	b_k	$f(x_1)$	$f(x_2)$
1	-1.000000	2.000000	0.729490	0.021286
2	0.145898	2.000000	0.021286	0.085145
3	0.145898	1.291796	0.173396	0.021286
4	0.583592	1.291796	0.021286	0.000453
5	0.854102	1.291796	0.000453	0.015528
6	0.854102	1.124612	0.001812	0.000453

续表

k	a_k	b_k	$f(x_1)$	$f(x_2)$
7	0.957428	1.124612	0.000453	0.003691
8	0.957428	1.060753	0.000010	0.000453
9	0.957428	1.021286	0.000331	0.000010
10	0.981819	1.021286	0.000010	0.000039
11	0.981819	1.006211	0.000079	0.000010
12	0.991136	1.006211	0.000010	0.000000
13	0.996894	1.006211	0.000000	0.000007
14	0.996894	1.002653	0.000001	0.000000
15	0.999094	1.002653	0.000000	0.000002
16	0.999094	1.001294	0.000000	0.000000
17	0.999094	1.000453	0.000000	0.000000
18	0.999612	1.000453	0.000000	0.000000
19	0.999612	1.000129	0.000000	0.000000
20	0.999806	1.000129	0.000000	0.000000
21	0.999935	1.000129	0.000000	0.000000
22	0.999935	1.000065	0.000000	0.000000

最优解可取为最后一步的区间中点，即

$$x^* = \frac{1}{2}(a+b) = 1.000000，相应的最优值 f^* = 0.000000$$

例 3 设$f(x)=e^{-x}+x^2$. 初始区间为 $[-1, 1]$，精度 $\varepsilon=10^{-4}$，程序输出结果如下：

k	a_k	b_k	$f(x_1)$	$f(x_2)$
1	-1.000000	1.000000	1.321988	0.845455
2	-0.236068	1.000000	0.845455	0.868504
3	-0.236068	0.527864	0.948902	0.845455
4	0.055728	0.527864	0.845455	0.827208
5	0.236068	0.527864	0.827208	0.832807
6	0.236068	0.416408	0.830155	0.827208
7	0.304952	0.416408	0.827208	0.827843
8	0.304952	0.373835	0.827751	0.827208
9	0.331263	0.373835	0.827208	0.827230
10	0.331263	0.357574	0.827331	0.827208

续表

k	a_k	b_k	$f(x_1)$	$f(x_2)$
11	0.341313	0.357574	0.827208	0.827184
12	0.347524	0.357574	0.827184	0.827189
13	0.347524	0.353736	0.827189	0.827184
14	0.349897	0.353736	0.827184	0.827184
15	0.349897	0.352270	0.827185	0.827184
16	0.350804	0.352270	0.827184	0.827184
17	0.351363	0.352270	0.827184	0.827184
18	0.351363	0.351921	0.827184	0.827184
19	0.351572	0.351921	0.827184	0.827184
20	0.351572	0.351781	0.827184	0.827184
21	0.351642	0.351781	0.827184	0.827184

最优解可取为最后一步的区间中点，即

$$x^* = \frac{1}{2}(a+b) = 0.351712，最优值 f^* = 0.827184$$

例 4　设 $f(x)=x^4+2x+4$. 初始区间为 $[-1,0]$，精度 $\varepsilon=10^{-4}$，程序输出结果如下：

k	a_k	b_k	$f(x_1)$	$f(x_2)$
1	-1.000000	0.000000	2.909830	3.257354
2	-1.000000	-0.381966	2.812716	2.909830
3	-1.000000	-0.618034	2.823952	2.812716
4	-0.854102	-0.618034	2.812716	2.835147
5	-0.854102	-0.708204	2.809532	2.812716
6	-0.854102	-0.763932	2.812052	2.809532
7	-0.819660	-0.763932	2.809532	2.809719
8	-0.819660	-0.785218	2.810076	2.809532
9	-0.806505	-0.785218	2.809532	2.809450
10	-0.798374	-0.785218	2.809450	2.809494
11	-0.798374	-0.790243	2.809459	2.809450
12	-0.795268	-0.790243	2.809450	2.809458
13	-0.795268	-0.792162	2.809450	2.809450
14	-0.794080	-0.792162	2.809450	2.809452
15	-0.794080	-0.792892	2.809449	2.809450

续表

k	a_k	b_k	$f(x_1)$	$f(x_2)$
16	-0.794080	-0.793349	2.809449	2.809449
17	-0.793806	-0.793349	2.809449	2.809449
18	-0.793806	-0.793532	2.809449	2.809449
19	-0.793806	-0.793623	2.809449	2.809449

最优解可取为最后一步的区间中点，即

$$x^* = \frac{1}{2}(a+b) = -0.793715\text{，最优值 } f^* = 2.809449$$

(2) 黄金分割法.

Fibonacci 法的主要缺点是区间缩短率$\frac{F_{i-1}}{F_i}$不固定，因此，选取试探点的公式不是固定的，但是因为其试探点可以重复利用，所以它的效率是非常高的. 那么有没有一种方法既能够有固定的试探点选取公式又能够重复利用试探点呢？如果有这样一种方法，那么这种方法就会既容易实现又能够达到比较高的效率，下面我们就给出推导.

设搜索区间为$[a, b]$，当前试探点为x_1，x_2，如图 3-3 所示.

图 3-3　黄金分割法试探点取法

设每次迭代区间缩短率固定为τ，两个试探点到端点等距，则

$$x_1 = a + (1-\tau)(b-a)$$
$$x_2 = a + \tau(b-a)$$

设下一步迭代区间为$[a, x_2]$，新的试探点为x'_1，x'_2，则

$$\begin{aligned} x'_2 &= a + \tau(x_2 - a) \\ &= a + \tau(a + \tau(b-a) - a) \\ &= a + \tau^2(b-a) \end{aligned}$$

若要重复利用试探点，则需要$x'_2 = x_1$，于是

$$a + \tau^2(b-a) = a + (1-\tau)(b-a)$$

整理得到

$$\tau^2 + \tau - 1 = 0$$

解得

$$\tau = \frac{-1 \pm \sqrt{5}}{2}$$

因为缩短率为正数，所以

$$\tau = \frac{-1+\sqrt{5}}{2} \approx 0.618$$

因此，每次迭代的试探点分别为

$$x_1 = a + 0.382(b-a)$$

$$x_2 = a + 0.618(b - a)$$

这样每次迭代只计算一个新的试探点，另一个是重复利用的．黄金分割法又叫 0.618 法，它与 Fibonacci 法类似，所不同的是每次迭代都把区间缩短率定为 0.618. 对于预先给定的精确度 $\varepsilon > 0$，当保留的区间长度 $|b - a| \leqslant \varepsilon$ 时，停止迭代，此时可取保留区间 $[a, b]$ 内任一点作为极小点的近似值．

算法 3　黄金分割法

给定 a，$b(a < b)$ 及 $\varepsilon > 0$.

step 1　令 $x_1 = a + 0.382(b - a)$，$f_1 = f(x_1)$，$x_2 = a + 0.618(b - a)$，$f_2 = f(x_2)$，转 step 2.

step 2　若 $|b - a| \leqslant \varepsilon$，则 $x^* = \dfrac{a + b}{2}$，停止计算．否则转 step 3.

step 3　若 $f_1 < f_2$，则 $b = x_2$，$x_2 = x_1$，$f_2 = f_1$，$x_1 = a + 0.382(b - a)$，$f_1 = f(x_1)$，转 step 2；

若 $f_1 = f_2$，则 $a = x_1$，$b = x_2$，转 step 1；

若 $f_1 > f_2$，则 $a = x_1$，$x_1 = x_2$，$f_1 = f_2$，$x_2 = a + 0.618(b - a)$，$f_2 = f(x_2)$，转 step 2.

黄金分割法与 Fibonacci 法之间是有一定联系的．用数学归纳法可以证明，Fibonacci 数列 $\{F_n\}$ 具有如下表达式

$$F_n = \frac{1}{\sqrt{5}}\left[\left(\frac{1+\sqrt{5}}{2}\right)^{n+1} - \left(\frac{1-\sqrt{5}}{2}\right)^{n+1}\right],\quad n = 0, 1, 2, \cdots$$

由此表达式可以得到下面的结论．

定理 1　设 F_n 表示 Fibonacci 数，则

$$\lim_{n\to\infty}\frac{F_{n-1}}{F_n} = \frac{\sqrt{5}-1}{2} \approx 0.618$$

证明

$$\lim_{n\to\infty}\frac{F_{n-1}}{F_n} = \lim_{n\to\infty}\frac{\left(\frac{1+\sqrt{5}}{2}\right)^{n} - \left(\frac{1-\sqrt{5}}{2}\right)^{n}}{\left(\frac{1+\sqrt{5}}{2}\right)^{n+1} - \left(\frac{1-\sqrt{5}}{2}\right)^{n+1}}$$

$$= \lim_{n\to\infty}\frac{1 - \left(\frac{1-\sqrt{5}}{1+\sqrt{5}}\right)^{n}}{\frac{1+\sqrt{5}}{2} - \left(\frac{1-\sqrt{5}}{1+\sqrt{5}}\right)^{n}\frac{1-\sqrt{5}}{2}} = \frac{2}{1+\sqrt{5}} = \frac{\sqrt{5}-1}{2}$$

这个定理说明黄金分割法是 Fibonacci 法的极限形式．

可以证明黄金分割法与 Fibonacci 法都是线性收敛的，收敛比为 $\dfrac{\sqrt{5}-1}{2}$.

下面给出几个黄金分割法的例子，计算结果都列在表格中．

例 5　设 $f(x) = x^2 - 2x + 1$. 初始区间为 $[-1, 2]$，精度 $\varepsilon = 10^{-4}$，程序输出结果如下：

k	a_k	b_k	$f(x_1)$	$f(x_2)$
1	-1.000000	2.000000	0.729316	0.021316
2	0.146000	2.000000	0.021316	0.085131
3	0.146000	1.291772	0.173318	0.021316
4	0.583685	1.291772	0.021316	0.000453
5	0.854000	1.291772	0.000453	0.015511
6	0.854000	1.124543	0.001819	0.000453
7	0.957347	1.124543	0.000453	0.003681
8	0.957347	1.060674	0.000010	0.000453
9	0.957347	1.021283	0.000332	0.000010
10	0.981771	1.021283	0.000010	0.000038
11	0.981771	1.006189	0.000079	0.000010
12	0.991098	1.006189	0.000010	0.000000
13	0.996818	1.006189	0.000000	0.000007
14	0.996818	1.002609	0.000001	0.000000
15	0.999030	1.002609	0.000000	0.000002
16	0.999030	1.001242	0.000000	0.000000
17	0.999030	1.000424	0.000000	0.000000
18	0.999563	1.000424	0.000000	0.000000
19	0.999875	1.000424	0.000000	0.000000
20	0.999875	1.000215	0.000000	0.000000
21	0.999875	1.000095	0.000000	0.000000
22	0.999959	1.000095	0.000000	0.000000

最优解取为最后一步的区间中点，即

$$x^* = \frac{1}{2}(a+b) = 1.000027\text{，最优值} f^* = 0.000000$$

例 6 设 $f(x) = e^{-x} + x^2$. 初始区间为 $[-1, 1]$，精度 $\varepsilon = 10^{-4}$，程序输出结果如下：

k	a_k	b_k	$f(x_1)$	$f(x_2)$
1	-1.000000	1.000000	1.321870	0.845477
2	-0.236000	1.000000	0.845477	0.868497
3	-0.236000	0.527848	0.948850	0.845477
4	0.055790	0.527848	0.845477	0.827208
5	0.236000	0.527848	0.827208	0.832799

续表

k	a_k	b_k	$f(x_1)$	$f(x_2)$
6	0.236000	0.416362	0.830161	0.827208
7	0.304898	0.416362	0.827208	0.827840
8	0.304898	0.373783	0.827754	0.827208
9	0.331212	0.373783	0.827208	0.827229
10	0.331212	0.357521	0.827332	0.827208
11	0.341262	0.357521	0.827208	0.827184
12	0.347522	0.357521	0.827184	0.827189
13	0.347522	0.353701	0.827189	0.827184
14	0.349882	0.353701	0.827184	0.827184
15	0.349882	0.352242	0.827185	0.827184
16	0.350784	0.352242	0.827184	0.827184
17	0.351310	0.352242	0.827184	0.827184
18	0.351310	0.351886	0.827184	0.827184
19	0.351530	0.351886	0.827184	0.827184
20	0.351685	0.351886	0.827184	0.827184
21	0.351685	0.351809	0.827184	0.827184

最优解取为最后一步的区间中点，即

$$x^* = \frac{1}{2}(a+b) = 0.351747\text{，最优值}f^* = 0.827184$$

例 7　设 $f(x) = x^4 + 2x + 4$. 初始区间为 $[-1, 0]$，精度 $\varepsilon = 10^{-4}$，程序输出结果如下：

k	a_k	b_k	$f(x_1)$	$f(x_2)$
1	−1.000000	0.000000	2.909866	3.257294
2	−1.000000	−0.382000	2.812717	2.909866
3	−1.000000	−0.618000	2.823939	2.812717
4	−0.854076	−0.618000	2.812717	2.835161
5	−0.854076	−0.708181	2.809531	2.812717
6	−0.854076	−0.763924	2.812048	2.809531
7	−0.819638	−0.763924	2.809531	2.809720
8	−0.819638	−0.785207	2.810074	2.809531
9	−0.806485	−0.785207	2.809531	2.809450
10	−0.798344	−0.785207	2.809450	2.809495

续表

k	a_k	b_k	$f(x_1)$	$f(x_2)$
11	-0.798344	-0.790225	2.809458	2.809450
12	-0.795243	-0.790225	2.809450	2.809458
13	-0.795243	-0.792142	2.809450	2.809450
14	-0.795243	-0.793335	2.809452	2.809450
15	-0.794514	-0.793335	2.809450	2.809449
16	-0.794058	-0.793335	2.809449	2.809449
17	-0.794058	-0.793611	2.809449	2.809449
18	-0.793887	-0.793611	2.809449	2.809449
19	-0.793785	-0.793611	2.809449	2.809449
20	-0.793785	-0.793678	2.809449	2.809449

最优解取为最后一步的区间中点，即

$$x^* = \frac{1}{2}(a+b) = -0.793732，最优值 f^* = 2.809449$$

2. 插值法

除了试探法外，我们也可以考虑其他方法计算一元函数极小值点．用多项式逼近函数是一种常用的方法，称为插值法．在求一元函数的极小点问题上我们可以利用若干点处的函数值通过插值方法来构造一个多项式，用这个多项式的极小点作为原来函数极小点的近似值．所以插值法有很多种，比如三点二次插值法、两点二次插值法、一点二次插值法，以及三次插值法，等等，抛物线法就是一个用二次函数来逼近$f(x)$的方法，这也是我们常说的三点二次插值法．

设在已知的三点$x_1 < x_0 < x_2$处对应的函数值$f(x_i) = f_i$，$i = 0，1，2$，满足

$$f_1 > f_0，f_0 < f_2$$

即三个点的函数值满足“高，低，高”的关系，而这恰好是前面进退法寻找初始搜索区间可以给出的．

我们通过曲线$y = f(x)$上的三点(x_1, f_1)、(x_0, f_0)、(x_2, f_2)作二次函数$y = \varphi(x)$，即

$$\varphi(x) = \frac{(x-x_0)(x-x_2)}{(x_1-x_0)(x_1-x_2)}f_1 + \frac{(x-x_1)(x-x_2)}{(x_0-x_1)(x_0-x_2)}f_0 + \frac{(x-x_0)(x-x_1)}{(x_2-x_0)(x_2-x_1)}f_2$$

令$\varphi'(x) = 0$，得

$$\bar{x} = \frac{1}{2} \cdot \frac{(x_2^2-x_0^2)f_1 + (x_1^2-x_2^2)f_0 + (x_0^2-x_1^2)f_2}{(x_2-x_0)f_1 + (x_1-x_2)f_0 + (x_0-x_1)f_2}$$

若$\bar{x}$充分接近x_0，即对于预先给定的精度$\varepsilon > 0$，有$|x_0 - \bar{x}| < \varepsilon$，则把$\bar{x}$作为近似极小点．否则，计算$f(\bar{x}) = \bar{f}$，找出$f_0$与$\bar{f}$之间的最大者，去掉$x_1$或$x_2$构成新的三点，使新的三点仍然具有两端点函数值大于中间点函数值的性质．利用新的三点再构造二次函数，继续进行迭代．

由抛物线法产生的点列收敛于它的极小点x^*，可以证明抛物线法是超线性收敛的．

算法 4　抛物线法——二次插值法

已知三点 $x_1 < x_0 < x_2$，对应的函数值满足 $f_1 > f_0 < f_2$，控制误差 $\varepsilon_1 > 0$，$\varepsilon_2 > 0$.

step 1　若 $|x_1 - x_2| \leqslant \varepsilon_1$，则转 step 10；否则转 step 2.

step 2　若 $|(x_2 - x_0)f_1 + (x_1 - x_2)f_0 + (x_0 - x_1)f_2| \leqslant \varepsilon_2$，则转 step 10；否则转 step 3.

step 3　按公式

$$\bar{x} = \frac{1}{2} \cdot \frac{(x_2^2 - x_0^2)f_1 + (x_1^2 - x_2^2)f_0 + (x_0^2 - x_1^2)f_2}{(x_2 - x_0)f_1 + (x_1 - x_2)f_0 + (x_0 - x_1)f_2}$$

计算 $\bar{x}$，并计算 $\bar{f} = f(\bar{x})$，转 step 4.

step 4　若 $f_0 - \bar{f} > 0$，则转 step 5；若 $f_0 - \bar{f} < 0$，则转 step 6；若 $f_0 - \bar{f} = 0$，转 step 7.

step 5　若 $x_0 > \bar{x}$，则令 $x_2 = x_0$，$x_0 = \bar{x}$，$f_2 = f_0$，$f_0 = \bar{f}$，转 step 1；否则（$x_0 < \bar{x}$），令 $x_1 = x_0$，$x_0 = \bar{x}$，$f_1 = f_0$，$f_0 = \bar{f}$，转 step 1.

step 6　若 $x_0 < \bar{x}$，则 $x_2 = \bar{x}$，$f_2 = \bar{f}$，转 step 1；否则（$x_0 > \bar{x}$），令 $x_1 = \bar{x}$，$f_1 = \bar{f}$，转 step 1.

step 7　若 $x_0 < \bar{x}$，则 $x_1 = x_0$，$x_2 = \bar{x}$，$x_0 = \frac{1}{2}(x_1 + x_2)$，$f_1 = f_0$，$f_2 = \bar{f}$，计算 $f_0 = f(x_0)$，转 step 1；若 $x_0 = \bar{x}$，则转 step 8；若 $x_0 > \bar{x}$，则转 step 9.

step 8　令 $\hat{x} = \frac{1}{2}(x_1 + x_0)$，计算 $\hat{f} = f(\hat{x})$，若 $\hat{f} < f_0$，则 $x_2 = x_0$，$x_0 = \hat{x}$，$f_2 = f_0$，$f_0 = \hat{f}$，转 step 1；若 $\hat{f} = f_0$，则 $x_1 = \hat{x}$，$x_2 = x_0$，$x_0 = \frac{1}{2}(x_1 + x_2)$，$f_1 = \hat{f}$，$f_2 = f_0$，计算 $f_0 = f(x_0)$，转 step 1；若 $\hat{f} > f_0$，则 $x_1 = \hat{x}$，$f_1 = \hat{f}$，转 step 1.

step 9　令 $x_1 = \bar{x}$，$x_2 = x_0$，$x_0 = \frac{1}{2}(x_1 + x_2)$，$f_1 = \bar{f}$，$f_2 = f_0$，计算 $f_0 = f(x_0)$，转 step 1.

step 10　令 $x^* = x_0$，$f^* = f_0$，停.

从算法中可以看出，算法最复杂的步骤是当 $f_0 = \bar{f}$ 时的处理，在这里算法可以简化为将 step7 ~ step9 去掉，终止准则换为 $|f_0 - \bar{f}| < \varepsilon_1$ 就可以了，具体可见参考文献［11］，当然这样不能保证一定得到问题的精确最优解，但是在实际中应用效果较好，我们称之为简化的抛物线法．下面给出运用抛物线法计算的几个算例的结果．

例 8　设 $f(x) = x^2 - 2x + 1$．初始区间为［-1，2］，初始 $x_1 = -1$，$x_0 = 0$，$x_2 = 2$，精度 $\varepsilon_1 = 10^{-4}$，$\varepsilon_2 = 10^{-30}$，程序输出结果如下：

k	x_1	x_0	x_2	$\bar{x}$	$f(x_0)$	$f(\bar{x})$
1	−1.00000	0.00000	2.00000	0.00000	1.00000	0.00000
2	0.00000	1.00000	2.00000	0.00000	1.00000	0.00000
3	0.50000	1.00000	2.00000	1.00000	0.00000	0.00000
4	0.75000	1.00000	2.00000	1.00000	0.00000	0.00000

续表

k	x_1	x_0	x_2	$\bar{x}$	$f(x_0)$	$f(\bar{x})$
5	0.87500	1.00000	2.00000	1.00000	0.00000	0.00000
6	0.93750	1.00000	2.00000	1.00000	0.00000	0.00000
7	0.96875	1.00000	2.00000	1.00000	0.00000	0.00000
8	0.98438	1.00000	2.00000	1.00000	0.00000	0.00000
9	0.99219	1.00000	2.00000	1.00000	0.00000	0.00000
10	0.99609	1.00000	2.00000	1.00000	0.00000	0.00000
11	0.99805	1.00000	2.00000	1.00000	0.00000	0.00000
12	0.99902	1.00000	2.00000	1.00000	0.00000	0.00000
13	0.99951	1.00000	2.00000	1.00000	0.00000	0.00000
14	0.99976	1.00000	2.00000	1.00000	0.00000	0.00000
15	0.99988	1.00000	2.00000	1.00000	0.00000	0.00000
16	0.99994	1.00000	2.00000	1.00000	0.00000	0.00000
17	0.99997	1.00000	2.00000	1.00000	0.00000	0.00000
18	0.99998	1.00000	2.00000	1.00000	0.00000	0.00000
19	0.99999	1.00000	2.00000	1.00000	0.00000	0.00000
20	1.00000	1.00000	2.00000	1.00000	0.00000	0.00000

最优解取为最后一步的 x_0，$x^* = 1.00000$，最优值 $f^* = 0.00000$.

简化的抛物线法的迭代结果为

k	x_1	x_0	x_2	$\bar{x}$	$f(x_0)$	$f(\bar{x})$
1	-1.00000	0.00000	2.00000	0.00000	1.00000	0.00000
2	0.00000	1.00000	2.00000	1.00000	0.00000	0.00000

最优解取为 $x^* = x_0 = 1.00000$，最优值 $f^* = 0.00000$.

例 9 设 $f(x) = e^{-x} + x^2$. 初始区间为 $[-1, 1]$，初始 $x_1 = -1$，$x_0 = 0$，$x_2 = 1$，精度 $\varepsilon_1 = 10^{-4}$，$\varepsilon_2 = 10^{-30}$，程序输出结果如下：

k	x_1	x_0	x_2	$\bar{x}$	$f(x_0)$	$f(\bar{x})$
1	-1.00000	0.00000	1.00000	0.00000	1.00000	0.00000
2	0.00000	0.38080	1.00000	0.38080	0.82832	0.82832
3	0.00000	0.36088	0.38080	0.36088	0.82730	0.82730
4	0.00000	0.35234	0.36088	0.35234	0.82718	0.82718
5	0.00000	0.35189	0.35234	0.35189	0.82718	0.82718

续表

k	x_1	x_0	x_2	$\bar{x}$	$f(x_0)$	$f(\bar{x})$
6	0. 00000	0. 35175	0. 35189	0. 35175	0. 82718	0. 82718
7	0. 00000	0. 35174	0. 35175	0. 35174	0. 82718	0. 82718
8	0. 00000	0. 35173	0. 35174	0. 35173	0. 82718	0. 82718
9	0. 00000	0. 35173	0. 35173	0. 35173	0. 82718	0. 82718
10	0. 00000	0. 35173	0. 35173	0. 35173	0. 82718	0. 82718
11	0. 00000	0. 35173	0. 35173	0. 35173	0. 82718	0. 82718
12	0. 35173	0. 35173	0. 35173	0. 35173	0. 82718	0. 82718

最优解取为 $x^* = 0.35173$，最优值 $f^* = 0.82718$.

简化抛物线法的迭代结果为

k	x_1	x_0	x_2	$\bar{x}$	$f(x_0)$	$f(\bar{x})$
1	-1. 00000	0. 00000	1. 00000	0. 00000	1. 00000	0. 00000
2	0. 00000	0. 38080	1. 00000	0. 38080	0. 82832	0. 82832
3	0. 00000	0. 36088	0. 38080	0. 36088	0. 82730	0. 82730
4	0. 00000	0. 35234	0. 36088	0. 35234	0. 82718	0. 82718
5	0. 00000	0. 35189	0. 35234	0. 35189	0. 82718	0. 82718
6	0. 00000	0. 35175	0. 35189	0. 35175	0. 82718	0. 82718

最优解取为 $x^* = 0.35175$，最优值 $f^* = 0.82718$.

例 10　设 $f(x) = x^4 + 2x + 4$. 初始区间为 $[-1, 0]$，初始 $x_1 = -1$，$x_0 = -0.5$，$x_2 = 0$，精度 $\varepsilon_1 = 10^{-4}$，$\varepsilon_2 = 10^{-30}$，程序输出结果如下：

k	x_1	x_0	x_2	$\bar{x}$	$f(x_0)$	$f(\bar{x})$
1	-1. 00000	-0. 50000	0. 00000	0. 00000	3. 06250	0. 00000
2	-1. 00000	-0. 78571	-0. 50000	-0. 78571	2. 80969	2. 80969
3	-1. 00000	-0. 78571	-0. 76763	-0. 76763	2. 80969	2. 81196
4	-1. 00000	-0. 79108	-0. 78571	-0. 79108	2. 80948	2. 80948
5	-1. 00000	-0. 79288	-0. 79108	-0. 79288	2. 80945	2. 80945
6	-1. 00000	-0. 79343	-0. 79288	-0. 79343	2. 80945	2. 80945
7	-1. 00000	-0. 79362	-0. 79343	-0. 79362	2. 80945	2. 80945
8	-1. 00000	-0. 79367	-0. 79362	-0. 79367	2. 80945	2. 80945
9	-1. 00000	-0. 79369	-0. 79367	-0. 79369	2. 80945	2. 80945

续表

k	x_1	x_0	x_2	$\bar{x}$	$f(x_0)$	$f(\bar{x})$
10	-1.00000	-0.79370	-0.79369	-0.79370	2.80945	2.80945
11	-1.00000	-0.79370	-0.79370	-0.79370	2.80945	2.80945
12	-1.00000	-0.79370	-0.79370	-0.79370	2.80945	2.80945
13	-1.00000	-0.79370	-0.79370	-0.79370	2.80945	2.80945
14	-1.00000	-0.79370	-0.79370	-0.79370	2.80945	2.80945
15	-1.00000	-0.79370	-0.79370	-0.79370	2.80945	2.80945
16	-0.79370	-0.79370	-0.79370	-0.79370	2.80945	2.80945

最优解取为 $x^* = -0.79370$，最优值 $f^* = 2.80945$.

简化抛物线法的迭代结果为

k	x_1	x_0	x_2	$\bar{x}$	$f(x_0)$	$f(\bar{x})$
1	-1.00000	-0.50000	0.00000	0.00000	3.06250	0.00000
2	-1.00000	-0.78571	-0.50000	-0.78571	2.80969	2.80969
3	-1.00000	-0.78571	-0.76763	-0.76763	2.80969	2.81196
4	-1.00000	-0.79108	-0.78571	-0.79108	2.80948	2.80948
5	-1.00000	-0.79288	-0.79108	-0.79288	2.80945	2.80945
6	-1.00000	-0.79343	-0.79288	-0.79343	2.80945	2.80945
7	-1.00000	-0.79362	-0.79343	-0.79362	2.80945	2.80945

最优解可取为 $x^* = -0.79362$，最优值 $f^* = 2.80945$.

3. *不精确一维搜索方法*

因为精确一维搜索需要的计算量比较大，所以为了节省计算量，我们有时也会采用不精确一维搜索，即通过较少的迭代次数给出一个大致的步长．下面介绍几种最常用的不精确一维搜索方法确定步长 α_k.

（1）Armijo 型不精确一维搜索方法．

设 n 元函数 $f(\boldsymbol{x})$ 可微，从 $\boldsymbol{x}_k$ 点处沿方向 $\boldsymbol{p}_k$ 做一维搜索，取 $\mu \in \left(0, \frac{1}{2}\right)$，选取 $\alpha_k > 0$，使

$$f(\boldsymbol{x}_k) - f(\boldsymbol{x}_k + \alpha_k \boldsymbol{p}_k) \geqslant -\mu \alpha_k \boldsymbol{g}_k^{\mathrm{T}} \boldsymbol{p}_k$$

利用函数

$$\phi(\alpha) = f(\boldsymbol{x}_k + \alpha \boldsymbol{p}_k)$$

上式可以等价地写为

$$\phi(0) - \phi(\alpha_k) \geqslant -\mu \alpha_k \phi'(0)$$

容易证明这个不等式对充分小的 $\alpha_k > 0$ 均成立，其几何意义如图 3－4 所示，区间 $[0, c_2]$ 中的数都满足该不等式．但是我们希望这个步长 $\alpha_k > 0$ 也不要太小，为了克服步长

过小的缺陷，可采用下面的 Wolfe – Powell 不精确一维搜索.

（2） Wolfe – Powell 不精确一维搜索方法.

同样考虑 n 元函数 $f(\boldsymbol{x})$ 可微，从 $\boldsymbol{x}_k$ 点处沿方向 $\boldsymbol{p}_k$ 做一维搜索，取 $\mu \in \left(0, \dfrac{1}{2}\right)$，$\sigma \in (\mu, 1)$，选取 $\alpha_k > 0$，使

$$f(\boldsymbol{x}_k) - f(\boldsymbol{x}_k + \alpha_k \boldsymbol{p}_k) \geqslant -\mu \alpha_k \boldsymbol{g}_k^{\mathrm{T}} \boldsymbol{p}_k \tag{3-1}$$

和

$$\nabla f(\boldsymbol{x}_k + \alpha_k \boldsymbol{p}_k)^{\mathrm{T}} \boldsymbol{p}_k \geqslant \sigma \boldsymbol{g}_k^{\mathrm{T}} \boldsymbol{p}_k \tag{3-2}$$

成立.

或者用下面更强的条件代替不等式（3 – 2）:

$$|\nabla f(\boldsymbol{x}_k + \alpha_k \boldsymbol{p}_k)^{\mathrm{T}} \boldsymbol{p}_k| \leqslant -\sigma \boldsymbol{g}_k^{\mathrm{T}} \boldsymbol{p}_k$$

同样利用

$$\phi(\alpha) = f(\boldsymbol{x}_k + \alpha \boldsymbol{p}_k)$$

则不等式（3 – 1）和式（3 – 2）可以用一元函数 $\phi(\alpha)$ 的形式表示出来:

$$\phi(0) - \phi(\alpha_k) \geqslant -\mu \alpha_k \phi'(0)$$

$$\phi'(\alpha_k) \geqslant \sigma \phi'(0)$$

其几何意义如图 3 – 4 所示，区间 $[c_1, c_2]$ 中的数满足上述两个不等式.

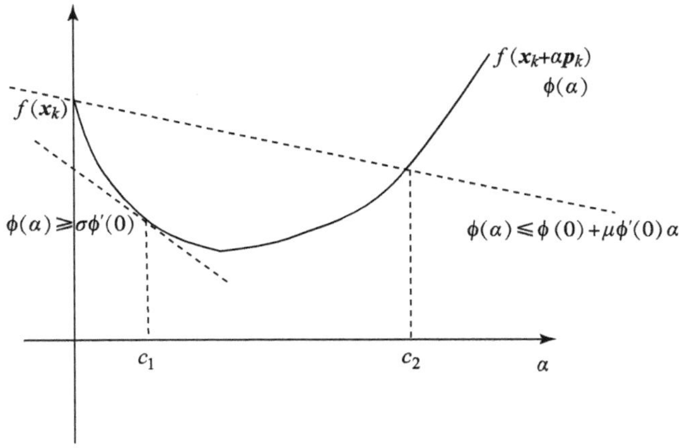

图 3 – 4　不精确一维搜索示意图

关于满足 Wolfe – Powell 不精确一维搜索步长 α_k 的存在性，有如下结论.

定理 2　设 $f(\boldsymbol{x})$ 有下界且 $\boldsymbol{g}_k^{\mathrm{T}} \boldsymbol{p}_k < 0$. 令 $\mu \in \left(0, \dfrac{1}{2}\right)$，$\sigma \in (\mu, 1)$，则存在区间 $[c_1, c_2]$，$0 < c_1 < c_2$，使每个 $\alpha \in [c_1, c_2]$ 均满足 Wolfe – Powell 不精确一维搜索.

证明略.

不精确一维搜索的步长通常是用试探的方法得到的，满足不精确一维搜索算法的步长是一个区间，所以不同的参数选取和不同的试探方法会导致得到的步长不同，下面分别给出一种满足 Armijo 和 Wolfe – Powell 不精确一维搜索求步长 α_k 的算法.

设已知 $\boldsymbol{x}_k$ 及下降方向 $\boldsymbol{p}_k$，求问题

$$\min_{\alpha>0} f(\boldsymbol{x}_k+\alpha\boldsymbol{p}_k)$$

的近似值 α_k，使 α_k 满足 Armijo 和 Wolfe – Powell 不精确一维搜索.

算法 5 不精确一维搜索 Armijo 算法.

step 1 给定 $\mu\in\left(0,\ \frac{1}{2}\right)$，令 $a=0$，$\alpha=1$，$j=0$.

step 2 令 $\boldsymbol{x}_{k+1}=\boldsymbol{x}_k+\alpha\boldsymbol{p}_k$，计算 f_{k+1}，$\boldsymbol{g}_{k+1}$，若 α 满足式（3 – 1），则 $\alpha_k=\alpha$，停；若 α 不满足式（3 – 1），令 $j=j+1$，$\alpha=\frac{\alpha}{2}$，转 step 2.

算法 6 不精确一维搜索 Wolfe – Powell 算法.

step 1 给定 $\mu\in\left(0,\ \frac{1}{2}\right)$，$\sigma\in(\mu,\ 1)$，令 $a=0$，$b=+\infty$，$\alpha=1$，$j=0$.

step 2 设 $\boldsymbol{x}_{k+1}=\boldsymbol{x}_k+\alpha\boldsymbol{p}_k$，计算 f_{k+1}，$\boldsymbol{g}_{k+1}$.

若 α 满足式（3 – 1）和式（3 – 2），则 $\alpha_k=\alpha$，停止计算；

若 α 不满足式（3 – 1），令 $j=j+1$，转 step 3；

若 α 不满足式（3 – 2），令 $j=j+1$，转 step 4.

step 3 令 $b=\alpha$，$\alpha=\frac{\alpha+a}{2}$，转 step 2.

step 4 令 $a=\alpha$，$\alpha=\min\left\{2\alpha,\ \frac{\alpha+b}{2}\right\}$，转 step 2.

例 11 用不精确一维搜索求 Rosenbrock 函数

$$f(\boldsymbol{x})=100(x_2-x_1^2)^2+(1-x_1)^2$$

在点 $\boldsymbol{x}_k=(0,\ 0)^{\mathrm{T}}$ 沿方向 $\boldsymbol{p}_k=(1,\ 0)^{\mathrm{T}}$ 的近似步长 α_k.

解

$$\nabla f(\boldsymbol{x})=\begin{pmatrix}-400(x_2-x_1^2)x_1-2(1-x_1)\\200(x_2-x_1^2)\end{pmatrix}$$

$f_k=f(0,\ 0)=1$，$\boldsymbol{g}_k=(-2,\ 0)^{\mathrm{T}}$，$\boldsymbol{g}_k^{\mathrm{T}}\boldsymbol{p}_k=-2$.

step 1 给定 $\mu=0.1$，$\sigma=0.5$，令 $a=0$，$b=\infty$，$\alpha=1$，$j=0$.

step 2 令 $\boldsymbol{x}_{k+1}=\boldsymbol{x}_k+\alpha\boldsymbol{p}_k=(1,\ 0)^{\mathrm{T}}$，$f_{k+1}=f(1,0)=100$，因为

$$f_k-f_{k+1}=1-100=-99<-\mu\alpha\boldsymbol{g}_k^{\mathrm{T}}\boldsymbol{p}_k=0.2$$

所以式（3 – 1）不成立，转 step 3.

step 3 令 $b=1$，$\alpha=\frac{\alpha+a}{2}=\frac{1+0}{2}=0.5$，转 step 2，重新计算 $\boldsymbol{x}_{k+1}$.

计算过程见下表.

j	$\boldsymbol{x}_k$	f_k	α	$\boldsymbol{x}_{k+1}$	f_{k+1}	条件（3 – 1）	条件（3 – 2）
0	$(0,\ 0)^{\mathrm{T}}$	1	1	$(1,\ 0)^{\mathrm{T}}$	100	不成立	
1	$(0,\ 0)^{\mathrm{T}}$	1	0.5	$(0.5,\ 0)^{\mathrm{T}}$	6.25	不成立	
2	$(0,\ 0)^{\mathrm{T}}$	1	0.25	$(0.25,\ 0)^{\mathrm{T}}$	0.953	不成立	
3	$(0,\ 0)^{\mathrm{T}}$	1	0.125	$(0.125,\ 0)^{\mathrm{T}}$	0.790	成立	成立

由表可以看出，迭代四次就得到了满足 Armijo 条件同时也满足 Wolfe—Powell 条件的步长 $\alpha_k=0.125$，于是

$$\boldsymbol{x}_{k+1}=\boldsymbol{x}_k+\alpha_k\boldsymbol{p}_k=(0.125,\ 0)^{\mathrm{T}}$$

编程计算另一个的例子，这里直接给出结果.

例 12　$\phi(\alpha)=e^{-\alpha}+\alpha^2$

满足 Armijo 条件同时也是 Wolfe—Powell 条件的步长为 $\alpha_k=0.5$.

3.4　无约束最优化问题的下降算法的全局收敛性

本节建立无约束非线性最优化问题（P）的下降算法的全局收敛性定理. 用 θ_k 表示向量 $\boldsymbol{p}_k$ 与 f 的负梯度方向 $-\nabla f(\boldsymbol{x}_k)$ 的夹角，令 $\boldsymbol{g}_k=\nabla f(\boldsymbol{x}_k)$，则

$$\cos\theta_k=\frac{-\boldsymbol{g}_k^{\mathrm{T}}\boldsymbol{p}_k}{\|\boldsymbol{g}_k\|\ \|p_k\|}$$

下面几个定理给出了下降算法的全局收敛性. 首先，我们给出采用精确一维搜索时的收敛性定理.

定理 1　设目标函数 f 连续可微并且有下界，$\boldsymbol{g}=\nabla f$ Lipschitz 连续，即存在常数 $L>0$，使得

$$\|\boldsymbol{g}(\boldsymbol{x})-\boldsymbol{g}(\boldsymbol{y})\|\leqslant L\|\boldsymbol{x}-\boldsymbol{y}\|,\quad\forall\boldsymbol{x},\ \boldsymbol{y}\in\mathbf{R}^n$$

设 $\{\boldsymbol{x}_k\}$ 由下降算法产生，其中步长 α_k 由精确一维搜索确定，则

$$\sum_{k=0}^{\infty}\|\boldsymbol{g}_k\|^2\cos^2\theta_k<\infty \tag{3-3}$$

另外，若存在常数 $\delta>0$，使得 $\cos\theta_k\geqslant\delta$，则

$$\lim_{k\to\infty}\|\boldsymbol{g}_k\|=0 \tag{3-4}$$

证明　结论（3-4）可由结论（3-3）直接得到，因此，仅需证明式（3-3）成立.

由中值定理，对任意 $\alpha>0$，均有

$$\begin{aligned}f(\boldsymbol{x}_k+\alpha\boldsymbol{p}_k)&=f(\boldsymbol{x}_k)+\alpha\boldsymbol{g}(\boldsymbol{x}_k+t_k\alpha\boldsymbol{p}_k)^{\mathrm{T}}\boldsymbol{p}_k\\&=f(\boldsymbol{x}_k)+\alpha\boldsymbol{g}(\boldsymbol{x}_k)^{\mathrm{T}}\boldsymbol{p}_k+\alpha(\boldsymbol{g}(\boldsymbol{x}_k+t_k\alpha\boldsymbol{p}_k)-\boldsymbol{g}(\boldsymbol{x}_k))^{\mathrm{T}}\boldsymbol{p}_k\\&\leqslant f(\boldsymbol{x}_k)+\alpha\boldsymbol{g}(\boldsymbol{x}_k)^{\mathrm{T}}\boldsymbol{p}_k+\alpha\|\boldsymbol{g}(\boldsymbol{x}_k+t_k\alpha\boldsymbol{p}_k)-\boldsymbol{g}(\boldsymbol{x}_k)\|\ \|\boldsymbol{p}_k\|\\&\leqslant f(\boldsymbol{x}_k)+\alpha\boldsymbol{g}(\boldsymbol{x}_k)^{\mathrm{T}}\boldsymbol{p}_k+\alpha^2L\|\boldsymbol{p}_k\|^2\end{aligned}$$

其中 $t_k\in(0,\ 1)$. 特别地，当

$$\bar{\alpha}=-\frac{\boldsymbol{g}(\boldsymbol{x}_k)^{\mathrm{T}}\boldsymbol{p}_k}{2L\|\boldsymbol{p}_k\|^2}$$

成立时，即

$$f(\boldsymbol{x}_k+\bar{\alpha}_k\boldsymbol{p}_k)-f(\boldsymbol{x}_k)\leqslant\bar{\alpha}_k\boldsymbol{g}(\boldsymbol{x}_k)^{\mathrm{T}}\boldsymbol{p}_k+\bar{\alpha}_k^2L\|\boldsymbol{p}_k\|^2=-\frac{1}{4L}\frac{(\boldsymbol{g}(\boldsymbol{x}_k)^{\mathrm{T}}\boldsymbol{p}_k)^2}{\|\boldsymbol{p}_k\|^2}$$

由精确一维搜索的条件可知，步长 α_k 满足：

$$f(\boldsymbol{x}_{k+1})=f(\boldsymbol{x}_k+\alpha_k\boldsymbol{p}_k)\leqslant f(\boldsymbol{x}_k+\bar{\alpha}_k\boldsymbol{p}_k)$$

因此，

$$f(\boldsymbol{x}_{k+1})-f(\boldsymbol{x}_k)\leqslant f(\boldsymbol{x}_k+\bar{\alpha}_k\boldsymbol{p}_k)-f(\boldsymbol{x}_k)\leqslant -\frac{1}{4L}\frac{(\boldsymbol{g}(\boldsymbol{x}_k)^{\mathrm{T}}\boldsymbol{p}_k)^2}{\|\boldsymbol{p}_k\|^2}$$

即

$$\frac{1}{4L}\|\boldsymbol{g}(\boldsymbol{x}_k)\|^2\cos^2\theta_k\leqslant f(\boldsymbol{x}_k)-f(\boldsymbol{x}_{k+1})$$

对上面不等式求和，因为f有下界，所以式（3-3）成立，定理得证.

下面的定理给出了采用 Wolfe-Powell 型一维搜索时下降算法的收敛性.

定理 2 设定理 1 的条件成立，$\{\boldsymbol{x}_k\}$由采用 Wolfe-Powell 型一维搜索的下降算法产生，即 α_k 满足不等式（3-1）和（3-2），则定理 1 的结论成立.

证明 由不等式（3-2）及 $\boldsymbol{g}$ 的 Lipschitz 连续性，得

$$-(1-\sigma_1)\boldsymbol{g}(\boldsymbol{x}_k)^{\mathrm{T}}\boldsymbol{p}_k\leqslant(\boldsymbol{g}(\boldsymbol{x}_{k+1})-\boldsymbol{g}(\boldsymbol{x}_k))^{\mathrm{T}}\boldsymbol{p}_k\leqslant\alpha_k L\|\boldsymbol{p}_k\|^2$$

因而有

$$\alpha_k\geqslant -c_1\frac{\boldsymbol{g}(\boldsymbol{x}_k)^{\mathrm{T}}\boldsymbol{p}_k}{\|\boldsymbol{p}_k\|^2}$$

其中 $c_1=(1-\sigma_1)L^{-1}$，由式（3-1）得

$$f(\boldsymbol{x}_{k+1})-f(\boldsymbol{x}_k)\leqslant -c_1\sigma_1\frac{(\boldsymbol{g}(\boldsymbol{x}_k)^{\mathrm{T}}\boldsymbol{p}_k)^2}{\|\boldsymbol{p}_k\|^2}=-c_1\sigma_1\|\boldsymbol{g}(\boldsymbol{x}_k)\|^2\cos^2\theta_k \tag{3-5}$$

类似于定理 1 的推导可得式（3-3），定理得证.

采用 Armijo 型一维搜索时下降算法的收敛性如下.

定理 3 设定理 1 的条件成立，$\{\boldsymbol{x}_k\}$由采用 Armijo 型一维搜索的下降算法产生，即 α_k 满足不等式（3-1）. 假设存在常数 $C>0$，使得

$$\|\boldsymbol{g}(\boldsymbol{x}_k)\|\leqslant C\|\boldsymbol{p}_k\| \tag{3-6}$$

成立，则定理 1 的结论成立.

证明 由 Armijo 型一维搜索知：若 $\alpha_k\neq1$ 且 $\alpha_k\neq\beta$，则由一维搜索准则知 $\alpha_k\rho^{-1}$不满足不等式（3-1），即有

$$f(\boldsymbol{x}_k+\rho^{-1}\alpha_k\boldsymbol{p}_k)>f(\boldsymbol{x}_k)+\sigma_1\rho^{-1}\alpha_k\boldsymbol{g}(\boldsymbol{x}_k)^{\mathrm{T}}\boldsymbol{p}_k$$

由微分中值定理，存在 $\mu_k\in(0,1)$，使得

$$f(\boldsymbol{x}_k+\rho^{-1}\alpha_k\boldsymbol{p}_k)=f(\boldsymbol{x}_k)+\rho^{-1}\alpha_k\boldsymbol{g}(\boldsymbol{x}_k+\mu_k\rho^{-1}\alpha_k\boldsymbol{p}_k)^{\mathrm{T}}\boldsymbol{p}_k$$

由上面二式得

$$(\boldsymbol{g}(\boldsymbol{x}_k+\mu_k\rho^{-1}\alpha_k\boldsymbol{p}_k)_k^{\mathrm{T}}-\boldsymbol{g}(\boldsymbol{x}_k))^{\mathrm{T}}\boldsymbol{p}_k\geqslant(1-\sigma_1)\boldsymbol{g}(\boldsymbol{x}_k)^{\mathrm{T}}\boldsymbol{p}_k$$

由 $\boldsymbol{g}$ 的 Lipschitz 连续性及 $\mu_k\in(0,1)$ 得

$$\alpha_k\geqslant -c_1\frac{\boldsymbol{g}(\boldsymbol{x}_k)^{\mathrm{T}}\boldsymbol{p}_k}{\|\boldsymbol{p}_k\|^2}$$

其中 $c_1=(1-\sigma_1)\rho L^{-1}$，类似于定理 1 的推导可得式（3-3）成立，进而式（3-4）成立.

若 $\alpha_k=1$ 或 $\alpha_k=\beta$，令 $\bar{\beta}=\min\{\beta,1\}$，由（3-1）及已知条件得

$$\begin{aligned}f(\boldsymbol{x}_{k+1})&\leqslant f(\boldsymbol{x}_k)+\sigma_1\bar{\beta}\boldsymbol{g}(\boldsymbol{x}_k)^{\mathrm{T}}\boldsymbol{p}_k\\&=f(\boldsymbol{x}_k)-\sigma_1\bar{\beta}\|\boldsymbol{g}(\boldsymbol{x}_k)\|\|\boldsymbol{p}_k\|\cos\theta_k\\&\leqslant f(\boldsymbol{x}_k)-\sigma_1\bar{\beta}C^{-1}\|\boldsymbol{g}(\boldsymbol{x}_k)\|^2\cos\theta_k\end{aligned}$$

$$\leqslant f(\boldsymbol{x}_k) - \sigma_1 \bar{\beta} C^{-1} \| \boldsymbol{g}(\boldsymbol{x}_k) \|^2 \cos^2\theta_k$$

令 $c_1 = \bar{\beta} C^{-1}$，也得到式（3－5）．类似于定理 1 的推导可得（3－3）成立．定理得证．

在以上三个定理基础上，可以得到下降算法全局收敛的一个充分条件．

定理 4　设 f 连续可微有下界，且 $\boldsymbol{g}$ Lipschitz 连续，即存在常数 $L>0$，使得

$$\| \boldsymbol{g}(\boldsymbol{x}) - \boldsymbol{g}(\boldsymbol{y}) \| \leqslant L \| \boldsymbol{x} - \boldsymbol{y} \|, \quad \forall \boldsymbol{x}, \boldsymbol{y} \in \mathbf{R}^n$$

设 $\{\boldsymbol{x}_k\}$ 由下降算法产生，其中步长 α_k 由精确一维搜索确定，或由 Wolfe－Powell 型一维搜索确定，或由 Armijo 型一维搜索确定，且不等式（3－6）成立．若存在常数 $\eta>0$，使得

$$\prod_{i=0}^{k-1} \cos\theta_i \geqslant \eta^k \tag{3-7}$$

则

$$\liminf_{k\to\infty} \| \boldsymbol{g}(\boldsymbol{x}_k) \| = 0 \tag{3-8}$$

证明　用反证法．设式（3－8）不成立，则存在常数 $\varepsilon>0$，使得对任意 k，$\| \boldsymbol{g}(\boldsymbol{x}_k) \| \geqslant \varepsilon$. 由式（3－3）知，存在常数 $M>0$，使得对所有 $k>0$，有

$$\varepsilon^2 \sum_{i=0}^{k-1} \cos^2\theta_i \leqslant \sum_{i=0}^{k-1} \| \boldsymbol{g}(\boldsymbol{x}_i) \|^2 \cos^2\theta_i \leqslant M$$

两边同时除以 k，并利用几何不等式和式（3－7）得

$$\varepsilon^2\eta^2 \leqslant \varepsilon^2 \left(\prod_{i=0}^{k-1} \cos^2\theta_i \right)^{1/k} \leqslant \varepsilon^2 \frac{1}{k} \sum_{i=0}^{k-1} \cos^2\theta_i \leqslant \frac{M}{k}$$

令 $k\to\infty$，得到矛盾不等式 $\varepsilon^2\eta^2 \leqslant 0$，因此式（3－8）成立．证毕．

定理 4 表明，若不等式（3－7）成立，且下降算法产生的序列 $\{\boldsymbol{x}_k\}$ 有界，则 $\{\boldsymbol{x}_k\}$ 一定收敛，并且极限点 $\boldsymbol{x}^*$ 是 f 的稳定点，即满足极值的一阶必要条件．

习　题　三

1. 用 0.618 法求 $f(x)=\mathrm{e}^{-x}+x^2$ 在（0，1）上的极小点，精度 ε 取 0.03.

2. 用进退法确定初始搜索区间，并用 Fibonacci 法求解如下问题

$$\min\ x^4 - 4x^3 - 6x^2 - 16x + 4$$

3. 设点列 $\{x^{(k)}\} \subset R^2$ 由下面定义：

$$\boldsymbol{x}^{(k)} = (1 + \mathrm{e}^{-k2}, 0.5^{2^k})^{\mathrm{T}}, k = 0, 1, \cdots$$

证明 $\{\boldsymbol{x}^{(k)}\}$ 超线性收敛于 $(1, 0)^{\mathrm{T}}$.

4. 给定函数 $f: R^2 \to R$ 如下：$f(\boldsymbol{x}) = (x_1 - x_2)^2 + x_2^4$.

证明 $\boldsymbol{d} = -(1, 0)^{\mathrm{T}}$ 是 f 在点 $\boldsymbol{x}=(1, 0)^{\mathrm{T}}$ 处的一个下降方向．

5. 计算 Rosenbrock 函数

$$f(\boldsymbol{x}) = 100(x_2 - x_1^2)^2 + (1 - x_1)^2$$

的梯度和 Hesse 矩阵．证明 $\boldsymbol{x}^* = (1, 1)^{\mathrm{T}}$ 是函数的局部极小值点且函数在该点的 Hesse 矩阵对称正定．

6. 证明函数

$$f(\boldsymbol{x}) = 8x_1 + 12x_2 + x_1^2 - 2x_2^2$$

有唯一的稳定点，但该点既不是函数的极大值点也不是函数的极小值点．

7. 设函数 $f(x) = |x|$，$\{x^{(k)}\}$ 由下式定义：

$$x^{(k+1)} = \begin{cases} \frac{1}{2}(x^{(k)} + 1), 若\ x^{(k)} > 1; \\ \frac{1}{2}x^{(k)}, 若\ x^{(k)} \leqslant 1. \end{cases}$$

则由上述计算格式定义的算法为计算函数 $f(x)$ 极小值问题的一个下降算法.

8. 定义函数 $f: R^2 \to R$ 如下：

$$f(\boldsymbol{x}) = \frac{1}{2}\|\boldsymbol{x}\|^2.$$

令

$$\boldsymbol{x}^{(k)} = \left(1 + \frac{1}{2^k}\right)\begin{pmatrix} \cos k \\ \sin k \end{pmatrix}, k = 0, 1, \cdots$$

证明：

(1) 函数值序列 $\{f(\boldsymbol{x}^{(k)})\}$ 单调递减，即

$$f(\boldsymbol{x}^{(k+1)}) < f(\boldsymbol{x}^{(k)}), k = 0, 1, \cdots$$

(2) 单位圆 $\{\boldsymbol{x} \mid \|\boldsymbol{x}\|^2 = 1\}$ 上的每一个点都是序列 $\{\boldsymbol{x}^{(k)}\}$ 的聚点.

9. 设函数 $f(\boldsymbol{x}) = (x_1 + x_2^2)^2$. 令 $\boldsymbol{x} = (1,\ 0)^{\mathrm{T}}$，$\boldsymbol{p} = (-1,\ 1)^{\mathrm{T}}$. 证明 $\boldsymbol{p}$ 是函数 $f(x)$ 在点 x 处的一个下降方向. 试用黄金分割法求解

$$\min_{\alpha > 0} f(\boldsymbol{x} + \alpha \boldsymbol{p})$$

10. 给定无约束问题

$$\min f(\boldsymbol{x}) = \frac{1}{2}x_1^2 + 2x_2^2$$

设 $\boldsymbol{x}^{(0)} = (1,\ 1)^{\mathrm{T}}$. 验证 $\boldsymbol{d}^{(0)} = (-1,\ -1)^{\mathrm{T}}$ 是 f 在 $\boldsymbol{x}^{(0)}$ 处的下降方向，并用 Armijo 型线搜索确定步长 $\alpha_0 = 0.5$，使得

$$f(\boldsymbol{x}^{(0)} + \alpha_0 \boldsymbol{d}^{(0)}) \leqslant f(\boldsymbol{x}^{(0)}) + 0.9\alpha_0 \nabla f(\boldsymbol{x}^{(0)})^{\mathrm{T}} \boldsymbol{d}^{(0)}$$

第 4 章

无约束最优化数值算法

本章主要讨论无约束最优化问题

$$\min f(\boldsymbol{x}),\ \boldsymbol{x}\in\mathbf{R}^n \tag{P}$$

的几种常用数值算法.

4.1 最速下降法

对于多元函数 $f(\boldsymbol{x})$，由 Taylor 公式有

$$f(\boldsymbol{x}+\alpha\boldsymbol{p})=f(\boldsymbol{x})+\alpha\boldsymbol{g}(\boldsymbol{x})^{\mathrm{T}}\boldsymbol{p}+o(\alpha\|\boldsymbol{p}\|),\ (\alpha>0)$$

由于

$$\boldsymbol{g}(\boldsymbol{x})^{\mathrm{T}}\boldsymbol{p}=-\|\boldsymbol{g}(\boldsymbol{x})\|\ \|\boldsymbol{p}\|\cos\theta$$

其中 θ 为 $\boldsymbol{p}$ 与 $-\boldsymbol{g}(\boldsymbol{x})$ 的夹角. 负梯度方向使目标函数 $f(\boldsymbol{x})$ 下降最快，称为最速下降方向. 下面给出一个基于最速下降方向的算法，它是由 Cauchy（1847）提出的，是求无约束极值的最早的数值方法.

算法 1 最速下降法

给定控制误差 $\varepsilon>0$.

step1 取初始点 $\boldsymbol{x}_0$，令 $k=0$.

step2 计算 $\boldsymbol{g}_k=\boldsymbol{g}(\boldsymbol{x}_k)$

step3 若 $\|\boldsymbol{g}_k\|\leqslant\varepsilon$，则 $\boldsymbol{x}^*=\boldsymbol{x}_k$，停止计算；否则，令 $\boldsymbol{p}_k=-\boldsymbol{g}_k$，由一维搜索求步长 α_k，使得

$$f(\boldsymbol{x}_k+\alpha_k\boldsymbol{p}_k)=\min_{\alpha\geqslant 0}f(\boldsymbol{x}_k+\alpha\boldsymbol{p}_k)$$

step4 令 $\boldsymbol{x}_{k+1}=\boldsymbol{x}_k+\alpha_k\boldsymbol{p}_k$，$k=k+1$，转 step2.

例 1 用最速下降法求解问题

$$\min f(\boldsymbol{x})=x_1-x_2+2x_1^2+2x_1x_2+x_2^2$$

初始点设为 $(0,\ 0)^{\mathrm{T}}$.

解 对目标函数求梯度向量

$$\boldsymbol{g}(\boldsymbol{x})=\begin{pmatrix}4x_1+2x_2+1\\2x_1+2x_2-1\end{pmatrix}$$

第一次迭代，令 $k=0$. 因为

$$\boldsymbol{g}_0=\begin{pmatrix}1\\-1\end{pmatrix},\quad \|\boldsymbol{g}_0\|=\sqrt{2}$$

所以取搜索方向为

$$p_0=\begin{pmatrix}-1\\1\end{pmatrix}$$

令

$$x_1=x_0+\alpha p_0=\begin{pmatrix}-\alpha\\\alpha\end{pmatrix}$$

代入目标函数，得

$$\begin{aligned}\phi(\alpha)&=f(x_0+\alpha p_0)\\&=-\alpha-\alpha+2\alpha^2-2\alpha^2+\alpha^2\\&=\alpha^2-2\alpha\end{aligned}$$

利用解析方法进行精确一维搜索，令 $\phi'(\alpha)=0$ 得 $\alpha_0=1$，则

$$x_1=x_0+\alpha_0p_0=\begin{pmatrix}-1\\1\end{pmatrix}$$

第二次迭代，令 $k=1$. 因为

$$g_1=\begin{pmatrix}-1\\-1\end{pmatrix},\quad \|g_1\|=\sqrt{2}$$

所以搜索方向为

$$p_1=-g_1=\begin{pmatrix}1\\1\end{pmatrix}$$

令

$$x_2=x_1+\alpha p_1=\begin{pmatrix}-1\\1\end{pmatrix}+\alpha\begin{pmatrix}1\\1\end{pmatrix}=\begin{pmatrix}\alpha-1\\\alpha+1\end{pmatrix}$$

代入目标函数

$$\begin{aligned}\phi(\alpha)&=f(x_1+\alpha p_1)\\&=-2+2\alpha^2+2-4\alpha+2\alpha^2-2+\alpha^2+2\alpha+1\\&=5\alpha^2-2\alpha-1\end{aligned}$$

进行一维搜索，令 $\phi'(\alpha)=0$，得 $\alpha_1=\frac{1}{5}$，则

$$x_2=x_1+\alpha_1p_1=\begin{pmatrix}-\frac{4}{5}\\\frac{6}{5}\end{pmatrix}$$

第三次迭代，令 $k=2$，则

$$g_2=\begin{pmatrix}\frac{1}{5}\\-\frac{1}{5}\end{pmatrix},\quad \|g_2\|=\frac{\sqrt{2}}{5}\approx 0.2828$$

$$\cdots$$

可以这样一直迭代下去，其迭代点将收敛于目标函数的极小值点 $x^*=\begin{pmatrix}-1\\\frac{3}{2}\end{pmatrix}$.

上述例题是采用解析的方法手工计算进行迭代的，在实际应用中优化算法大多是通过编程实现的．在编程实现算法的时候，算法中的梯度向量可以用解析方法给出，也可以用数值微分计算，大量算例表明，解析方法或数值微分计算梯度对计算结果的影响很小，几乎可以忽略不计，当然用数值微分算法通用性更好，不用针对不同的目标函数给出梯度的表达式，而只需要给出一个通用的子程序即可，比如可以采用中心差分来近似梯度的各个分量：

$$(\boldsymbol{g}(\boldsymbol{x}))_i = \frac{1}{h}\left[f\left(x_1, x_2, \cdots, x_i + \frac{h}{2}, \cdots, x_n\right) - f\left(x_1, x_2, \cdots, x_i - \frac{h}{2}, \cdots, x_n\right)\right] \tag{4-1}$$

或者用理查德外推公式计算

$$(\boldsymbol{g}(\boldsymbol{x}))_i = \frac{4}{3h}\left[w_i\left(\frac{h}{2}\right) - w_i\left(-\frac{h}{2}\right)\right] - \frac{1}{6h}[w_i(h) - w_i(-h)] \tag{4-2}$$

其中 $w_i(h) = f(x_1, x_2, \cdots, x_i + h, \cdots, x_n)$．步长 h 一般取 $10^{-6} \sim 10^{-3}$之间的数，数值实验表明，h 在这个范围内取值对计算结果影响不大．本书后面的数值计算中大多采用数值微分来近似计算梯度．

下面给出最速下降法的一些数值计算算例，算例皆采用 Fortran 语言编程，在普通 PC 机上实现．算法中一维搜索采用进退法确定初始搜索区间，进退法初始步长取为 0.1．步长的确定采用黄金分割法进行精确一维搜索或 Wolfe－Powell 准则不精确一维搜索，黄金分割法最终区间长度限制为小于 10^{-8}．数值微分公式采用式（4－1）（实际算例中发现数值微分采用式（4－1）或式（4－2）对计算结果影响不大），步长取 $h = 10^{-3}$.

例 2　用最速下降法求解 $\min f(\boldsymbol{x}) = \frac{1}{2}x_1^2 + \frac{9}{2}x_2^2$，初始点为 $(9, 1)^{\mathrm{T}}$.

显然，目标函数是正定二次函数，有唯一的极小点 $\boldsymbol{x}^* = (0, 0)^{\mathrm{T}}$.

如果用手工计算，其迭代过程如下：

$$\boldsymbol{g}(\boldsymbol{x}) = \begin{pmatrix} x_1 \\ 9x_2 \end{pmatrix}, \quad \boldsymbol{G}(\boldsymbol{x}) = \begin{pmatrix} 1 & 0 \\ 0 & 9 \end{pmatrix}$$

因为 $f(\boldsymbol{x})$ 是正定二次函数，所以由精确一维搜索确定的步长 α_k 满足

$$\alpha_k = \frac{-\boldsymbol{g}_k^{\mathrm{T}}\boldsymbol{p}_k}{\boldsymbol{p}_k\boldsymbol{G}\boldsymbol{p}_k}$$

因此，迭代公式如下

$$\boldsymbol{x}_{k+1} = \boldsymbol{x}_k - \frac{\boldsymbol{g}_k^{\mathrm{T}}\boldsymbol{g}_k}{\boldsymbol{g}_k^{\mathrm{T}}\boldsymbol{G}\boldsymbol{g}_k}\boldsymbol{g}_k$$

因为 $\boldsymbol{g}_0 = \boldsymbol{g}(\boldsymbol{x}_0) = (9, 9)^{\mathrm{T}}$，所以

$$\boldsymbol{x}_1 = \begin{pmatrix} 9 \\ 1 \end{pmatrix} - \frac{(9 \quad 9)\begin{pmatrix} 9 \\ 9 \end{pmatrix}}{(9 \quad 9)\begin{pmatrix} 1 & 0 \\ 0 & 9 \end{pmatrix}\begin{pmatrix} 9 \\ 9 \end{pmatrix}}\begin{pmatrix} 9 \\ 9 \end{pmatrix} = \begin{pmatrix} 7.2 \\ -0.8 \end{pmatrix}$$

如此计算下去，并用归纳法可证明，算法产生如下点列

$$\boldsymbol{x}_k = \begin{pmatrix} 9 \\ (-1)^k \end{pmatrix}(0.8)^k, \quad k = 1, 2, \cdots$$

显然，$\boldsymbol{x}_k \to \boldsymbol{x}^*$，并且 $\| \boldsymbol{x}_{k+1} - \boldsymbol{x}^* \| / \| \boldsymbol{x}_k - \boldsymbol{x}^* \| = 0.8$，可见对所给目标函数，算法是

整体收敛的，收敛速度是线性的.

将算法产生的前三个迭代点描绘在图 4 – 1 中，从图上可以看出，两个相邻的搜索方向是正交的.

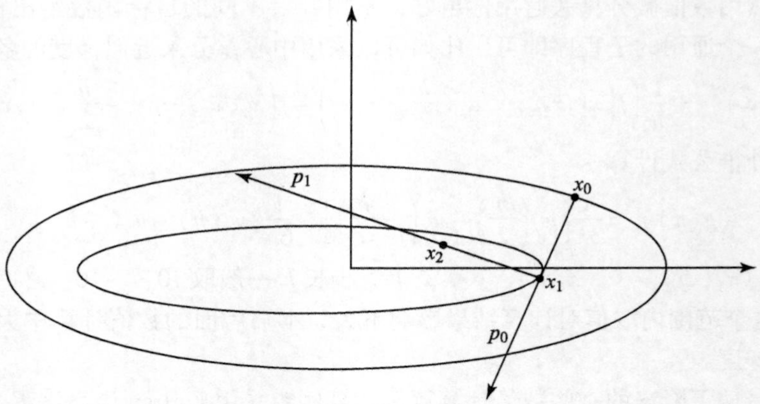

图 4 – 1　例 2 迭代点示意图

若采用编程计算，一维搜索采用黄金分割法数值计算结果如下：

k	x_1	x_2	$f(x_1, x_2)$	$\|\boldsymbol{g}_k\|^2$
1	9. 000000	1. 000000	45. 000000	162. 000000
2	7. 199999	– 0. 800001	28. 800000	103. 680102
3	5. 760001	0. 639999	18. 432000	66. 355143
4	4. 608005	– 0. 511995	11. 796480	42. 466973
5	3. 686395	0. 409605	7. 549747	27. 179373
6	2. 949121	– 0. 327679	4. 831838	17. 394549
7	2. 359296	0. 262144	3. 092376	11. 132547
8	1. 887439	– 0. 209713	1. 979121	7. 124777
9	1. 509947	0. 167774	1. 266637	4. 559943
10	1. 207960	– 0. 134217	0. 810648	2. 918322
11	0. 966368	0. 107374	0. 518815	1. 867732
12	0. 773095	– 0. 085899	0. 332041	1. 195339
13	0. 618474	0. 068720	0. 212506	0. 765032
14	0. 494780	– 0. 054975	0. 136004	0. 489613
15	0. 395824	0. 043980	0. 087043	0. 313353

续表

k	x_1	x_2	$f(x_1, x_2)$	$\|g_k\|^2$
16	0.316660	−0.035184	0.055707	0.200545
17	0.253327	0.028148	0.035653	0.128351
18	0.202662	−0.022518	0.022818	0.082142
19	0.162129	0.018015	0.014603	0.052573
20	0.129704	−0.014411	0.009346	0.033645
21	0.103763	0.011530	0.005982	0.021534
22	0.083011	−0.009223	0.003828	0.013781
23	0.066408	0.007379	0.002450	0.008820
24	0.053127	−0.005903	0.001568	0.005645
25	0.042501	0.004723	0.001004	0.003613
26	0.034001	−0.003778	0.000642	0.002312
27	0.027201	0.003022	0.000411	0.001480
28	0.021761	−0.002418	0.000263	0.000947

若一维搜索换为 Wolfe－Powell 不精确一维搜索，则计算如果如下：

k	x_1	x_2	$f(x_1, x_2)$	$\|g_k\|^2$
1	9.000000	1.000000	45.000000	162.000010
2	6.750000	−1.250000	29.812500	172.125023
3	5.906250	0.156250	17.551757	36.861331
4	0.000000	−1.250000	7.031255	126.562598
5	0.000000	0.156250	0.109863	1.977542
6	0.000000	−0.019531	0.001717	0.030899
7	0.000000	0.002441	0.000027	0.000483

从结果看出，对这个题目采用不精确一维搜索计算结果要好于精确一维搜索.

例 3　用最速下降法求 Rosenbrock 函数的极小点

$$\min f(\boldsymbol{x}) = 100\,(x_2 - x_1^2)^2 + (1 - x_1)^2$$

问题有唯一极小点，精确解为 $\boldsymbol{x}^* = (1,\ 1)^{\mathrm{T}}$，$f(\boldsymbol{x}^*) = 0$.

解　这是一个连续可微函数的典型算例，初始点选在（−1，1），采用黄金分割法一维搜索，数值计算结果如下：

k	x_1	x_2	$f(x_1, x_2)$	$\|g_k\|^2$
1	−1.000000	1.000000	4.000000	16.000000
2	−0.994981	1.000000	3.989975	4.010358

续表

k	x_1	x_2	$f(x_1, x_2)$	$\|g_k\|^2$
3	-0.994956	0.989889	3.979851	16.074756
4	-0.989879	0.989901	3.969701	4.032491
5	-0.989858	0.979777	3.959535	15.970799
6	-0.984746	0.979788	3.949343	4.051205
7	-0.984718	0.969617	3.939107	15.924766
8	-0.979560	0.969631	3.928844	4.074498
9	-0.979537	0.959447	3.918567	15.817152
10	-0.974339	0.959459	3.908261	4.099150
11	-0.974322	0.949271	3.897947	15.689970
12	-0.969085	0.949280	3.887606	4.123312
13	-0.969073	0.939078	3.877248	15.583155
14	-0.963794	0.939084	3.866861	4.150174
15	-0.963790	0.928884	3.856472	15.447019
16	-0.958470	0.928886	3.846053	4.178817
17	-0.958479	0.918698	3.835639	15.293875
18	-0.953119	0.918693	3.825195	4.209152
19	-0.953142	0.908523	3.814762	15.127636
20	-0.947745	0.908511	3.804300	4.235399
…	…	…	…	…
2120	0.971171	0.943015	0.000834	0.001025
2121	0.971158	0.943119	0.000832	0.002175
2122	0.971229	0.943128	0.000830	0.001022
2123	0.971216	0.943231	0.000829	0.002160
2124	0.971287	0.943240	0.000827	0.001017
2125	0.971274	0.943343	0.000825	0.002155
2126	0.971345	0.943352	0.000824	0.001014
2127	0.971331	0.943455	0.000822	0.002143
2128	0.971402	0.943464	0.000820	0.001011
2129	0.971389	0.943567	0.000819	0.002129
2130	0.971459	0.943576	0.000817	0.001005
2131	0.971446	0.943678	0.000815	0.002127
2132	0.971516	0.943687	0.000814	0.001000

通过计算过程来看，最速下降法对这个算例的效率是比较低的，如果想达到较高的计算精度需要进行大量的迭代计算，结果如下：

k	x_1	x_2	$f(x_1, x_2)$	$\|\boldsymbol{g}_k\|^2$
1000	0. 899817	0. 809076	0. 010072	0. 014355
2000	0. 966367	0. 933678	0. 001135	0. 001438
3000	0. 986868	0. 973836	0. 000173	0. 000221
4000	0. 994577	0. 989152	0. 000030	0. 000038
5000	0. 997729	0. 995450	0. 000005	0. 000006
6000	0. 999043	0. 998081	0. 000001	0. 000001
7000	0. 999597	0. 999192	0. 000000	0. 000000
8000	0. 999834	0. 999667	0. 000000	0. 000000

如果采用 Wolfe – Powell 不精确一维搜索，结果如下：

k	x_1	x_2	$f(x_1, x_2)$	$\|\boldsymbol{g}_k\|^2$
1	– 1. 000000	1. 000000	4. 000000	16. 000001
2	1. 000000	1. 000000	0. 000000	0. 000000

因为在 Wolfe – Powell 不精确一维搜索时初始试探步长是 1，而这恰巧对应的是目标函数的极小点，所以对这个题目来说一步搜索就结束了，当然这只是一个巧合．

如果改变初始点，仍用 Wolfe – Powell 不精确一维搜索，结果如下：

k	x_1	x_2	$f(x_1, x_2)$	$\|\boldsymbol{g}_k\|^2$
1	– 1. 200000	1. 000000	24. 200010	54227. 394607
2	– 0. 989453	1. 085938	5. 101114	1927. 082739
3	– 1. 026893	1. 065055	4. 119416	4. 526318
4	– 1. 027979	1. 056815	4. 112700	16. 204419
5	1. 047640	1. 049163	0. 236407	508. 691505
6	1. 027745	1. 058613	0. 001323	1. 052648
7	1. 028636	1. 058154	0. 000820	0. 001156
8	1. 028574	1. 058129	0. 000819	0. 001206
9	1. 028595	1. 058065	0. 000818	0. 001260
10	1. 028529	1. 058042	0. 000817	0. 001320
11	1. 028554	1. 057976	0. 000816	0. 001386
12	1. 028485	1. 057956	0. 000814	0. 001458
13	1. 028514	1. 057887	0. 000813	0. 001537

续表

k	x_1	x_2	$f(x_1, x_2)$	$\|g_k\|^2$
14	1.028440	1.057869	0.000812	0.001623
15	1.028474	1.057799	0.000811	0.001717
16	1.028395	1.057783	0.000810	0.001820
17	1.028434	1.057710	0.000809	0.001933
18	1.028350	1.057697	0.000807	0.002057
19	1.028395	1.057621	0.000806	0.002192
20	1.028304	1.057612	0.000805	0.002340
21	1.028356	1.057533	0.000804	0.002501
22	1.028259	1.057526	0.000803	0.002678
23	1.028317	1.057444	0.000802	0.002871
24	1.028265	1.057442	0.000800	0.000612

这时就需要较多的迭代次数了.

将例 3 中的变量个数取为任意整数 $n(n>2)$，得到的问题仍然是一个连续可微函数的典型算例.

例 4 扩充的 Rosenbrock 函数

$$\min f(\boldsymbol{x}) = 100\sum_{i=1}^{n}(x_{i+1}-x_i^2)^2+(1-x_1)^2$$

问题有唯一极小点，精确解为 $\boldsymbol{x}^*=(1, \cdots, 1)^{\mathrm{T}}$，$f(\boldsymbol{x}^*)=0$.

解 我们先令 $n=4$，初始点为 $(-1, 1, 1, 1)^{\mathrm{T}}$，一维搜索采用黄金分割法，结果如下：

k	x_1	x_2	x_3	x_4	$f(x_1, x_2)$	$\|g_k\|^2$
1000	−0.852864	0.739187	0.550753	0.306698	3.450085	1.729074
2000	0.801184	0.641123	0.410128	0.167965	0.039676	0.051397
3000	0.859196	0.737603	0.543485	0.295210	0.019899	0.014389
4000	0.885917	0.784338	0.614750	0.377790	0.013062	0.007216
5000	0.902258	0.813620	0.661624	0.437641	0.009587	0.004053
6000	0.913607	0.834275	0.695714	0.483927	0.007490	0.002645
7000	0.922247	0.850176	0.722535	0.521977	0.006066	0.001874
8000	0.929169	0.863022	0.744572	0.554317	0.005034	0.001376
9000	0.934945	0.873816	0.763343	0.582628	0.004246	0.001096
10000	0.939864	0.883061	0.779603	0.607724	0.003628	0.000875
11000	0.944110	0.891079	0.793845	0.630136	0.003134	0.000683
12000	0.947799	0.898075	0.806375	0.650192	0.002734	0.000566

续表

k	x_1	x_2	x_3	x_4	$f(x_1, x_2)$	$\|g_k\|^2$
13000	0.951084	0.904330	0.817661	0.668524	0.002401	0.000500
14000	0.954033	0.909961	0.827888	0.685357	0.002120	0.000397
15000	0.956649	0.914970	0.837040	0.700596	0.001885	0.000320
16000	0.959041	0.919565	0.845478	0.714796	0.001683	0.000292
17000	0.961232	0.923783	0.853258	0.728016	0.001508	0.000254
18000	0.963238	0.927652	0.860430	0.740308	0.001356	0.000210
19000	0.965074	0.931202	0.867034	0.751718	0.001224	0.000190
20000	0.966778	0.934500	0.873195	0.762439	0.001107	0.000160
21000	0.968354	0.937558	0.878924	0.772480	0.001005	0.000139
22000	0.969823	0.940412	0.884289	0.781940	0.000914	0.000124
23000	0.971195	0.943082	0.889322	0.790869	0.000832	0.000111
24000	0.972480	0.945586	0.894055	0.799311	0.000760	0.000100
25000	0.973686	0.947939	0.898514	0.807305	0.000695	0.000089
26000	0.974820	0.950154	0.902721	0.814884	0.000636	0.000082
27000	0.975888	0.952242	0.906697	0.822079	0.000583	0.000073
28000	0.976895	0.954213	0.910459	0.828915	0.000536	0.000065
29000	0.977847	0.956078	0.914023	0.835419	0.000492	0.000060
30000	0.978747	0.957843	0.917405	0.841614	0.000453	0.000054

迭代 30000 步之后仍然离最小值点有一定距离，从结果可以看出，变量个数的增加导致迭代次数的快速增加．如果变量个数继续增加，这种趋势就更加明显，如下面变量为 7 个和 10 个的计算结果：

k	x_1	x_2	x_3	x_4	x_5	x_6	x_7	$f(x_1, x_2)$	$\|g_k\|^2$
1000	−0.99235	0.99483	0.99467	0.99196	0.98519	0.97124	0.94353	3.98295	0.00737
2000	−0.99129	0.99273	0.99051	0.98372	0.96892	0.93947	0.88283	3.97876	0.00848
3000	−0.99008	0.99035	0.98580	0.97443	0.95075	0.90461	0.81857	3.97401	0.00961
4000	−0.98869	0.98761	0.98039	0.96382	0.93021	0.86598	0.75019	3.96853	0.01094
5000	−0.98705	0.98438	0.97402	0.95141	0.90646	0.82239	0.67661	3.96206	0.01324
6000	−0.98506	0.98046	0.96634	0.93655	0.87843	0.77239	0.59690	3.95422	0.01587
7000	−0.98252	0.97552	0.95667	0.91800	0.84406	0.71322	0.50903	3.94429	0.02153
8000	−0.97913	0.96888	0.94379	0.89359	0.79988	0.64065	0.41081	3.93098	0.02936
9000	−0.97425	0.95941	0.92555	0.85959	0.74034	0.54899	0.30182	3.91192	0.03993

续表

k	x_1	x_2	x_3	x_4	x_5	x_6	x_7	$f(x_1, x_2)$	$\|g_k\|^2$
10000	-0.96603	0.94356	0.89538	0.80480	0.64925	0.42249	0.17896	3.87986	0.07537
11000	-0.94691	0.90721	0.82812	0.68917	0.47665	0.22821	0.05245	3.80578	0.19276
12000	-0.81048	0.66921	0.45218	0.20825	0.04448	0.00209	0.00000	3.29649	2.36914
13000	0.80564	0.64830	0.41939	0.17563	0.03073	0.00094	0.00000	0.03792	0.04955
14000	0.85954	0.73818	0.54433	0.29609	0.08755	0.00765	0.00006	0.01981	0.01399
15000	0.88413	0.78116	0.60975	0.37163	0.13800	0.01902	0.00036	0.01348	0.00724
16000	0.89858	0.80696	0.65081	0.42340	0.17917	0.03207	0.00103	0.01033	0.00382
17000	0.90810	0.82422	0.67899	0.46090	0.21233	0.04505	0.00203	0.00848	0.00252
18000	0.91502	0.83684	0.70000	0.48988	0.23990	0.05752	0.00330	0.00725	0.00161
19000	0.92014	0.84627	0.71589	0.51238	0.26245	0.06885	0.00474	0.00640	0.00117
20000	0.92435	0.85405	0.72915	0.53155	0.28247	0.07976	0.00636	0.00575	0.00096
21000	0.92795	0.86074	0.74063	0.54843	0.30070	0.09039	0.00817	0.00521	0.00081
22000	0.93105	0.86651	0.75061	0.56331	0.31725	0.10062	0.01012	0.00477	0.00065
23000	0.93385	0.87175	0.75973	0.57710	0.33297	0.11084	0.01228	0.00439	0.00063
24000	0.93638	0.87649	0.76802	0.58977	0.34776	0.12091	0.01461	0.00406	0.00052
25000	0.93859	0.88066	0.77535	0.60109	0.36124	0.13047	0.01701	0.00379	0.00045
26000	0.94050	0.88425	0.78170	0.61098	0.37323	0.13927	0.01939	0.00355	0.00035
27000	0.94218	0.88742	0.78733	0.61981	0.38410	0.14751	0.02175	0.00336	0.00029
28000	0.94370	0.89029	0.79244	0.62787	0.39417	0.15534	0.02412	0.00318	0.00025
29000	0.94510	0.89294	0.79716	0.63539	0.40367	0.16292	0.02654	0.00303	0.00023
30000	0.94639	0.89539	0.80156	0.64243	0.41266	0.17026	0.02898	0.00288	0.00021

k	x_1	x_2	x_3	x_4	x_5	x_6	x_7	x_8	x_9	x_{10}	$f(x_1, x_2)$	$\|g_k\|^2$
1000	-0.99326	0.99661	0.99826	0.99906	0.99937	0.99937	0.99906	0.99828	0.99663	0.99330	3.98656	0.00010
2000	-0.99325	0.99658	0.99821	0.99895	0.99915	0.99894	0.99819	0.99655	0.99319	0.98645	3.98650	0.00010
3000	-0.99324	0.99656	0.99815	0.99884	0.99893	0.99851	0.99732	0.99482	0.98973	0.97960	3.98645	0.00010
4000	-0.99322	0.99653	0.99810	0.99873	0.99871	0.99807	0.99644	0.99306	0.98624	0.97271	3.98639	0.00011
5000	-0.99321	0.99650	0.99804	0.99861	0.99849	0.99762	0.99555	0.99127	0.98270	0.96573	3.98633	0.00011
6000	-0.99319	0.99647	0.99798	0.99850	0.99826	0.99716	0.99464	0.98947	0.97911	0.95870	3.98628	0.00011
7000	-0.99318	0.99644	0.99793	0.99838	0.99803	0.99670	0.99372	0.98765	0.97552	0.95168	3.98622	0.00011
8000	-0.99316	0.99641	0.99787	0.99827	0.99780	0.99624	0.99280	0.98581	0.97189	0.94460	3.98616	0.00012
9000	-0.99315	0.99638	0.99781	0.99815	0.99756	0.99576	0.99186	0.98394	0.96822	0.93748	3.98610	0.00011

续表

k	x_1	x_2	x_3	x_4	x_5	x_6	x_7	x_8	x_9	x_{10}	$f(x_1, x_2)$	$\|g_k\|^2$
10000	-0.99313	0.99635	0.99775	0.99803	0.99732	0.99529	0.99091	0.98206	0.96452	0.93034	3.98604	0.00011
11000	-0.99312	0.99632	0.99769	0.99791	0.99708	0.99481	0.98995	0.98016	0.96079	0.92316	3.98598	0.00011
12000	-0.99310	0.99629	0.99763	0.99779	0.99683	0.99432	0.98898	0.97824	0.95703	0.91593	3.98592	0.00012
13000	-0.99309	0.99626	0.99756	0.99766	0.99658	0.99382	0.98799	0.97629	0.95321	0.90865	3.98585	0.00012
14000	-0.99307	0.99623	0.99750	0.99753	0.99633	0.99332	0.98699	0.97431	0.94936	0.90132	3.98579	0.00012
15000	-0.99305	0.99619	0.99743	0.99740	0.99608	0.99281	0.98598	0.97232	0.94548	0.89396	3.98572	0.00012
16000	-0.99304	0.99616	0.99737	0.99727	0.99582	0.99229	0.98495	0.97030	0.94155	0.88655	3.98566	0.00012
17000	-0.99302	0.99613	0.99730	0.99714	0.99555	0.99177	0.98392	0.96825	0.93759	0.87911	3.98559	0.00012
18000	-0.99300	0.99609	0.99723	0.99701	0.99529	0.99124	0.98286	0.96618	0.93359	0.87162	3.98552	0.00013
19000	-0.99299	0.99606	0.99717	0.99687	0.99501	0.99069	0.98178	0.96406	0.92950	0.86400	3.98546	0.00014
20000	-0.99297	0.99602	0.99709	0.99673	0.99473	0.99013	0.98068	0.96190	0.92532	0.85625	3.98538	0.00014
21000	-0.99295	0.99599	0.99702	0.99659	0.99445	0.98957	0.97957	0.95971	0.92113	0.84851	3.98531	0.00014
22000	-0.99293	0.99595	0.99695	0.99644	0.99416	0.98900	0.97844	0.95750	0.91689	0.84073	3.98524	0.00014
23000	-0.99291	0.99591	0.99688	0.99630	0.99387	0.98842	0.97729	0.95526	0.91259	0.83286	3.98517	0.00015
24000	-0.99289	0.99588	0.99680	0.99615	0.99357	0.98783	0.97612	0.95298	0.90824	0.82493	3.98509	0.00015
25000	-0.99287	0.99584	0.99673	0.99600	0.99327	0.98723	0.97494	0.95067	0.90385	0.81698	3.98501	0.00015
26000	-0.99285	0.99580	0.99665	0.99584	0.99296	0.98662	0.97374	0.94835	0.89944	0.80902	3.98494	0.00015
27000	-0.99283	0.99576	0.99657	0.99569	0.99266	0.98601	0.97253	0.94599	0.89498	0.80102	3.98486	0.00015
28000	-0.99281	0.99572	0.99649	0.99553	0.99234	0.98538	0.97130	0.94359	0.89044	0.79292	3.98478	0.00016
29000	-0.99279	0.99568	0.99641	0.99537	0.99202	0.98474	0.97004	0.94114	0.88582	0.78471	3.98470	0.00016
30000	-0.99277	0.99564	0.99633	0.99520	0.99169	0.98409	0.96875	0.93864	0.88113	0.77642	3.98461	0.00017

由此可以看出，对扩充的 Rosenbrock 函数来说最速下降法的效率非常低.

例 5　求解问题

$$\min f(\boldsymbol{x}) = (x_1 - 2)^4 + (x_1 - 2)^2 x_2^2 + (x_2 + 1)^2$$

解　问题的极小点为 $(2, -1)^{\mathrm{T}}$. 若取初始点为 $(1, 1)^{\mathrm{T}}$，用最速下降法求解此问题，并且采用精确一维搜索黄金分割法，则得到迭代点如下：

k	x_1	x_2	$f(x_1, x_2)$	$\|g_k\|^2$
1	1.000000	1.000000	6.000000	72.000004
2	2.500000	-0.500000	0.375000	1.125000
3	1.999999	-1.000002	0.000000	0.000000

若采用 Wolfe - Powell 不精确一维搜索，则迭代次数略多一点：

k	x_1	x_2	$f(x_1, x_2)$	$\|g_k\|^2$
1	1.000000	1.000000	6.000000	72.000004
2	2.500000	-0.500000	0.375000	1.125000
3	2.125000	-0.875000	0.027832	0.089264
4	2.025391	-0.986328	0.000815	0.003127
5	2.000657	-0.999364	0.000001	0.000003

下面给出最速下降法的收敛性分析.

1. 全局收敛性

最速下降法有着很好的全局收敛性，即使对一般的目标函数，它也是全局收敛的.

定理1 考虑问题（P），设$f(\boldsymbol{x})$具有一阶连续偏导数. 给定$\boldsymbol{x}_0\in\mathbf{R}^n$，假定水平集$L=\{\boldsymbol{x}\in\mathbf{R}^n \mid f(\boldsymbol{x})\leqslant f(\boldsymbol{x}_0)\}$有界，令$\{\boldsymbol{x}_k\}$为由算法1产生的点列，则或者对某个$k_0$，$\boldsymbol{g}(\boldsymbol{x}_{k_0})=\boldsymbol{0}$；或者当$k\to\infty$时，$\boldsymbol{g}_k\to\boldsymbol{0}$.

利用第3章3.4节的定理1和定理2容易得到本定理的证明，不再赘述.

2. 用于二次函数时的收敛速度

最速下降法仅是线性收敛的，并且有时是很慢的线性收敛. 下面的定理说明了该算法用于二次函数时的收敛情况.

定理2 设$f(\boldsymbol{x})=\dfrac{1}{2}\boldsymbol{x}^{\mathrm{T}}\boldsymbol{G}\boldsymbol{x}$，其中$\boldsymbol{G}$为正定矩阵. 用$\lambda_1$，$\lambda_n$表示$\boldsymbol{G}$的最小与最大特征值，则算法1产生的点列$\{\boldsymbol{x}_k\}$满足

$$f(\boldsymbol{x}_{k+1})\leqslant\left(\frac{\lambda_n-\lambda_1}{\lambda_n+\lambda_1}\right)^2 f(\boldsymbol{x}_k),\qquad k=0,1,2,\cdots$$

$$\|x_k\|\leqslant\sqrt{\frac{\lambda_n}{\lambda_1}}\left(\frac{\lambda_n-\lambda_1}{\lambda_n+\lambda_1}\right)^k\|\boldsymbol{x}_0\|,\qquad k=0,1,2,\cdots$$

证明从略.

由定理2可知，对于二次目标函数，最速下降法至少是线性收敛的，其收敛比$\beta\leqslant\dfrac{\lambda_n-\lambda_1}{\lambda_n+\lambda_1}$. 而由例2可以看出，它恰好是线性收敛的. 当$\boldsymbol{G}$的特征值比较分散，即$\lambda_n\gg\lambda_1$时，收敛比接近于1，收敛速度很慢，接近于次线性收敛；当$\boldsymbol{G}$的特征值比较集中，即$\lambda_n\approx\lambda_1$时，收敛比接近于0，从而收敛速度接近于超线性收敛.

最速下降法的一个特点是当采用精确一维搜索时相邻两次搜索方向是相互正交的.

证明如下：

因为

$$\phi(\alpha)=f(\boldsymbol{x}_k+\alpha\boldsymbol{p}_k)$$

所以

$$\phi'(\alpha)=[\nabla f(\boldsymbol{x}_k+\alpha\boldsymbol{p}_k)]^{\mathrm{T}}\boldsymbol{p}_k$$

因为采用精确一维搜索，所以α_k满足$\phi'(\alpha)=0$，故

$$[\nabla f(\boldsymbol{x}_k+\alpha_k\boldsymbol{p}_k)]^{\mathrm{T}}\boldsymbol{p}_k=0$$

即

$$g_{k+1}^{\mathrm{T}}p_k=0$$

因此，在相继两次迭代中，搜索方向是相互正交的．可见，最速下降法逼近极小点的路线是锯齿形的，而且越靠近极小点步长越小，即越走越慢．

虽然最速下降法具有很好的整体收敛性，但由于其收敛速度慢，所以它不是实用的算法．然而一些有效算法可以通过对它进行改进或利用它与其他收敛快的算法相结合而得到．

4.2　共轭梯度法

利用线性代数中共轭方向的概念可以给出一类无约束优化方法，其效率通常好于最速下降法．

1. 二次模型与共轭方向法

定义 1　（共轭向量）设 G 为 n 阶正定矩阵，p_1，p_2，…，p_k 为 n 维向量组，如果

$$p_i^{\mathrm{T}}Gp_j=0,\quad i,\ j=1,\ 2,\ \cdots,\ k,\quad i\neq j$$

则称向量组 p_1，p_2，…，p_k 关于 G 共轭．

如果 $G=I$，则为 $p_i^{\mathrm{T}}p_j=0$，即 p_1，p_2，…，p_k 是正交的，所以共轭概念是正交概念的推广．

定理 1　设 G 为 n 阶正定矩阵，非零向量组 p_1，p_2，…，p_k 关于 G 共轭，则此向量组线性无关．

证明　设存在常数 α_1，α_2，…，α_k，使

$$\alpha_1p_1+\alpha_2p_2+\cdots+\alpha_kp_k=\mathbf{0}$$

用 $p_i^{\mathrm{T}}G$ 左乘上式，根据假设得

$$p_i^{\mathrm{T}}Gp_i=0,\quad i=1,\ 2,\ \cdots,\ k$$

由于 G 是正定的，$p_i\neq0$，所以 $\alpha_i=0$，$i=1$，2，…，k. 因此，向量组 p_1，p_2，…，p_k 线性无关．

推论 1　设 G 为 n 阶正定矩阵，非零向量组 p_1，p_2，…，p_n 关于 G 共轭，则此向量组构成 n 维向量空间 $\mathbf{R}^n$ 的一组基．

推论 2　设 G 为 n 阶正定矩阵，非零向量组 p_1，p_2，…，p_n 关于 G 共轭．若向量 v 与 p_1，p_2，…，p_n 关于 G 共轭，则 $v=\mathbf{0}$.

定义 2　设 n 维向量组 p_1，p_2，…，p_k 线性无关，$x_1\in\mathbf{R}^n$，称向量集合 $H_k=\{x_1+\sum_{i=1}^{k}\alpha_ip_i\mid\alpha_i\in\mathbf{R},\ i=1,\ 2,\ \cdots,\ k\}$ 为由点 x_1 与 p_1，p_2，…，p_k 生成的 k 维超平面．

定理 2　设 $f(x)$ 为连续可微的严格凸函数，p_1，p_2，…，p_k 为一组线性无关的 n 元向量，$x_1\in\mathbf{R}^n$，则

$$x_{k+1}=x_1+\sum_{i=1}^{k}\bar{\alpha}_ip_i$$

是 $f(x)$ 在 x_1 与 p_1，p_2，…，p_k 所生成的 k 维超平面 H_k 上的唯一极小点的充分必要条件是

$$g_{k+1}^{\mathrm{T}}p_i=0,\quad i=1,\ 2,\ \cdots,\ k$$

证明　定义函数

$$h(\alpha_1,\alpha_2,\cdots,\alpha_k)=f(\boldsymbol{x}_1+\sum_{i=1}^{k}\alpha_i\boldsymbol{p}_i)$$

则$h(\alpha_1, \alpha_2, \cdots, \alpha_k)$是$k$元严格凸函数，且$\boldsymbol{x}_{k+1}$是$f(\boldsymbol{x})$在$H_k$上的极小点当且仅当$(\bar{\alpha}_1, \bar{\alpha}_2, \cdots, \bar{\alpha}_k)^{\mathrm{T}}$是$h(\alpha_1, \alpha_2, \cdots, \alpha_k)$在$\mathbf{R}^k$上的极小点.

若$\boldsymbol{x}_{k+1}$是$f(\boldsymbol{x})$在H_k上的极小点，则由3.1节中的定理1有

$$\nabla h(\bar{\alpha}_1,\bar{\alpha}_2,\cdots,\bar{\alpha}_k)=\mathbf{0}$$

又因为

$$\nabla h(\bar{\alpha}_1, \bar{\alpha}_2, \cdots, \bar{\alpha}_k)=(\boldsymbol{g}_{k+1}^{\mathrm{T}}\boldsymbol{p}_1, \boldsymbol{g}_{k+1}^{\mathrm{T}}\boldsymbol{p}_2, \cdots, \boldsymbol{g}_{k+1}^{\mathrm{T}}\boldsymbol{p}_k)^{\mathrm{T}}$$

所以

$$\boldsymbol{g}_{k+1}^{\mathrm{T}}\boldsymbol{p}_i=0, \quad i=1, 2, \cdots, k$$

成立.

反之，设

$$\boldsymbol{g}_{k+1}^{\mathrm{T}}\boldsymbol{p}_i=0, \quad i=1, 2, \cdots, k$$

成立，则由上面推导过程知

$$\nabla h(\bar{\alpha}_1, \bar{\alpha}_2, \cdots, \bar{\alpha}_k)=0$$

又$h(\alpha_1, \alpha_2, \cdots, \alpha_k)$是严格凸函数，所以$(\bar{\alpha}_1, \bar{\alpha}_2, \cdots, \bar{\alpha}_k)^{\mathrm{T}}$是$h$的唯一极小点，从而$\boldsymbol{x}_{k+1}$是$f(\boldsymbol{x})$在$H_k$上的唯一极小点.

定理3 设$\boldsymbol{G}$为n阶正定矩阵，向量组$\boldsymbol{p}_1, \boldsymbol{p}_2, \cdots, \boldsymbol{p}_k$关于$\boldsymbol{G}$共轭，对正定二次函数

$$f(\boldsymbol{x})=\frac{1}{2}\boldsymbol{x}^{\mathrm{T}}\boldsymbol{G}\boldsymbol{x}+\boldsymbol{b}^{\mathrm{T}}\boldsymbol{x}+c$$

由任意初始点$\boldsymbol{x}_1$开始，依次进行k次精确一维搜索，得到

$$\boldsymbol{x}_{i+1}=\boldsymbol{x}_i+\alpha_i\boldsymbol{p}_i \quad i=1, 2, \cdots, k$$

则

(1) $\boldsymbol{g}_{k+1}^{\mathrm{T}}\boldsymbol{p}_i=0$, $i=1, 2, \cdots, k$.

(2) $\boldsymbol{x}_{k+1}$是该二次函数在k维超平面H_k上的极小点.

证明 由定理2，只需证明(1)，因为

$$\boldsymbol{g}_{k+1}^{\mathrm{T}}\boldsymbol{p}_i=\boldsymbol{g}_{i+1}^{\mathrm{T}}\boldsymbol{p}_i+\sum_{j=i+1}^{k}(\boldsymbol{g}_{j+1}-\boldsymbol{g}_j)^{\mathrm{T}}\boldsymbol{p}_i$$

对于二次函数

$$\boldsymbol{g}_{j+1}-\boldsymbol{g}_j=\boldsymbol{G}(\boldsymbol{x}_{j+1}-\boldsymbol{x}_j)=\alpha_j\boldsymbol{G}\boldsymbol{p}_j$$

所以

$$\boldsymbol{g}_{k+1}^{\mathrm{T}}\boldsymbol{p}_i=\boldsymbol{g}_{i+1}^{\mathrm{T}}\boldsymbol{p}_i+\sum_{j=i+1}^{k}\alpha_j\boldsymbol{p}_j^{\mathrm{T}}\boldsymbol{G}\boldsymbol{p}_i$$

由于采用精确一维搜索，故$\boldsymbol{g}_{i+1}^{\mathrm{T}}\boldsymbol{p}_i=0$、又由$\boldsymbol{p}_1, \boldsymbol{p}_2, \ldots, \boldsymbol{p}_k$关于$G$共轭，则

$$\boldsymbol{p}_j^{\mathrm{T}}\boldsymbol{G}\boldsymbol{p}_i=0, \ j=i+1, \cdots, k$$

因此结论成立.

推论 在定理3中，当$k=n$时，$\boldsymbol{x}_{n+1}$为正定二次函数在$\mathbf{R}^n$上的极小点.

由定理3及推论，如果第k次迭代所取的方向$\boldsymbol{p}_k$与以前各次迭代所取的方向$\boldsymbol{p}_1, \boldsymbol{p}_2, \cdots, \boldsymbol{p}_{k-1}$关于$\boldsymbol{G}$共轭，则从任意初始点出发，对二次函数

$$f(\boldsymbol{x})=\frac{1}{2}\boldsymbol{x}^{\mathrm{T}}\boldsymbol{G}\boldsymbol{x}+\boldsymbol{b}^{\mathrm{T}}\boldsymbol{x}+c$$

进行精确一维搜索，至多经过 n 次迭代就可以得到极小点．这就是共轭方向法的基本思想．

算法 1　共轭方向法

设目标函数为 $f(\boldsymbol{x})=\frac{1}{2}\boldsymbol{x}^{\mathrm{T}}\boldsymbol{G}\boldsymbol{x}+\boldsymbol{b}^{\mathrm{T}}\boldsymbol{x}+c$，其中 $\boldsymbol{G}$ 是正定矩阵．给定控制误差 ε.

step1　给定初始点 $\boldsymbol{x}_0$ 及初始下降方向 $\boldsymbol{p}_0$，令 $k=0$.

step2　做精确一维搜索，求步长 α_k

$$f(\boldsymbol{x}_k+\alpha_k\boldsymbol{p}_k)=\min_{\alpha\geqslant 0}f(\boldsymbol{x}_k+\alpha\boldsymbol{p}_k)$$

step3　令 $\boldsymbol{x}_{k+1}=\boldsymbol{x}_k+\alpha_k\boldsymbol{p}_k$.

step4　若 $\|\boldsymbol{g}_{k+1}\|\leqslant\varepsilon$，则 $\boldsymbol{x}^*=\boldsymbol{x}_{k+1}$，停止计算；否则，转 step5.

step5　取共轭方向 $\boldsymbol{p}_{k+1}$，使得

$$\boldsymbol{p}_{k+1}{}^{\mathrm{T}}\boldsymbol{G}\boldsymbol{p}_i=0,\ i=0,\ 1,\ \cdots,\ k$$

step6　令 $k=k+1$，转 step2.

如果一个算法对正定二次函数能够经有限次计算终止，则称这种算法具有二次终止性．具有二次终止性的算法对一般函数也是比较有效的．根据上面的结果，共轭方向法具有二次终止性．

对于一个给定的正定矩阵 $\boldsymbol{G}$，如何构造 n 个关于 $\boldsymbol{G}$ 共轭的方向呢？有一种方法可以类似于线性无关向量组的正交化方法构造共轭方向．

设 n 元向量组 $\boldsymbol{p}_1$，$\boldsymbol{p}_2$，$\cdots$，$\boldsymbol{p}_n$ 线性无关，则利用下述方法可以生成关于正定矩阵 $\boldsymbol{G}$ 的共轭方向，令

$$\boldsymbol{q}_1=\boldsymbol{p}_1$$

$$\boldsymbol{q}_2=\boldsymbol{p}_2-\frac{\boldsymbol{p}_2^{\mathrm{T}}\boldsymbol{G}\boldsymbol{q}_1}{\boldsymbol{q}_1^{\mathrm{T}}\boldsymbol{G}\boldsymbol{q}_1}\boldsymbol{q}_1$$

$$\boldsymbol{q}_3=\boldsymbol{p}_3-\frac{\boldsymbol{p}_3^{\mathrm{T}}\boldsymbol{G}\boldsymbol{q}_1}{\boldsymbol{q}_1^{\mathrm{T}}\boldsymbol{G}\boldsymbol{q}_1}\boldsymbol{q}_1-\frac{\boldsymbol{p}_3^{\mathrm{T}}\boldsymbol{G}\boldsymbol{q}_2}{\boldsymbol{q}_2^{\mathrm{T}}\boldsymbol{G}\boldsymbol{q}_2}\boldsymbol{q}_2$$

$$\cdots$$

$$\boldsymbol{q}_n=\boldsymbol{p}_n-\frac{\boldsymbol{p}_n^{\mathrm{T}}\boldsymbol{G}\boldsymbol{q}_1}{\boldsymbol{q}_1^{\mathrm{T}}\boldsymbol{G}\boldsymbol{q}_1}\boldsymbol{q}_1-\frac{\boldsymbol{p}_3^{\mathrm{T}}\boldsymbol{G}\boldsymbol{q}_2}{\boldsymbol{q}_2^{\mathrm{T}}\boldsymbol{G}\boldsymbol{q}_2}\boldsymbol{q}_2-\cdots-\frac{\boldsymbol{p}_n^{\mathrm{T}}\boldsymbol{G}\boldsymbol{q}_{n-1}}{\boldsymbol{q}_{n-1}^{\mathrm{T}}\boldsymbol{G}\boldsymbol{q}_{n-1}}\boldsymbol{q}_{n-1}$$

下面介绍一个构造共轭方向的更简单的方法，因为它要用到目标函数的梯度，所以通常称为共轭梯度法．

2. 共轭梯度法

共轭梯度法的基本思想是利用负梯度方向产生共轭方向．

考虑二次目标函数 $f(\boldsymbol{x})=\frac{1}{2}\boldsymbol{x}^{\mathrm{T}}\boldsymbol{G}\boldsymbol{x}+\boldsymbol{b}^{\mathrm{T}}\boldsymbol{x}+c$，其中 $\boldsymbol{G}$ 为正定阵，给定初始点 $\boldsymbol{x}_0$.

第一次迭代，$k=0$：初始下降方向选为

$$\boldsymbol{p}_0=-\boldsymbol{g}_0$$

从 $\boldsymbol{x}_0$ 出发，沿 $\boldsymbol{p}_0$ 经精确一维搜索得 $\boldsymbol{x}_1$，从而完成第一次迭代．

第二次迭代，$k=1$：设 $\boldsymbol{x}_1$ 处的梯度向量为 $\boldsymbol{g}_1$，则设搜索方向为

$$p_1 = -g_1 + \beta_{10} p_0$$

因为 p_0 和 p_1 关于 G 共轭，即

$$p_1^T G p_0 = -g_1^T G p_0 + \beta_{10} p_0^T G p_0 = 0$$

所以

$$\beta_{10} = \frac{g_1^T G p_0}{p_0^T G p_0}$$

第三次迭代，$k=2$：设 x_2 处的梯度向量为 g_2，则设搜索方向为

$$p_2 = -g_2 + \beta_{20} p_0 + \beta_{21} p_1$$

因为 p_2 与 p_0，p_1 都关于 G 共轭，即

$$p_2^T G p_0 = -g_2^T G p_0 + \beta_{20} p_0^T G p_0 + \beta_{21} p_1^T G p_0 = 0$$
$$p_2^T G p_1 = -g_2^T G p_1 + \beta_{20} p_0^T G p_1 + \beta_{21} p_1^T G p_1 = 0$$

而且 p_0 和 p_1 也关于 G 共轭，所以

$$\beta_{20} = \frac{g_2^T G p_0}{p_0^T G p_0},\ \beta_{21} = \frac{g_2^T G p_1}{p_1^T G p_1}$$

由定理 3 可知

$$g_2^T p_0 = 0,\ g_2^T p_1 = 0$$

又因为

$$p_1 = -g_1 + \beta_{10} p_0$$

所以

$$g_2^T g_1 = 0$$

而由

$$g_2^T p_0 = 0$$

可以推出

$$g_2^T g_0 = 0$$

又因为

$$G p_0 = \frac{1}{\alpha_0} G (x_1 - x_0) = \frac{1}{\alpha_0} (g_1 - g_0)$$

所以

$$g_2^T G p_0 = 0$$

因此

$$\beta_{20} = 0,\ \beta_{21} = \frac{g_2^T G p_1}{p_1^T G p_1}$$

继续计算下去，假设已依次沿 $k+1$ 个共轭方向 p_0，p_1，…，p_k 进行精确一维搜索得 x_{k+1}，即存在 β_{ji}，$j=1$，…，k，使得

$$p_j = -g_j + \sum_{i=0}^{j-1} \beta_{ji} p_i$$

若 $g_{k+1} = g(x_{k+1}) = 0$，则表明 x_{k+1} 已是正定二次函数的极小点，不必再继续计算；当 $g_{k+1} \neq 0$ 时，构造下一个共轭方向 p_{k+1}，设

$$p_{k+1} = -g_{k+1} + \sum_{j=0}^{k} \beta_{(k+1)j} p_j \tag{4-3}$$

现在来确定 $\beta_{k+1,j}(j=0, 1, \cdots, k)$．由定理 3 知

$$g_{k+1}^{\mathrm{T}}p_j=0, \quad j=0, 1, \cdots, k$$

因为

$$p_j=-g_j+\sum_{i=0}^{j-1}\beta_{ji}p_i$$

所以

$$g_{k+1}^{\mathrm{T}}g_j=0, \quad j=0, 1, \cdots, k$$

对任意 $j=0, 1, \cdots, k$，在（4－3）式两边乘 $p_j^{\mathrm{T}}G$，得到

$$0=p_j^{\mathrm{T}}Gp_{k+1}=-p_j^{\mathrm{T}}Gg_{k+1}+\beta_{(k+1)j}p_j^{\mathrm{T}}Gp_j$$

因为

$$Gp_j=\frac{1}{\alpha_j}G(x_{j+1}-x_j)=\frac{1}{\alpha_j}(g_{j+1}-g_j)$$

所以

$$p_j^{\mathrm{T}}Gg_{k+1}=g_{k+1}^{\mathrm{T}}Gp_j=\frac{1}{\alpha_j}g_{k+1}^{\mathrm{T}}(g_{j+1}-g_j)$$

其中 α_j 为步长．因此

$$\beta_{(k+1)j}=0, \quad j=0, 1, \cdots, k-1, \quad \beta_{(k+1),k}=\frac{g_{k+1}^{\mathrm{T}}Gp_k}{p_k^{\mathrm{T}}Gp_k}$$

于是

$$p_{k+1}=-g_{k+1}+\beta_{(k+1)k}p_k$$

因为每次产生新的共轭方向只需要计算一个系数，所以我们也将 $\beta_{(k+1)k}$，记为 β_k.

由此确定了一组共轭方向，沿这组方向进行迭代的方法就是共轭梯度法，它是针对求解二次函数的最小值点一种方法．根据前面的推导以及定理 3，我们有如下结果．

定理 4　对正定二次函数 $f(x)=\frac{1}{2}x^{\mathrm{T}}Gx+b^{\mathrm{T}}x+c$，由

$$p_0=-g_0$$
$$p_{k+1}=-g_{k+1}+\beta_k p_k$$
$$\beta_k=\frac{g_{k+1}^{\mathrm{T}}Gp_k}{p_k^{\mathrm{T}}Gp_k}$$

确定共轭方向，并且采用精确一维搜索得到的共轭梯度法，在 m（$\leqslant n$）次迭代后可求得二次函数的极小点，并且对所有 $i\in\{1, 2, \cdots, m\}$，有

$$p_i^{\mathrm{T}}Gp_j=0, \quad j=0, 1, \cdots, i-1$$
$$g_i^{\mathrm{T}}g_j=0, \quad j=0, 1, \cdots, i-1$$
$$g_i^{\mathrm{T}}p_j=0, \quad j=0, 1, \cdots, i-1$$
$$p_i^{\mathrm{T}}g_i=-g_i^{\mathrm{T}}g_i$$

为了使算法便于推广到一般的目标函数，我们必须设法消去表达式中的 G. 下面给出两个不显含 G 的 β_k 的表达式．

（1）Fletcher－Reeves 公式．

因为

$$Gp_k = G\frac{1}{\alpha_k}(x_{k+1} - x_k) = \frac{1}{\alpha_k}(g_{k+1} - g_k)$$

所以

$$g_{k+1}^{\mathrm{T}} Gp_k = \frac{1}{\alpha_k} g_{k+1}^{\mathrm{T}} (g_{k+1} - g_k) = \frac{1}{\alpha_k} g_{k+1}^{\mathrm{T}} g_{k+1}$$

$$p_k^{\mathrm{T}} Gp_k = \frac{1}{\alpha_k}(-g_k + \beta_{k-1} p_{k-1})^{\mathrm{T}} (g_{k+1} - g_k) = \frac{1}{\alpha_k} g_k^{\mathrm{T}} g_k$$

因此

$$\beta_k = \frac{g_{k+1}^{\mathrm{T}} g_{k+1}}{g_k^{\mathrm{T}} g_k}$$

这个公式是 Fletcher 和 Reeves 在 1964 年得到的，故称 Fletcher - Reeves 公式，简称 FR 公式．

（2） Polak - Ribiere - Polyak 公式．

注意到 $g_{k+1}^{\mathrm{T}} g_k = 0$，故

$$\beta_k = \frac{g_{k+1}^{\mathrm{T}} (g_{k+1} - g_k)}{g_k^{\mathrm{T}} g_k}$$

此式是 Polak 和 Ribiere 以及 Polyak 分别于 1969 年提出的，故称 Polak - Ribiere - Polyak 公式，简称 PRP 公式．

3. 对一般目标函数的共轭梯度法

考虑求解问题（P），将 FR 公式用于一般函数，得如下的 FR 共轭梯度法．

算法 2 FR 共轭梯度法

给定控制误差 ε.

step1 给定初始点 x_0 及初始下降方向 $p_0 = -g_0$，令 $k = 0$.

step2 做精确一维搜索，求步长 α_k

$$f(x_k + \alpha_k p_k) = \min_{\alpha \geqslant 0} f(x_k + \alpha p_k)$$

step3 令 $x_{k+1} = x_k + \alpha_k p_k$.

step4 若 $\| g_{k+1} \| \leqslant \varepsilon$，则 $x^* = x_{k+1}$，停止计算；否则，转 step5.

step5 取搜索方向 p_{k+1} 为

$$p_{k+1} = -g_{k+1} + \beta_k p_k$$

$$\beta_k = \frac{g_{k+1}^{\mathrm{T}} g_{k+1}}{g_k^{\mathrm{T}} g_k}$$

step6 令 $k = k + 1$，转 step2.

例 1 用 FR 共轭梯度法求解如下问题

$$\min f(x) = \frac{3}{2}x_1^2 + \frac{1}{2}x_2^2 - x_1 x_2 - 2x_1$$

取初始点 $x_0 = (0, 0)^{\mathrm{T}}$.

解 计算可得

$$g(x) = (3x_1 - x_2 - 2, x_2 - x_1)^{\mathrm{T}}$$

第一次迭代，$k = 0$：因 $g_0 = (-2, 0)^{\mathrm{T}} \neq \mathbf{0}$，故取 $p_0 = (2, 0)^{\mathrm{T}}$，从 x_0 出发，沿 p_0 做精

确一维搜索，即求

$$\min_{\alpha>0} f(\boldsymbol{x}_0+\alpha\boldsymbol{p}_0)=6\alpha^2-4\alpha$$

的极小点，得步长 $\alpha_0=\frac{1}{3}$. 于是

$$\boldsymbol{x}_1=\boldsymbol{x}_0+\alpha_0\boldsymbol{p}_0=\left(\frac{2}{3},\ 0\right)^{\mathrm{T}},\ \boldsymbol{g}_1=\left(0,\ -\frac{2}{3}\right)^{\mathrm{T}}$$

由 FR 公式得

$$\beta_0=\frac{\boldsymbol{g}_1^{\mathrm{T}}\boldsymbol{g}_1}{\boldsymbol{g}_0^{\mathrm{T}}\boldsymbol{g}_0}=\frac{1}{9}$$

故

$$\boldsymbol{p}_1=-\boldsymbol{g}_1+\beta_0\boldsymbol{p}_0=\left(\frac{2}{9},\ \frac{2}{3}\right)^{\mathrm{T}}$$

第二次迭代，$k=1$：从 $\boldsymbol{x}_1$ 出发，沿 $\boldsymbol{p}_1$ 做一维搜索，求

$$\min f(\boldsymbol{x}_1+\alpha\boldsymbol{p}_1)=\frac{4}{27}\alpha^2-\frac{4}{9}\alpha+\frac{2}{3}$$

的极小点，解得 $\alpha_1=\frac{3}{2}$，于是 $\boldsymbol{x}_2=\boldsymbol{x}_1+\alpha_1\boldsymbol{p}_1=(1,\ 1)^{\mathrm{T}}$. 此时 $\boldsymbol{g}_2=(0,\ 0)^{\mathrm{T}}$，故

$$\boldsymbol{x}^*=\boldsymbol{x}_2=(1,\ 1)^{\mathrm{T}},\ f^*=-1$$

采用精确一维搜索的共轭梯度法具有二次终止性，即对正定二次函数算法至多 n 步可以得到最小值点，其中 n 为变量个数.

采用黄金分割法一维搜索编程数值计算结果如下：

k	x_1	x_2	$f(x_1,\ x_2)$	$\Vert\boldsymbol{g}_k\Vert^2$
1	0.000000	0.000000	0.000000	4.000000
2	0.666657	0.000000	−0.666667	0.444431
3	1.000032	1.000007	−1.000000	0.000000

从计算结果可以看出与手工计算一致.

若采用 Wolfe－Powell 不精确一维搜索，计算结果如下：

k	x_1	x_2	$f(x_1,\ x_2)$	$\Vert\boldsymbol{g}_k\Vert^2$
1	0.000000	0.000000	0.000000	4.000000
2	1.000000	0.000000	−0.500000	2.000000
3	1.000000	1.000000	−1.000000	0.000000

例 2　用 FR 共轭梯度法求解 $\min f(\boldsymbol{x})=\frac{1}{2}x_1^2+\frac{9}{2}x_2^2$，初始点设为 $(9,\ 1)^{\mathrm{T}}$.

采用精确一维搜索黄金分割法，计算结果如下：

k	x_1	x_2	$f(x_1, x_2)$	$\|\boldsymbol{g}_k\|^2$
1	9.000000	1.000000	45.000000	162.000000
2	7.199999	-0.800001	28.800000	103.680103
3	0.000016	-0.000002	0.000000	0.000000

采用不精确一维搜索 Wolfe - Powell 算法，计算结果如下：

k	x_1	x_2	$f(x_1, x_2)$	$\|\boldsymbol{g}_k\|^2$
1	9.000000	1.000000	45.000000	162.000000
2	6.750000	-1.250000	29.812500	172.125000
3	-1.406250	-0.406250	1.731445	15.345703
4	-1.412260	0.069587	1.019030	2.386712
5	-0.007478	0.035356	0.005653	0.101312
6	0.000911	-0.004601	0.000096	0.001716
7	0.000939	-0.000102	0.000000	0.000002
8	0.000704	0.000136	0.000000	0.000002
9	-0.000193	0.000075	0.000000	0.000000
10	-0.000225	-0.000013	0.000000	0.000000
11	-0.000033	0.000014	0.000000	0.000000
12	-0.000023	-0.000001	0.000000	0.000000

例 3 用 FR 共轭梯度法求解 Rosenbrock 函数

$$\min f(\boldsymbol{x}) = 100(x_2 - x_1^2)^2 + (1 - x_1)^2$$

问题有唯一极小点，精确解为 $\boldsymbol{x}^* = (1,\ 1)^{\mathrm{T}}$，$f(\boldsymbol{x}^*) = 0$.

解 初始点选在 $(-1,\ 1)^{\mathrm{T}}$，结果如下：

采用精确一维搜索黄金分割法：

k	x_1	x_2	$f(x_1, x_2)$	$\|\boldsymbol{g}_k\|^2$
1	-1.000000	1.000000	4.000000	16.000800
2	-0.994981	1.000000	3.989975	4.010552
3	-0.770859	0.554515	3.293615	312.254021
4	-0.645450	0.357571	3.056026	482.871395
5	-0.550981	0.232744	2.907313	550.911393
6	-0.473222	0.144672	2.798712	573.566204
7	-0.406462	0.079446	2.713704	575.027776
8	-0.347464	0.029719	2.643977	566.774836

续表

k	x_1	x_2	$f(x_1,\ x_2)$	$\lVert \boldsymbol{g}_k \rVert^2$
9	-0.294169	-0.008859	2.584874	554.803229
10	-0.245342	-0.038943	2.533654	542.427488
11	-0.199913	-0.062432	2.488310	531.514632
12	-0.157375	-0.080500	2.447628	523.191781
13	-0.117105	-0.094102	2.410339	518.030387
14	-0.078291	-0.103998	2.375524	516.545495
15	-0.041663	-0.110425	2.343057	518.820445
16	-0.004923	-0.114040	2.310940	525.420690
17	0.030028	-0.114851	2.280715	536.250057
18	0.065241	-0.113063	2.250157	551.974003
19	0.100048	-0.108745	2.220187	572.827013
20	0.134588	-0.101939	2.190200	598.898725
21	0.169528	-0.092494	2.159449	630.941265
22	0.204591	-0.080426	2.128006	668.969653
23	0.240068	-0.065557	2.095077	713.323514
24	0.277275	-0.047120	2.059972	766.533668
25	0.313997	-0.026050	2.024214	825.455383
26	0.352819	-0.000646	1.984518	894.067955
27	0.393250	0.029181	1.942279	972.720402
28	0.434379	0.063081	1.897560	1059.238650
29	0.478425	0.103363	1.847761	1158.330388
30	0.523501	0.148848	1.794694	1265.385501
31	0.571917	0.202523	1.734931	1384.668591
32	0.621781	0.263051	1.669770	1509.168015
33	0.676329	0.335376	1.594250	1643.587433
34	0.733944	0.418676	1.510735	1779.837359
35	0.796143	0.516648	1.415048	1912.061843
36	0.863757	0.632674	1.304560	2028.251166
37	0.938646	0.772826	1.175119	2109.836872
38	1.021771	0.942912	1.022663	2119.973811
39	1.117555	1.158241	0.836264	1991.585753
40	1.231412	1.442158	0.604358	1590.750246

续表

k	x_1	x_2	$f(x_1, x_2)$	$\|g_k\|^2$
41	1.370699	1.836120	0.319712	656.180420
42	1.419509	2.008940	0.179665	19.811810
43	1.419093	2.014105	0.175647	0.465052
44	1.418768	2.014218	0.175540	0.077525
45	1.418175	2.013585	0.175429	0.477916
46	1.403521	1.978957	0.171085	21.741002
47	1.236467	1.520199	0.063405	25.584282
48	1.133132	1.273238	0.029278	31.025487
49	1.037394	1.069349	0.006072	10.347379
50	1.010697	1.021934	0.000132	0.029809
51	1.010792	1.021726	0.000117	0.000154
52	1.010759	1.021707	0.000116	0.000286
53	1.007962	1.015554	0.000082	0.043797
54	1.000175	1.000385	0.000000	0.000218
55	1.000179	1.000357	0.000000	0.000000
56	1.000178	1.000357	0.000000	0.000000
57	1.000177	1.000356	0.000000	0.000000
58	1.000004	1.000007	0.000000	0.000001
59	1.000001	1.000002	0.000000	0.000000

采用 Wolfe - Powell 不精确一维搜索：

k	x_1	x_2	$f(x_1, x_2)$	$\|g_k\|^2$
1	-1.000000	1.000000	4.000000	16.000800
2	1.000050	1.000000	0.000001	0.002016
3	1.000011	1.000020	0.000000	0.000002
4	1.000010	1.000020	0.000000	0.000000

仍然采用 Wolfe - Powell 不精确一维搜索，初始点换为（-2，1）.

k	x_1	x_2	$f(x_1, x_2)$	$\|g_k\|^2$
5	-1.034127	1.079240	4.147318	3.857811
10	-0.638288	0.307773	3.676758	1221.700086
15	-0.349387	0.002990	3.238881	941.288092

续表

k	x_1	x_2	$f(x_1, x_2)$	$\|g_k\|^2$
20	-0.118299	-0.115255	2.921144	737.987410
25	0.043124	-0.136656	2.834268	767.688615
30	0.234675	-0.090978	2.718787	1001.556141
35	0.421053	0.026736	2.601717	1492.159555
40	0.612193	0.225005	2.393660	2186.189224
45	0.892803	0.651564	2.129511	3526.207644
50	1.320302	1.626670	1.460445	4409.619108
55	1.725098	2.977321	0.525951	0.336230
60	1.513713	2.253288	0.408597	636.742061
65	1.197016	1.383211	0.285193	682.276614
70	0.998426	0.950664	0.213359	425.527517
75	0.774079	0.570823	0.131552	101.658267
80	0.667999	0.443010	0.111257	0.450848
85	0.672880	0.458245	0.110008	5.730299
90	1.013945	1.028860	0.000255	0.106530
95	0.997943	0.995899	0.000004	0.000055
100	1.000196	1.000349	0.000000	0.000400
105	1.000019	1.000039	0.000000	0.000000

例 4　用 FR 共轭梯度法求解问题

$$\min f(\boldsymbol{x}) = (x_1 - 2)^4 + (x_1 - 2)^2 x_2^2 + (x_2 + 1)^2$$

具有极小点 $(2, -1)^{\mathrm{T}}$. 若取初始点为 $(1, 1)^{\mathrm{T}}$，采用黄金分割法精确一维搜索法，则迭代点如下所示：

k	x_1	x_2	$f(x_1, x_2)$	$\|g_k\|^2$
1	1.000000	1.000000	6.000000	72.000012
2	2.499999	-0.499999	0.375000	1.125000
3	2.068482	-1.054813	0.008244	0.037901
4	1.992270	-1.015319	0.000296	0.001200
5	1.997256	-0.999148	0.000008	0.000033
6	2.000064	-0.999522	0.000000	0.000001
7	2.000081	-0.999997	0.000000	0.000000
8	2.000003	-1.000013	0.000000	0.000000

若采用 Wolfe - Powell 不精确一维搜索：

k	x_1	x_2	$f(x_1, x_2)$	$\|g_k\|^2$
1	1.000000	1.000000	6.000000	72.000012
2	2.500000	-0.500000	0.375000	1.125002
3	2.171875	-0.921875	0.032082	0.107982
4	1.984157	-1.013260	0.000434	0.001790
5	1.997319	-1.001261	0.000009	0.000035
6	2.000267	-0.999756	0.000000	0.000001
7	2.000044	-0.999978	0.000000	0.000000

从以上计算结果可以看出通常共轭梯度法计算效率优于最速下降法.

类似的，当采用 PRP 公式产生搜索方向时，则得到 PRP 共轭梯度法.

算法 3 PRP 共轭梯度法

在算法 2 的 step 5 中，用 PRP 公式

$$\beta_k = \frac{\boldsymbol{g}_{k+1}^{\mathrm{T}}(\boldsymbol{g}_{k+1} - \boldsymbol{g}_k)}{\boldsymbol{g}_k^{\mathrm{T}}\boldsymbol{g}_k}$$

代替 FR 公式，就得到 PRP 共轭梯度法.

对于正定的二次函数，FR 共轭梯度法与 PRP 共轭梯度法等价. 但是对于一般函数，二者是不同的，因为对于目标函数的 Hesse 阵不是常数矩阵，所以迭代过程中所产生的方向不再是共轭方向了. 不过若采用精确一维搜索，两个算法所产生的搜索方向都满足

$$\boldsymbol{p}_k^{\mathrm{T}}\boldsymbol{g}_k = (-\boldsymbol{g}_k + \beta_{k-1}\boldsymbol{p}_{k-1})^{\mathrm{T}}\boldsymbol{g}_k = -\boldsymbol{g}_k^{\mathrm{T}}\boldsymbol{g}_k < 0$$

故两者都是下降算法.

PRP 算法与 FR 算法都是常用的共轭梯度法. 从一些实际计算的结果发现，PRP 算法一般优于 FR 算法.

例 5 利用 PRP 共轭梯度法求解 Rosenbrock 函数

$$\min f(\boldsymbol{x}) = 100\,(x_2 - x_1^2)^2 + (1 - x_1)^2$$

问题有唯一极小点，精确解为 $\boldsymbol{x}^* = (1,\ 1)^{\mathrm{T}}$，$f(\boldsymbol{x}^*) = 0$.

解 初始点选在 $(-1,\ 1)^{\mathrm{T}}$，一维搜索采用精确一维搜索黄金分割法，结果如下：

k	x_1	x_2	$f(x_1, x_2)$	$\|g_k\|^2$
1	-1.000000	1.000000	4.000000	16.000800
2	-0.994981	1.000000	3.989975	4.010552
3	-0.775532	0.561670	3.310754	315.829376
4	-0.657489	0.373314	3.095107	493.551494
5	-0.170390	0.001356	1.446411	48.507942
6	-0.181334	0.026870	1.399164	9.278625
7	-0.004561	-0.031350	1.107556	43.635109

续表

k	x_1	x_2	$f(x_1, x_2)$	$\|g_k\|^2$
8	0.181646	−0.004425	0.809732	57.182544
9	0.200134	0.043689	0.641106	4.103220
10	0.338949	0.093953	0.480810	19.827216
11	0.440749	0.164537	0.401103	52.323236
12	0.987868	0.975636	0.000153	0.007823
13	0.987750	0.975555	0.000151	0.000531
14	0.999653	0.999124	0.000003	0.006484
15	0.999783	0.999567	0.000000	0.000001
16	1.000000	0.999999	0.000000	0.000000
17	1.000000	1.000000	0.000000	0.000000
18	1.000000	1.000000	0.000000	0.000000

从计算结果可以看出，对这个算例来说 PRP 算法计算量少于 FR 算法．

由于一般的非线性函数可以用二次函数近似，共轭梯度法对二次函数在第一个搜索方向是负梯度方向的前提下具有二次终止性，基于这点我们可以设计重新开始的共轭梯度法，即每迭代到 n 步就把当前迭代点当初始点重新开始共轭梯度法，以进一步提高算法效率．

算法 4　n 步重新开始的 FR 共轭梯度法

给定控制误差 ε.

step1　给定初始点 $\boldsymbol{x}_0$ 及初始下降方向 $\boldsymbol{p}_0=-\boldsymbol{g}_0$，令 $k=0$.

step2　做精确一维搜索，求步长 α_k

$$f(\boldsymbol{x}_k+\alpha_k\boldsymbol{p}_k)=\min_{\alpha\geqslant 0} f(\boldsymbol{x}_k+\alpha\boldsymbol{p}_k)$$

step3　令 $\boldsymbol{x}_{k+1}=\boldsymbol{x}_k+\alpha_k\boldsymbol{p}_k$.

step4　若 $\|\boldsymbol{g}_{k+1}\|\leqslant\varepsilon$，则 $\boldsymbol{x}^*=\boldsymbol{x}_{k+1}$，停；否则，转 step5.

step5　若 k 是 n 的倍数，则 $\boldsymbol{p}_{k+1}=-\boldsymbol{g}_{k+1}$，否则，令取搜索方向 $\boldsymbol{p}_{k+1}$ 为

$$\boldsymbol{p}_{k+1}=-\boldsymbol{g}_{k+1}+\beta_k\boldsymbol{p}_k$$

$$\beta_k=\frac{\boldsymbol{g}_{k+1}^{\mathrm{T}}\boldsymbol{g}_{k+1}}{\boldsymbol{g}_k^{\mathrm{T}}\boldsymbol{g}_k}$$

step6　令 $k=k+1$，转 step2.

如果在 step5 中，用 PRP 公式代替 FR 公式，则得到 n 步重新开始的 PRP 共轭梯度法．

例 6　利用 n 步重新开始的 FR 共轭梯度法求解 Rosenbrock 函数

$$\min f(\boldsymbol{x})=100\,(x_2-x_1^2)^2+(1-x_1)^2$$

问题有唯一极小点，精确解为 $\boldsymbol{x}^*=(1,\ 1)^{\mathrm{T}}$，$f(\boldsymbol{x}^*)=0$.

解　初始点选在 $(-1,\ 1)^{\mathrm{T}}$，一维搜索采用精确一维搜索黄金分割法，结果如下：

k	x_1	x_2	$f(x_1, x_2)$	$\|\boldsymbol{g}_k\|^2$
5	-0.548971	0.264991	2.531646	175.836782
10	-0.132920	0.024372	1.288003	5.443556
15	0.343027	0.095415	0.481131	22.832464
20	0.593213	0.350066	0.165813	0.277617
25	0.879623	0.766319	0.019992	7.813491
30	0.985457	0.971066	0.000212	0.000172
35	0.995964	0.992160	0.000021	0.010764
40	0.999782	0.999563	0.000000	0.000000
42	0.999991	0.999981	0.000000	0.000000

从计算结果可以看出，对这个算例来说 n 步重新开始的 FR 算法计算量略少于 FR 算法．

4.3 Newton 法

最速下降法本质是用线性函数去近似目标函数，收敛速度较慢，若考虑用二次函数近似目标函数则可以得到收敛速度更快的算法．

1. Newton 法

考虑非线性无约束优化问题 $\min f(\boldsymbol{x})$，$\boldsymbol{x}\in\mathbf{R}^n$，假设 $f(\boldsymbol{x})$ 是二阶连续可微函数．

设 $\boldsymbol{x}_k$ 为 $f(\boldsymbol{x})$ 的极小点 $\boldsymbol{x}^*$ 的一个近似，将 $f(\boldsymbol{x})$ 在 $\boldsymbol{x}_k$ 附近作 Taylor 展开，有

$$f(\boldsymbol{x})\approx q_k(\boldsymbol{x})=f_k+\boldsymbol{g}_k^{\mathrm{T}}(\boldsymbol{x}-\boldsymbol{x}_k)+\frac{1}{2}(\boldsymbol{x}-\boldsymbol{x}_k)^{\mathrm{T}}\boldsymbol{G}_k(\boldsymbol{x}-\boldsymbol{x}_k)$$

其中 $f_k=f(\boldsymbol{x}_k)$，$\boldsymbol{g}_k=\boldsymbol{g}(\boldsymbol{x}_k)$，$\boldsymbol{G}_k=\boldsymbol{G}(\boldsymbol{x}_k)$，若 $\boldsymbol{G}_k$ 正定，则 $q_k(\boldsymbol{x})$ 有唯一极小点，将它取为 $\boldsymbol{x}^*$ 的下一次近似 $\boldsymbol{x}_{k+1}$．由一阶必要条件知，$\boldsymbol{x}_{k+1}$ 应满足

$$\nabla q_k(\boldsymbol{x}_{k+1})=\boldsymbol{0}$$

即

$$\boldsymbol{G}_k(\boldsymbol{x}_{k+1}-\boldsymbol{x}_k)+\boldsymbol{g}_k=\boldsymbol{0}$$

令

$$\boldsymbol{x}_{k+1}=\boldsymbol{x}_k+\boldsymbol{p}_k$$

其中 $\boldsymbol{p}_k$ 称为 Newton 方向，应满足

$$\boldsymbol{G}_k\boldsymbol{p}_k=-\boldsymbol{g}_k$$

上述方程组称为 Newton 方程，也可以从中解出 $\boldsymbol{p}_k$ 并代入迭代公式，得到

$$\boldsymbol{x}_{k+1}=\boldsymbol{x}_k-\boldsymbol{G}_k^{-1}\boldsymbol{g}_k$$

即称为 Newton 迭代公式．

根据上面的推导，我们得到如下算法．

算法 1 Newton 法．

给定控制误差 $\varepsilon>0$.

step1 取初始点 $\boldsymbol{x}_0$，令 $k=0$.

step2 计算 $\boldsymbol{g}_k$.

step3　若 $\|g_k\| \leqslant \varepsilon$，则 $x^* = x_k$，停；否则计算 G_k，并由 $G_k p_k = -g_k$ 解出 p_k.

step4　令 $x_{k+1} = x_k + p_k$，$k = k+1$，转 step2.

在这个算法中用到了 $f(x)$ 二阶 Hesse 阵，编程时也一般采用数值微分来生成，不用针对不同的目标函数给出二阶 Hesse 阵的表达式，而只需要给出一个通用的子程序即可，可以采用如下二阶差分公式来定义二阶 Hesse 阵的各个元素.

$$(G(x))_{i,i} = \frac{1}{h^2}[f(x_1, x_2, \cdots, x_i + h, \cdots, x_n) + f(x_1, x_2, \cdots, x_i - h, \cdots, x_n) - 2f(x_1, x_2, \cdots x_i, \cdots, x_n)]$$

$$(G(x))_{i,j} = \frac{1}{h^2}[f(x_1, x_2, \cdots, x_i + h, \cdots x_j + h, \cdots, x_n) - f(x_1, x_2, \cdots, x_i + h, \cdots, x_n) - f(x_1, x_2, \cdots, x_j + h, \cdots, x_n) + f(x_1, x_2, \cdots, x_n)]$$

也可以采用文献［18］的外推公式，步长 h 一般取 $10^{-6} \sim 10^{-3}$ 之间的数.

例 1　用 Newton 法求解如下问题

$$\min f(x) = \frac{1}{2}x_1^2 + \frac{9}{2}x_2^2$$

设初始点 $x_0 = (9, 1)^T$.

解　由 $g(x) = (x_1, 9x_2)^T$，$G(x) = \begin{pmatrix} 1 & 0 \\ 0 & 9 \end{pmatrix}$，有

$$x_1 = x_0 - G_0^{-1} g_0 = \begin{pmatrix} 9 \\ 1 \end{pmatrix} - \begin{pmatrix} 1 & 0 \\ 0 & 9 \end{pmatrix}^{-1} \begin{pmatrix} 9 \\ 9 \end{pmatrix} = \begin{pmatrix} 0 \\ 0 \end{pmatrix} = x^*$$

运用程序计算，结果如下：

k	x_1	x_2	$f(x_1, x_2)$	$\|g_k\|^2$
1	9.000000	1.000000	45.000000	162.000010
2	0.000000	0.000000	0.000000	0.000000

对于正定二次函数来说，Newton 法一步即可得到最优值点.

例 2　问题

$$\min f(x) = (x_1 - 2)^4 + (x_1 - 2)^2 x_2^2 + (x_2 + 1)^2$$

具有极小点 $(2, -1)^T$. 若取初始点为 $(1, 1)^T$，用 Newton 法求解此问题，编程计算则得到的迭代点如下所示：

k	x_1	x_2	$f(x_1, x_2)$	$\|g_k\|^2$
1	1.000000	1.000000	6.000000	72.000004
2	1.000000	−0.500000	1.500000	20.250002
3	1.391304	−0.695652	0.409207	2.232504
4	1.745944	−0.948798	0.064892	0.273935
5	1.986278	−1.048208	0.002531	0.010282
6	1.998734	−1.000170	0.000002	0.000007
7	2.000000	−1.000002	0.000000	0.000000
8	2.000000	−1.000000	0.000000	0.000000

例 3 用 Newton 法求解问题

$$\min f(\boldsymbol{x})=4x_1^2+x_2^2-x_1^2x_2$$

取初始点为 $\boldsymbol{x}_A=(1,\ 1)^{\mathrm{T}}$，$\boldsymbol{x}_B=(3,\ 4)^{\mathrm{T}}$，$\boldsymbol{x}_C=(2,\ 0)^{\mathrm{T}}$.

解 目标函数梯度向量为

$$\boldsymbol{g}(\boldsymbol{x})=\begin{pmatrix}8x_1-2x_1x_2\\2x_2-x_1^2\end{pmatrix}$$

Hesse 阵为

$$\boldsymbol{G}(\boldsymbol{x})=\begin{pmatrix}8-2x_2 & -2x_1\\-2x_1 & 2\end{pmatrix}$$

(1) 当初始点为 $\boldsymbol{x}_A$ 时得到的迭代点如下所示：

k	x_1	x_2	$f(x_1,\ x_2)$	$\Vert \boldsymbol{g}_k \Vert^2$
1	1.000000	1.000000	4.000000	37.000002
2	−0.750000	−1.250000	4.515626	71.394546
3	−0.155000	−0.165000	0.127289	1.792402
4	−0.005726	−0.011125	0.000255	0.002607
5	−0.000016	−0.000016	0.000000	0.000000
6	0.000000	0.000000	0.000000	0.000000

从计算结果可以看出，迭代点列收敛于（0，0）点，因为

$$\boldsymbol{G}(0,0)=\begin{pmatrix}8 & 0\\0 & 2\end{pmatrix}$$

所以该点是目标函数的严格局部极小值点.

(2) 当初始点为 $\boldsymbol{x}_B$ 时得到的迭代点如下所示：

k	x_1	x_2	$f(x_1,\ x_2)$	$\Vert \boldsymbol{g}_k \Vert^2$
1	3.000000	4.000000	16.000000	1.000000
2	2.833333	4.000000	16.000000	0.000772
3	2.828431	4.000000	16.000000	0.000000
4	2.828427	4.000000	16.000000	0.000000

从计算结果可以看出，迭代点列收敛于（$2\sqrt{2}$，4）点，因为

$$\boldsymbol{G}(2\sqrt{2},\ 4)=\begin{pmatrix}0 & -4\sqrt{2}\\-4\sqrt{2} & 2\end{pmatrix}$$

所以该点是目标函数的鞍点，不是极小值点.

(3) 当初始点为 $\boldsymbol{x}_C$ 时，由于

$$\boldsymbol{G}(2,\ 0)=\begin{pmatrix}8 & -4\\-4 & 2\end{pmatrix}$$

Hesse 阵奇异，故无法继续计算．

例 4　利用 Newton 法求解 Rosenbrock 函数

$$\min f(\boldsymbol{x}) = 100\ (x_2 - x_1^2)^2 + (1 - x_1)^2$$

问题有唯一极小点，精确解为 $\boldsymbol{x}^* = (1,\ 1)^{\mathrm{T}}$，$f(\boldsymbol{x}^*) = 0$.

初始点选在 $(-1,\ 1)^{\mathrm{T}}$，结果如下：

k	x_1	x_2	$f(x_1,\ x_2)$	$\Vert \boldsymbol{g}_k \Vert^2$
1	-1.000000	1.000000	4.000000	16.000001
2	1.000000	-3.000000	1600.000163	3200000.777988
3	1.000000	1.000000	0.000000	0.000000

从前面几个例子计算结果可以看出，Newton 法的特点是：如果收敛，算法收敛很快，但是不能保证收敛到最小值点，而且当 Hesse 阵奇异时算法迭代无法进行，算法会失效．

2. 收敛性

定理 1　设 $f(\boldsymbol{x})$ 是某一开域内的三阶连续可微函数，且它在该开域内有极小点 $\boldsymbol{x}^*$，设 $\boldsymbol{G}^* = \boldsymbol{G}(\boldsymbol{x}^*)$ 正定，则当 $\boldsymbol{x}_0$ 与 $\boldsymbol{x}^*$ 充分接近时，对一切 k，Newton 法有定义，且当 $\{\boldsymbol{x}_k\}$ 为无穷点列时，$\{\boldsymbol{x}_k\}$ 二阶收敛于 $\boldsymbol{x}^*$，即 $\boldsymbol{h}_k \to \boldsymbol{0}$，且

$$\Vert \boldsymbol{h}_{k+1} \Vert = O(\Vert \boldsymbol{h}_k \Vert^2)$$

其中 $\boldsymbol{h}_k = \boldsymbol{x}_k - \boldsymbol{x}^*$.

证明从略，可参看文献 [1]．

3. Newton 法的优缺点

Newton 法的优点是如果 $\boldsymbol{G}^*$ 正定且初始点合适，算法是二阶收敛的．对正定二次函数，迭代一次就可得到极小点．其缺点是对多数问题算法不是整体收敛的，并且在每次迭代中需要计算 Hesse 阵 $\boldsymbol{G}_k$，还需要求解线性方程组 $\boldsymbol{G}_k \boldsymbol{p}_k = -\boldsymbol{g}_k$，该方程组有可能是奇异或病态的（有时 $\boldsymbol{G}_k$ 非正定），$\boldsymbol{p}_k$ 可能不是下降方向，算法可能收敛于极大点或非极值点．

4. Newton 法的改进

我们可以考虑以 Newton 法中 $\boldsymbol{p}_k$ 作为搜索方向进行一维搜索，求步长 α_k，即

$$f(\boldsymbol{x}_k + \alpha_k \boldsymbol{p}_k) = \min_{\alpha \geqslant 0} f(\boldsymbol{x}_k + \alpha \boldsymbol{p}_k)$$

而令

$$\boldsymbol{x}_{k+1} = \boldsymbol{x}_k + \alpha_k \boldsymbol{p}_k$$

这样通常可以扩大问题收敛域，使问题更容易收敛于极小值点，这种方法称为阻尼 Newton 法．

例 5　用阻尼 Newton 法求解问题

$$\min f(\boldsymbol{x}) = (x_1 - 2)^4 + (x_1 - 2)^2 x_2^2 + (x_2 + 1)^2$$

问题具有极小点 $(2,\ -1)^{\mathrm{T}}$. 若取初始点为 $(1,\ 1)^{\mathrm{T}}$，用阻尼 Newton 法求解此问题，则得到的迭代点如下所示：

采用黄金分割法进行精确一维搜索：

k	x_1	x_2	$f(x_1, x_2)$	$\|g_k\|^2$
1	1.000000	1.000000	6.000000	72.000004
2	1.000000	-0.500013	1.500000	20.250238
3	2.000004	-0.999995	0.000000	0.000000
4	2.000000	-1.000000	0.000000	0.000000

若采用 Wolfe—Powell 不精确一维搜索，则：

k	x_1	x_2	$f(x_1, x_2)$	$\|g_k\|^2$
1	1.000000	1.000000	6.000000	72.000004
2	1.000000	-0.500000	1.500000	20.250002
3	1.391304	-0.695652	0.409207	2.232504
4	1.745944	-0.948798	0.064892	0.273935
5	1.986278	-1.048208	0.002531	0.010282
6	1.998734	-1.000170	0.000002	0.000007
7	2.000000	-1.000002	0.000000	0.000000
8	2.000000	-1.000000	0.000000	0.000000

例 6 用阻尼 Newton 法求解问题

$$\min f(\boldsymbol{x}) = 4x_1^2 + x_2^2 - x_1^2 x_2$$

取初始点为 $\boldsymbol{x}_A = (1, 1)^{\mathrm{T}}$，$\boldsymbol{x}_B = (3, 4)^{\mathrm{T}}$，$\boldsymbol{x}_C = (2, 0)^{\mathrm{T}}$.

解 (1) 初始点为 $\boldsymbol{x}_A$ 时用阻尼 Newton 法（黄金分割法）得到的迭代点如下所示：

k	x_1	x_2	$f(x_1, x_2)$	$\|g_k\|^2$
1	1.000000	1.000000	4.000000	37.000002
2	0.063151	-0.204520	0.058596	0.452598
3	0.001857	0.002203	0.000019	0.000240
4	0.000000	0.000000	0.000000	0.000000

若采用 Wolfe-Powell 不精确一维搜索求步长，结果如下：

k	x_1	x_2	$f(x_1, x_2)$	$\|g_k\|^2$
1	1.000000	1.000000	4.000000	37.000002
2	0.125000	-0.125000	0.080078	1.134033
3	0.003565	-0.007367	0.000105	0.001034
4	0.000007	-0.000006	0.000000	0.000000
5	0.000000	0.000000	0.000000	0.000000

迭代点列都收敛于目标函数的严格局部极小值点 $(0,\ 0)^{\mathrm{T}}$ 点 .

（2）初始点为 $\boldsymbol{x}_B$ 时，用阻尼 Newton 法（黄金分割法）得到的迭代点如下所示：

k	x_1	x_2	$f(x_1,\ x_2)$	$\Vert \boldsymbol{g}_k \Vert^2$
1	3. 000000	4. 000000	16. 000000	1. 000000
5	2. 870950	4. 000000	16. 000000	0. 058736
10	2. 835638	4. 000000	16. 000000	0. 001668
15	2. 829641	4. 000000	16. 000000	0. 000047
20	2. 828644	4. 000000	16. 000000	0. 000002
25	2. 828464	4. 000000	16. 000000	0. 000000
30	2. 828433	4. 000000	16. 000000	0. 000000

若采用 Wolfe－Powell 不精确一维搜索求步长，结果如下：

k	x_1	x_2	$f(x_1,\ x_2)$	$\Vert \boldsymbol{g}_k \Vert^2$
1	3. 000000	4. 000000	16. 000000	1. 000000
2	2. 833333	4. 000000	16. 000000	0. 000772
3	2. 828431	4. 000000	16. 000000	0. 000000

迭代点列收敛于目标函数的鞍点 $(2\sqrt{2},\ 4)^{\mathrm{T}}$，不是极小值点 .

（3）当初始点为 x_C 时，由于

$$\boldsymbol{G}(2,0) = \begin{pmatrix} 8 & -4 \\ -4 & 2 \end{pmatrix}$$

故 Hesse 阵奇异，无法继续计算 .

例 7　用阻尼 Newton 法求解 Rosenbrock 函数

$$\min f(\boldsymbol{x}) = 100\,(x_2 - x_1^2)^2 + (1 - x_1)^2$$

问题有唯一极小点，精确解为 $\boldsymbol{x}^* = (1,1)^{\mathrm{T}}, f(\boldsymbol{x}^*) = 0.$

采用阻尼牛顿法计算，一维搜索使用黄金分割法，结果如下：

k	x_1	x_2	$f(x_1,\ x_2)$	$\Vert \boldsymbol{g}_k \Vert^2$
1	－1. 000000	1. 000000	4. 000000	16. 000001
2	－0. 792288	0. 584577	3. 398439	372. 281343
3	－0. 528369	0. 227549	2. 602424	301. 696550
4	－0. 183687	－0. 004838	1. 549948	86. 593841
5	0. 087923	－0. 027465	0. 955755	49. 892098
6	0. 365032	0. 107226	0. 470901	33. 485504
7	0. 593345	0. 331963	0. 205752	31. 805012

续表

k	x_1	x_2	$f(x_1, x_2)$	$\|g_k\|^2$
8	0.801502	0.630611	0.053314	17.020692
9	0.953135	0.903945	0.004240	3.474268
10	0.990094	0.981189	0.000180	0.174821
11	1.000324	1.000682	0.000000	0.000215
12	0.999999	0.999999	0.000000	0.000000

若采用 Wolfe – Powell 不精确一维搜索求步长，结果如下：

k	x_1	x_2	$f(x_1, x_2)$	$\|g_k\|^2$
1	-1.000000	1.000000	4.000000	16.000001
2	-0.750000	0.500000	3.453125	651.312589
3	-0.620370	0.368056	2.653837	66.211490
4	-0.434581	0.145941	2.242232	180.392694
5	-0.284895	0.058759	1.701157	46.327282
6	-0.050475	-0.052405	1.405476	131.098157
7	0.037134	-0.006296	0.933003	5.638782
8	0.227043	0.011645	0.756690	68.009081
9	0.313112	0.090631	0.477302	2.393958
10	0.451510	0.181003	0.353089	30.087586
11	0.549954	0.292758	0.211933	5.274262
12	0.703121	0.470920	0.143175	58.067785
13	0.755278	0.567725	0.060629	0.406500
14	0.834524	0.688790	0.033219	7.260451
15	0.899981	0.805681	0.011840	2.536317
16	0.953844	0.906917	0.002972	1.366102
17	0.983052	0.965538	0.000360	0.120058
18	0.997530	0.994856	0.000010	0.007950
19	0.999901	0.999796	0.000000	0.000005
20	1.000000	1.000000	0.000000	0.000000

从计算结果可以看出，对这个算例来说阻尼 Newton 法可以保证目标函数值下降，但是迭代次数却比 Newton 法大大增加了.

例 8　扩充的 Rosenbrock 函数

$$\min f(\boldsymbol{x}) = 100\sum_{i=1}^{n}(x_{i+1}-x_i^2)^2+(1-x_1)^2$$

问题有唯一极小点，精确解为 $\boldsymbol{x}^* = (1,\cdots,1)^{\mathrm{T}}$,最优值 $f(\boldsymbol{x}^*) = 0$，初始点选为 $(-1, 1, \cdots, 1)^{\mathrm{T}}$，考虑多个变量（10 个变量）：

采用阻尼 Newton 法计算，一维搜索为黄金分割法，结果如下：

k	x_1	x_2	x_3	x_4	x_5	x_6	x_7	x_8	x_9	x_{10}	$f(x_1,x_2)$	$\|g_k\|^2$
1	-1.000000	1.000000	1.000000	1.000000	1.000000	1.000000	1.000000	1.000000	1.000000	1.000000	4.000000	16.000001
2	-0.999868	0.999737	0.999474	0.998947	0.997895	0.995790	0.991579	0.983159	0.966317	0.932635	3.999611	16.205334
20	-0.977344	0.965309	0.937030	0.880707	0.776831	0.603205	0.361379	0.125995	0.013102	0.000023	3.927186	1.359311
40	0.865931	0.748225	0.559733	0.309424	0.093951	0.007671	0.000033	0.000000	0.000000	0.000000	0.020193	1.343249
60	0.980142	0.960568	0.922661	0.851201	0.724564	0.524838	0.275262	0.075535	0.005637	0.000030	0.000409	0.006730
80	0.991666	0.983357	0.966974	0.935014	0.874260	0.764305	0.584143	0.341162	0.116314	0.013492	0.000071	0.000579
100	0.995229	0.990456	0.980992	0.962334	0.926090	0.857634	0.735534	0.540993	0.292642	0.085602	0.000023	0.000125
120	0.996903	0.993799	0.987629	0.975405	0.951416	0.905189	0.819366	0.671354	0.450702	0.203105	0.000010	0.000052
140	0.997905	0.995803	0.991619	0.983304	0.966888	0.934869	0.873981	0.763839	0.583443	0.340387	0.000004	0.000030
160	0.998586	0.997167	0.994338	0.988706	0.977539	0.955581	0.913135	0.833813	0.695240	0.483346	0.000002	0.000018
180	0.999080	0.998156	0.996313	0.992638	0.985331	0.970876	0.942601	0.888495	0.789421	0.623176	0.000001	0.000011
200	0.999448	0.998894	0.997787	0.995579	0.991177	0.982431	0.965172	0.931555	0.867794	0.753060	0.000000	0.000006
220	0.999721	0.999441	0.998881	0.997762	0.995530	0.991080	0.982239	0.964794	0.930826	0.866433	0.000000	0.000002
240	0.999910	0.999820	0.999641	0.999281	0.998563	0.997128	0.994265	0.988562	0.977255	0.955026	0.000000	0.000001
260	1.000000	1.000000	1.000000	0.999999	0.999999	0.999997	0.999995	0.999990	0.999980	0.999960	0.000000	0.000000

若采用 Wolfe - Powell 不精确一维搜索求步长，结果如下：

k	x_1	x_2	x_3	x_4	x_5	x_6	x_7	x_8	x_9	x_{10}	$f(x_1,x_2)$	$\|g_k\|^2$
1	-1.000000	1.000000	1.000000	1.000000	1.000000	1.000000	1.000000	1.000000	1.000000	1.000000	4.000000	16.000001
47	0.694905	0.477524	0.220833	0.043548	0.001265	0.000000	0.000000	0.000000	0.000000	0.000000	0.103908	2.908104
94	0.985173	0.970489	0.941810	0.886981	0.786709	0.618856	0.382861	0.146407	0.021337	0.000448	0.000227	0.001782
141	0.994416	0.988835	0.977781	0.956048	0.914024	0.835436	0.697946	0.487112	0.237246	0.056257	0.000032	0.000067
188	0.996985	0.993964	0.987956	0.976054	0.952679	0.907596	0.823729	0.678527	0.460391	0.211946	0.000009	0.000012
235	0.998244	0.996481	0.992971	0.985989	0.972173	0.945119	0.893250	0.797894	0.636631	0.405289	0.000003	0.000008
282	0.999006	0.998009	0.996019	0.992052	0.984166	0.968582	0.938151	0.880127	0.774621	0.600028	0.000001	0.000009
329	0.999513	0.999024	0.998049	0.996100	0.992216	0.984492	0.969224	0.939394	0.882460	0.778731	0.000000	0.000003
376	0.999843	0.999686	0.999372	0.998743	0.997488	0.994983	0.989990	0.980081	0.960559	0.922671	0.000000	0.000000
423	1.000000	1.000000	1.000000	1.000000	0.999999	0.999998	0.999997	0.999994	0.999987	0.999974	0.000000	0.000000

在阻尼 Newton 法的基础上，还可以考虑其他的改进策略．可以证明，当 $\boldsymbol{G}_k$ 为正定时，由 $\boldsymbol{p}_k = -\boldsymbol{G}_k^{-1}\boldsymbol{g}_k$ 确定的方向是下降方向；但当 $\boldsymbol{G}_k$ 奇异或非正定时，通常得不到下降方向．为此，用正定矩阵 $\boldsymbol{M}_k$ 代替算法中的 $\boldsymbol{G}_k$，由 $\boldsymbol{M}_k\boldsymbol{p}_k = -\boldsymbol{g}_k$ 确定搜索方向 $\boldsymbol{p}_k$，当 $\boldsymbol{G}_k$ 正定时，可取 $\boldsymbol{M}_k = \boldsymbol{G}_k$，这样就总能得到一个下降方向．不仅如此，在较弱条件下可以证明上述改进 Newton 法的收敛性．通常称这种策略为强迫矩阵正定策略．

Newton 法还有两个最为重要而有效的改进，即所谓的 Gill - Murray 稳定 Newton 法和信赖域算法，具体可参考文献［9］．

4.4　拟 Newton 法

1．拟 Newton 法的基本思想

最速下降法和阻尼 Newton 法的迭代公式可以统一表示为

$$x_{k+1} = x_k - \alpha_k H_k g_k$$

其中，α_k 为步长，$g_k = \nabla f(x_k)$，H_k 为 n 阶对称矩阵．

若令 $H_k = I$，则是最速下降法；若令 $H_k = G_k^{-1}$，就是阻尼 Newton 法．如果能做到 H_k 的选取既能逐步逼近 G_k^{-1}，又不需要计算二阶导数，那么算法就有可能比最速下降法快，又比 Newton 法计算简单，且整体收敛性好．为了使 H_k 确实能有上述特点，必须对 H_k 附加一些条件．

条件 1 H_k 是对称正定矩阵．

条件 1 是为使算法具有下降性质．显然，当 H_k 正定时，

$$g_k^{\mathrm{T}}(-H_k g_k) = -g_k^{\mathrm{T}} H_k g_k < 0$$

从而 $p_k = -H_k g_k$ 为下降方向．

条件 2 H_{k+1} 由 H_k 经简单形式修正而得

$$H_{k+1} = H_k + E_k$$

其中，E_k 称为修正矩阵，此式称为修正公式．

我们希望经过对任意初始矩阵 H_0 的逐步修正能得到 G_k^{-1} 的一个好的逼近．令

$$s_k = \alpha_k p_k = x_{k+1} - x_k$$
$$y_k = g_{k+1} - g_k$$

由 Taylor 公式，有

$$g_k \approx g_{k+1} + G_{k+1}(x_k - x_{k+1})$$

当 G_{k+1} 非奇异时，有 $G_{k+1}^{-1} y_k \approx s_k$，对于二次函数，该式为等式．

因为目标函数在极小点附近的性态与二次函数近似，所以一个合理的想法就是，如果使得 H_{k+1} 满足

$$H_{k+1} y_k = s_k$$

那么 H_{k+1} 就可以较好地近似 G_{k+1}^{-1}．上式称为拟 Newton 方程，如果修正公式满足拟 Newton 方程，则相应算法称为拟 Newton 法．由于拟 Newton 方程有$\frac{n^2+n}{2}$个未知数、n 个方程，所以一般有无穷多个解．因此，拟 Newton 法是一族算法．事实上有些拟 Newton 法不具备条件 1，通常称具备条件 1 的拟 Newton 法为变尺度法．

2. DFP 算法

如前所述，拟 Newton 法首先要解决的问题是如何构造矩阵列 $H_{k+1} = H_k + E_k$，使其满足拟 Newton 方程．我们希望修正公式为尽量简单的形式．考虑如下形式的修正矩阵

$$E_k = \alpha u u^{\mathrm{T}} + \beta v v^{\mathrm{T}}$$

其中 u，v 为 n 元待定向量，代入拟 Newton 方程有

$$s_k = H_k y_k + \alpha u u^{\mathrm{T}} y_k + \beta v v^{\mathrm{T}} y_k$$

满足这个方程的向量 u 和 v 有无穷多种取法，一个明显的取法是令 $u = s_k$ 和 $v = H_k y_k$，由 $\alpha u^{\mathrm{T}} y_k = 1$ 及 $\beta v^{\mathrm{T}} y_k = -1$ 确定 α 和 β 的值，由此得到公式

$$H_{k+1} = H_k - \frac{H_k y_k y_k^{\mathrm{T}} H_k}{y_k^{\mathrm{T}} H_k y_k} + \frac{s_k s_k^{\mathrm{T}}}{y_k^{\mathrm{T}} s_k}$$

称为 DFP 修正公式．

利用这个公式可以给出下面的 DFP 算法．

算法 1

给定控制误差 ε.

step1 给定初始点 $\boldsymbol{x}_0$，初始矩阵 $\boldsymbol{H}_0$，计算 $\boldsymbol{g}_0$，令 $k=0$.

step2 令 $\boldsymbol{p}_k=-\boldsymbol{H}_k\boldsymbol{g}_k$.

step3 由精确一维搜索确定步长 α_k

$$f(\boldsymbol{x}_k+\alpha_k\boldsymbol{p}_k)=\min_{\alpha\geqslant 0} f(\boldsymbol{x}_k+\alpha\boldsymbol{p}_k)$$

step4 令 $\boldsymbol{x}_{k+1}=\boldsymbol{x}_k+\alpha_k\boldsymbol{p}_k$.

step5 若 $\|\boldsymbol{g}_{k+1}\|\leqslant\varepsilon$，则 $\boldsymbol{x}^*=\boldsymbol{x}_{k+1}$停止；否则令 $\boldsymbol{s}_k=\boldsymbol{x}_{k+1}-\boldsymbol{x}_k$，$\boldsymbol{y}_k=\boldsymbol{g}_{k+1}-\boldsymbol{g}_k$.

step6 由 DFP 修正公式

$$\boldsymbol{H}_{k+1}=\boldsymbol{H}_k-\frac{\boldsymbol{H}_k\boldsymbol{y}_k\boldsymbol{y}_k^{\mathrm{T}}\boldsymbol{H}_k}{\boldsymbol{y}_k^{\mathrm{T}}\boldsymbol{H}_k\boldsymbol{y}_k}+\frac{\boldsymbol{s}_k\boldsymbol{s}_k^{\mathrm{T}}}{\boldsymbol{y}_k^{\mathrm{T}}\boldsymbol{s}_k}$$

得 $\boldsymbol{H}_{k+1}$. 令 $k=k+1$，转 step2.

DFP 算法是 Davidon（1959）提出的，后来 Fletcher 和 Powell（1963）做了改进. 它是第一个被提出的拟 Newton 法，也是无约束最优化问题的最有效的算法之一，已被广泛采用.

例 1　用 DFP 算法求解如下问题

$$\min f(\boldsymbol{x})=x_1^2+2x_2^2-2x_1x_2-4x_1$$

取 $\boldsymbol{x}_0=(1,\ 1)^{\mathrm{T}}$，$\boldsymbol{H}_0=\begin{pmatrix}1 & 0\\ 0 & 1\end{pmatrix}$，

解　第一次迭代：

$$g(\boldsymbol{x})=(2x_1-2x_2-4,\ -2x_1+4x_2)^{\mathrm{T}},\boldsymbol{g}_0=(-4,2)^{\mathrm{T}},\boldsymbol{p}_0=-\boldsymbol{H}_0\boldsymbol{g}_0=(4,\ -2)^{\mathrm{T}}$$

求迭代点 $\boldsymbol{x}_1$. 令

$$\varphi_0(\alpha)=f(\boldsymbol{x}_0+\alpha\boldsymbol{p}_0)=40\alpha^2-20\alpha-3$$

得 $\varphi_0(\alpha)$ 的极小点为 $\alpha_0=\dfrac{1}{4}$，于是

$$\boldsymbol{x}_1=\boldsymbol{x}_0+\alpha\boldsymbol{p}_0=\left(2,\frac{1}{2}\right)^{\mathrm{T}},\boldsymbol{g}_1=(-1,\ -2)^{\mathrm{T}}$$

$$\boldsymbol{s}_0=\boldsymbol{x}_1-\boldsymbol{x}_0=\left(1,\ -\frac{1}{2}\right)^{\mathrm{T}},\boldsymbol{y}_0=\boldsymbol{g}_1-\boldsymbol{g}_0=(3,\ -4)^{\mathrm{T}}$$

由 DFP 修正公式有

$$\boldsymbol{H}_1=\boldsymbol{H}_0-\frac{\boldsymbol{H}_0\boldsymbol{y}_0\boldsymbol{y}_0^{\mathrm{T}}\boldsymbol{H}_0}{\boldsymbol{y}_0^{\mathrm{T}}\boldsymbol{H}_0\boldsymbol{y}_0}+\frac{\boldsymbol{s}_0\boldsymbol{s}_0^{\mathrm{T}}}{\boldsymbol{y}_0^{\mathrm{T}}\boldsymbol{s}_0}=\frac{1}{100}\begin{pmatrix}84 & 38\\ 38 & 41\end{pmatrix}$$

因此，下一个搜索方向为

$$\boldsymbol{p}_1=-\boldsymbol{H}_1\boldsymbol{g}_1=\frac{1}{5}\ (8,\ 6)^{\mathrm{T}}$$

第二次迭代：求迭代点 $\boldsymbol{x}_2$. 令

$$\varphi_1(\alpha)=f(\boldsymbol{x}_1+\alpha\boldsymbol{p}_1)=\frac{8}{5}\alpha^2-4\alpha-\frac{11}{2}$$

其极小点为 $\alpha_1=\dfrac{5}{4}$，于是

$$\boldsymbol{x}_2=\boldsymbol{x}_1+\alpha\boldsymbol{p}_1=(4,2)^{\mathrm{T}},\boldsymbol{g}_2=(0,0)^{\mathrm{T}}$$

从而 $\boldsymbol{x}^* = \boldsymbol{x}_2 = (4, 2)^{\mathrm{T}}$，此时 $f^* = -8$. 因 Hesse 阵 $\boldsymbol{G}(x) = \boldsymbol{G} = \begin{pmatrix} 2 & -2 \\ -2 & 4 \end{pmatrix}$ 为正定矩阵，所以 $f(\boldsymbol{x})$ 为严格凸函数，因此 $\boldsymbol{x}^*$ 为整体极小点.

可以验证，再用一次 DFP 修正公式得到

$$\boldsymbol{H}_2 = \boldsymbol{G}^{-1} = \begin{pmatrix} 2 & -2 \\ -2 & 4 \end{pmatrix}^{-1}$$

由上述计算过程知，对所给的二元正定二次函数，DFP 算法只需迭代两次，就可得到极小点，因此，算法是非常有效的．事实上，对一般的 n 元正定二次函数，DFP 算法具有二次终止性.

对于一般函数，DFP 算法的效果也很好，比最速下降法以及共轭梯度法要有效得多. DFP 算法具有下列重要的性质.

（1）对于正定二次函数.

①至多经过 n 次迭代即终止，且 $\boldsymbol{H}_n = \boldsymbol{G}^{-1}$.

②保持满足拟 Newton 方程.

$$\boldsymbol{s}_j = \boldsymbol{H}_i \boldsymbol{y}_j, \ j = 0, 1, \cdots, i-1$$

③产生的搜索方向是共轭方向.

（2）对于一般函数.

①保持矩阵 $\boldsymbol{H}_k$ 的正定性，从而确保了算法的下降性.

②算法具有超线性收敛速度.

③对于凸函数算法是整体收敛的.

④每次迭代需要 $3n^2 + O(n)$ 次乘法运算$\left(\text{Newton 法要}\frac{1}{6}n^3 + O(n^2)\text{ 次}\right)$.

下面我们来看几个 DFP 拟 Newton 法数值计算的例子，算例采用 Fortran 语言编程，算法中一维搜索采用进退法确定初始搜索区间，进退法初始步长取为 0.1，步长的确定采用黄金分割法进行精确一维搜索或者 Wolf - Powell 不精确一维搜索，黄金分割法最终区间长度限制为小于 10^{-8}，梯度向量的计算采用数值微分．需要注意的一点是，DFP 修正公式中分母部分有时会接近零导致溢出的情况，从而使算法中断无法继续．因此，在算法中可以增加一个小的修正来解决这个问题，即先判断每个分母是否小于一个很小的数（比如 10^{-30}），若是，则当前矩阵取为单位阵，否则按 DFP 修正公式计算．本节算例都增加了这个步骤.

例 2　用 DFP 拟 Newton 法求解

$$\min f(\boldsymbol{x}) = \frac{1}{2}x_1^2 + \frac{9}{2}x_2^2$$

设初始点 $\boldsymbol{x}_0 = (9, 1)^{\mathrm{T}}$.

解　一维搜索采用黄金分割法，结果如下：

k	x_1	x_2	$f(x_1, x_2)$	$\lVert \boldsymbol{g}_k \rVert^2$
1	9.000000	1.000000	45.000000	162.000000
2	7.199999	-0.800001	28.800000	103.680103
3	-0.000020	0.000002	0.000000	0.000000

采用 Wolfe - Powell 不精确一维搜索，结果如下：

k	x_1	x_2	$f(x_1, x_2)$	$\|g_k\|^2$
1	9.000000	1.000000	45.000000	162.000010
2	6.750000	-1.250000	29.812500	172.125023
3	-2.387244	0.378286	3.493419	17.290083
4	0.539876	-0.085407	0.178558	0.882313
5	-0.122053	0.019308	0.009126	0.045094
6	0.027593	-0.004365	0.000466	0.002305
7	-0.006238	0.000987	0.000024	0.000118
8	0.001410	-0.000223	0.000001	0.000006
9	-0.000319	0.000050	0.000000	0.000000
10	0.000072	-0.000011	0.000000	0.000000
11	-0.000016	0.000003	0.000000	0.000000

例 3 问题

$$\min f(\boldsymbol{x}) = (x_1 - 2)^4 + (x_1 - 2)^2 x_2^2 + (x_2 + 1)^2$$

具有极小点 $(2, -1)^{\mathrm{T}}$. 若取初始点为 $(1, 1)^{\mathrm{T}}$, 用 DFP 拟 Newton 法求解此问题，则得到的迭代点如下所示.

黄金分割法精确一维搜索：

k	x_1	x_2	$f(x_1, x_2)$	$\|g_k\|^2$
1	1.000000	1.000000	6.000000	72.000012
2	2.499999	-0.499999	0.375000	1.125000
3	2.068478	-1.054813	0.008244	0.037898
4	1.996359	-1.005353	0.000042	0.000169
5	1.999983	-0.999989	0.000000	0.000000

采用 Wolfe - Powell 不精确一维搜索，结果如下：

k	x_1	x_2	$f(x_1, x_2)$	$\|g_k\|^2$
1	1.000000	1.000000	6.000000	72.000004
2	2.500000	-0.500000	0.375000	1.125000
3	2.023114	-1.113139	0.013463	0.055028
4	2.049955	-0.991512	0.002532	0.009890
5	1.982397	-1.017651	0.000633	0.002622
6	2.005930	-0.996972	0.000044	0.000175
7	1.999094	-1.000835	0.000002	0.000006
8	2.000243	-0.999856	0.000000	0.000000
9	1.999952	-1.000040	0.000000	0.000000
10	2.000012	-0.999992	0.000000	0.000000

例 4 用 DFP 拟牛顿法求解问题

$$\min f(\boldsymbol{x}) = (x_2 - x_1^2)^2 + (x_2 - 2x_1 + 1)^2 + (x_1 + x_2 - 2)^2$$

问题极小点为 $(1, 1)^{\mathrm{T}}$，取初始点为 $(-3, -3)^{\mathrm{T}}$.

黄金分割法精确一维搜索：

k	x_1	x_2	$f(x_1, x_2)$	$\Vert \boldsymbol{g}_k \Vert^2$
1	-3.000000	-3.000000	224.000000	32000.001056
2	0.316945	-2.396919	27.007247	306.194716
3	0.097366	0.263691	3.893434	58.963128
4	0.976113	0.834953	0.063336	1.023254
5	0.979973	0.981181	0.002394	0.059727
6	0.999994	0.999823	0.000000	0.000002
7	0.999999	0.999999	0.000000	0.000000

Wolfe - Powell 不精确一维搜索：

k	x_1	x_2	$f(x_1, x_2)$	$\Vert \boldsymbol{g}_k \Vert^2$
1	-3.000000	-3.000000	224.000000	32000.001907
2	-0.250000	-2.500000	30.128905	341.394524
3	-0.565958	1.446819	15.328841	247.524314
4	-0.195357	-0.147067	7.067918	102.716671
5	1.080208	0.783122	0.308277	11.597852
6	0.873535	0.972252	0.118249	4.077899
7	1.002870	0.973804	0.002584	0.074197
8	0.996087	0.998667	0.000112	0.004118
9	1.000490	0.999755	0.000003	0.000125
10	0.999880	1.000029	0.000000	0.000006
11	1.000026	0.999992	0.000000	0.000000
12	0.999994	1.000002	0.000000	0.000000
13	1.000001	1.000000	0.000000	0.000000

例 5 用 DFP 拟 Newton 法求解 Rosenbrock 函数

$$\min f(\boldsymbol{x}) = 100(x_2 - x_1^2)^2 + (1 - x_1)^2$$

问题有唯一极小点，精确解为 $\boldsymbol{x}^* = (1, 1)^{\mathrm{T}}$，$f(\boldsymbol{x}^*) = 0$. 初试点选在 $(-1, 1)^{\mathrm{T}}$，结果如下.

采用黄金分割法精确一维搜索：

k	x_1	x_2	$f(x_1, x_2)$	$\|\|g_k\|\|^2$
1	-1.000000	1.000000	4.000000	16.000001
2	-0.994981	1.000000	3.989975	4.010352
3	-0.774361	0.559873	3.306465	314.939255
4	-0.656183	0.371596	3.090818	492.337369
5	-0.169946	0.001155	1.445651	48.598603
6	-0.180921	0.026734	1.398173	9.256320
7	-0.004277	-0.031343	1.106926	43.594129
8	0.181620	-0.004454	0.809919	57.242786
9	0.200222	0.043740	0.640977	4.112951
10	0.338955	0.093964	0.480772	19.812143
11	0.440663	0.164462	0.401198	52.312958
12	0.518405	0.279589	0.243695	15.021587
13	0.616070	0.367852	0.161069	9.931512
14	0.677517	0.440450	0.138516	33.083299
15	0.916825	0.835971	0.009032	3.155443
16	0.912464	0.831495	0.007783	0.098698
17	0.970961	0.939646	0.001816	1.719846
18	0.981707	0.964302	0.000365	0.076541
19	0.996890	0.993390	0.000026	0.029791
20	0.999846	0.999704	0.000000	0.000028
21	0.999997	0.999993	0.000000	0.000000
22	1.000000	1.000000	0.000000	0.000000

采用 Wolfe - Powell 不精确一维搜索：

k	x_1	x_2	$f(x_1, x_2)$	$\|\|g_k\|\|^2$
1	-1.000000	1.000000	4.000000	16.000001
2	-0.992187	1.000000	3.993035	14.496861
3	-0.791172	0.598726	3.282434	178.473342
4	-0.732608	0.492444	3.197919	348.617063
5	-0.540673	0.227316	2.796322	462.884436
6	-0.586096	0.318494	2.578279	106.694046
7	-0.234224	0.052617	1.523813	7.377090
8	-0.157229	-0.009684	1.457554	67.404409
9	-0.106236	0.030233	1.259657	16.339915
10	0.019514	-0.036908	1.100400	58.407312

续表

k	x_1	x_2	$f(x_1, x_2)$	$\|g_k\|^2$
11	-0.007095	-0.004594	1.016396	4.972863
12	0.128576	-0.012393	0.843044	33.531199
13	0.343753	0.100416	0.462165	13.874307
14	0.455749	0.186504	0.341168	25.694943
15	0.580360	0.311566	0.239864	50.735046
16	0.624111	0.403598	0.161126	26.145640
17	0.691889	0.463341	0.118553	22.677247
18	0.692507	0.487680	0.101136	10.827851
19	0.746190	0.544284	0.080082	16.684128
20	0.744779	0.559067	0.067048	4.049944
21	0.784441	0.608167	0.051621	5.381442
22	0.881780	0.767399	0.024251	15.258059
23	0.877162	0.770919	0.015316	0.689972
24	0.910311	0.825088	0.009324	1.774470
25	0.947477	0.891152	0.007063	7.393066
26	0.936320	0.874351	0.004605	0.783165
27	0.982009	0.967459	0.001296	1.978425
28	1.004071	1.006329	0.000352	0.686627
29	0.993269	0.987144	0.000077	0.068039
30	0.998632	0.997101	0.000005	0.004991
31	0.999810	0.999683	0.000000	0.000830
32	1.000001	0.999989	0.000000	0.000029
33	0.999997	0.999997	0.000000	0.000001
34	1.000000	1.000000	0.000000	0.000000
35	1.000000	1.000000	0.000000	0.000000

例 6 用 DFP 拟 Newton 法求解扩充的 Rosenbrock 函数

$$\min f(\boldsymbol{x}) = 100\sum_{i=1}^{n}(x_{i+1} - x_i^2)^2 + (1 - x_1)^2$$

问题有唯一极小点，精确解为 $\boldsymbol{x}^* = (1, \cdots, 1)^{\mathrm{T}}$, $f(\boldsymbol{x}^*) = 0$. 取 $n = 10$ 初始点为 $(-1, 1, \cdots, 1)^{\mathrm{T}}$，结果如下.

黄金分割法精确一维搜索：

k	x_1	x_2	x_3	x_4	x_5	x_6	x_7	x_8	x_9	x_{10}	$f(x_1,x_2)$	$\|\boldsymbol{g}_k)\|^2$
1	-1.00000	1.00000	1.00000	1.00000	1.00000	1.00000	1.00000	1.00000	1.00000	1.00000	4.00000	16.00000
50	-0.97776	0.96870	0.94524	0.89714	0.80702	0.65207	0.42519	0.17874	0.03201	-0.00040	3.93483	1.46656
100	0.77954	0.60640	0.36338	0.12522	0.01336	0.00032	-0.00019	-0.00049	-0.00108	-0.00097	0.05608	2.52324
150	0.97680	0.95410	0.91031	0.82869	0.68670	0.47170	0.22229	0.04923	0.00237	0.00000	0.00055	0.00986
200	0.99096	0.98196	0.96422	0.92971	0.86436	0.74709	0.55812	0.31144	0.09692	0.00936	0.00008	0.00038
250	0.99481	0.98963	0.97935	0.95915	0.91996	0.84634	0.71626	0.51301	0.26314	0.06921	0.00003	0.00022
300	0.99667	0.99331	0.98665	0.97348	0.94764	0.89803	0.80646	0.65037	0.42297	0.17889	0.00001	0.00026
350	0.99769	0.99538	0.99078	0.98164	0.96362	0.92856	0.86222	0.74342	0.55266	0.30542	0.00001	0.00002
400	0.99842	0.99684	0.99368	0.98740	0.97496	0.95054	0.90353	0.81637	0.66646	0.44416	0.00000	0.00001
450	0.99898	0.99797	0.99593	0.99188	0.98383	0.96793	0.93689	0.87775	0.77044	0.59358	0.00000	0.00002
500	0.99938	0.99876	0.99752	0.99505	0.99011	0.98033	0.96104	0.92360	0.85303	0.72765	0.00000	0.00001
550	0.99970	0.99939	0.99878	0.99757	0.99514	0.99031	0.98071	0.96180	0.92506	0.85573	0.00000	0.00000
600	0.99990	0.99980	0.99960	0.99919	0.99838	0.99677	0.99355	0.98713	0.97443	0.94952	0.00000	0.00000
650	1.00000	1.00000	1.00000	1.00000	1.00000	1.00000	1.00000	1.00000	0.99999	0.99998	0.00000	0.00000
651	1.00000	1.00000	1.00000	1.00000	1.00000	1.00000	1.00000	1.00000	1.00000	1.00000	0.00000	0.00000

从上面的计算结果可以看出，DFP 拟 Newton 法是一种效率很高的算法．

3. DFP 算法的性质

前面我们讲过如果矩阵列 $\{\boldsymbol{H}_k\}$ 是正定的，这样就能保证算法的下降性．下面证明由 DFP 算法产生的矩阵列 $\{\boldsymbol{H}_k\}$ 是正定的．

定理 1　设 $\boldsymbol{H}_+ = \boldsymbol{H} - \dfrac{\boldsymbol{H}\boldsymbol{y}\boldsymbol{y}^{\mathrm{T}}\boldsymbol{H}}{\boldsymbol{y}^{\mathrm{T}}\boldsymbol{H}\boldsymbol{y}} + \dfrac{\boldsymbol{s}\boldsymbol{s}^{\mathrm{T}}}{\boldsymbol{y}^{\mathrm{T}}\boldsymbol{s}}$，$\boldsymbol{H}$ 为正定矩阵，$\boldsymbol{y}$，$\boldsymbol{s} \in \mathbf{R}^n$，且 $\boldsymbol{y} \neq \mathbf{0}$，$\boldsymbol{s} \neq \mathbf{0}$，则 $\boldsymbol{H}_+$ 为正定矩阵的充分必要条件是 $\boldsymbol{y}^{\mathrm{T}}\boldsymbol{s} > 0$.

证明　必要性．由 $\boldsymbol{H}_+$ 正定，$\boldsymbol{y} \neq \mathbf{0}$，知 $\boldsymbol{y}^{\mathrm{T}}\boldsymbol{H}_+\boldsymbol{y} > 0$. 因为

$$\boldsymbol{y}^{\mathrm{T}}\boldsymbol{H}_+\boldsymbol{y} = \boldsymbol{y}^{\mathrm{T}}\left[\boldsymbol{H} - \frac{\boldsymbol{H}\boldsymbol{y}\boldsymbol{y}^{\mathrm{T}}\boldsymbol{H}}{\boldsymbol{y}^{\mathrm{T}}\boldsymbol{H}\boldsymbol{y}} + \frac{\boldsymbol{s}\boldsymbol{s}^{\mathrm{T}}}{\boldsymbol{y}^{\mathrm{T}}\boldsymbol{s}}\right]\boldsymbol{y} = \boldsymbol{y}^{\mathrm{T}}\boldsymbol{s}$$

所以 $\boldsymbol{y}^{\mathrm{T}}\boldsymbol{s} > 0$.

充分性．任取 $\boldsymbol{x} \in \mathbf{R}^n$，$\boldsymbol{x} \neq \mathbf{0}$，则

$$\boldsymbol{x}^{\mathrm{T}}\boldsymbol{H}_+\boldsymbol{x} = \boldsymbol{x}^{\mathrm{T}}\boldsymbol{H}\boldsymbol{x} - \frac{\boldsymbol{x}^{\mathrm{T}}\boldsymbol{H}\boldsymbol{y}\boldsymbol{y}^{\mathrm{T}}\boldsymbol{H}\boldsymbol{x}}{\boldsymbol{y}^{\mathrm{T}}\boldsymbol{H}\boldsymbol{y}} + \frac{(\boldsymbol{s}^{\mathrm{T}}\boldsymbol{x})^2}{\boldsymbol{y}^{\mathrm{T}}\boldsymbol{s}} = \frac{\boldsymbol{x}^{\mathrm{T}}\boldsymbol{H}\boldsymbol{x}\boldsymbol{y}^{\mathrm{T}}\boldsymbol{H}\boldsymbol{y} - \boldsymbol{x}^{\mathrm{T}}\boldsymbol{H}\boldsymbol{y}\boldsymbol{y}^{\mathrm{T}}\boldsymbol{H}\boldsymbol{x}}{\boldsymbol{y}^{\mathrm{T}}\boldsymbol{H}\boldsymbol{y}} + \frac{(\boldsymbol{s}^{\mathrm{T}}\boldsymbol{x})^2}{\boldsymbol{y}^{\mathrm{T}}\boldsymbol{s}}$$

因为 $\boldsymbol{H}$ 正定，所以存在正定矩阵 $\boldsymbol{D}$ 使 $\boldsymbol{H} = \boldsymbol{D}^2$. 令 $\boldsymbol{u} = \boldsymbol{D}\boldsymbol{x}$，$\boldsymbol{v} = \boldsymbol{D}\boldsymbol{y}$，则有

$$\boldsymbol{x}^{\mathrm{T}}\boldsymbol{H}_+\boldsymbol{x} = \frac{\boldsymbol{u}^{\mathrm{T}}\boldsymbol{u}\boldsymbol{v}^{\mathrm{T}}\boldsymbol{v} - (\boldsymbol{u}^{\mathrm{T}}\boldsymbol{v})^2}{\boldsymbol{y}^{\mathrm{T}}\boldsymbol{H}\boldsymbol{y}} + \frac{(\boldsymbol{s}^{\mathrm{T}}\boldsymbol{x})^2}{\boldsymbol{y}^{\mathrm{T}}\boldsymbol{s}}$$

由 Cauchy - Schwartz 不等式

$$(\boldsymbol{u}^{\mathrm{T}}\boldsymbol{v})^2 \leqslant \boldsymbol{u}^{\mathrm{T}}\boldsymbol{u}\boldsymbol{v}^{\mathrm{T}}\boldsymbol{v}, \forall \boldsymbol{u}, \boldsymbol{v} \in \mathbf{R}^n$$

上式等号当且仅当 $\boldsymbol{u} = \beta\boldsymbol{v}$（$\beta \neq 0$）时成立．于是

$$\frac{\boldsymbol{u}^{\mathrm{T}}\boldsymbol{u}\boldsymbol{v}^{\mathrm{T}}\boldsymbol{v} - (\boldsymbol{u}^{\mathrm{T}}\boldsymbol{v})^2}{\boldsymbol{y}^{\mathrm{T}}\boldsymbol{H}\boldsymbol{y}} \geqslant 0$$

且仅当 $\boldsymbol{u} = \beta\boldsymbol{v}$（$\beta \neq 0$）时等于零．此时因为

$$\frac{(\boldsymbol{s}^{\mathrm{T}}\boldsymbol{x})^2}{\boldsymbol{y}^{\mathrm{T}}\boldsymbol{s}} = \frac{(\beta\boldsymbol{s}^{\mathrm{T}}\boldsymbol{y})^2}{\boldsymbol{y}^{\mathrm{T}}\boldsymbol{s}} = \beta^2\boldsymbol{s}^{\mathrm{T}}\boldsymbol{y} > 0$$

所以 $x^{\mathrm{T}}H_{+}x>0$，因此 H_{+} 正定.

定理 2 （DFP 修正公式的正定继承性）在 DFP 算法中，如果初始矩阵 H_0 正定，则整个矩阵列 $\{H_k\}$ 都是正定的.

证明 用归纳法证明. 当 $k=0$ 时，H_0 正定，结论成立. 假设 $k=i$ 时，H_i 是正定的，且 $g_i\neq 0$（否则迭代终止）. 下面证明结论对 $i+1$ 成立.

由定理 1 知，只需证明 $y_i^{\mathrm{T}}s_i>0$. 由 y_i，s_i 的定义，得到

$$y_i^{\mathrm{T}}s_i=(g_{i+1}-g_i)^{\mathrm{T}}(-\alpha_i H_i g_i)=-\alpha_i g_{i+1}^{\mathrm{T}}H_i g_i+\alpha g_i^{\mathrm{T}}H_i g_i$$

再由精确步长 α_i 的性质知，$g_{i+1}^{\mathrm{T}}H_i g_i=0$. 因为 H_i 正定，所以 $-H_i g_i$ 为下降方向，故 $\alpha_i>0$，于是 $y_i^{\mathrm{T}}s_i=\alpha_i g_i^{\mathrm{T}}H_i g_i>0$，因此 H_{i+1} 正定.

下面证明 DFP 算法具有二次终止性，即把算法应用于正定二次函数

$$f(x)=\frac{1}{2}x^{\mathrm{T}}Gx+b^{\mathrm{T}}x+c$$

时，至多迭代 n 次即可得到极小点. 这里 G 为 n 阶对称正定矩阵，$b\in\mathbf{R}^n$，$c\in\mathbf{R}$.

定理 3 将 DFP 算法（算法 1）用于正定二次函数. 设初始矩阵是正定的，产生的迭代点是互异的，并设产生的搜索方向为 p_0，p_1，…，p_k，则

（1）$p_i^{\mathrm{T}}Gp_j=0$，$0\leqslant i<j\leqslant k$.

（2）$H_k y_i=s$，$0\leqslant i\leqslant k-1$.

证明 对 k 用归纳法. 注意 $s_i=x_{i+1}-x_i=\alpha_i p_i$，$y_i=g_{i+1}-g_i=G(x_{i+1}-x_i)=Gs_i$. 当 $k=1$ 时，由拟 Newton 方程，显然有

$$H_1 y_0=s_0$$

成立. 因为

$$p_0^{\mathrm{T}}Gp_1=(Gp_0)^{\mathrm{T}}p_1=-\frac{1}{a_0}(Gs_0)^{\mathrm{T}}H_1 g_1=-\frac{1}{a_0}y_0^{\mathrm{T}}H_1 g_1=-\frac{1}{a_0}g_1^{\mathrm{T}}s_0=-g_1^{\mathrm{T}}p_0=0$$

所以 $k=1$ 时结论成立.

设 $k=l$ 时结论成立，要证 $k=l+1$ 时也成立. 由归纳假设知

$$p_i^{\mathrm{T}}Gp_j=0,0\leqslant i<j\leqslant l$$
$$H_l y_i=s_i,0\leqslant i\leqslant l-1$$

（1）当 $k=l+1$ 时，对于 $0\leqslant i\leqslant l-1$，有

$$\begin{aligned}
H_{l+1}y_i&=\left[H_l-\frac{H_l y_l y_l^{\mathrm{T}}H_l}{y_l^{\mathrm{T}}H_l y_l}+\frac{s_l s_l^{\mathrm{T}}}{y_l^{\mathrm{T}}s_l}\right]y_i\\
&=H_l y_i-\frac{H_l y_l y_l^{\mathrm{T}}H_l y_i}{y_l^{\mathrm{T}}H_l y_l}+\frac{s_l s_l^{\mathrm{T}}y_i}{y_l^{\mathrm{T}}s_l}\\
&=s_i-\frac{H_l y_l(y_l^{\mathrm{T}}s_i)}{y_l^{\mathrm{T}}H_l y_l}+\frac{s_l s_l^{\mathrm{T}}Gs_i}{y_l^{\mathrm{T}}s_l}\\
&=s_i-\frac{H_l y_l(s_l^{\mathrm{T}}Gs_i)}{y_l^{\mathrm{T}}H_l y_l}+\frac{s_l(s_l^{\mathrm{T}}Gs_i)}{y_l^{\mathrm{T}}s_l}
\end{aligned}$$

因为 $p_i^{\mathrm{T}}Gp_j=0$（$0\leqslant i<j\leqslant k$），$s_i=\alpha_i p_i$，并且

$$\frac{H_l y_l(s_l^{\mathrm{T}}Gs_i)}{y_l^{\mathrm{T}}H_l y_l}=0$$

$$\frac{s_l(s_l^{\mathrm{T}}Gs_i)}{y_l^{\mathrm{T}}s_l}=0$$

所以对 $0\leqslant i\leqslant l-1$，$H_{l+1}y_i=s_i$ 成立．因为 $H_{l+1}y_l=s_l$，所以对于 $0\leqslant i\leqslant l$，$H_{l+1}y_i=s_i$ 成立．

（2）下面再证 $p_i^{\mathrm{T}}Gp_j=0$，$0\leqslant i<j\leqslant l+1$. 由归纳假设，只需证明对于 $0\leqslant i\leqslant l$，结论

$$p_i^{\mathrm{T}}Gp_{l+1}=0$$

成立．事实上，

$$\begin{aligned}p_i^{\mathrm{T}}Gp_{l+1}=(Gp_i)^{\mathrm{T}}p_{l+1}&=\frac{1}{\alpha_i}y_i^{\mathrm{T}}(-H_{l+1}g_{l+1})\\&=-\frac{1}{\alpha_i}s_i^{\mathrm{T}}g_{l+1}=-g_{l+1}^{\mathrm{T}}p_i\\&=-\left(g_{l+1}+\sum_{j=i+1}^{l}y_j\right)^{\mathrm{T}}p_i\\&=-g_{l+1}^{\mathrm{T}}p_i-\sum_{j=i+1}^{l}(s_j^{\mathrm{T}}Gp_i)=0\end{aligned}$$

因此，对于 $k=l+1$，结论仍成立．

推论（DFP 算法的二次终止性） 在定理 3 的条件下，我们有：

（1）DFP 算法至多迭代 n 次就可以得到极小点，即存在 k_0（$0\leqslant k_0\leqslant n$），使 $x_{k_0}=x^*$.

（2）若 $x_{k_0}\neq x^*$，$0\leqslant k\leqslant n-1$，则 $H_n=G^{-1}$.

证明 由定理 3 可知，DFP 算法是一种共轭方向法，因而结论（1）成立．

（2）若对 $0\leqslant k\leqslant n-1$，$x_k\neq x^*$，则 DFP 算法产生的 n 个共轭方向 p_0，p_1，…，p_{n-1} 线性无关，故 s_0，s_1，…，s_{n-1} 线性无关．由定理 3，有 $H_ny_i=H_nGs_i=s_i$，$i=0,1,\cdots,n-1$，即 $H_nG(s_0,s_1,\cdots,s_{n-1})=(s_0,s_1,\cdots,s_{n-1})$，其中（$s_0$，$s_1$，…，$s_{n-1}$）表示以 s_0，s_1，…，s_{n-1} 为列的矩阵，因为（s_0，s_1，…，s_{n-1}）是非奇异矩阵，所以 $H_nG=I$. 因此 $H_n=G^{-1}$ 成立．

4. Broyden 族拟 Newton 法——BFGS 算法

DFP 算法并非唯一的拟 Newton 法，也不是最好的拟 Newton 法，下面介绍包括 DFP 算法在内的一族拟 Newton 算法，其是由 Broyden（1967）提出的．这族算法包括无穷多个算法，其中最著名的，除了 DFP 算法外，还有 BFGS 算法．

Broyden 于 1967 年提出一族修正公式

$$H_{k+1}^{\varphi}=H_k-\frac{H_ky_ky_k^{\mathrm{T}}H_k}{y_k^{\mathrm{T}}H_ky_k}+\frac{s_ks_k^{\mathrm{T}}}{y_k^{\mathrm{T}}s_k}+\varphi\omega_k\omega_k^{\mathrm{T}}\tag{4-4}$$

其中 φ 为参数，可取任何实数，而

$$\omega_k=(y_k^{\mathrm{T}}H_ky_k)^{\frac{1}{2}}\left(\frac{s_k}{y_k^{\mathrm{T}}s_k}-\frac{H_ky_k}{y_k^{\mathrm{T}}H_ky_k}\right)$$

这族公式被称为 Broyden 族修正公式．容易证明，对任意 φ，得到的 H_{k+1} 满足拟 Newton 方程．

把算法 1 中涉及 DFP 修正公式的部分换成式（4-4），就得到了一族拟 Newton 算法，称为 Broyden 族拟 Newton 法．显然，当 $\varphi=0$ 时，Broyden 族给出的修正公式就是 DFP 修正公式．

如果采用精确一维搜索，则 Broyden 族算法具有和 DFP 算法类似的性质．这一点为 Dixon（1972）所证明．

定理 4（Dixon 定理）　设 $f(\boldsymbol{x})$ 为 $\mathbf{R}^n$ 上连续可微函数，给定 $\boldsymbol{x}_0$，$\boldsymbol{H}_0$，采用精确一维搜索，则由 Broyden 族算法产生的点列 $\{\boldsymbol{x}_n\}$ 与参数 φ 无关，即 Broyden 族算法产生相同的点列．

证明略．

利用 Dixon 定理，我们可以把 DFP 算法的性质推广到覆盖整个 Broyden 族算法，比如具有二次终止性、整体收敛性和超线性收敛性等性质．

在公式中令 $\varphi=1$，得一个修正公式

$$\boldsymbol{H}_{k+1}=\boldsymbol{H}_k-\frac{\boldsymbol{H}_k\boldsymbol{y}_k\boldsymbol{y}_k^{\mathrm{T}}\boldsymbol{H}_k}{\boldsymbol{y}_k^{\mathrm{T}}\boldsymbol{H}_k\boldsymbol{y}_k}+\frac{\boldsymbol{s}_k\boldsymbol{s}_k^{\mathrm{T}}}{\boldsymbol{y}_k^{\mathrm{T}}\boldsymbol{s}_k}+\boldsymbol{\omega}_k\boldsymbol{\omega}_k^{\mathrm{T}}$$

这个公式是由 Broyden、Fletcher、Goldfarb 和 Shanno 于 1970 年各自独立地从不同角度出发得到的．用它替换算法 1 中的 DFP 修正公式，就得到著名的 BFGS（Broyden－Fletcher－Goldfarb－Shanno）算法．一般认为 BFGS 算法是拟 Newton 算法中效果最好的算法，也是很多商业优化软件中采用的算法．下面我们给出 BFGS 算法的一些数值计算结果．

例 7　用 BFGS 拟 Newton 法求解

$$\min f(\boldsymbol{x})=\frac{1}{2}x_1^2+\frac{9}{2}x_2^2$$

设初始点 $\boldsymbol{x}_0=(9,\ 1)^{\mathrm{T}}$.

解　采用黄金分割法一维搜索：

k	x_1	x_2	$f(x_1,\ x_2)$	$\|\boldsymbol{g}_k\|^2$
1	9.000000	1.000000	45.000000	162.000010
2	7.199999	−0.800001	28.800000	103.680115
3	0.000019	−0.000003	0.000000	0.000000

采用 Wolfe－Powell 不精确一维搜索：

k	x_1	x_2	$f(x_1,\ x_2)$	$\|\boldsymbol{g}_k\|^2$
1	9.000000	1.000000	45.000000	162.000010
2	6.750000	−1.250000	29.812500	172.125023
3	−2.482845	0.144890	3.176728	7.864963
4	0.564041	−0.030745	0.163325	0.394709
5	−0.127524	0.006934	0.008348	0.020157
6	0.028830	−0.001567	0.000427	0.001030
7	−0.006518	0.000354	0.000022	0.000053
8	0.001473	−0.000080	0.000001	0.000003
9	−0.000333	0.000018	0.000000	0.000000

续表

k	x_1	x_2	$f(x_1, x_2)$	$\|g_k\|^2$
10	0.000075	−0.000004	0.000000	0.000000
11	−0.000017	0.000001	0.000000	0.000000
12	0.000004	0.000000	0.000000	0.000000
13	−0.000001	0.000000	0.000000	0.000000

例 8　用 BFGS 拟 Newton 法求解问题

$$\min f(\boldsymbol{x}) = (x_1 - 2)^4 + (x_1 - 2)^2 x_2^2 + (x_2 + 1)^2$$

问题具有极小点 $(2, -1)^T$. 若取初始点为 $(1, 1)^T$, 用 BFGS 拟 Newton 法求解此问题, 则得到的迭代点如下所示:

采用黄金分割法一维搜索:

k	x_1	x_2	$f(x_1, x_2)$	$\|g_k\|^2$
1	1.000000	1.000000	6.000000	72.000004
2	2.500000	−0.500000	0.375000	1.125000
3	2.068479	−1.054813	0.008244	0.037898
4	1.996358	−1.005352	0.000042	0.000169
5	1.999983	−0.999988	0.000000	0.000000
6	2.000000	−1.000000	0.000000	0.000000

采用 Wolfe – Powell 不精确一维搜索:

k	x_1	x_2	$f(x_1, x_2)$	$\|g_k\|^2$
1	1.000000	1.000000	6.000000	72.000004
2	2.500000	−0.500000	0.375000	1.125000
3	2.015663	−1.122719	0.015369	0.062071
4	2.055136	−0.985861	0.003164	0.012127
5	2.009870	−1.007723	0.000159	0.000647
6	1.998843	−1.000482	0.000002	0.000006
7	2.000270	−0.999857	0.000000	0.000000
8	1.999939	−1.000032	0.000000	0.000000
9	2.000014	−0.999993	0.000000	0.000000
10	1.999997	−1.000002	0.000000	0.000000
11	2.000001	−1.000000	0.000000	0.000000
12	2.000000	−1.000000	0.000000	0.000000

例 9 用 BFGS 拟牛顿法求解问题

$$\min f(\boldsymbol{x}) = (x_2 - x_1^2)^2 + (x_2 - 2x_1 + 1)^2 + (x_1 + x_2 - 2)^2$$

问题极小点为 $(1,\ 1)^{\mathrm{T}}$，取初始点为 $(-3,\ -3)^{\mathrm{T}}$.

采用黄金分割法一维搜索：

k	x_1	x_2	$f(x_1,\ x_2)$	$\Vert \boldsymbol{g}_k \Vert^2$
1	-3.000000	-3.000000	224.000000	32000.001907
2	0.316945	-2.396919	27.007247	306.194738
3	0.097362	0.263740	3.893433	58.965101
4	0.976036	0.834626	0.063572	1.026419
5	0.979949	0.981171	0.002400	0.059898
6	0.999995	0.999822	0.000000	0.000002
7	0.999999	0.999999	0.000000	0.000000
8	1.000000	1.000000	0.000000	0.000000

采用 Wolfe - Powell 不精确一维搜索：

k	x_1	x_2	$f(x_1,\ x_2)$	$\Vert \boldsymbol{g}_k \Vert^2$
1	-3.000000	-3.000000	224.000000	32000.001907
2	-0.250000	-2.500000	30.128905	341.394524
3	-0.568801	1.477869	15.594248	250.623960
4	-0.193168	-0.153600	7.063407	102.303433
5	1.279737	0.948534	0.900343	45.917934
6	0.953056	1.051861	0.041872	1.601499
7	0.995957	0.978857	0.000976	0.013442
8	0.999722	1.002654	0.000026	0.000747
9	1.000040	0.999386	0.000001	0.000035
10	0.999990	1.000138	0.000000	0.000002
11	1.000002	0.999969	0.000000	0.000000
12	1.000000	1.000007	0.000000	0.000000
13	1.000000	0.999998	0.000000	0.000000

例 10 用 BFGS 拟 Newton 法求解 Rosenbrock 函数

$$\min f(\boldsymbol{x}) = 100(x_2 - x_1^2)^2 + (1 - x_1)^2$$

问题有唯一极小点，精确解为 $\boldsymbol{x}^* = (1,\ 1)^{\mathrm{T}}$，$f(\boldsymbol{x}^*) = 0$. 初试点选为 $(-1,\ 1)^{\mathrm{T}}$，结果如下.

采用黄金分割法精确一维搜索：

k	x_1	x_2	$f(x_1,\ x_2)$	$\|g_k\|^2$
1	-1.000000	1.000000	4.000000	16.000001
2	-0.994981	1.000000	3.989975	4.010352
3	-0.774362	0.559873	3.306470	314.946802
4	-0.656176	0.371585	3.090802	492.340063
5	-0.169900	0.001143	1.445522	48.583595
6	-0.180874	0.026717	1.398061	9.255091
7	-0.004233	-0.031343	1.106833	43.589545
8	0.181660	-0.004437	0.809840	57.238277
9	0.200291	0.043773	0.640872	4.115846
10	0.339007	0.094002	0.480691	19.807650
11	0.440686	0.164484	0.401160	52.308034
12	0.518488	0.279682	0.243631	15.039320
13	0.616140	0.367942	0.161006	9.925743
14	0.677572	0.440528	0.138466	33.072004
15	0.916757	0.835838	0.009050	3.164831
16	0.912388	0.831355	0.007796	0.098868
17	0.970918	0.939559	0.001821	1.722999
18	0.981679	0.964248	0.000366	0.076818
19	0.996880	0.993370	0.000026	0.029920
20	0.999846	0.999704	0.000000	0.000028
21	0.999997	0.999993	0.000000	0.000000
22	1.000000	1.000000	0.000000	0.000000

采用 Wolfe - Powell 不精确一维搜索：

k	x_1	x_2	$f(x_1,\ x_2)$	$\|g_k\|^2$
1	-1.000000	1.000000	4.000000	16.000001
2	-0.992187	1.000000	3.993035	14.496861
3	-0.740206	0.497335	3.284062	442.833626
4	-0.749983	0.584869	3.112589	30.414009
5	-0.475371	0.146753	2.804364	575.600983
6	-0.513137	0.210747	2.565874	301.373968
7	-0.461975	0.232806	2.174948	15.464649

续表

k	x_1	x_2	$f(x_1, x_2)$	$\|g_k\|^2$
8	-0.302147	0.053807	1.836109	107.114525
9	0.300879	0.060396	0.579566	41.283338
10	0.288609	0.083096	0.506081	1.960932
11	0.421755	0.157800	0.374676	21.098843
12	0.552359	0.275412	0.288523	67.338882
13	0.585391	0.350319	0.177732	9.182910
14	0.705097	0.478529	0.121688	35.654905
15	0.680120	0.462738	0.102326	0.473500
16	0.796047	0.617976	0.066290	30.998229
17	0.777279	0.604093	0.049605	0.179692
18	0.887646	0.775417	0.028245	23.999057
19	0.857176	0.736690	0.020775	1.054491
20	0.938598	0.871656	0.012439	14.843497
21	0.908147	0.825838	0.008560	0.392398
22	0.964557	0.924880	0.004270	5.395728
23	0.951893	0.905868	0.002320	0.002214
24	0.988303	0.974969	0.000452	0.585720
25	0.995376	0.991881	0.000144	0.252031
26	1.002303	1.004246	0.000019	0.028281
27	0.999093	0.998289	0.000002	0.002244
28	1.000121	1.000220	0.000000	0.000102
29	0.999963	0.999931	0.000000	0.000005
30	1.000007	1.000013	0.000000	0.000000
31	0.999998	0.999997	0.000000	0.000000
32	1.000000	1.000001	0.000000	0.000000
33	1.000000	1.000000	0.000000	0.000000

例 11 利用 BFGS 拟 Newton 法求解扩充的 Rosenbrock 函数

$$\min f(\boldsymbol{x}) = 100\sum_{i=1}^{n}(x_{i+1}-x_i^2)^2+(1-x_1)^2$$

问题有唯一极小点，精确解为 $\boldsymbol{x}^*=(1, \cdots, 1)^{\mathrm{T}}$，$f(\boldsymbol{x}^*)=0$. 初始点选在 $(-1, 1, \cdots, 1)^T$，$n=10$，结果如下.

采用黄金分割法一维搜索：

k	x_1	x_2	x_3	x_4	x_5	x_6	x_7	x_8	x_9	x_{10}	$f(x_1,x_2)$	$\Vert \boldsymbol{g}_k \Vert^2$
1	-1.00000	1.00000	1.00000	1.00000	1.00000	1.00000	1.00000	1.00000	1.00000	1.00000	4.00000	16.000001
50	-0.97349	0.95365	0.91507	0.84034	0.70761	0.50083	0.24886	0.06143	0.00971	0.00011	3.90642	5.39572
100	0.85405	0.72921	0.53066	0.27820	0.07616	0.00490	0.00016	-0.00009	0.00019	0.00052	0.02285	0.77117
150	0.97875	0.95787	0.91746	0.84171	0.70844	0.50167	0.25143	0.06299	0.00392	0.00004	0.00047	0.00599
200	0.99137	0.98278	0.96583	0.93283	0.87017	0.75718	0.57330	0.32860	0.10789	0.01161	0.00008	0.00054
250	0.99489	0.98978	0.97965	0.95971	0.92105	0.84834	0.71968	0.51792	0.26818	0.07192	0.00003	0.00023
300	0.99679	0.99357	0.98718	0.97450	0.94963	0.90181	0.81326	0.66138	0.43742	0.19133	0.00001	0.00038
350	0.99780	0.99559	0.99119	0.98245	0.96521	0.93162	0.86791	0.75328	0.56743	0.32197	0.00000	0.00014
400	0.99850	0.99700	0.99400	0.98804	0.97623	0.95303	0.90826	0.82494	0.68053	0.46312	0.00000	0.00002
450	0.99902	0.99804	0.99608	0.99218	0.98442	0.96908	0.93911	0.88192	0.77779	0.60496	0.00000	0.00001
500	0.99940	0.99879	0.99758	0.99517	0.99037	0.98083	0.96202	0.92548	0.85651	0.73360	0.00000	0.00001
550	0.99970	0.99939	0.99878	0.99757	0.99514	0.99030	0.98069	0.96176	0.92498	0.85558	0.00000	0.00000
600	0.99991	0.99983	0.99965	0.99930	0.99860	0.99721	0.99443	0.98889	0.97789	0.95627	0.00000	0.00000
644	1.00000	1.00000	1.00000	1.00000	1.00000	1.00000	1.00000	1.00000	1.00000	0.99999	0.00000	0.00000

采用 Wolfe－Powell 不精确一维搜索：

k	x_1	x_2	x_3	x_4	x_5	x_6	x_7	x_8	x_9	x_{10}	$f(x_1,x_2)$	$\Vert \boldsymbol{g}_k \Vert^2$
1	-1.00000	1.00000	1.00000	1.00000	1.00000	1.00000	1.00000	1.00000	1.00000	1.00000	4.00000	16.00000
50	-0.98335	0.97900	0.96444	0.93311	0.87212	0.76105	0.57853	0.33213	0.10695	0.00950	3.95504	1.40512
100	0.46074	0.19999	0.02809	-0.00120	-0.00212	0.00020	0.00101	-0.00020	-0.00198	0.00016	0.32143	9.78243
150	0.96165	0.92451	0.85451	0.73005	0.53302	0.28429	0.08072	0.00653	0.00006	-0.00002	0.00149	0.00629
200	0.98663	0.97340	0.94746	0.89769	0.80585	0.64932	0.42150	0.17759	0.03144	0.00098	0.00018	0.00171
250	0.99329	0.98659	0.97334	0.94738	0.89753	0.80554	0.64886	0.42096	0.17714	0.03132	0.00005	0.00044
300	0.99569	0.99137	0.98279	0.96586	0.93289	0.87028	0.75738	0.57362	0.32904	0.10823	0.00002	0.00012
350	0.99707	0.99413	0.98828	0.97670	0.95394	0.90999	0.82808	0.68570	0.47016	0.22102	0.00001	0.00007
400	0.99795	0.99590	0.99181	0.98369	0.96764	0.93633	0.87670	0.76860	0.59074	0.34895	0.00000	0.00003
450	0.99855	0.99710	0.99420	0.98844	0.97700	0.95454	0.91114	0.83018	0.68921	0.47501	0.00000	0.00002
500	0.99903	0.99806	0.99612	0.99225	0.98455	0.96935	0.93964	0.88292	0.77955	0.60770	0.00000	0.00000
550	0.99935	0.99870	0.99740	0.99481	0.98964	0.97938	0.95919	0.92005	0.84649	0.71655	0.00000	0.00000
600	0.99962	0.99924	0.99848	0.99696	0.99393	0.98790	0.97594	0.95247	0.90719	0.82299	0.00000	0.00000
650	0.99983	0.99965	0.99931	0.99862	0.99723	0.99447	0.98898	0.97808	0.95664	0.91515	0.00000	0.00000
700	0.99996	0.99993	0.99985	0.99970	0.99941	0.99882	0.99764	0.99529	0.99060	0.98129	0.00000	0.00000
729	1.00000	1.00000	1.00000	1.00000	1.00000	1.00000	1.00000	1.00000	1.00000	0.99999	0.00000	0.00000

从计算结果可以看出，BFGS 算法也是一种非常有效的算法，大量实际运算表明，该算法计算效果比较稳定，且适用于不精确一维搜索的情况．

4.5　直接法

无约束非线性规划问题的直接法是指仅仅利用函数值而不需要计算导数的方法，不少实际问题导数不可求或非常难以计算，直接法就适合于求解这类问题．直接法具有易于使用、结构简单、内存小等优点，在实际中也得到了大量应用，其缺点是这些方法大多依赖直观技巧，难以得到深入的数学理论，计算量较大，效率不高．本节讨论的直接法包括以下几种：交替方向法（坐标轮换法）、模式搜索法、单纯形法和方向加速法．

1. 交替方向法（坐标轮换法）

最早也最简单的直接法是交替方向法，或称为坐标轮换法，最基本的方法就是沿着 n 个坐标的方向轮流搜索．

算法 1 交替方向法

step0 给定控制误差 ε，初始点 $\boldsymbol{x}_0$，设 $\boldsymbol{e}_1$，$\boldsymbol{e}_2$，…，$\boldsymbol{e}_n$ 分别为 n 个坐标轴上的单位向量，$k=0$.

step1 令 $\boldsymbol{p}_i=\boldsymbol{e}_i$，$i=1$，2，…，$n$，依次沿 $\boldsymbol{p}_i$，$i=1$，2，…，n 做一维搜索，得步长 α_i 使得

$$f(\boldsymbol{x}_i+\alpha_i\boldsymbol{p}_i)=\min_{\alpha\in\mathbf{R}}f(\boldsymbol{x}_i+\alpha\boldsymbol{p}_i)$$

令 $\boldsymbol{x}_{i+1}=\boldsymbol{x}_i+\alpha_i\boldsymbol{p}_i$.

step2 若 $\|\boldsymbol{x}_n-\boldsymbol{x}_0\|\leqslant\varepsilon$，则 $\boldsymbol{x}^*=\boldsymbol{x}_n$，停止计算；否则转 step3.

step3 令 $\boldsymbol{x}_0=\boldsymbol{x}_n$，$k=k+1$，转 step1.

需要注意的是算法中的一维搜索是在整个实数轴 $\alpha\in\mathbf{R}$ 上进行，而不是仅仅搜索 $\alpha\geqslant0$ 的范围，因为坐标的方向不一定是下降方向，这是和前面几种解析方法不同的地方．该算法程序简单，易于实现，而且在收敛时必收敛于稳定点．但是算法也可能不收敛，而且它和最速下降法一样可能出现锯齿现象，从而收敛很慢．

例 1 用坐标轮换法求解

$$\min f(\boldsymbol{x})=\frac{1}{2}x_1^2+\frac{9}{2}x_2^2$$

设初始点为 $\boldsymbol{x}_0=(9,\ 1)^{\mathrm{T}}$.

解 采用黄金分割法一维搜索：

k	x_1	x_2	$f(x_1,\ x_2)$
1	9.000000	1.000000	45.000000
2	−0.000020	0.000000	0.000000
3	0.000002	0.000001	0.000000
4	−0.000001	0.000000	0.000000

注意算法输出的是每轮迭代后的 $\boldsymbol{x}_n$.

例 2 用坐标轮换法求解问题

$$\min f(\boldsymbol{x})=(x_1-2)^4+(x_1-2)^4x_2^2+(x_2+1)^2$$

具有极小点 $(2,\ -1)^{\mathrm{T}}$. 若取初始点为 $(1,\ 1)^{\mathrm{T}}$，用坐标轮换法求解此问题，则得到的迭代点如下所示．

采用黄金分割法一维搜索：

k	x_1	x_2	$f(x_1, x_2)$
1	1.000000	1.000000	6.000000
2	2.000009	-1.000018	0.000000
3	2.000001	-1.000001	0.000000
4	2.000000	-1.000000	0.000000

例 3　利用坐标轮换法求解问题

$$\min f(\boldsymbol{x}) = (x_2 - x_1^2)^2 + (x_2 - 2x_1 + 1)^2 + (x_1 + x_2 - 2)^2$$

问题极小点为 $(1, 1)^{\mathrm{T}}$，取初始点为 $(-3, -3)^{\mathrm{T}}$.

采用黄金分割法一维搜索：

k	x_1	x_2	$f(x_1, x_2)$
1	-3.000000	-3.000000	224.000000
2	0.090767	0.366358	3.912518
3	0.791135	0.805675	0.244793
4	0.935288	0.936680	0.024596
5	0.978895	0.979044	0.002654
6	0.993015	0.993031	0.000292
7	0.997677	0.997677	0.000032
8	0.999228	0.999231	0.000004
9	0.999744	0.999744	0.000000
10	0.999915	0.999914	0.000000
11	0.999972	0.999972	0.000000
12	0.999991	0.999991	0.000000
13	0.999997	0.999997	0.000000
14	0.999999	0.999999	0.000000

例 4　利用坐标轮换法求解 Rosenbrock 函数

$$\min f(\boldsymbol{x}) = 100(x_2 - x_1^2)^2 + (1 - x_1)^2$$

问题有唯一极小点，精确解为 $\boldsymbol{x}^* = (1, 1)^{\mathrm{T}}$，$f(\boldsymbol{x}^*) = 0$. 初试点选在 $(-1, 1)^{\mathrm{T}}$，结果如下 .

采用黄金分割法一维搜索：

k	x_1	x_2	$f(x_1, x_2)$
100	0.494109	0.244144	0.255925
200	0.730549	0.533702	0.072604

续表

k	x_1	x_2	$f(x_1, x_2)$
300	0.821263	0.674472	0.031947
400	0.873555	0.763098	0.015988
500	0.907625	0.823783	0.008533
600	0.931217	0.867165	0.004731
700	0.948144	0.898977	0.002689
800	0.960568	0.922691	0.001555
900	0.969835	0.940580	0.000910
1000	0.976826	0.954189	0.000537
1100	0.982122	0.964563	0.000320
1200	0.986186	0.972563	0.000191
1300	0.989307	0.978728	0.000114
1400	0.991730	0.983531	0.000068
1500	0.993579	0.987198	0.000041
1600	0.995022	0.990069	0.000025
1700	0.996106	0.992226	0.000015
1800	0.997010	0.994028	0.000009
1900	0.997675	0.995355	0.000005
2000	0.998192	0.996389	0.000003
2100	0.998609	0.997220	0.000002
2200	0.998916	0.997833	0.000001
2300	0.999166	0.998332	0.000001
2400	0.999360	0.998720	0.000000
2500	0.999508	0.999017	0.000000

例 5　利用坐标轮换法求解扩充的 Rosenbrock 函数

$$\min f(\boldsymbol{x}) = 100\sum_{i=1}^{n}(x_{i+1} - x_i^2)^2 + (1 - x_1)^2$$

问题有唯一极小点，精确解为 $\boldsymbol{x}^* = (1, \cdots, 1)^{\mathrm{T}}$，$f(\boldsymbol{x}^*) = 0$. 初始点选在 $(-1, 1, \cdots, 1)^{\mathrm{T}}$，$n = 10$ 结果如下：

采用精确一维搜索中的黄金分割法：

k	x_1	x_2	x_3	x_4	x_5	x_6	x_7	x_8	x_9	x_{10}	$f(x_1,x_2)$
200	-0.993268	0.996614	0.998273	0.999071	0.999403	0.999434	0.999181	0.998510	0.997078	0.994165	3.986563
400	-0.993256	0.996591	0.998227	0.998977	0.999216	0.999062	0.998437	0.997023	0.994114	0.988263	3.986516
600	-0.993244	0.996566	0.998179	0.998882	0.999027	0.998683	0.997681	0.995516	0.991108	0.982296	3.986468
800	-0.993231	0.996543	0.998131	0.998787	0.998837	0.998303	0.996920	0.993999	0.988096	0.976334	3.986420
1000	-0.993219	0.996518	0.998083	0.998691	0.998644	0.997919	0.996155	0.992475	0.985066	0.970355	3.986372
1200	-0.993206	0.996493	0.998034	0.998594	0.998452	0.997535	0.995391	0.990954	0.982047	0.964416	3.986323
1400	-0.993194	0.996469	0.997984	0.998496	0.998258	0.997148	0.994616	0.989410	0.978991	0.958423	3.986274
1600	-0.993182	0.996444	0.997936	0.998399	0.998062	0.996760	0.993844	0.987876	0.975958	0.952495	3.986225
1800	-0.993170	0.996420	0.997887	0.998300	0.997867	0.996368	0.993061	0.986320	0.972886	0.946507	3.986175
2000	-0.993156	0.996394	0.997836	0.998199	0.997665	0.995966	0.992263	0.984734	0.969759	0.940433	3.986125
2200	-0.993144	0.996369	0.997786	0.998098	0.997463	0.995563	0.991459	0.983141	0.966623	0.934361	3.986073
2400	-0.993131	0.996342	0.997734	0.997996	0.997258	0.995156	0.990648	0.981530	0.963463	0.928260	3.986022
2600	-0.993117	0.996317	0.997682	0.997893	0.997053	0.994747	0.989836	0.979926	0.960315	0.922204	3.985970
2800	-0.993104	0.996290	0.997630	0.997790	0.996847	0.994338	0.989024	0.978316	0.957161	0.916158	3.985918
3000	-0.993091	0.996264	0.997579	0.997687	0.996643	0.993929	0.988211	0.976709	0.954020	0.910154	3.985866
3200	-0.993077	0.996238	0.997526	0.997583	0.996436	0.993519	0.987394	0.975100	0.950879	0.904170	3.985814
3400	-0.993064	0.996211	0.997474	0.997478	0.996227	0.993102	0.986567	0.973468	0.947701	0.898137	3.985761
3600	-0.993050	0.996185	0.997421	0.997372	0.996014	0.992679	0.985730	0.971815	0.944483	0.892047	3.985708
3800	-0.993037	0.996157	0.997366	0.997263	0.995799	0.992250	0.984873	0.970127	0.941205	0.885866	3.985653
4000	-0.993022	0.996128	0.997309	0.997151	0.995575	0.991803	0.983987	0.968382	0.937827	0.879519	3.985596

算法收敛太慢，失效.

从计算结果可以看出，这种算法在变量较少、函数性质比较好的时候计算效果还可以，但是变量较多或函数性质不好时算法明显不如前面的解析算法.

2. 模式搜索法（Hooke－Jeeves 方法）

为了改进坐标轮换法的计算效果，Hooke 和 Jeeves 于 1961 年提出模式搜索（Pattern search）方法，其基本思想是利用每 n 次坐标轮流搜索后找到的新点得到一个方向进行一次搜索.

算法 2　模式搜索法（Hooke－Jeeves 方法）

step0　给定控制误差 $\boldsymbol{\varepsilon}$，初始点 $\boldsymbol{x}_0$，设 $\boldsymbol{e}_1$，$\boldsymbol{e}_2$，…，$\boldsymbol{e}_n$ 分别为 n 个坐标轴上的单位向量，$k=0$.

step1　令 $\boldsymbol{p}_i=\boldsymbol{e}_i$，$i=1$，2，…$n$，依次沿 $\boldsymbol{p}_i$，$i=1$，2，…，n 做一维搜索，得步长 α_i 使得

$$f(\boldsymbol{x}_i+\alpha_i\boldsymbol{p}_i)=\min_{\alpha\in\mathbf{R}} f(\boldsymbol{x}_i+\alpha\boldsymbol{p}_i)$$

令 $\boldsymbol{x}_{i+1}=\boldsymbol{x}_i+\alpha_i\boldsymbol{p}_i$.

step2　若 $\|\boldsymbol{x}_n-\boldsymbol{x}_0\|\leqslant\varepsilon$，则 $\boldsymbol{x}^*=\boldsymbol{x}_n$，停止计算；否则令 $\boldsymbol{d}_k=\boldsymbol{x}_n-\boldsymbol{x}_0$，沿 $\boldsymbol{d}_k$ 方向做一次一维搜索，得步长 α_k，使得

$$f(\boldsymbol{x}_n + \alpha_k \boldsymbol{d}_k) = \min_{\alpha \in \mathbf{R}} f(\boldsymbol{x}_n + \alpha \boldsymbol{d}_k)$$

令 $\boldsymbol{x}_{n+1} = \boldsymbol{x}_n + \alpha_k \boldsymbol{d}_k$，转 step3.

step3　令 $\boldsymbol{x}_0 = \boldsymbol{x}_{n+1}$，$k = k+1$，转 step1.

一般情况下模式搜索法比坐标轮换法收敛快，但是同样不能保证收敛．注意以下数值结果输出的是每轮迭代后得到的 $\boldsymbol{x}_{n+1}$.

例 6　用模式搜索法求解

$$\min f(\boldsymbol{x}) = \frac{1}{2}x_1^2 + \frac{9}{2}x_2^2$$

设初始点 $\boldsymbol{x}_0 = (9,\ 1)^{\mathrm{T}}$.

解　采用黄金分割法一维搜索：

k	x_1	x_2	$f(x_1, x_2)$
1	9.000000	1.000000	45.000000
2	0.000002	0.000002	0.000000
3	0.000001	0.000000	0.000000

例 7　用模式搜索法求解问题

$$\min f(\boldsymbol{x}) = (x_1 - 2)^4 + (x_1 - 2)^2 x_2^2 + (x_2 + 1)^2$$

问题具有极小点 $(2,\ -1)^{\mathrm{T}}$. 若取初始点为 $(1,\ 1)^{\mathrm{T}}$，则得到的迭代点如下表所示．

采用黄金分割法一维搜索：

k	x_1	x_2	$f(x_1, x_2)$
1	1.000000	1.000000	6.000000
2	2.000001	-1.000003	0.000000
3	2.000000	-1.000000	0.000000

例 8　用模式搜索法求解问题

$$\min f(\boldsymbol{x}) = (x_2 - x_1^2)^2 + (x_2 - 2x_1 + 1)^2 + (x_1 + x_2 - 2)^2$$

问题极小点为 $(1,\ 1)^{\mathrm{T}}$，取初始点为 $(-3,\ -3)^{\mathrm{T}}$.

采用黄金分割法一维搜索：

k	x_1	x_2	$f(x_1, x_2)$
1	-3.000000	-3.000000	224.000000
2	0.981870	1.336917	0.379900
3	1.087867	1.157152	0.061071
4	1.033482	0.998067	0.010645
5	0.999774	0.999340	0.000001
6	0.999781	0.999787	0.000000

续表

k	x_1	x_2	$f(x_1, x_2)$
7	1.000000	0.999997	0.000000
8	0.999999	0.999999	0.000000
9	1.000000	1.000000	0.000000

例 9　用模式搜索法求解 Rosenbrock 函数

$$\min f(\boldsymbol{x}) = 100(x_2 - x_1^2)^2 + (1 - x_1)^2$$

问题有唯一极小点，精确解为 $\boldsymbol{x}^* = (1, 1)^{\mathrm{T}}$，$f(\boldsymbol{x}^*) = 0$. 初始点选为 $(-1, 1)^{\mathrm{T}}$，结果如下：

采用黄金分割法一维搜索：

k	x_1	x_2	$f(x_1, x_2)$
1	-1.000000	1.000000	4.000000
25	0.555314	0.302914	0.200726
50	0.950356	0.903260	0.002465
75	0.964697	0.929976	0.001290
100	0.971897	0.944487	0.000791
125	0.976938	0.954465	0.000532
150	0.981130	0.962377	0.000362
175	0.983690	0.967600	0.000266
200	0.985881	0.972030	0.000200
225	0.987898	0.975826	0.000148
250	0.989453	0.978990	0.000111
275	0.990895	0.981945	0.000083
300	0.992662	0.985321	0.000054
325	0.994244	0.988512	0.000033
350	0.999826	0.999659	0.000000

例 10　用模式搜索法求解扩充的 Rosenbrock 函数

$$\min f(\boldsymbol{x}) = 100\sum_{i=1}^{n}(x_{i+1} - x_i^2)^2 + (1 - x_1)^2$$

问题有唯一极小点，精确解为 $\boldsymbol{x}^* = (1, \cdots, 1)^{\mathrm{T}}$，$f(\boldsymbol{x}^*) = 0$. 初始点选为 $(-1, 1, \cdots, 1)^{\mathrm{T}}$，$n = 10$ 结果如下：

k	x_1	x_2	x_3	x_4	x_5	x_6	x_7	x_8	x_9	x_{10}	$f(x_1, x_2)$
200	−0.993243	0.996597	0.998231	0.998994	0.999247	0.999122	0.998554	0.997255	0.994573	0.989178	3.986523
400	−0.993223	0.996555	0.998145	0.998820	0.998908	0.998438	0.997197	0.994547	0.989182	0.978481	3.986438
600	−0.993197	0.996512	0.998057	0.998649	0.998555	0.997738	0.995790	0.991749	0.983630	0.967528	3.986349
800	−0.993204	0.996457	0.997971	0.998465	0.998202	0.997028	0.994371	0.988929	0.978035	0.956552	3.986259
1000	−0.993157	0.996418	0.997875	0.998286	0.997831	0.996303	0.992935	0.986067	0.972391	0.945545	3.986167
1200	−0.993133	0.996362	0.997796	0.998099	0.997472	0.995585	0.991497	0.983218	0.966773	0.934650	3.986076
1400	−0.993099	0.996327	0.997690	0.997920	0.997098	0.994851	0.990042	0.980336	0.961116	0.923744	3.985984
1600	−0.993104	0.996273	0.997610	0.997735	0.996745	0.994127	0.988603	0.977487	0.955540	0.913057	3.985892
1800	−0.993061	0.996234	0.997505	0.997549	0.996368	0.993378	0.987115	0.974543	0.949794	0.902108	3.985796
2000	−0.993033	0.996185	0.997411	0.997357	0.995987	0.992614	0.985603	0.971566	0.944001	0.891138	3.985700
2200	−0.993012	0.996137	0.997310	0.997159	0.995585	0.991821	0.984029	0.968456	0.937975	0.879796	3.985599
2400	−0.993022	0.996077	0.997206	0.996952	0.995171	0.990987	0.982384	0.965219	0.931715	0.868093	3.985493
2600	−0.992981	0.996022	0.997094	0.996728	0.994729	0.990121	0.980651	0.961831	0.925178	0.855955	3.985382
2800	−0.992952	0.995959	0.996989	0.996503	0.994289	0.989240	0.978913	0.958417	0.918623	0.843870	3.985270
3000	−0.992906	0.995911	0.996871	0.996286	0.993839	0.988361	0.977166	0.955008	0.912102	0.831930	3.985157
3200	−0.992892	0.995843	0.996756	0.996041	0.993370	0.987413	0.975306	0.951373	0.905170	0.819333	3.985037
3400	−0.992842	0.995797	0.996626	0.995810	0.992894	0.986482	0.973468	0.947787	0.898360	0.807051	3.984918
3600	−0.992808	0.995725	0.996503	0.995549	0.992388	0.985470	0.971465	0.943903	0.891014	0.793905	3.984788
3800	−0.992778	0.995662	0.996375	0.995300	0.991888	0.984478	0.969510	0.940105	0.883862	0.781212	3.984661
4000	−0.992729	0.995596	0.996244	0.995032	0.991363	0.983426	0.967461	0.936129	0.876406	0.768087	3.984528

算法收敛太慢，失效.

从计算结果可以看出，这个算法的效率比坐标轮换法略好一些，但是仍然比不上绝大多数的解析法.

对模式搜索法的一个推广是把 n 个坐标方向换成一组正交基，而且随着迭代更新，该方法称为 Rosenbrock 方法，这里不再详述，可参考文献［9］.

3. *单纯形法*

n 维空间中的 $n+1$ 个点 $\boldsymbol{x}_0$，$\boldsymbol{x}_1$，$\boldsymbol{x}_2$，…，$\boldsymbol{x}_n$，如果满足 $\boldsymbol{x}_1-\boldsymbol{x}_0$，$\boldsymbol{x}_2-\boldsymbol{x}_0$，…，$\boldsymbol{x}_n-\boldsymbol{x}_0$ 线性无关，则称以 $\boldsymbol{x}_0$，$\boldsymbol{x}_1$，$\boldsymbol{x}_2$，…，$\boldsymbol{x}_n$ 为顶点构成的多面体为 n 维单纯形，如二维平面中的三角形、三维空间中的四面体，等等.

单纯形法（Simplex Method）是一个较早的直接法，它最先是由 Spendley 等人在 1962 年提出来的，后来由 Nelder 和 Mead 于 1965 年改进. 单纯形法的基本思想是利用已有的单纯形去寻找一个函数值更小的点，如果得到这样的点，就可以用这个新点作为顶点构造新的单纯形，否则就将已有的单纯形缩小.

任给一个点 $\boldsymbol{x}_0\in\mathbf{R}^n$，很容易构造包含 $\boldsymbol{x}_0$ 为顶点的单纯形，例如 $\boldsymbol{x}_0$，$\boldsymbol{x}_0+\boldsymbol{e}_1$，$\boldsymbol{x}_0+\boldsymbol{e}_2$，…，$\boldsymbol{x}_0+\boldsymbol{e}_n$，其中 $\boldsymbol{e}_i$（$i=1$，…，n）为单位坐标向量. 如果要构造任意两个顶点的距离都为 t 的 n 维单纯形（正规 n 维单纯形），则可以令

$$d_1 = \frac{t}{n\sqrt{2}}(\sqrt{n+1}+n-1), d_2 = \frac{t}{n\sqrt{2}}(\sqrt{n+1}-1)$$

$$\boldsymbol{x}_1 = \boldsymbol{x}_0 + \begin{pmatrix} d_1 \\ d_2 \\ \vdots \\ d_2 \end{pmatrix}, \boldsymbol{x}_2 = \boldsymbol{x}_0 + \begin{pmatrix} d_2 \\ d_1 \\ \vdots \\ d_2 \end{pmatrix}, \cdots, \boldsymbol{x}_n = \boldsymbol{x}_0 + \begin{pmatrix} d_2 \\ d_2 \\ \vdots \\ d_1 \end{pmatrix}$$

单纯形法的基本思想是：给定初始点 $\boldsymbol{x}_0$，产生初始单纯形 S_0，通过单纯形的反射、扩张、压缩产生一系列单纯形，逐渐向极小点靠拢，满足某个条件时终止，取当前单纯形的最好顶点作为极小值的近似．

下面介绍单纯形法的迭代规则．

假设当前单纯形为 S_k，顶点为 $\boldsymbol{x}_0$，$\boldsymbol{x}_1$，$\boldsymbol{x}_2$，…，$\boldsymbol{x}_n$，记 $\boldsymbol{x}_l$ 为“最好点”，$\boldsymbol{x}_h$ 为“最坏点”，$\boldsymbol{x}_g$ 为“次坏点”，即：

$$f(\boldsymbol{x}_l) = \min\{f(\boldsymbol{x}_j) \mid j = 0,1,\cdots,n\}$$
$$f(\boldsymbol{x}_h) = \max\{f(\boldsymbol{x}_j) \mid j = 0,1,\cdots,n\}$$
$$f(\boldsymbol{x}_g) = \max_{j\neq h}\{f(\boldsymbol{x}_j) \mid j = 0,1,\cdots,n\}$$

计算 $n+1$ 个顶点中去掉最坏点 $\boldsymbol{x}_h$ 后的形心：

$$\bar{\boldsymbol{x}} = \sum_{j\neq h} \boldsymbol{x}_j$$

判断 $\bar{\boldsymbol{x}}$ 是否满足终止条件，如计算

$$\text{error} = \sqrt{\frac{1}{n+1}\sum_{j=0}^{n}(f(\boldsymbol{x}_j) - f(\bar{\boldsymbol{x}}))^2}$$

若 error $< \varepsilon$，停止，取 $\boldsymbol{x}^* = \boldsymbol{x}_l$. 否则计算“最坏点” $\boldsymbol{x}_h$ 关于形心 $\bar{\boldsymbol{x}}$ 的反射点

$$\boldsymbol{x}_m = \bar{\boldsymbol{x}} + (\bar{\boldsymbol{x}} - \boldsymbol{x}_h) = 2\bar{\boldsymbol{x}} - \boldsymbol{x}_h$$

对二维单纯形，如图 4－2 所示．

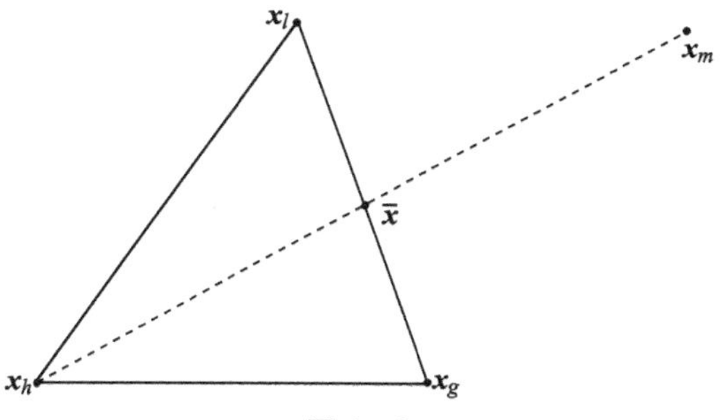

图 4－2

因为在所有顶点中 $\boldsymbol{x}_h$ 的函数值最大，所以我们可以考虑它关于 $\bar{\boldsymbol{x}}$ 的对称点，以寻找函数值更小的点，根据 $f(\boldsymbol{x}_m)$ 的函数值情况，有以下四种可能：

（1）$f(\boldsymbol{x}_m) < f(\boldsymbol{x}_l)$，即 $\boldsymbol{x}_m$ 比“最好点” $\boldsymbol{x}_l$ 还要好；

（2）$f(\boldsymbol{x}_l) \leqslant f(\boldsymbol{x}_m) < f(\boldsymbol{x}_g)$，即 $\boldsymbol{x}_m$ 仅优于“次坏点” $\boldsymbol{x}_g$；

（3）$f(\boldsymbol{x}_g) \leqslant f(\boldsymbol{x}_m) < f(\boldsymbol{x}_h)$，即 $\boldsymbol{x}_m$ 仅优于“最坏点” $\boldsymbol{x}_h$；

（4）$f(\boldsymbol{x}_m) > f(\boldsymbol{x}_h)$，即 $\boldsymbol{x}_m$ 坏于“最坏点” $\boldsymbol{x}_h$.

下面针对各种情况给出处理方法.

情况（1）. 计算扩张点 $\boldsymbol{x}_e=\bar{\boldsymbol{x}}+r(\boldsymbol{x}_m-\bar{\boldsymbol{x}})$，其中 $r>1$，建议取 $r=2$.

对二维单纯形，$\boldsymbol{x}_e$ 取法如图 4－3 所示.

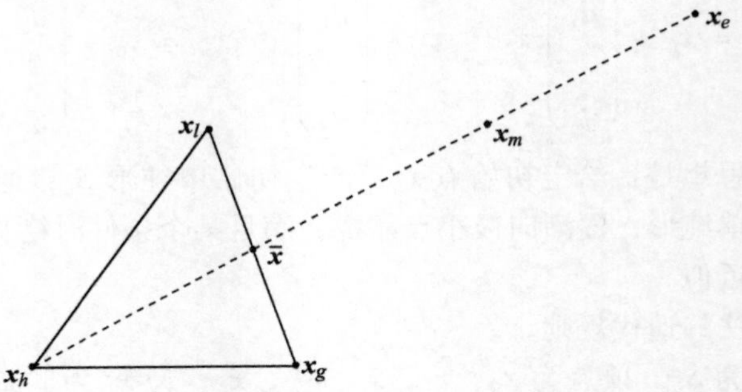

图 4－3

如果 $f(\boldsymbol{x}_e)<f(\boldsymbol{x}_l)$，则以 $\boldsymbol{x}_e$ 取代"最坏点" $\boldsymbol{x}_h$ 构成新的单纯形 S_{k+1}；如果 $f(\boldsymbol{x}_e)\geqslant f(\boldsymbol{x}_l)$，则以 $\boldsymbol{x}_m$ 取代"最坏点" $\boldsymbol{x}_h$ 构成新的单纯形 S_{k+1}.

情况（2）. 以 $\boldsymbol{x}_m$ 取代"最坏点" $\boldsymbol{x}_h$ 构成新的单纯形 S_{k+1}.

情况（3）. 计算收缩点 $\boldsymbol{x}_c=\bar{\boldsymbol{x}}+\beta(\boldsymbol{x}_m-\bar{\boldsymbol{x}})$，其中，$0<\beta<1$，建议取 $\beta=0.5$.

对二维单纯形，如图 4－4 所示.

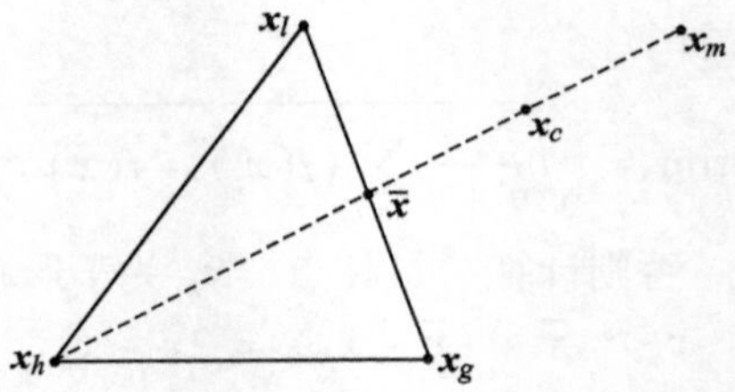

图 4－4

如果 $f(\boldsymbol{x}_c)<f(\boldsymbol{x}_h)$，则以 $\boldsymbol{x}_c$ 取代"最坏点" $\boldsymbol{x}_h$ 构成新的单纯形 S_{k+1}；如果 $f(\boldsymbol{x}_c)\geqslant f(\boldsymbol{x}_h)$，则将当前单纯形各顶点向最好点 $\boldsymbol{x}_l$ 紧缩，即用 $\boldsymbol{x}_l+\dfrac{1}{2}(\boldsymbol{x}_j-\boldsymbol{x}_l)$ 取代原来的 $\boldsymbol{x}_j$（$j=0, 1, \cdots, n$；$j\neq l$），构成新的单纯形 S_{k+1}，对二维单纯形如图 4－5 所示.

情况（4）. 计算收缩点 $\boldsymbol{x}_c=\bar{\boldsymbol{x}}+\beta(\boldsymbol{x}_h-\bar{\boldsymbol{x}})$，其中，$0<\beta<1$，建议取 $\beta=0.5$.

对二维单纯形，如图 4－6 所示.

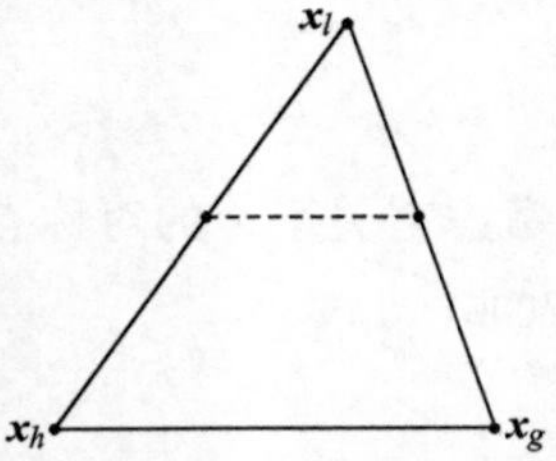

图 4－5

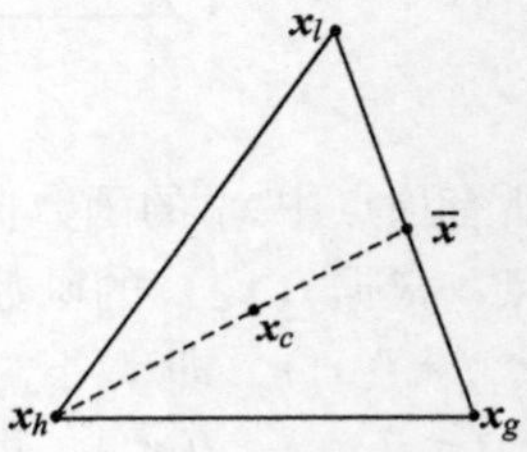

图 4－6

然后再按情况（3）处理.

这样我们可以给出单纯形算法的详细步骤.

算法 3 单纯形法

step0　给定控制误差 ε，初始点 $\boldsymbol{x}_0$，令 $\beta=0.5$，$\gamma=2$. 构造初始单纯形 $S_0=\{\boldsymbol{x}_0, \boldsymbol{x}_1, \boldsymbol{x}_2, \cdots, \boldsymbol{x}_n\}$，$k=1$.

step1　计算

$$\boldsymbol{x}_l=\min\{f(\boldsymbol{x}_j)\mid j=0, 1, \cdots, n\}, f_l=f(\boldsymbol{x}_l)$$

$$\boldsymbol{x}_h=\max\{f(\boldsymbol{x}_j)\mid j=0, 1, \cdots, n\}, f_h=f(\boldsymbol{x}_h)$$

$$\boldsymbol{x}_g=\max_{j\neq h}\{f(\boldsymbol{x}_j)\mid j=0, 1, \cdots, n\}, f_g=f(\boldsymbol{x}_g)$$

令 $\bar{\boldsymbol{x}}=\frac{1}{n}\sum_{j\neq h}\boldsymbol{x}_j, \bar{f}=f(\bar{\boldsymbol{x}})$，计算 $\text{error}=\sqrt{\frac{1}{n+1}\sum_{j=0}^{n}[f(\boldsymbol{x}_j)-f(\bar{\boldsymbol{x}})]^2}$，若 $\text{error}<\varepsilon$，停止，否则转 step2.

step2　计算 $\boldsymbol{x}_m=\bar{\boldsymbol{x}}+(\bar{\boldsymbol{x}}-\boldsymbol{x}_h)=2\bar{\boldsymbol{x}}-\boldsymbol{x}_h$.

若 $f(\boldsymbol{x}_m)<f(\boldsymbol{x}_l)$，则计算 $\boldsymbol{x}_e=\bar{\boldsymbol{x}}+r(\boldsymbol{x}_m-\bar{\boldsymbol{x}})$，其中，$r>1$，建议取 $r=2$. 如果 $f(\boldsymbol{x}_e)<f(\boldsymbol{x}_l)$，则以 $\boldsymbol{x}_e$ 取代“最坏点”$\boldsymbol{x}_h$ 构成新的单纯形 S_{k+1}；如果 $f(\boldsymbol{x}_e)\geqslant f(\boldsymbol{x}_l)$，则以 $\boldsymbol{x}_m$ 取代“最坏点”$\boldsymbol{x}_h$ 构成新的单纯形 S_{k+1}.

若 $f(\boldsymbol{x}_l)\leqslant f(\boldsymbol{x}_m)<f(\boldsymbol{x}_g)$，则以 $\boldsymbol{x}_m$ 取代“最坏点”$\boldsymbol{x}_h$ 构成新的单纯形 S_{k+1}.

若 $f(\boldsymbol{x}_g)\leqslant f(\boldsymbol{x}_m)<f(\boldsymbol{x}_h)$，则计算收缩点 $\boldsymbol{x}_c=\bar{\boldsymbol{x}}+\beta(\boldsymbol{x}_m-\bar{\boldsymbol{x}})$，其中，$0<\beta<1$，建议取 $\beta=0.5$. 如果 $f(\boldsymbol{x}_c)<f(\boldsymbol{x}_h)$，则以 $\boldsymbol{x}_c$ 取代“最坏点”$\boldsymbol{x}_h$ 构成新的单纯形 S_{k+1}；如果 $f(\boldsymbol{x}_c)\geqslant f(\boldsymbol{x}_h)$，则将当前单纯形各顶点向“最好点”$\boldsymbol{x}_l$ 紧缩，即用 $\boldsymbol{x}_l+\frac{1}{2}(\boldsymbol{x}_j-\boldsymbol{x}_l)$ 取代原来 $\boldsymbol{x}_j$（$j=0, 1, \cdots, n$；$j\neq l$），构成新的单纯形 S_{k+1}.

若 $f(\boldsymbol{x}_m)>f(\boldsymbol{x}_h)$，计算收缩点 $\boldsymbol{x}_c=\bar{\boldsymbol{x}}+\beta(\boldsymbol{x}_h-\bar{\boldsymbol{x}})$，其中，$0<\beta<1$，建议取 $\beta=0.5$. 如果 $f(\boldsymbol{x}_c)<(\boldsymbol{x}_h)$，则以 $\boldsymbol{x}_c$ 取代“最坏点”$\boldsymbol{x}_h$ 构成新的单纯形 S_{k+1}；如果 $f(\boldsymbol{x}_c)\geqslant f(\boldsymbol{x}_h)$，则将当前单纯形各顶点向“最好点”$\boldsymbol{x}_l$ 紧缩，即用 $\boldsymbol{x}_l+\frac{1}{2}(\boldsymbol{x}_j-\boldsymbol{x}_l)$ 取代原来 $\boldsymbol{x}_j$（$j=0, 1, \cdots, n$；$j\neq l$），构成新的单纯形 S_{k+1}.

转回 step1.

注意以下数值计算结果输出的是每轮迭代后得到的函数值最小的点 $\boldsymbol{x}_l$.

例 11　用单纯形法求解

$$\min f(\boldsymbol{x})=\frac{1}{2}x_1^2+\frac{9}{2}x_2^2$$

设初始点 $\boldsymbol{x}_0=(9, 1)^{\mathrm{T}}$.

k	x_1	x_2	$f(x_1, x_2)$
1	9.000000	1.000000	45.000000
2	9.000000	1.000000	45.000000
3	8.500000	−0.500000	37.250000
4	6.250000	0.750000	22.062500
5	4.125000	−1.625000	20.390625

续表

k	x_1	x_2	$f(x_1, x_2)$
6	-1.437500	-0.312500	1.472656
7	-1.437500	-0.312500	1.472656
8	-1.437500	-0.312500	1.472656
9	-0.292969	0.496094	1.150406
10	1.465820	-0.008789	1.074662
11	-0.425537	-0.034424	0.095873
12	-0.425537	-0.034424	0.095873
13	-0.425537	-0.034424	0.095873
14	-0.425537	-0.034424	0.095873
15	0.115246	-0.109707	0.060801
16	0.249888	-0.012877	0.031968
17	-0.121485	-0.047858	0.017686
18	0.013158	0.048971	0.010878
19	0.097862	-0.006160	0.004959
20	-0.032988	-0.013226	0.001331
21	-0.032988	-0.013226	0.001331
22	0.046384	-0.001477	0.001086
23	0.014748	0.006144	0.000279
24	-0.001211	-0.005446	0.000134
25	-0.013039	0.001261	0.000092
26	0.003811	0.002026	0.000026
27	-0.002912	-0.001901	0.000021
28	-0.002912	-0.001901	0.000021
29	-0.000396	0.000703	0.000002
30	-0.000396	0.000703	0.000002
31	-0.000396	0.000703	0.000002
32	-0.000396	0.000703	0.000002
33	-0.000971	-0.000271	0.000001
34	0.001043	-0.000176	0.000001
35	-0.000180	0.000240	0.000000
36	-0.000270	-0.000120	0.000000
37	0.000409	-0.000058	0.000000

续表

k	x_1	x_2	$f(x_1, x_2)$
38	-0. 000055	0. 000075	0. 000000
39	-0. 000046	-0. 000056	0. 000000
40	-0. 000046	-0. 000056	0. 000000
41	0. 000006	0. 000018	0. 000000
42	0. 000006	0. 000018	0. 000000

例 12　用单纯形法求解问题

$$\min f(\boldsymbol{x}) = (x_1 - 2)^4 + (x_1 - 2)^2 x_2^2 + (x_2 + 1)^2$$

具有极小点 $(2, -1)^{\mathrm{T}}$. 若取初始点为 $(1, 1)^{\mathrm{T}}$，则得到的迭代点如下所示：

k	x_1	x_2	$f(x_1, x_2)$
1	2. 000000	1. 000000	4. 000000
2	2. 500000	-1. 000000	0. 312500
3	2. 500000	-1. 000000	0. 312500
4	2. 125000	-1. 500000	0. 285400
5	2. 125000	-1. 500000	0. 285400
6	2. 140625	-0. 812500	0. 048602
7	2. 140625	-0. 812500	0. 048602
8	2. 140625	-0. 812500	0. 048602
9	1. 863281	-1. 015625	0. 019874
10	2. 112305	-1. 058594	0. 017726
11	2. 064209	-0. 924805	0. 009197
12	1. 975769	-1. 003662	0. 000605
13	1. 975769	-1. 003662	0. 000605
14	1. 975769	-1. 003662	0. 000605
15	1. 975769	-1. 003662	0. 000605
16	1. 975769	-1. 003662	0. 000605
17	1. 975769	-1. 003662	0. 000605
18	2. 008188	-1. 003741	0. 000082
19	2. 008188	-1. 003741	0. 000082
20	2. 008188	-1. 003741	0. 000082
21	1. 998198	-0. 995245	0. 000026
22	1. 996266	-0. 999711	0. 000014

续表

k	x_1	x_2	$f(x_1, x_2)$
23	2.002710	-1.000610	0.000008
24	1.998843	-0.997703	0.000007
25	1.998521	-0.999434	0.000003
26	2.000696	-0.999589	0.000001
27	2.000696	-0.999589	0.000001
28	1.999528	-0.999944	0.000000
29	1.999528	-0.999944	0.000000
30	2.000291	-0.999916	0.000000
31	2.000076	-1.000237	0.000000
32	1.999856	-1.000010	0.000000
33	2.000129	-1.000020	0.000000
34	2.000129	-1.000020	0.000000
35	1.999950	-0.999904	0.000000
36	1.999948	-0.999986	0.000000

例 13 求解问题

$$\min f(\boldsymbol{x}) = (x_2 - x_1^2)^2 + (x_2 - 2x_1 + 1)^2 + (x_1 + x_2 - 2)^2$$

问题极小点为 $(1, 1)^{\mathrm{T}}$，取初始点为 $(-3, -3)^{\mathrm{T}}$.

k	x_1	x_2	$f(x_1, x_2)$
1	3.000000	-2.000000	171.000000
2	1.000000	-1.500000	18.750000
3	0.000000	0.750000	5.187500
4	0.000000	0.750000	5.187500
5	0.312500	-0.453125	4.891739
6	1.062500	-0.140625	4.375870
7	0.343750	0.226563	2.346345
8	1.093750	0.539063	0.987245
9	1.093750	0.539063	0.987245
10	1.093750	0.539063	0.987245
11	0.871094	0.696289	0.193172
12	0.871094	0.696289	0.193172
13	0.916992	0.944580	0.042148

续表

k	x_1	x_2	$f(x_1, x_2)$
14	0.916992	0.944580	0.042148
15	1.062744	1.052185	0.024548
16	1.062744	1.052185	0.024548
17	0.975021	0.960621	0.004353
18	0.975021	0.960621	0.004353
19	0.975021	0.960621	0.004353
20	0.975021	0.960621	0.004353
21	0.999548	1.016835	0.000898
22	1.004691	0.988807	0.000890
23	1.004691	0.988807	0.000890
24	0.995345	0.992271	0.000158
25	0.999783	1.003687	0.000046
26	0.999783	1.003687	0.000046
27	0.999346	0.995686	0.000043
28	1.001674	1.003394	0.000026
29	1.000146	1.001614	0.000007
30	1.000128	0.999095	0.000003
31	0.999369	0.998834	0.000003
32	0.999947	1.000289	0.000000
33	0.999947	1.000289	0.000000
34	1.000196	1.000296	0.000000
35	0.999982	0.999810	0.000000
36	1.000018	1.000171	0.000000
37	1.000098	1.000143	0.000000
38	1.000020	0.999984	0.000000
39	1.000020	0.999984	0.000000
40	1.000020	0.999984	0.000000
41	1.000014	1.000044	0.000000

例 14　用单纯形法求解 Rosenbrock 函数

$$\min f(\boldsymbol{x}) = 100(x_2 - x_1^2)^2 + (1 - x_1)^2$$

问题有唯一极小点，精确解为 $\boldsymbol{x}^* = (1, 1)^{\mathrm{T}}$，$f(\boldsymbol{x}^*) = 0$. 初试点选在 $(-1, 1)^{\mathrm{T}}$，结果如下：

k	x_1	x_2	$f(x_1, x_2)$
5	0.000000	0.000000	1.000000
10	0.000000	0.000000	1.000000
15	0.120132	0.030167	0.798925
20	0.253588	0.063171	0.557260
25	0.470170	0.213232	0.286847
30	0.666633	0.451087	0.115606
35	0.840187	0.700128	0.028888
40	0.981575	0.957874	0.003492
45	0.966873	0.932811	0.001510
50	0.983939	0.969422	0.000423
55	0.999253	0.998292	0.000005
60	1.000111	1.000351	0.000002
65	0.999878	0.999739	0.000000
70	1.000008	1.000010	0.000000

例 15 用单纯形法求解扩充的 Rosenbrock 函数

$$\min f(\boldsymbol{x}) = 100\sum_{i=1}^{n}(x_{i+1}-x_i^2)^2+(1-x_1)^2$$

问题有唯一极小点，精确解为 $\boldsymbol{x}^*=(1, \cdots, 1)^{\mathrm{T}}$，$f(\boldsymbol{x}^*)=0$. 初始点选在 $(-1, 1, \cdots, 1)^{\mathrm{T}}$，结果如下：

四个变量：

k	x_1	x_2	x_3	x_4	$f(x_1, x_2)$
50	-0.977653	0.962239	0.935531	0.863059	3.939303
100	-0.821755	0.681312	0.424916	0.178735	3.476970
150	-0.033015	-0.032597	0.010552	-0.007786	1.195845
200	0.536287	0.264273	0.070219	0.005121	0.269482
250	0.775309	0.599972	0.364269	0.127357	0.055312
300	0.878124	0.766893	0.591537	0.351775	0.018135
350	0.950706	0.903087	0.817172	0.667489	0.002753
400	0.982494	0.965798	0.932380	0.869210	0.000348
450	1.000366	1.000733	1.001491	1.002972	0.000000
464	1.000043	1.000100	1.000209	1.000416	0.000000

六个变量：

k	x_1	x_2	x_3	x_4	x_5	x_6	$f(x_1, x_2)$
200	-0.952551	0.929175	0.859687	0.732146	0.544530	0.287815	3.880985
400	-0.842111	0.723322	0.529172	0.270108	0.065542	0.007007	3.433096
600	-0.094248	-0.010965	-0.019770	-0.023099	-0.000803	0.013372	1.349572
800	0.216726	0.048150	0.008076	0.024465	0.015122	-0.016466	0.725470
1000	0.752176	0.563050	0.316450	0.095373	-0.001643	0.003659	0.077331
1200	0.893126	0.798505	0.637573	0.408876	0.167105	0.024050	0.013557
1400	0.945355	0.893732	0.799183	0.639292	0.408187	0.165612	0.003167
1600	0.967772	0.935667	0.875674	0.766921	0.588287	0.345827	0.001136
1800	0.977257	0.955165	0.912305	0.832390	0.693072	0.479873	0.000546
2000	0.990219	0.980294	0.960716	0.922948	0.851881	0.725391	0.000118
2200	0.996379	0.992665	0.985364	0.971004	0.942772	0.888794	0.000015
2296	0.997907	0.995819	0.991696	0.983413	0.967150	0.935351	0.000005

八个变量：

k	x_1	x_2	x_3	x_4	x_5	x_6	x_7	x_8	$f(x_1, x_2)$
200	-0.991052	0.993162	0.990722	0.982282	0.962772	0.924640	0.852288	0.726697	3.979980
400	-0.983718	0.980151	0.961529	0.928340	0.856795	0.730552	0.534949	0.282631	3.957337
600	-0.972160	0.958027	0.924386	0.856889	0.729351	0.532338	0.276701	0.078687	3.918371
800	-0.971302	0.957239	0.922085	0.852878	0.721309	0.520361	0.264038	0.071556	3.917732
1000	-0.972108	0.957583	0.921606	0.852003	0.718941	0.517017	0.260997	0.070475	3.917306
1200	-0.969006	0.943859	0.900647	0.810081	0.650651	0.421660	0.181418	0.031740	3.893897
1400	-0.939830	0.887747	0.788705	0.616887	0.378449	0.135374	0.021190	0.006108	3.778270
1600	-0.939240	0.881057	0.776915	0.601766	0.360212	0.120630	0.016513	0.004714	3.772199
1800	-0.878727	0.777994	0.605918	0.357650	0.136904	0.012376	-0.006996	-0.010464	3.570362
2000	-0.414284	0.217556	0.012673	-0.002160	-0.008061	0.018942	-0.031054	-0.030155	2.569412
2200	-0.235764	0.042318	-0.000470	-0.004538	0.017994	0.014890	0.000515	0.000544	1.600842
2400	0.228312	0.042861	0.011591	-0.002343	-0.014200	0.021844	-0.006614	-0.024519	0.746593
2600	0.241193	0.047812	0.013370	0.002836	-0.014223	0.026521	-0.012165	-0.013677	0.724701
2800	0.336682	0.105473	0.023829	0.009820	-0.014930	0.037834	-0.006172	-0.010126	0.651051
3000	0.555438	0.301036	0.085343	0.005443	0.005765	-0.005283	0.003388	0.001203	0.213737
3200	0.788060	0.612330	0.372671	0.136946	0.021423	-0.004710	-0.001690	-0.001153	0.057208
3400	0.852649	0.727001	0.527455	0.278318	0.073140	0.008509	0.000419	0.001915	0.025073

续表

k	x_1	x_2	x_3	x_4	x_5	x_6	x_7	x_8	$f(x_1,x_2)$
3600	0.902460	0.810342	0.655485	0.431257	0.183384	0.035605	0.002802	-0.000460	0.012903
3800	0.923951	0.853601	0.728728	0.529960	0.280735	0.077457	0.005324	-0.000459	0.006157
4000	0.949027	0.900268	0.809679	0.655923	0.429449	0.184783	0.033365	0.000905	0.002829
4200	0.954660	0.911723	0.830450	0.689794	0.474657	0.225396	0.050797	0.003246	0.002312
4400	0.964584	0.930140	0.865149	0.748453	0.560532	0.313908	0.098351	0.009335	0.001298

从计算结果可以看出收敛很慢.

十个变量:

k	x_1	x_2	x_3	x_4	x_5	x_6	x_7	x_8	x_9	x_{10}	$f(x_1,x_2)$
200	-0.993439	0.996772	0.998536	0.999769	1.000489	1.001493	1.003583	1.007445	1.015218	1.030616	3.986878
400	-0.993141	0.996424	0.998162	0.998816	0.998716	0.997733	0.996025	0.991721	0.983640	0.966643	3.986484
600	-0.992523	0.995747	0.996364	0.995069	0.992080	0.984344	0.968938	0.939390	0.881824	0.777879	3.984821
800	-0.992483	0.995300	0.995418	0.992315	0.986047	0.971923	0.944158	0.892699	0.796992	0.634709	3.983469
1000	-0.990525	0.993683	0.991303	0.985101	0.970777	0.941706	0.886779	0.789612	0.623303	0.388636	3.981140
1200	-0.990770	0.992705	0.989714	0.981411	0.961006	0.920974	0.848809	0.722092	0.520279	0.270129	3.979183
1400	-0.990706	0.991975	0.987638	0.978416	0.954954	0.909565	0.829256	0.689525	0.473154	0.224383	3.978480
1600	-0.990775	0.991724	0.987585	0.978222	0.954703	0.910006	0.830482	0.692473	0.477650	0.228446	3.978249
1800	-0.990360	0.990117	0.984953	0.973768	0.949592	0.902611	0.817192	0.668329	0.446107	0.199008	3.974588
2000	-0.990310	0.989752	0.984163	0.972005	0.945454	0.895561	0.804059	0.644840	0.415024	0.172652	3.973848
2200	-0.990246	0.989624	0.984137	0.972172	0.945780	0.896439	0.804787	0.646207	0.416571	0.173801	3.973749
2241	-0.990246	0.989635	0.984151	0.972195	0.945818	0.896500	0.804897	0.646400	0.416823	0.174031	3.973749

收敛太慢，算法失效.

单纯形法的收敛速度是线性的，但是具有简单实用的优点，大量的计算表明，单纯形法是一个十分可靠的算法，特别是它能处理函数值变化剧烈的问题.

有一点值得注意的是，解线性规划的单纯形法和解无约束优化的单纯形法是两个完全不相关的算法，只是碰巧名字相同而已.

4. *Powell 方向加速法*

首先介绍 Powell 原始算法. 考虑正定二次函数

$$f(\boldsymbol{x}) = \frac{1}{2}\boldsymbol{x}^{\mathrm{T}}\boldsymbol{G}\boldsymbol{x} + \boldsymbol{b}^{\mathrm{T}}\boldsymbol{x} + c, \boldsymbol{x} \in \mathbf{R}^n$$

当 $n=2$ 时，$f(\boldsymbol{x})$ 的等值线是一族椭圆，这族椭圆的共同中心 $\boldsymbol{x}^*$ 就是函数的极小点.

定理 1 对于 n 维正定二次函数

$$f(\boldsymbol{x}) = \frac{1}{2}\boldsymbol{x}^{\mathrm{T}}\boldsymbol{G}\boldsymbol{x} + \boldsymbol{b}^{\mathrm{T}}\boldsymbol{x} + c$$

设 $\boldsymbol{p}_0$，$\boldsymbol{p}_1$，…，$\boldsymbol{p}_{k-1}(k<n)$ 关于 $\boldsymbol{G}$ 共轭，$\boldsymbol{x}_0-\boldsymbol{x}_1$ 为任意点，分别从 $\boldsymbol{x}_0$ 与 $\boldsymbol{x}_1$ 出发，依次沿

$\boldsymbol{p}_0$，$\boldsymbol{p}_1$，…，$\boldsymbol{p}_{k-1}$做精确一维搜索，并设最后一次搜索得到的极小点为 $\boldsymbol{x}_a$ 和 $\boldsymbol{x}_b$. 如果 $\boldsymbol{x}_a \neq \boldsymbol{x}_b$，则 $\boldsymbol{x}_a - \boldsymbol{x}_b$ 与 $\boldsymbol{p}_0$，$\boldsymbol{p}_1$，…，$\boldsymbol{p}_{k-1}$关于 $\boldsymbol{G}$ 共轭，即

$$(\boldsymbol{x}_a - \boldsymbol{x}_b)^{\mathrm{T}}\boldsymbol{G}\boldsymbol{p}_i = 0, i = 0,1,\cdots,k-1$$

证明　由定理条件，对所有 $i=0$，1，…，$k-1$ 有：

$$\boldsymbol{p}_i^{\mathrm{T}}\boldsymbol{g}(\boldsymbol{x}_a) = 0$$

$$\boldsymbol{p}_i^{\mathrm{T}}\boldsymbol{g}(\boldsymbol{x}_b) = 0$$

以上两式相减，得到

$$\boldsymbol{p}_i^{\mathrm{T}}[\boldsymbol{g}(\boldsymbol{x}_a) - \boldsymbol{g}(\boldsymbol{x}_b)] = 0$$

而 $\boldsymbol{g}(\boldsymbol{x}_a) - \boldsymbol{g}(\boldsymbol{x}_b) = \boldsymbol{G}(\boldsymbol{x}_a - \boldsymbol{x}_b)$，故

$$\boldsymbol{p}_i^{\mathrm{T}}\boldsymbol{G}(\boldsymbol{x}_a - \boldsymbol{x}_b) = 0$$

因此，结论成立.

这个定理告诉我们，通过在不同起点沿同一族方向求极小的方法可以产生共轭方向. Powell 正是基于这一思想，于 1964 年提出了所谓的方向加速法. 其核心思想是：在迭代过程的每个阶段都做 $n+1$ 次一维搜索. 首先依次沿给定的 n 个线性无关的方向 $\boldsymbol{p}_0$，$\boldsymbol{p}_1$，…，$\boldsymbol{p}_{n-1}$做一维搜索；再沿由这一阶段的起点到第 n 次搜索所得到的点的连线方向 $\boldsymbol{p}$ 做一次一维搜索，并把这次所得点作为下一阶段的起点，下一阶段的 n 个搜索方向为 $\boldsymbol{p}_1$，$\boldsymbol{p}_2$，…，$\boldsymbol{p}_{n-1}$，$\boldsymbol{p}$. 下面给出 Powell 算法的原始算法.

算法 4　Powell 原始算法

给定控制误差 ε，初始点 $\boldsymbol{x}_0$，设 $\boldsymbol{e}_1$，$\boldsymbol{e}_2$，…，$\boldsymbol{e}_n$ 分别为 n 个坐标轴上的单位向量.

step1　令 $\boldsymbol{p}_i = \boldsymbol{e}_{i+1}$，$i=0$，1，…，$n-1$.

step2　依次沿 $\boldsymbol{p}_i$，$i=0$，1，…，$n-1$，做一维搜索，得步长 α_i

$$f(\boldsymbol{x}_i + \alpha_i\boldsymbol{p}_i) = \min_{\alpha\geqslant 0} f(\boldsymbol{x}_i + a\boldsymbol{p}_i)$$

令 $\boldsymbol{x}_{i+1} = \boldsymbol{x}_i + \alpha_i\boldsymbol{p}_i$.

step3　令 $\boldsymbol{p}_n = (\boldsymbol{x}_n - \boldsymbol{x}_0)/\|\boldsymbol{x}_n - \boldsymbol{x}_0\|$，$\boldsymbol{p}_i = \boldsymbol{p}_{i+1}$，$i=0$，1，2，…，$n-1$.

step4　做一维搜索

$$f(\boldsymbol{x}_n + \alpha_n\boldsymbol{p}_{n-1}) = \min_{\alpha\geqslant 0} f(\boldsymbol{x}_n + a\boldsymbol{p}_{n-1})$$

令 $\boldsymbol{x}_{n+1} = \boldsymbol{x}_n + \alpha_n\boldsymbol{p}_{n-1}$.

step5　若 $\|\boldsymbol{x}_{n+1} - \boldsymbol{x}_0\| \leqslant \varepsilon$，则 $\boldsymbol{x}^* = \boldsymbol{x}_{n+1}$，停；否则转 step6.

step6　令 $\boldsymbol{x}_0 = \boldsymbol{x}_{n+1}$，转 step2.

根据定理 1，对于正定二次函数 $f(\boldsymbol{x}) = \dfrac{1}{2}\boldsymbol{x}^{\mathrm{T}}\boldsymbol{G}\boldsymbol{x} + \boldsymbol{b}^{\mathrm{T}}\boldsymbol{x} + c$，Powell 原始算法每个阶段的出发点和终止点所确定的向量必是关于 $\boldsymbol{G}$ 共轭的，故至多经过 n 个阶段的迭代就可以求得极小点. 因为 Powell 原始算法是在迭代中逐次生成共轭方向，而共轭方向又是较好的搜索方向，所以称为方向加速法. 但是后来发现，有时用该算法产生的 n 个向量可能线性相关或近似线性相关，这时不能张成 n 维空间，所以可能得不到真正的极小点. 因此，Powell 原始算法并不是很实用.

为了克服上述缺点，Powell 对其原始算法进行了改进. 改进后的算法虽不再具有二次终止性，但确实克服了搜索方向线性相关的不利情形. Powell 改进算法是较有效的直接法之一.

算法 5 Powell 改进算法

给定控制误差 $\varepsilon>0$，初始点 $\boldsymbol{x}_0$，设 $\boldsymbol{e}_1$，$\boldsymbol{e}_2$，…，$\boldsymbol{e}_n$ 分别为 n 个坐标轴上的单位向量，令 $k=1$.

step1 计算 $f_0=f(\boldsymbol{x}_0)$，令 $\boldsymbol{p}_i=\boldsymbol{e}_i$，$i=1，2，…，n$.

step2 做一维搜索

$$f(\boldsymbol{x}_{k-1}+\alpha_{k-1}\boldsymbol{p}_k)=\min_{\alpha\geqslant 0} f(\boldsymbol{x}_{k-1}+\alpha\boldsymbol{p}_k)$$

令 $\boldsymbol{x}_k=\boldsymbol{x}_{k-1}+\alpha_{k-1}\boldsymbol{p}_k$.

step3 若 $k=n$，转 step4；若 $k<n$，令 $k=k+1$，转 step2.

step4 若 $\|\boldsymbol{x}_n-\boldsymbol{x}_0\|\leqslant\varepsilon$，则 $\boldsymbol{x}^*=\boldsymbol{x}_n$，停止；否则转 step5.

step5 令 $\Delta=\max\limits_{0\leqslant k\leqslant n-1}(f_k-f_{k+1})=f_m-f_{m+1}$，$f^*=f(2\boldsymbol{x}_n-\boldsymbol{x}_0)$.

step6 若 $f^*\geqslant f_0$，或 $(f_0-2f_n+f^*)(f_0-f_n-\Delta)^2>\dfrac{1}{2}(f_0-f^*)^2\Delta$，则搜索方向 $\boldsymbol{p}_1$，$\boldsymbol{p}_2$，…，$\boldsymbol{p}_n$ 不变，令 $f_0=f(\boldsymbol{x}_n)$，$\boldsymbol{x}_0=\boldsymbol{x}_n$，$k=1$，转 step2，否则转 step7.

step7 令 $\boldsymbol{p}_k=\boldsymbol{p}_k$，$k=1，2，…，m$；$\boldsymbol{p}_k=\boldsymbol{p}_{k+1}$，$k=m+1，…，n-1$，而令 $\boldsymbol{p}_n=(\boldsymbol{x}_n-\boldsymbol{x}_0)/\|\boldsymbol{x}_n-\boldsymbol{x}_0\|$.

step8 做一维搜索

$$f(\boldsymbol{x}_n+\bar{\alpha}\boldsymbol{p}_n)=\min_{\alpha\geqslant 0} f(\boldsymbol{x}_n+\alpha\boldsymbol{p}_n)$$

令 $\boldsymbol{x}_0=\boldsymbol{x}_n+\bar{\alpha}\boldsymbol{p}_n$，$f_0=f(\boldsymbol{x}_0)$，$k=1$，转 step2.

以下数值计算结果输出的是每轮计算后得到的迭代点.

例 16 用 Powell 原始算法求解

$$\min f(\boldsymbol{x})=\frac{1}{2}x_1^2+\frac{9}{2}x_2^2$$

设初始点 $\boldsymbol{x}_0=(9，1)^{\mathrm{T}}$ 一维搜索采用黄金分割法精确一维搜索.

k	x_1	x_2	$f(x_1，x_2)$
1	9.000000	1.000000	0.000000
2	0.000002	0.000002	0.000000
3	0.000000	0.000000	0.000000

从计算结果可以看出，Powell 原始算法具有二次终止性.

下面的几个算例采用改进的 Powell 方向加速法进行计算，一维搜索采用黄金分割法.

例 17 问题

$$\min f(\boldsymbol{x})=(x_1-2)^4+(x_1-2)^2x_2^2+(x_2+1)^2$$

具有极小点 $(2，-1)^{\mathrm{T}}$. 若取初始点为 $(1，1)^{\mathrm{T}}$，用改进的 Powell 方向加速法求解此问题，则得到的迭代点如下所示：

k	x_1	x_2	$f(x_1,\ x_2)$
1	1.000000	1.000000	0.000000
2	2.000001	-1.000003	0.000000
3	2.000001	-1.000000	0.000000

例 18　用改进的 Powell 方向加速法求解问题

$$\min f(\boldsymbol{x}) = (x_2 - x_1^2)^2 + (x_2 - 2x_1 + 1)^2 + (x_1 + x_2 - 2)^2$$

问题极小点为 $(1,\ 1)^{\mathrm{T}}$，取初始点为 $(-3,\ -3)^{\mathrm{T}}$. 计算结果如下：

k	x_1	x_2	$f(x_1,\ x_2)$
1	-3.000000	-3.000000	0.000000
2	0.981870	1.336917	0.000000
3	1.000009	1.000010	0.000000
4	1.000000	1.000000	0.000000

例 19　用改进的 Powell 方向加速法求解 Rosenbrock 函数

$$\min f(\boldsymbol{x}) = 100(x_2 - x_1^2)^2 + (1 - x_1)^2$$

问题有唯一极小点，精确解为 $\boldsymbol{x}^* = (1,\ 1)^{\mathrm{T}}$，$f(\boldsymbol{x}^*) = 0$. 初试点选在 $(-1,\ 1)^{\mathrm{T}}$，结果如下：

黄金分割法一维搜索：

k	x_1	x_2	$f(x_1,\ x_2)$
1	-1.000000	1.000000	0.000000
2	-0.789832	0.580732	0.000000
3	-0.519551	0.219095	0.000000
4	-0.209670	0.001294	0.000000
5	0.071758	-0.030861	0.000000
6	0.331293	0.080918	0.000000
7	0.563392	0.295721	0.000000
8	0.764495	0.570132	0.000000
9	0.925593	0.850142	0.000000
10	0.995570	0.992270	0.000000
11	1.000000	0.999999	0.000000
12	1.000000	1.000000	0.000000

从计算结果可以看出这种算法与前面的几种直接法收敛要快得多.

习 题 四

1. 设 $f(\boldsymbol{x})=100(x_2-x_1^2)^2+(1-x_1)^2$，求在以下各点 $(0,\ 0)^{\mathrm{T}}$，$(1,\ 1)^{\mathrm{T}}$，$(1.5,\ 1)^{\mathrm{T}}$ 处的最速下降方向．

2. 用最速下降法求解 $\min\ x_1^2-2x_1x_2+4x_2^2+x_1-3x_2$，初始点 $x_0=(1,\ 1)^{\mathrm{T}}$，迭代两次．

3. 考虑 $f(\boldsymbol{x})=x_1^2+4x_2^2-4x_1-8x_2$.

（1）画出 $f(\boldsymbol{x})$ 的等值线，并求出极小点．

（2）证明：若从 $\boldsymbol{x}_0=(0,\ 0)^{\mathrm{T}}$ 出发，用最速下降法求极小点 $\boldsymbol{x}^*$，则不能经有限步迭代达到 $\boldsymbol{x}^*$.

（3）是否存在 $\boldsymbol{x}_0$，使得从 $\boldsymbol{x}_0$ 出发，用最速下降法经有限步迭代，就能得到极小点 $\boldsymbol{x}^*$？

4. 已知函数 $f(\boldsymbol{x})=\dfrac{1}{2}\boldsymbol{x}^{\mathrm{T}}\boldsymbol{A}\boldsymbol{x}+\boldsymbol{b}^{\mathrm{T}}\boldsymbol{x}+c$，其中 $\boldsymbol{A}$ 为正定矩阵．设 $\boldsymbol{x}_0(\neq\boldsymbol{x}^*)$ 可表示为 $\boldsymbol{x}_0=\boldsymbol{x}^*+\mu\boldsymbol{p}$，其中 $\boldsymbol{x}^*$ 是 $f(\boldsymbol{x})$ 的极小点，$\boldsymbol{p}$ 是 $\boldsymbol{A}$ 的属于特征值 λ 的特征向量．证明：

（1）$\nabla f(\boldsymbol{x}_0)=\mu\lambda\boldsymbol{p}$.

（2）如果从 $\boldsymbol{x}_0$ 出发，沿最速下降方向做精确的一维搜索，则一步达到极小点 $\boldsymbol{x}^*$.

5. 证明：向量 $(1,\ 0)^{\mathrm{T}}$ 和 $(93,\ -2)^{\mathrm{T}}$ 关于矩阵 $\boldsymbol{A}=\begin{pmatrix}2&3\\3&5\end{pmatrix}$ 共轭．

6. 给定矩阵 $\boldsymbol{A}=\begin{pmatrix}1&2\\2&5\end{pmatrix}$，$\boldsymbol{B}=\begin{pmatrix}1&-1&0\\-1&2&0\\0&0&3\end{pmatrix}$. 关于 $\boldsymbol{A}$，$\boldsymbol{B}$ 各求出一组共轭方向．

7. 设 $\boldsymbol{A}$ 为 n 阶是正定矩阵．证明：$\boldsymbol{A}$ 的 n 个互相正交的特征向量关于 $\boldsymbol{A}$ 共轭．

8. 用 FR 共轭梯度法计算

$$\min f(\boldsymbol{x})=x_1^2-x_1x_2+x_2^2+2x_1-4x_2$$

初始点取为 $\boldsymbol{x}_0=(2,\ 2)^{\mathrm{T}}$.

9. 用共轭梯度法解下列问题：

（1）$\min\ \dfrac{1}{2}x_1^2+x_2^2$，取初始点 $\boldsymbol{x}_0=(4,\ 4)^{\mathrm{T}}$.

（2）$\min\ 2x_1^2+2x_1x_2+5x_2^2$，取初始点 $\boldsymbol{x}_0=(2,\ -2)^{\mathrm{T}}$.

10. 设 $f(\boldsymbol{x})=(6+x_1+x_2)^2+(2-3x_1-3x_2-x_1x_2)^2$，求点在 $(-4,\ 6)^{\mathrm{T}}$ 处的 Newton 方向．

11. 用 DFP 拟 Newton 法求 $f(\boldsymbol{x})$ 的极小点，其中

$$f(\boldsymbol{x})=x_1^2-2x_1x_2+2x_2^2-4x_1$$

初始点取为 $\boldsymbol{x}_0=(0,\ 0)^{\mathrm{T}}$，$\boldsymbol{H}_0=\boldsymbol{I}$.

12. 用 BFGS 拟 Newton 法求 $f(\boldsymbol{x})$ 的极小点，其中

$$f(\boldsymbol{x})=x_1^2-2x_1x_2+2x_2^2-4x_1$$

初始点取为 $\boldsymbol{x}_0=(0,\ 0)^{\mathrm{T}}$，$\boldsymbol{H}_0=\boldsymbol{I}$.

第 5 章

约束优化数值算法

本章研究约束优化问题

$$
\begin{aligned}
&\min f(\boldsymbol{x}),\ \boldsymbol{x}\in\mathbf{R}^n \\
&\text{s. t. } c_i(\boldsymbol{x})=0,\ i\in E=\{1,\ 2,\ \cdots,\ l\} \qquad \text{(P1)}\\
&c_i\ (\boldsymbol{x})\ \geqslant 0,\ i\in I=\{l+1,\ l+2,\ \cdots,\ m\}
\end{aligned}
$$

的计算方法．

问题（P1）的可行域为 $D=\{x\mid c_i(x)=0,\ i=1,\ \cdots,\ l,\ c_i(x)\geqslant 0,\ i=l+1,\ \cdots,\ m\}$．

5.1 约束优化问题的最优性条件

约束优化问题的最优性条件是指最优化问题的目标函数与约束函数在最优解处应满足的必要条件、充分条件和充要条件，这里我们主要考虑的是一阶必要条件，它们是最优化理论的重要组成部分，对最优化算法的构造及算法的理论分析都非常重要．

与无约束优化问题类似，求出约束优化问题的全局解是非常困难的，因此一般都是考虑局部解．前面第 1 章我们已经回顾了只有等式约束的优化问题的最优性一阶必要条件即最优值点为其 Language 函数的驻点，这里我们直接考虑既有等式约束又有不等式约束的情况．从直观上来说，约束优化问题的最优解的特点是：在这个点处其可行方向与目标函数的下降方向交集为空集．但是从数学上给出严格的定义描述并且写成能够验证的数学表达式还是比较困难的，下面我们将给出一个简要的推导过程．

对问题（P1）来说，一个不等式约束在可行域某些点处可能等号成立也可能不等号严格成立，因此我们需要给出下面的定义．

定义 1 若问题（P1）的一个可行点 $\bar{\boldsymbol{x}}$ 使某个不等式约束 $c_i(\bar{\boldsymbol{x}})\geqslant 0$ 变成等式，即 $c_i(\bar{\boldsymbol{x}})=0$，则该不等式约束称为关于 $\bar{\boldsymbol{x}}$ 的有效约束．否则，若对于某个 k 使得 $c_k(\bar{\boldsymbol{x}})>0$，则该不等式约束称为关于 $\bar{\boldsymbol{x}}$ 的非有效约束，称所有在 $\bar{\boldsymbol{x}}$ 处的有效约束指标的集合

$$I(\bar{\boldsymbol{x}})=\{i\mid c_i(\bar{\boldsymbol{x}})=0,\ i\in I\}$$

为 $\bar{\boldsymbol{x}}$ 处的有效约束指标集，简称 $\bar{\boldsymbol{x}}$ 处的有效集．

显然，对于任意可行点，所有等式约束都可以看作是有效约束，只有不等式约束才可能是非有效约束．

可行域上的点是否为局部极小取决于目标函数在该点以及在该点附近其他可行点上的值．

定义 2 设 $\bar{x}\in D$，$d\in\mathbf{R}^n$，如果存在 $\delta>0$，使得对任意的 $t\in[0,\delta]$，有 $\bar{x}+td\in D$，则称 d 是 D 中在 $\bar{x}$ 处的可行方向，D 中在 $\bar{x}$ 处的所有可行方向集合记为 $FD(\bar{x},D)$.

定义 3 设 $\bar{x}\in D$，$d\in\mathbf{R}^n$，如果

$$d^{\mathrm{T}}\nabla c_i(\bar{x})=0,\ i\in E,\ d^{\mathrm{T}}\nabla c_i(\bar{x})\geqslant 0,\ i\in I(\bar{x})$$

则称 d 是 D 中在 $\bar{x}$ 处的线性化可行方向，D 中在 $\bar{x}$ 处的所有线性化可行方向集合记为 $LFD(\bar{x},D)$.

定义 4 设 $\bar{x}\in D$，$d\in\mathbf{R}^n$，如果存在 $d_k\in\mathbf{R}^n$，$\delta_k>0$，$k=1,2,\cdots$，使得 $d_k\to d$，$\delta_k\to 0$，且 $\bar{x}+\delta_k d_k\in D$，则称 d 是 D 中在 $\bar{x}$ 处的序列可行方向，D 中在 $\bar{x}$ 处的所有序列可行方向集合记为 $SFD(\bar{x},D)$.

根据定义 1－3，下列引理成立.

引理 1 如果所有的约束函数都在 $\bar{x}$ 处可微，则有

$$FD(\bar{x},D)\subseteq SFD(\bar{x},D)\subseteq LFD(\bar{x},D)$$

引理 2 设 x^* 是约束优化问题（P1）的局部极小点，如果 $f(x)$ 在 x^* 处可微，则对任意 $d\in SFD(x^*,D)$，必有

$$d^{\mathrm{T}}\nabla f(x^*)\geqslant 0$$

证明 $d=0$ 时结论显然成立. 对 $SFD(x^*,D)$ 中任意 $d\neq 0$，由定义 4 知，存在 $d_k\to d$，$\delta_k\to 0$，使得 $x^*+\delta_k d_k\in D$，因为 x^* 是局部极小值点，所以对充分大的 k，有 $f(x^*+\delta_k d_k)\geqslant f(x^*)$.

由于 $f(x)$ 在 x^* 处可微，由上式可知

$$\delta_k d_k^{\mathrm{T}}\nabla f(x^*)+o(\delta_k)\geqslant 0$$

因为 $\delta_k>0$，$\delta_k\to 0$，在上式两端除以 δ_k 后，令 $k\to\infty$，即可得结论.

类似地，我们可以证明以下引理.

引理 3 设 $x^*\in D$，如果 $f(x)$ 在 x^* 处可微，且对任意 $d\in SFD(x^*,D)$，有

$$d^{\mathrm{T}}\nabla f(x^*)>0$$

则 x^* 是约束优化问题（P1）的严格局部极小点.

证明 如果 x^* 不是局部严格极小点，则存在无穷点列 $\{x_k\}$，$x_k\in D$，$x_k\neq x^*$，$x_k\to x^*$，使得

$$f(x_k)\leqslant f(x^*),\ k=1,2,\cdots$$

对所有 k，定义 $\delta_k=\|x_k-x^*\|_2$，$d_k=(x_k-x^*)/\delta_k$，由于 d_k 有界，必存在收敛子列，不失一般性（选取子列代替整个序列），假定 d_k 收敛于 d^*，显然 $d^*\in SFD(x^*,D)$，因为 $f(x_k)\leqslant f(x^*)$，$k=1,2,\cdots$，并且 $f(x)$ 可微，所以 $d^{*\mathrm{T}}\nabla f(x^*)\leqslant 0$. 这说明引理成立.

下面的引理是 Farkas（1902）给出的，称为 Farkas 引理，该引理也称为择一性引理.

引理 4（Farkas 引理） 设 l 和 l' 是两个非负整数，a_0，a_i（$i=1,2,\cdots,l$）和 b_i（$i=1,2,\cdots,l'$）是 $\mathbf{R}^n$ 中向量，则线性方程组及不等式组

$$\begin{aligned}&d^{\mathrm{T}}a_0<0\\&d^{\mathrm{T}}a_i=0,\ i=1,2,\cdots,l\\&d^{\mathrm{T}}b_i\geqslant 0,\ i=1,2,\cdots,l'\end{aligned}\tag{5-1}$$

无解的充分必要条件为：存在实数 $\lambda_i(i=1,2,\cdots,l)$ 和非负实数 $\mu_i(i=1,2,\cdots,l')$，

使得

$$\boldsymbol{a}_0 = \sum_{i=1}^{l} \lambda_i \boldsymbol{a}_i + \sum_{i=1}^{l'} \mu_i \boldsymbol{b}_i \tag{5-2}$$

证明　充分性．假定（5－2）成立，且 $\mu_i \geqslant 0 (i=1, 2, \cdots, l')$，如果 $\boldsymbol{d}^{\mathrm{T}}\boldsymbol{a}_i = 0$，$\boldsymbol{d}^{\mathrm{T}}\boldsymbol{b}_i \geqslant 0$ 成立，则

$$\boldsymbol{d}^{\mathrm{T}}\boldsymbol{a}_0 = \sum_{i=1}^{l} \lambda_i \boldsymbol{d}^{\mathrm{T}}\boldsymbol{a}_i + \sum_{i=1}^{l'} \mu_i \boldsymbol{d}^{\mathrm{T}}\boldsymbol{b}_i \geqslant 0$$

故 $\boldsymbol{d}^{\mathrm{T}}\boldsymbol{a}_0 < 0$ 不可能成立，因此式（5－1）无解．

必要性．用反证法．假定不存在实数 λ_i（$i=1, 2, \cdots, l$）和非负实数 μ_i（$i=1, 2, \cdots, l'$），使得 $\boldsymbol{a}_0 = \sum_{i=1}^{l} \lambda_i \boldsymbol{a}_i + \sum_{i=1}^{l'} \mu_i \boldsymbol{b}_i$ 成立．定义集合

$$S = \left\{ \boldsymbol{a} \mid \boldsymbol{a} = \sum_{i=1}^{l} \lambda_i \boldsymbol{a}_i + \sum_{i=1}^{l'} \mu_i \boldsymbol{b}_i, \lambda_i \in \mathbf{R}, \mu_i \geqslant 0 \right\}$$

显然 S 是 $\mathbf{R}^n$ 中的一个闭凸锥，由于 $\boldsymbol{a}_0 \notin S$，由第 1 章的凸集分离定理，必存在 $\boldsymbol{d} \in \mathbf{R}^n$，$\alpha \in \mathbf{R}$，使得对任意 $\boldsymbol{a} \in S$，有

$$\boldsymbol{d}^{\mathrm{T}}\boldsymbol{a}_0 < \alpha < \boldsymbol{d}^{\mathrm{T}}\boldsymbol{a}$$

由于 $\mathbf{0} \in S$，所以 $\boldsymbol{d}^{\mathrm{T}}\boldsymbol{a}_0 < 0$.

对任意 $\lambda > 0$ 和任意 $i=1, 2, \cdots, l'$，都有 $\lambda \boldsymbol{b}_i \in S$，于是

$$\lambda \boldsymbol{d}^{\mathrm{T}}\boldsymbol{b}_i > \alpha$$

在上面不等式两边同除以 λ，然后令 $\lambda \to +\infty$，得

$$\boldsymbol{d}^{\mathrm{T}}\boldsymbol{b}_i \geqslant 0,\ i=1, 2, \cdots, l'$$

对任意 $\lambda > 0$ 和任意 $i=1, 2, \cdots, l$，都有 $\lambda \boldsymbol{a}_i \in S$ 和 $-\lambda \boldsymbol{a}_i \in S$，同上可证

$$\boldsymbol{d}^{\mathrm{T}}\boldsymbol{a}_i \geqslant 0, \boldsymbol{d}^{\mathrm{T}}(-\boldsymbol{a}_i) \geqslant 0$$

故知

$$\boldsymbol{d}^{\mathrm{T}}\boldsymbol{a}_i = 0,\ i=1, 2, \cdots, l$$

因此式（5－1）有解．证毕．

利用 Farkas 引理和引理 2，可以证明著名的 Kuhn－Tucker 定理．

定理 1（Kuhn－Tucker 定理）　设 $\boldsymbol{x}^*$ 是约束优化问题（P1）的局部极小点，如果 $f(\boldsymbol{x})$，$c_i(\boldsymbol{x})(i=1, 2, \cdots, m)$ 在 $\boldsymbol{x}^*$ 处可微，而且

$$SFD(\boldsymbol{x}^*, D) = LFD(\boldsymbol{x}^*, D) \tag{5-3}$$

则存在实数 λ_i^*（$i=1, 2, \cdots, m$），使得

$$\begin{cases} \nabla f(\boldsymbol{x}^*) = \sum_{i=1}^{m} \lambda_i^* \nabla c_i(\boldsymbol{x}^*) \\ \lambda_i^* c_i(\boldsymbol{x}^*) = 0, \lambda_i^* \geqslant 0, i \in I \end{cases} \tag{5-4}$$

证明　由引理 2 及式（5－3）知

$$\begin{cases} \boldsymbol{d}^{\mathrm{T}} \nabla f(\boldsymbol{x}^*) < 0 \\ \boldsymbol{d}^{\mathrm{T}} \nabla c_i(\boldsymbol{x}^*) = 0, i \in E \\ \boldsymbol{d}^{\mathrm{T}} \nabla c_i(\boldsymbol{x}^*) \geqslant 0, i \in I(\boldsymbol{x}^*) \end{cases}$$

无解．由 Farkas 引理可知，存在 $\lambda_i^*(i\in E)$ 及 $\lambda_i^*\geqslant 0(i\in I(\boldsymbol{x}^*))$，使得

$$\nabla f(\boldsymbol{x}^*)=\sum_{i\in E}\lambda_i^*\nabla c_i(\boldsymbol{x}^*)+\sum_{i\in I(\boldsymbol{x}^*)}\lambda_i^*\nabla c_i(\boldsymbol{x}^*)$$

定义 $\lambda_i^*=0$，$i\in I\setminus I(\boldsymbol{x}^*)$，即知结论成立．

上述定理包含了等式约束优化问题的最优性条件．问题（P1）的 Lagrange 函数为 $n+m$ 元函数：

$$L(\boldsymbol{x},\boldsymbol{\lambda})=f(\boldsymbol{x})-\boldsymbol{\lambda}^{\mathrm{T}}\boldsymbol{c}(\boldsymbol{x})=f(\boldsymbol{x})-\sum_{i=1}^{m}\lambda_i c_i(\boldsymbol{x})$$

其中 $\boldsymbol{c}(\boldsymbol{x})=(c_1(\boldsymbol{x}),\ c_2(\boldsymbol{x}),\ \cdots,\ c_m(\boldsymbol{x}))^{\mathrm{T}}$，$\boldsymbol{\lambda}=(\lambda_1,\ \lambda_2,\ \cdots,\ \lambda_m)^{\mathrm{T}}$，$\boldsymbol{\lambda}$ 为 Lagrange 乘子向量．$\boldsymbol{x}^*$ 为约束优化问题（P1）最优解的必要条件是式（5－4）中第一式，即 Lagrange 函数梯度为 $\mathbf{0}$.

这个定理最早是由 Kuhn 和 Tucker（1951）给出的，所以通常称式（5－4）为 Kuhn－Tucker 条件，满足式（5－4）的点 $\boldsymbol{x}^*$ 称为 Kuhn－Tucker 点（简称为 KT 条件与 KT 点），并称 $n+m$ 元向量 $\begin{pmatrix}\boldsymbol{x}^*\\ \boldsymbol{\lambda}^*\end{pmatrix}$ 为 KT 对，其中向量 $\boldsymbol{\lambda}^*$ 为 Lagrange 乘子向量．条件 $\lambda_i^*c_i(\boldsymbol{x}^*)=0$ 称为互补松弛条件，它表明 λ_i^* 与 $c_i(\boldsymbol{x}^*)$ 至少有一个为零，即非有效约束的 Lagrange 乘子必为零．但 λ_i^* 与 $c_i(\boldsymbol{x}^*)$ 也可能同时为零．当所有有效约束的乘子都不为零，即 $\lambda_i^*>0(\forall i\in I(\boldsymbol{x}^*))$ 时，称 $\lambda_i^*c_i(\boldsymbol{x}^*)=0$ 为严格互补松弛条件成立．后者在一些算法的理论分析中经常用到．

因为 Karush（1939）也类似地考虑了约束优化的最优性条件，所以也有人将此定理称为 Karush－Kuhn－Tucker 条件，KT 点称为 KKT 点．

定理中的条件 $SFD(\boldsymbol{x}^*,\ D)=LFD(\boldsymbol{x}^*,\ D)$ 称为约束规范条件．显然当约束都是线性时自动满足，对于非线性约束，Mangasarian 和 Fromowitz（1967）提出了另外的规范条件：

$$\begin{cases}\nabla c_i(\boldsymbol{x}^*)(i\in E)\text{线性无关}\\ S^*=\{\boldsymbol{d}\mid \boldsymbol{d}^{\mathrm{T}}\nabla c_i(\boldsymbol{x}^*)=0,\ i\in E,\ \boldsymbol{d}^{\mathrm{T}}\nabla c_i(\boldsymbol{x}^*)>0,\ i\in I(\boldsymbol{x}^*)\}\text{非空}\end{cases}$$

并且证明了该条件成立就能保证 $SFD(\boldsymbol{x}^*,\ D)=LFD(\boldsymbol{x}^*,\ D)$ 成立．

一个更强的约束规范条件是：$\nabla c_i(\boldsymbol{x}^*)(i\in E\cup I(\boldsymbol{x}^*))$ 线性无关．这也是一个充分条件．因为这个条件易于检验，所以它是一个最常见也最实用的关于约束优化一阶最优性条件的结果，限于篇幅，这里就不给出证明了，详细可参考文献［9］．

KT 条件的主要作用是在算法中作为判断算法是否终止的准则．

例 1　求下面约束优化问题的 KT 点及相应的乘子．

$$\begin{aligned}\min\ & f(\boldsymbol{x})=x_1^2+x_2\\ \text{s. t.}\ & -x_1^2-x_2^2+9\geqslant 0\\ & -x_1-x_2+1\geqslant 0\end{aligned}$$

解　先构造 Lagrange 函数

$$L(\boldsymbol{x},\ \boldsymbol{\lambda})=x_1^2+x_2-\lambda_1(-x_1^2-x_2^2+9)-\lambda_2(-x_1-x_2+1)$$

则由问题的 KT 条件加上约束条件得

$$\begin{pmatrix}2x_1\\1\end{pmatrix}-\lambda_1\begin{pmatrix}-2x_1\\-2x_2\end{pmatrix}-\lambda_2\begin{pmatrix}-1\\-1\end{pmatrix}=\begin{pmatrix}0\\0\end{pmatrix}$$

$$\lambda_1(-x_1^2-x_2^2+9)=0,\ \lambda_1\geqslant 0,\ -x_1^2-x_2^2+9\geqslant 0$$

$$\lambda_2(-x_1-x_2+1)=0,\ \lambda_2\geqslant 0,\ -x_1-x_2+1\geqslant 0$$

KT 点应满足上述等式及不等式，下面分情况讨论：

（1）若 $\lambda_1=\lambda_2=0$，方程组矛盾，无解 .

（2）若 $\lambda_1=0$，$\lambda_2\neq 0$，得 $\lambda_2=-1$，方程组矛盾，无解 .

（3）若 $\lambda_1\neq 0$，$\lambda_2=0$，得

$$\begin{cases}(1+\lambda_1)\ x_1=0\\1+2\lambda_1x_2=0\\x_1^2+x_2^2=9\end{cases}$$

解出 $x_1=0$，$x_2=-3$，$\lambda_1=\dfrac{1}{6}$，得到满足所有条件的解，即

$$\boldsymbol{x}^*=(0,-3)^{\mathrm{T}},\ \boldsymbol{\lambda}^*=\left(\frac{1}{6},0\right)^{\mathrm{T}}$$

（4）$\lambda_1\neq 0$，$\lambda_2\neq 0$，得

$$\begin{cases}x_1^2+x_2^2=9\\x_1+x_2=1\end{cases}$$

解出 $x_1=\dfrac{1\pm\sqrt{17}}{2}$，$x_2=\dfrac{1\mp\sqrt{17}}{2}$，代回方程组，得 $\lambda_1=-\dfrac{1}{2}$，矛盾，无解 .

综上，问题的 KT 点为 $\boldsymbol{x}^*=(0,\ -3)^{\mathrm{T}}$，相应乘子为 $\boldsymbol{\lambda}^*=\left(\dfrac{1}{6},\ 0\right)^{\mathrm{T}}$.

问题的几何意义如图 5 - 1 所示，从图上可以看出 KT 点为最优解 .

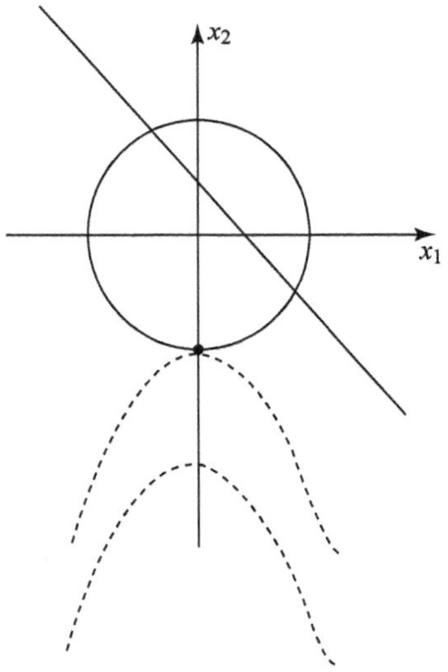

图 5 - 1　例 1 示意图

例 2 验证 $(2,1)^T$ 为下面约束优化问题的 KT 点．

$$\begin{aligned} \min \quad & f(x_1, x_2)=(x_1-3)^2+(x_2-2)^2 \\ \text{s. t.} \quad & -x_1^2-x_2^2+5\geqslant 0 \\ & -x_1-2x_2+4\geqslant 0 \\ & x_1\geqslant 0,\ x_2\geqslant 0 \end{aligned}$$

解 问题的 Lagrange 函数为

$$L(\boldsymbol{x},\boldsymbol{\lambda})=(x_1-3)^2+(x_2-2)^2-\lambda_1(-x_1^2-x_2^2+5)-\lambda_2(-x_1-2x_2+4)-\lambda_3x_1-\lambda_4x_2$$

根据 KT 条件和约束条件，得

$$\begin{cases} 2(x_1-3)+\lambda_1 2x_1+\lambda_2-\lambda_3=0 \\ 2(x_2-2)+\lambda_1 2x_2+2\lambda_2-\lambda_4=0 \\ \lambda_1(-x_1^2-x_2^2+5)=0,\ \lambda_1\geqslant 0,\ -x_1^2-x_2^2+5\geqslant 0 \\ \lambda_2(-x_1-2x_2+4)=0,\ \lambda_2\geqslant 0,\ -x_1-2x_2+4\geqslant 0 \\ \lambda_3x_1=0,\ \lambda_3\geqslant 0,\ x_1\geqslant 0 \\ \lambda_4x_2=0,\ \lambda_4\geqslant 0,\ x_2\geqslant 0 \end{cases}$$

KT 点应满足上述所有等式及不等式．

在 $\boldsymbol{x}^*=(2,1)^T$ 点处，有效集为 $I^*=\{1,2\}$，所以 $x_3^*=x_4^*=0$，将其与 $x_1^*=2$，$x_2^*=1$ 一起代入 KT 条件前两式，得

$$\begin{pmatrix}-2\\-2\end{pmatrix}+\lambda_1^*\begin{pmatrix}4\\2\end{pmatrix}+\lambda_2^*\begin{pmatrix}1\\2\end{pmatrix}=\begin{pmatrix}0\\0\end{pmatrix}$$

可得 $\lambda_1^*=\dfrac{1}{3}$，$\lambda_2^*=\dfrac{2}{3}$，满足所有条件．因此，$\boldsymbol{x}^*=(2,1)^T$ 是 KT 点．

其几何意义如图 5－2 所示，KT 点即为最优解．

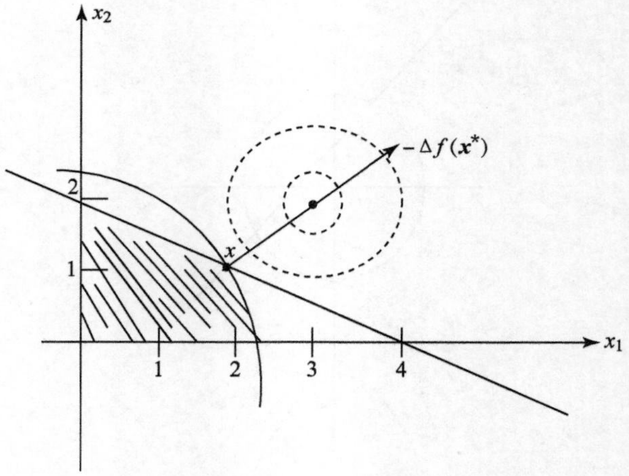

图 5－2 例 2 示意图

例 3 已知约束问题

$$\min f(\boldsymbol{x}) = -3x_1^2 - x_2^2 - 2x_3^2$$
$$\text{s. t. } x_1^2 + x_2^2 + x_3^2 - 3 = 0$$
$$-x_1 + x_2 \geqslant 0$$
$$x_1 \geqslant 0,\ x_2 \geqslant 0,\ x_3 \geqslant 0$$

试验证最优点 $\boldsymbol{x}^* = (1,\ 1,\ 1)^{\mathrm{T}}$ 为 KT 点.

解　问题的 KT 条件及约束条件为

$$\begin{pmatrix} -6x_1 \\ -2x_2 \\ -4x_3 \end{pmatrix} - \lambda_1 \begin{pmatrix} 2x_1 \\ 2x_2 \\ 2x_3 \end{pmatrix} - \lambda_2 \begin{pmatrix} -1 \\ 1 \\ 0 \end{pmatrix} - \lambda_3 \begin{pmatrix} 1 \\ 0 \\ 0 \end{pmatrix} - \lambda_4 \begin{pmatrix} 0 \\ 1 \\ 0 \end{pmatrix} - \lambda_5 \begin{pmatrix} 0 \\ 0 \\ 1 \end{pmatrix} = \begin{pmatrix} 0 \\ 0 \\ 0 \end{pmatrix}$$
$$x_1^2 + x_2^2 + x_3^2 - 3 = 0$$
$$\lambda_2(-x_1 + x_2) = 0,\ \lambda_2 \geqslant 0,\ -x_1 + x_2 \geqslant 0$$
$$\lambda_3 x_1 = 0,\ \lambda_3 \geqslant 0,\ x_1 \geqslant 0$$
$$\lambda_4 x_2 = 0,\ \lambda_4 \geqslant 0,\ x_2 \geqslant 0$$
$$\lambda_5 x_3 = 0,\ \lambda_5 \geqslant 0,\ x_3 \geqslant 0$$

由 $\boldsymbol{x}^* = (1,\ 1,\ 1)^{\mathrm{T}}$，得 $I^* = \{1,\ 2\}$，所以 $\lambda_3^* = \lambda_4^* = \lambda_5^* = 0$，将其与 $x_1^* = 1$，$x_2^* = 1$，$x_3^* = 1$ 代入 KT 条件，得

$$\begin{pmatrix} -6 \\ -2 \\ -4 \end{pmatrix} - \lambda_1^* \begin{pmatrix} 2 \\ 2 \\ 2 \end{pmatrix} - \lambda_2^* \begin{pmatrix} -1 \\ 1 \\ 0 \end{pmatrix} = \begin{pmatrix} 0 \\ 0 \\ 0 \end{pmatrix}$$

于是 $\lambda_1^* = -2$，$\lambda_2^* = 2$，满足所有条件. 因此，$\boldsymbol{x}^* = (1,\ 1,\ 1)^{\mathrm{T}}$ 为 KT 点.

需要注意的是，只有在满足 Kuhn – Tucker 约束规范条件下，最优解才是 KT 点. 否则，最优点不一定是 KT 点，如例 4 所示.

例 4　考虑下述优化问题的最优解是否为 KT 点.

$$\min f(\boldsymbol{x}) = x_1$$
$$\text{s. t.}\quad x_1^3 - x_2 \geqslant 0$$
$$x_2 \geqslant 0$$

解　容易看出，问题的最优解为 $\boldsymbol{x}^* = (0,\ 0)^{\mathrm{T}}$，问题的 KT 条件及约束条件为

$$\begin{pmatrix} 1 \\ 0 \end{pmatrix} - \lambda_1 \begin{pmatrix} 3x_1^2 \\ -1 \end{pmatrix} - \lambda_2 \begin{pmatrix} 0 \\ 1 \end{pmatrix} = \begin{pmatrix} 0 \\ 0 \end{pmatrix}$$
$$\lambda_1(x_1^3 - x_2) = 0,\ \lambda_1 \geqslant 0,\ x_1^3 - x_2 \geqslant 0$$
$$\lambda_2 x_2 = 0,\ \lambda_2 \geqslant 0,\ x_2 \geqslant 0$$

将 $\boldsymbol{x}^* = (0,\ 0)^{\mathrm{T}}$ 代入，得

$$\begin{pmatrix} 1 \\ 0 \end{pmatrix} - \lambda_1^* \begin{pmatrix} 0 \\ -1 \end{pmatrix} - \lambda_2^* \begin{pmatrix} 0 \\ 1 \end{pmatrix} = \begin{pmatrix} 0 \\ 0 \end{pmatrix}$$

这个方程是无解的，原因就是这个问题不满足 Kuhn – Tucker 约束规范，故最优解 $\boldsymbol{x}^* = (0,\ 0)^{\mathrm{T}}$ 不是 KT 点.

下面给出问题（P1）最优解的一个二阶充分条件.

定理 2（二阶充分条件）　设 $f(\boldsymbol{x})$，$c_i(\boldsymbol{x})$（$i = 1,\ 2,\ \cdots,\ m$）是二阶连续可微函数，

若存在 $\boldsymbol{x}^* \in \mathbf{R}^n$ 满足：

（1）$\begin{pmatrix}\boldsymbol{x}^*\\ \boldsymbol{\lambda}^*\end{pmatrix}$为 KT 对，且严格互补松弛条件成立；

（2）对子空间 $M=\{\boldsymbol{d}\in\mathbf{R}^n \mid \boldsymbol{d}^{\mathrm{T}}\nabla c_i(\boldsymbol{x}^*)=0,\ i\in E\cup I^*\}$ 中的任意非零 $\boldsymbol{d}$，有

$$\boldsymbol{d}^{\mathrm{T}}\nabla_x^2 L(\boldsymbol{x}^*,\ \boldsymbol{\lambda}^*)\boldsymbol{d}>0$$

则 $\boldsymbol{x}^*$ 为问题（P1）的严格局部最优解，其中 $\nabla_x^2 L(\boldsymbol{x}^*,\ \boldsymbol{\lambda}^*)$ 为 Lagrange 函数在$\begin{pmatrix}\boldsymbol{x}^*\\ \boldsymbol{\lambda}^*\end{pmatrix}$处的 Hesse 阵，即

$$\nabla_x^2 L(\boldsymbol{x}^*,\boldsymbol{\lambda}^*)=\nabla^2 f(\boldsymbol{x}^*)-\sum_{i=1}^{m}\lambda_i^*\nabla^2 c_i(\boldsymbol{x}^*)$$

证明略.

这个定理的几何意义是，在 Lagrange 函数 $L(\boldsymbol{x},\ \boldsymbol{\lambda})$ 的驻点$\begin{pmatrix}\boldsymbol{x}^*\\ \boldsymbol{\lambda}^*\end{pmatrix}$处，若 $L(\boldsymbol{x},\ \boldsymbol{\lambda})$ 函数关于 $\boldsymbol{x}$ 的 Hesse 阵在约束超曲面的切平面上正定，则 $\boldsymbol{x}^*$ 就是约束优化问题的局部极小点.

最后我们给出凸规划问题的最优性充分条件. 设凸规划问题为

$$\begin{aligned}&\min f(\boldsymbol{x}),\ \boldsymbol{x}\in\mathbf{R}^n\\ &\text{s. t. } c_i(\boldsymbol{x})=\boldsymbol{a}_i^{\mathrm{T}}\boldsymbol{x}+b_i=0,\ i\in E=\{1,\ 2,\ \cdots,\ l\}\\ &\qquad c_i(\boldsymbol{x})\geqslant 0,\ i\in I=\{l+1,\ l+2,\ \cdots,\ m\}\end{aligned}\tag{P2}$$

其中 $f(\boldsymbol{x})$ 为凸函数，$c_i(\boldsymbol{x})$，$i\in I$ 为凹函数.

定理 3 （凸规划问题的充分条件）设在凸规划问题（P2）中 $f(\boldsymbol{x})$，$c_i(\boldsymbol{x})$，$i\in I$ 为可微函数，若 $\boldsymbol{x}^*$ 为问题（P2）的 KT 点，则 $\boldsymbol{x}^*$ 为问题（P2）的整体最优解.

由此可见，对于凸规划问题，KT 条件就成为最优解的充分必要条件.

5.2 罚函数法与乘子法

罚函数法是求解一般约束最优化问题（P1）的重要方法. 由于目前已有许多种求解无约束优化问题的有效的算法，所以一种自然的想法就是设法将约束问题的求解转化为无约束问题的求解. 具体说就是根据约束的特点，构造某种“惩罚”函数，然后把它加到目标函数中去，将约束问题的求解转化为一系列无约束问题的求解. 这种“惩罚”策略将使得一系列无约束问题的极小点或者无限地靠近可行域，或者一直保持在可行域内移动，直至迭代点列收敛到原约束问题的最优解. 这类算法主要有三种：外罚函数法、内罚函数法和乘子法.

1. 外罚函数法

我们先给出一个例子.

例 1 求解约束问题

$$\begin{aligned}&\min f(x_1,\ x_2)=x_1^2+3x_2^2\\ &\text{s. t. } x_1+x_2=1\end{aligned}$$

解　用图解法求出最优解为 $x^* = \left(\frac{3}{4}, \frac{1}{4}\right)^{\mathrm{T}}$，我们试着将约束问题化为无约束问题. 根据设想的"惩罚"策略，令

$$F(x_1, x_2) = \begin{cases} x_1^2 + 3x_2^2, & x_1 + x_2 = 1 \\ +\infty, & x_1 + x_2 \neq 1 \end{cases}$$

则以 $F(x_1, x_2)$ 为目标函数的无约束问题的极小点必在直线 $x_1 + x_2 = 1$ 上. 否则，目标函数将是正无穷大. 但函数 $F(x_1, x_2)$ 的性态极坏，以致无法用有效的无约束优化算法求解. 现在考虑如下函数：

$$P(x_1, x_2, \sigma) = x_1^2 + 3x_2^2 + \sigma(x_1 + x_2 - 1)^2$$

其中 σ 是很大的正数. 求解此无约束问题，得到最优解的解析式：

$$x_1(\sigma) = \frac{3\sigma}{4\sigma + 3},\ x_2(\sigma) = \frac{\sigma}{4\sigma + 3}$$

当 $\sigma \to +\infty$时，有 $(x_1(\sigma), x_2(\sigma))^{\mathrm{T}} \to (x_1^*, x_2^*)^{\mathrm{T}} = \left(\frac{3}{4}, \frac{1}{4}\right)^{\mathrm{T}}$. 因此，无约束问题最优解的极限为原问题的最优解.

将以上方法推广到一般情况. 首先考虑仅含等式约束的优化问题：

$$\begin{aligned} &\min f(\boldsymbol{x}),\ \boldsymbol{x} \in \mathbf{R} \\ &\text{s.t. } c_i(\boldsymbol{x}) = 0,\ i \in E = \{1, 2, \cdots, l\} \end{aligned}$$

构造形如

$$P(\boldsymbol{x}, \sigma) = f(\boldsymbol{x}) + \sigma \sum_{i=1}^{l} |c_i(\boldsymbol{x})|^2$$

的函数，其中 $\sigma > 0$ 称为罚因子. 这个函数符合我们的"惩罚"策略，即当 $\boldsymbol{x}$ 为可行解时，$c_i(\boldsymbol{x}) = 0$，$P(\boldsymbol{x}, \sigma) = f(\boldsymbol{x})$，不受惩罚；当 $\boldsymbol{x}$ 不是可行解时，$c_i(\boldsymbol{x}) \neq 0$，$P(\boldsymbol{x}, \sigma) = f(\boldsymbol{x}) + \sigma \sum_{i=1}^{l} |c_i(\boldsymbol{x})|^2$，$\sigma$ 越大，惩罚越重. 因此当 σ 充分大时，要使 $P(\boldsymbol{x}, \sigma)$ 取极小值，$\sigma \sum_{i=1}^{l} |c_i(\boldsymbol{x})|^2$ 应充分小，即 $P(\boldsymbol{x}, \sigma)$ 的极小点应充分逼近可行域.

其次考虑含不等式约束的最优化问题：

$$\begin{aligned} &\min f(\boldsymbol{x}),\ \boldsymbol{x} \in \mathbf{R} \\ &\text{s.t. }\ c_i(\boldsymbol{x}) \geqslant 0,\ i \in I = \{1, 2, \cdots, m\} \end{aligned}$$

构造函数

$$P(\boldsymbol{x}, \sigma) = f(\boldsymbol{x}) + \sigma \tilde{P}(\boldsymbol{x}), \sigma > 0$$

其中

$$\tilde{P}(\boldsymbol{x}) = \begin{cases} 0, c_i(\boldsymbol{x}) \geqslant 0 \\ \sum_{i=1}^{m} (c_i(\boldsymbol{x}))^2, c_i(\boldsymbol{x}) < 0 \end{cases}$$

也可以写为

$$\tilde{P}(\boldsymbol{x}) = \sum_{i=1}^{m} (\min\{0, c_i(\boldsymbol{x})\})^2 \text{ 或者 } \tilde{P}(\boldsymbol{x}) = \sum_{i=1}^{m} \left(\frac{|c_i(\boldsymbol{x})| - c_i(\boldsymbol{x})}{2}\right)^2$$

显然，"惩罚项" $\tilde{P}(\boldsymbol{x})$ 符合"惩罚"策略.

综合上述两种约束，对一般约束最优化问题（P1），构造如下罚函数

$$P(\boldsymbol{x},\ \sigma)=f(\boldsymbol{x})+\sigma\tilde{P}(\boldsymbol{x}),\sigma>0$$

其中

$$\tilde{P}(\boldsymbol{x}) = \sum_{i=1}^{l}(c_i(\boldsymbol{x}))^2 + \sum_{i=l+1}^{m}(\min\{0,c_i(\boldsymbol{x})\})^2$$

函数 $P(\boldsymbol{x},\ \sigma)$ 称为约束问题（P1）的增广目标函数，$\tilde{P}(\boldsymbol{x})$ 称为问题的罚函数，参数 $\sigma>0$ 称为罚因子.

于是求解约束问题（P1）转化为求增广目标函数 $P(\boldsymbol{x},\ \sigma)$ 的系列无约束极小，即求解

$$\min P(\boldsymbol{x},\ \sigma_k)$$

其中 σ_k 为正的数列，且 $\sigma_k\to+\infty$.

例 2 求解约束问题

$$\begin{aligned}&\min f(x_1,\ x_2)=x_1^2+3x_2^2\\&\text{s. t.}\quad x_1+x_2\geqslant 1\end{aligned}$$

解 运用图解法得到其最优解为 $\boldsymbol{x}^*=\left(\frac{3}{4},\ \frac{1}{4}\right)^{\mathrm{T}}$，最优值为$\frac{3}{4}$. 因为

$$\begin{aligned}P(x_1,\ x_2,\ \sigma)&=x_1^2+3x_2^2+\sigma\ (\min\ \{0,\ x_1+x_2-1\})^2\\&=\begin{cases}x_1^2+3x_2^2,\ x_1+x_2\geqslant 1\\x_1^2+3x_2^2+\sigma\ (x_1+x_2-1)^2,\ x_1+x_2<1\end{cases}\end{aligned}$$

所以

$$\frac{\partial P}{\partial x_1}=\begin{cases}2x_1,x_1+x_2\geqslant 1\\2x_1+2\sigma(x_1+x_2-1),x_1+x_2<1\end{cases}$$

$$\frac{\partial P}{\partial x_2}=\begin{cases}6x_2,x_1+x_2\geqslant 1\\6x_1+2\sigma(x_1+x_2-1),x_1+x_2<1\end{cases}$$

令

$$\frac{\partial P}{\partial x_1}=\frac{\partial P}{\partial x_2}=0$$

得到

$$x_1(\sigma)=\frac{3\sigma}{4\sigma+3},\ x_2\ (\sigma)\ =\frac{\sigma}{4\sigma+3}$$

其中，$(x_1(\sigma),\ x_2(\sigma))^{\mathrm{T}}$ 是 $\min P(\boldsymbol{x},\ \sigma)$ 的最优解，最优值为 $P(\boldsymbol{x},\ \sigma)=\frac{12\sigma^2}{(4\sigma+3)^2}$.

当 $\sigma\to+\infty$时，$(x_1(\sigma),\ x_2(\sigma))^{\mathrm{T}}\to\left(\frac{3}{4},\ \frac{1}{4}\right)^{\mathrm{T}}$，故 $\boldsymbol{x}(\sigma)\to\boldsymbol{x}^*$，并且 $P(\boldsymbol{x},\ \sigma)\to f(\boldsymbol{x}^*)=\frac{3}{4}$.

由例 1 和例 2 可以看出：当 $\sigma\to+\infty$时，$P(\boldsymbol{x},\ \sigma)$ 的最优解 $\boldsymbol{x}(\sigma)$ 趋向于原问题的最优解 $\boldsymbol{x}^*$. 但是，$\boldsymbol{x}(\sigma)$ 往往不满足约束条件，在例 1 中，$x_1(\sigma)+x_2(\sigma)=\frac{4\sigma}{4\sigma+3}\neq 1$；在例 2 中，$x_1(\sigma)+x_2(\sigma)=\frac{4\sigma}{4\sigma+3}<1$. 因此，$\boldsymbol{x}(\sigma)$ 都是从可行域外部趋向于最优解 $\boldsymbol{x}^*$ 的. 于是

称这种罚函数为外罚函数，称这种解法为外罚函数法．

通过求解一系列无约束最优化问题来求解约束最优化问题的方法又称序列无约束极小化技术 SUMT，故外罚函数法又称 SUMT 外点法．

算法 1　外罚函数法

已知约束问题（P1），取控制误差 $\varepsilon>0$ 和罚因子的放大系数 $c>1$（如可取 $\varepsilon=10^{-4}$，$c=10$）．

step1　给定初始点 $\boldsymbol{x}_0$（可以是不可行点）和初始罚因子 σ_1（可取 $\sigma_1=1$），令 $k=1$.

step2　以 $\boldsymbol{x}_{k-1}$ 为初始点求无约束问题：

$$\min P(\boldsymbol{x},\ \sigma_k)=f(\boldsymbol{x})+\sigma_k\tilde{P}(\boldsymbol{x}),\quad \sigma>0$$

其中 $\tilde{P}(\boldsymbol{x}) = \sum_{i=1}^{l}(c_i(\boldsymbol{x}))^2+\sum_{i=l+1}^{m}(\min\{0,c_i(\boldsymbol{x})\})^2$，得最优解 $\boldsymbol{x}_k=\boldsymbol{x}(\sigma_k)$.

step3　若 $\sigma_k\tilde{P}(\boldsymbol{x})<\varepsilon$，则以 $\boldsymbol{x}_k$ 为（P1）的近似最优解，停止．否则令 $\sigma_{k+1}=c\sigma_k$，$k=k+1$，转 step2.

下面给出几个例子的数值计算结果，其中无约束子问题采用精确一维搜索的拟 Newton 法，算法中几个参数的取值为：$\sigma_1=1$，$c=10$，$\varepsilon=10^{-8}$.

例 3　用外罚函数法求解如下约束优化问题

$$\min f(x_1,\ x_2)=x_1^2+x_2^2$$
$$\text{s. t.}\quad x_1+x_2-2=0$$

解　取初始点为（10，10）^{T}，计算结果如下：

k	x_1	x_2	$f(x_1,\ x_2)$
1	10. 00000000	10. 00000000	524. 00000000
2	0. 66666667	0. 66666667	5. 33333326
3	0. 95238095	0. 95238095	2. 72108850
4	0. 99502488	0. 99502488	2. 07915645
5	0. 99950025	0. 99950025	2. 00799152
6	0. 99995000	0. 99995000	2. 00079992
7	0. 99999500	0. 99999500	2. 00008000
8	0. 99999950	0. 99999950	2. 00000800
9	0. 99999995	0. 99999995	2. 00000080

换一个初始点（－100，－100）^{T}：

k	x_1	x_2	$f(x_1,\ x_2)$
1	－100. 00000000	－100. 00000000	60804. 00000000
2	0. 66666666	0. 66666666	5. 33333351

续表

k	x_1	x_2	$f(x_1, x_2)$
3	0.95238095	0.95238095	2.72108847
4	0.99502488	0.99502488	2.07915646
5	0.99950025	0.99950025	2.00799150
6	0.99995000	0.99995000	2.00079991
7	0.99999500	0.99999500	2.00008000
8	0.99999950	0.99999950	2.00000800
9	0.99999994	0.99999996	2.00000080

例 4 求解约束问题

$$\min f(\boldsymbol{x}) = x_1^2 + x_2^2$$
$$\text{s.t.} \quad x_1 + 1 \leqslant 0$$

取初始点为 $(10, 10)^{\mathrm{T}}$：

k	x_1	x_2	$f(x_1, x_2)$
1	10.00000000	10.00000000	321.00000000
2	-0.49999995	-0.00000038	2.75000048
3	-0.90909172	-0.00000035	1.65287928
4	-0.99009945	-0.00000035	1.07831784
5	-0.99900100	0.00000034	1.00798303
6	-0.99990001	0.00000037	1.00079983
7	-0.99999000	0.00000037	1.00008000
8	-0.99999900	0.00000036	1.00000800
9	-0.99999990	0.00000035	1.00000080

换一个初始点 $(-100, -100)^{\mathrm{T}}$：

k	x_1	x_2	$f(x_1, x_2)$
1	-100.00000000	-100.00000000	20000.00000000
2	-0.50000090	0.00000059	2.74999190
3	-0.90909172	0.00000054	1.65287928
4	-0.99009945	0.00000053	1.07831784
5	-0.99900100	-0.00000053	1.00798302
6	-0.99990001	-0.00000057	1.00079983
7	-0.99999000	-0.00000057	1.00008000

续表

k	x_1	x_2	$f(x_1, x_2)$
8	-0.99999900	-0.00000056	1.00000800
9	-0.99999990	-0.00000054	1.00000080

从这两个例子计算结果可以看出：不同的初始点只对第一次迭代求解无约束子问题的求解有影响，对后面子问题的求解结果是没有影响的，因为初始罚因子相同，解得的无约束优化子问题最优解就相同．

例 5　求解约束问题

$$\min f(\boldsymbol{x}) = \frac{1}{3}(x_1+1)\ 3 + x_2$$

$$\text{s.t.}\quad x_1 - 1 \geqslant 0$$

$$x_2 \geqslant 0$$

取初始点为 $(0,\ 0)^{\mathrm{T}}$：

k	x_1	x_2	$f(x_1, x_2)$
1	0.00000000	0.00000000	1.33333334
2	0.23606796	-0.49999999	8.46543613
3	0.83215943	-0.04999977	5.06711284
4	0.98039027	-0.00500000	2.99353592
5	0.99800399	-0.00050000	2.70053124
6	0.99980599	-0.00005189	2.66987222
7	0.99997484	0.00001633	2.66721526
8	0.99999753	0.00003095	2.66674892

下面给出外罚函数法收敛性分析．

定理 1　对于由 SUMT 外点法产生的点列 $\{\boldsymbol{x}_k\}$，$k \geqslant 1$，总有

$$P(\boldsymbol{x}_{k+1},\ \sigma_{k+1}) \geqslant P(\boldsymbol{x}_k,\ \sigma_k)$$

$$\tilde{P}(\boldsymbol{x}_k) \geqslant \tilde{P}(\boldsymbol{x}_{k+1})$$

$$f(\boldsymbol{x}_{k+1}) \geqslant f(\boldsymbol{x}_k)$$

证明　由于 $\sigma_{k+1} > \sigma_k > 0$，$\boldsymbol{x}_k$ 是 $P(\boldsymbol{x}_k,\ \sigma_k)$ 的最优解，故

$$\begin{aligned} P(\boldsymbol{x}_{k+1}, \sigma_{k+1}) &= f(\boldsymbol{x}_{k+1}) + \sigma_{k+1}\tilde{P}(\boldsymbol{x}_{k+1}) \\ &\geqslant f(\boldsymbol{x}_{k+1}) + \sigma_k \tilde{P}(\boldsymbol{x}_{k+1}) \\ &= P(\boldsymbol{x}_{k+1}, \sigma_k) \\ &\geqslant P(\boldsymbol{x}_k, \sigma_k) \end{aligned}$$

即引理结论中第一式成立．

因为 $\boldsymbol{x}_k$ 和 $\boldsymbol{x}_{k+1}$ 分别为 $P(\boldsymbol{x},\ \sigma_k)$ 和 $P(\boldsymbol{x},\ \sigma_{k+1})$ 的最优解，所以有

$$f(\boldsymbol{x}_{k+1})+\sigma_k\tilde{P}(\boldsymbol{x}_{k+1})\geqslant f(\boldsymbol{x}_k)+\sigma_k\tilde{P}(\boldsymbol{x}_k)$$

$$f(\boldsymbol{x}_k)+\sigma_{k+1}\tilde{P}(\boldsymbol{x}_k)\geqslant f(\boldsymbol{x}_{k+1})+\sigma_{k+1}\tilde{P}(\boldsymbol{x}_{k+1})$$

即

$$f(\boldsymbol{x}_{k+1})-f(\boldsymbol{x}_k)\geqslant\sigma_k[\tilde{P}(\boldsymbol{x}_k)-\tilde{P}(\boldsymbol{x}_{k+1})]$$

$$\sigma_{k+1}[\tilde{P}(\boldsymbol{x}_k)-\tilde{P}(\boldsymbol{x}_{k+1})]\geqslant f(\boldsymbol{x}_{k+1})-f(\boldsymbol{x}_k)$$

故

$$\sigma_{k+1}[\tilde{P}(\boldsymbol{x}_k)-\tilde{P}(\boldsymbol{x}_{k+1})]\geqslant\sigma_k[\tilde{P}(\boldsymbol{x}_k)-\tilde{P}(\boldsymbol{x}_{k+1})]$$

即

$$(\sigma_{k+1}-\sigma_k)[\tilde{P}(\boldsymbol{x}_k)-\tilde{P}(\boldsymbol{x}_{k+1})]\geqslant 0$$

因为 $\sigma_{k+1}\geqslant\sigma_k>0$，所以结论中第二式成立.

由第二式和 $f(\boldsymbol{x}_{k+1})-f(\boldsymbol{x}_k)\geqslant\sigma_k[\tilde{P}(\boldsymbol{x}_k)-\tilde{P}(\boldsymbol{x}_{k+1})]$ 知，第三式成立.

定理 2 设约束问题（P1）和无约束问题 $\min P(\boldsymbol{x},\sigma)=f(\boldsymbol{x})+\sigma\tilde{P}(\boldsymbol{x})(\sigma>0)$ 的整体最优解为 $\boldsymbol{x}^*$ 和 $\boldsymbol{x}_k$. 对正数序列 $\{\sigma_k\}$，$\sigma_{k+1}\geqslant\sigma_k$ 且 $\sigma_k\to+\infty$，由 SUMT 外点法产生的点列 $\{\boldsymbol{x}_k\}$ 的任何聚点 $\tilde{\boldsymbol{x}}$ 必是（P1）的整体最优解.

证明 不妨设 $\boldsymbol{x}_k\to\tilde{\boldsymbol{x}}$.

因为 $\boldsymbol{x}^*$ 与 $\boldsymbol{x}_k$ 分别为（P1）和 $\min P(\boldsymbol{x},\sigma_k)=f(\boldsymbol{x})+\sigma\tilde{P}(\boldsymbol{x})$，$\sigma_k>0$ 的整体最优解，并且 $\tilde{P}(\boldsymbol{x}^*)=0$，所以有

$$f(\boldsymbol{x}^*)=f(\boldsymbol{x}^*)+\sigma_k\tilde{P}(\boldsymbol{x}^*)\geqslant f(\boldsymbol{x}_k)+\sigma_k\tilde{P}(\boldsymbol{x}_k)=P(\boldsymbol{x}_k,\sigma_k)$$

由定理 1 可知，$\{P(\boldsymbol{x}_k,\sigma_k)\}$ 为单调递增有上界序列，设其极限为 p^o. 由定理 1 知 $\{f(\boldsymbol{x}_k)\}$ 为单调增加，并且 $f(\boldsymbol{x}_k)\leqslant P(\boldsymbol{x}_k,\sigma_k)\leqslant f(\boldsymbol{x}^*)$，故 $\{f(\boldsymbol{x}_k)\}$ 也收敛，设其极限为 f^o. 于是

$$\lim_{k\to\infty}\sigma_k\tilde{P}(\boldsymbol{x}_k)=\lim_{k\to\infty}[P(\boldsymbol{x}_k,\sigma_k)-f(\boldsymbol{x}_k)]=p^o-f^o$$

因为 $\sigma_k\to+\infty$，所以 $\lim\limits_{k\to\infty}\tilde{P}(\boldsymbol{x}_k)=0$.

由于 $\boldsymbol{x}_k\to\tilde{\boldsymbol{x}}$ 并且 $\tilde{P}(\boldsymbol{x}_k)$ 连续，所以 $\tilde{P}(\tilde{\boldsymbol{x}})=0$，即 $\tilde{\boldsymbol{x}}$ 为可行解. 由 $\boldsymbol{x}^*$ 的最优性知

$$f(\boldsymbol{x}^*)\leqslant f(\tilde{\boldsymbol{x}})$$

由 $f(\boldsymbol{x}_k)\leqslant P(\boldsymbol{x}_k,\sigma_k)\leqslant f(\boldsymbol{x}^*)$，$\boldsymbol{x}_k\to\tilde{\boldsymbol{x}}$ 和 $f(\boldsymbol{x})$ 连续，知

$$f(\tilde{\boldsymbol{x}})=\lim_{k\to\infty}f(\boldsymbol{x}_k)\leqslant f(\boldsymbol{x}^*)$$

故 $f(\tilde{\boldsymbol{x}})=f(\boldsymbol{x}^*)$，即 $\tilde{\boldsymbol{x}}$ 为（P1）的整体最优解.

由定理 2 的证明过程知，$\lim\limits_{k\to\infty}\tilde{P}(\boldsymbol{x}_k)=0$ 成立，因此在 $f(\boldsymbol{x}_k)\leqslant P(\boldsymbol{x}_k,\sigma_k)\leqslant f(\boldsymbol{x}^*)$ 两端取极限有 $f^o\leqslant p^o$，但因为 $p^o\leqslant f(\boldsymbol{x}^*)=f(\tilde{x})=f^o$，所以 $p^o=f^o$. 又由 $\lim\limits_{k\to\infty}\sigma_k\tilde{P}(\boldsymbol{x}_k)=\lim\limits_{k\to\infty}[P(\boldsymbol{x}_k,\sigma_k)-f(\boldsymbol{x}_k)]=p^o-f^o$，有 $\lim\limits_{k\to\infty}\sigma_k\tilde{p}(\boldsymbol{x}_k)=0$. 这就是我们在算法 1 中以 $\sigma_k\tilde{p}(\boldsymbol{x}_k)<\varepsilon$ 作为终止准则的缘故. 同时可由 $P(\boldsymbol{x}_k,\sigma_k)$ 的极限直接得出 $f(\boldsymbol{x})$ 的约束极小值，即 $f(\boldsymbol{x}^*)=\lim\limits_{k\to\infty}P(\boldsymbol{x}_k,\sigma_k)$.

2. 内罚函数法

为使迭代点总是可行点，可以使用这样的“惩罚”策略，即在可行域的边界上竖起一道趋向于无穷大的“围墙”，把迭代点挡在可行域内，这种策略只适用于不等式约束问题，并且要求可行域内点集非空．

考虑不等式约束问题

$$\min f(\boldsymbol{x}),\ \boldsymbol{x}\in\mathbf{R}^n$$
$$\text{s.t.}\quad c_i(\boldsymbol{x})\geqslant 0,\ i=1,\ \cdots,\ m$$

当 $\boldsymbol{x}$ 从可行域 $D=\{\boldsymbol{x}\in\mathbf{R}^n \mid c_i(\boldsymbol{x})\geqslant 0,\ i=1,\ \cdots,\ m\}$ 的内部趋近于边界时，则至少有一个 $c_i(\boldsymbol{x})$ 趋于零．因此，不难想到可构造如下的增广目标函数

$$B(\boldsymbol{x},\ r)=f(\boldsymbol{x})+r\tilde{B}(\boldsymbol{x})$$

其中

$$\tilde{B}(\boldsymbol{x})=\sum_{i=1}^{m}\frac{1}{c_i(\boldsymbol{x})}\text{ 或 }\tilde{B}(\boldsymbol{x})=-\sum_{i=1}^{m}\ln(c_i(\boldsymbol{x}))$$

称为内罚函数或障碍函数，参数 $r>0$ 仍称为罚因子．我们取正的数列 $\{r_k\}$ 且 $r_k\to 0$，则求解不等式约束问题转化为求解系列无约束问题，即

$$\min B(\boldsymbol{x},\ r_k)=f(\boldsymbol{x})+r_k\tilde{B}(\boldsymbol{x})$$

该方法称为内罚函数法或 SUMT 内点法．

算法 2　内罚函数法

已知不等式约束问题，且其可行域的内点集 $D_0\neq\phi$，取控制误差 $\varepsilon>0$ 和罚因子的缩小系数 $0<c<1$（比如可取 $\varepsilon=10^{-4}$，$c=0.1$）．

step1　选定初始点 $\boldsymbol{x}_0\in D_0$，给定 $r_1>0$（如取 $r_1=10$，令 $k=1$）．

step2　以 $\boldsymbol{x}_{k-1}$ 为初始点，求解无约束问题

$$\min B(\boldsymbol{x},\ r_k)=f(\boldsymbol{x})+r_k\tilde{B}(\boldsymbol{x})$$

其中 $\tilde{B}(\boldsymbol{x})=\sum\limits_{i=1}^{m}\frac{1}{c_i(\boldsymbol{x})}$ 或 $\tilde{B}(\boldsymbol{x})=-\sum\limits_{i=1}^{m}\ln(c_i(\boldsymbol{x}))$，得最优解 $\boldsymbol{x}_k=\boldsymbol{x}(r_k)$．

step3　若 $r_k\tilde{B}(\boldsymbol{x}_k)<\varepsilon$，则 $\boldsymbol{x}_k$ 为不等式约束优化问题的近似最优解，停止．否则，令 $r_{k+1}=cr_k$，$k=k+1$，转 step2.

例 6　用内罚函数法求解

$$\min f(x_1,\ x_2)=\frac{1}{3}(x_1+1)^3+x_2$$
$$\text{s.t.}\ 1-x_1\leqslant 0$$
$$x_2\geqslant 0$$

解　定义增广目标函数为

$$B(x_1,x_2,r)=\frac{1}{3}(x_1+1)^3+x_2+r\left(\frac{1}{x_1-1}+\frac{1}{x_2}\right)$$

令

$$\frac{\partial B}{\partial x_1}=(x_1+1)^2-\frac{r}{(x_1-1)^2}=0$$

$$\frac{\partial B}{\partial x_2}=1-\frac{r}{x_2^2}=0$$

于是

$$\boldsymbol{x}(r)=(\sqrt{1+\sqrt{r}},\sqrt{r})^{\mathrm{T}}$$

令 $r\to 0$，得 $\boldsymbol{x}^*=(1,\ 0)^{\mathrm{T}}$，$f^*=8/3$.

一般 $B(\boldsymbol{x},\ r)$ 的最优解很难用解析法求出，在实际计算时大多采用系列无约束最优化数值计算方法．下面为内罚函数法的数值计算例子．

例 7 用内罚函数法求解

$$\min f(x_1,\ x_2)=x_1^2+x_2^2$$
$$\text{s.t.}\quad x_1+x_2-2\geqslant 0$$

取 $r_1=1$，$c=0.1$，$\varepsilon=10^{-8}$，内罚函数为倒数罚函数，即 $B(\boldsymbol{x},\ r_k)=x_1^2+x_2^2+r_k\cdot\dfrac{1}{x_1+x_2-2}$，取初始点为 $(10,\ 10)^{\mathrm{T}}$，调用无约束优化的精确一维搜索拟 Newton 法，迭代结果如下：

k	x_1	x_2	$f(x_1,\ x_2)$
1	10.00000000	10.00000000	200.05555556
2	0.19093641	0.19093641	0.01111358
3	0.01282721	0.01282721	−0.00473590
4	0.00125313	0.00125313	−0.00049749
5	0.00012503	0.00012503	−0.00004997
6	0.00012503	0.00012503	−0.00000497
7	0.00012503	0.00012503	−0.00000047

从计算结果可以看出，虽然初始点位于可行域内，但是迭代结果却到了可行域外，这是因为对给定的罚因子 r_k，增广目标函数虽然在边界线上趋于无穷大，但是在可行域之外也是有定义的，调用无约束优化子问题求解时，一维搜索的算法是试探法，因此无约束子问题的数值求解结果就会迭代到可行域外面的点，怎样解决这个问题呢？一种方法是在无约束子问题求解过程中对步长的上限进行限制，使迭代点保证位于可行域内．

设内罚函数法调用的无约束优化子问题任意一步沿 $\boldsymbol{p}_k$ 做一维搜索，为使迭代点位于可行域内，则需要对步长有一个上限限制，即

$$f(\boldsymbol{x}_k+\alpha\boldsymbol{p}_k)=\min_{0\leqslant\alpha\leqslant\alpha_{\max}} f(\boldsymbol{x}_k+\alpha\boldsymbol{p}_k)$$

要求迭代点位于可行域内，即要求

$$\boldsymbol{x}_k+\alpha\boldsymbol{p}_k\in D$$

也即

$$c_i(\boldsymbol{x}_k+\alpha\boldsymbol{p}_k)\geqslant 0,\ i=1,\ 2,\ \cdots,\ m$$

上式可近似为

$$c_i(\boldsymbol{x}_k)+\alpha\,\nabla c_i(\boldsymbol{x}_k)^{\mathrm{T}}\boldsymbol{p}_k\geqslant 0$$

当$\nabla c_i(\boldsymbol{x}_k)^{\mathrm{T}}\boldsymbol{p}_k \geqslant 0$ 时，上式对任何 $\alpha \geqslant 0$ 成立；当$\nabla c_i(\boldsymbol{x}_k)^{\mathrm{T}}\boldsymbol{p}_k < 0$ 时

$$\alpha_i \leqslant -\frac{c_i(\boldsymbol{x}_k)}{\nabla c_i(\boldsymbol{x}_k)^{\mathrm{T}}\boldsymbol{p}_k}(>0)$$

故令

$$\alpha_{\max} = \min_i\left\{ -\frac{c_i(\boldsymbol{x}_k)}{\nabla c_i(\boldsymbol{x}_k)^{\mathrm{T}}\boldsymbol{p}_k} \middle| \nabla \boldsymbol{c}_i(\boldsymbol{x}_k)^{\mathrm{T}}\boldsymbol{p}_k < 0\right\}$$

当子问题调用无约束优化算法时，一维搜索初始搜索区间限制为$[0, \alpha_{\max}]$，这样就可以保证迭代点位于可行域内部了．下面我们调用有步长限制的无约束优化子问题重新计算例 7，得到以下结果：

k	x_1	x_2	$f(x_1, x_2)$
1	10. 00000000	10. 00000000	200. 05555556
2	1. 30901388	1. 30901388	3. 58883970
3	1. 10629596	1. 10629596	2. 49481996
4	1. 03475744	1. 03475744	2. 15583133
5	1. 01111867	1. 01111867	2. 04921887
6	1. 00352931	1. 00352931	2. 01555886
7	1. 00111741	1. 00111741	2. 00491960
8	1. 00035349	1. 00035349	2. 00155565
9	1. 00011180	1. 00011180	2. 00049193
10	1. 00003535	1. 00003535	2. 00015555
11	1. 00001118	1. 00001118	2. 00004919
12	1. 00000353	1. 00000353	2. 00001555

从计算结果可以看出，通过限制步长可以保证内罚函数法迭代点位于可行域内，算法收敛于约束问题的最优解．

例 8　用内罚函数法求解如下问题

$$\min f(x) = x_1^2 + x_2^2$$
$$\text{s. t.}\quad x_1 - 1 \geqslant 0$$

初始点取为 $(10, 10)^{\mathrm{T}}$.

调用第 4 章中无步长限制的一般的无约束优化精确一维搜索拟 Newton 法．

k	x_1	x_2	$f(x_1, x_2)$
1	10. 00000000	10. 00000000	200. 11111111
2	1. 00000011	0. 99444040	907138. 46514451
3	0. 21267813	0. 00000298	0. 03253070
4	0. 00505025	-0. 00000004	-0. 00097957

续表

k	x_1	x_2	$f(x_1, x_2)$
5	0. 00050051	0. 00000000	-0. 00009980
6	0. 00050051	0. 00000000	-0. 00000975
7	0. 00050051	0. 00000000	-0. 00000075
8	0. 00000050	0. 00000000	-0. 00000010

迭代点超出可行域，算法没有找到约束优化问题最优解.

调用有步长限制的无约束优化子问题求解:

k	x_1	x_2	$f(x_1, x_2)$
1	10. 00000000	10. 00000000	200. 11111111
2	1. 41992665	1. 41462706	4. 25549826
3	1. 14219728	1. 06889474	2. 51747541
4	1. 04778388	0. 95612653	2. 03295656
5	1. 01552071	0. 91890588	1. 88211333
6	1. 00495474	0. 90688582	1. 83439419
7	1. 00157084	0. 90304592	1. 81927268
8	1. 00049389	0. 90179281	1. 81442077
9	1. 00019409	0. 00001142	1. 00043974
10	1. 00007071	0. 00001141	1. 00015556
11	1. 00002235	0. 00001141	1. 00004918

得到约束优化问题的最优解.

换初始点为 $(1000, 1000)^T$，仍调用有步长限制的无约束优化子问题求解.

k	x_1	x_2	$f(x_1, x_2)$
1	1000. 00000000	1000. 00000000	2000000. 00100100
2	1. 41964539	1. 41964483	4. 26908093
3	1. 14191838	1. 07248704	2. 52466907
4	1. 04768350	0. 95939559	2. 03905224
5	1. 01548879	0. 92208086	1. 88790687
6	1. 00494478	0. 91003106	1. 84009288
7	1. 00156767	0. 90618149	1. 82494057
8	1. 00049285	0. 90492486	1. 82007785
9	1. 00018952	0. 00001121	1. 00043183
10	1. 00007071	0. 00001121	1. 00015556
11	1. 00002235	0. 00001121	1. 00004918

从以上计算结果可以看出，内罚函数法数值计算如果没有步长限制就可能找不到正确的最优解.

例 9　用内罚函数法数值算法求解例 6.

调用有步长限制的无约束优化：

k	x_1	x_2	$f(x_1, x_2)$
1	3.00000000	4.00000000	26.08333397
2	1.41271941	2.97105841	7.92866474
3	1.14462715	1.93211651	5.29445328
4	1.04751857	0.91135504	3.79478954
5	1.01523955	0.03162267	2.76943745
6	1.00495076	0.00999852	2.69953740
7	1.00156812	0.00316179	2.67705990
8	1.00048842	0.00099990	2.66992555
9	1.00015743	0.00031622	2.66770790
10	1.00004860	0.00028754	2.66717275
11	1.00001534	0.00027919	2.66701418

得到约束优化问题近似最优解.

换初始点迭代：

k	x_1	x_2	$f(x_1, x_2)$
1	100.00000000	100.00000000	343533.69700280
2	1.41380461	1.00000336	6.02963591
3	1.14620671	0.31620845	3.71151766
4	1.04843015	0.09998874	2.99575433
5	1.01557428	0.03161852	2.77065231
6	1.00495361	0.00999857	2.69954776
7	1.00156811	0.00316181	2.67705990
8	1.00048842	0.00099991	2.66992555
9	1.00015743	0.00031622	2.66770790
10	1.00004860	0.00028754	2.66717275
11	1.00001534	0.00027919	2.66701418
12	1.00000456	0.00027633	2.66696353

从迭代结果也可以看出初始点只影响第一个子问题的求解，对后面的子问题没有影响.

下面考虑内罚函数法的收敛性.

定理3 对于由 SUMT 内点法产生的点列$\{\boldsymbol{x}_k\}$（$k\geqslant1$），总有

$$B(\boldsymbol{x}_{k+1},\ r_{k+1})\leqslant B(\boldsymbol{x}_k,\ r_k)$$

即增广目标函数$B(\boldsymbol{x}_k,\ r_k)$关于$k$是单调减少的.

证明 因为$\boldsymbol{x}_{k+1}$是$B(\boldsymbol{x},\ r_{k+1})$的极小点且$r_{k+1}\leqslant r_k$，所以

$$\begin{aligned}B(\boldsymbol{x}_{k+1},r_{k+1})&=f(\boldsymbol{x}_{k+1})+r_{k+1}\tilde{B}(\boldsymbol{x}_{k+1})\\&\leqslant f(\boldsymbol{x}_k)+r_{k+1}\tilde{B}(\boldsymbol{x}_k)\\&\leqslant f(\boldsymbol{x}_k)+r_k\tilde{B}(\boldsymbol{x}_k)\\&=B(\boldsymbol{x}_k,r_k)\end{aligned}$$

证毕.

定理4 设可行域D的内点集$D_0=\{\boldsymbol{x}\in\mathbf{R}^n\mid c_i(\boldsymbol{x})>0,\ i\in I\}$非空，$f(\boldsymbol{x})$在$D$上存在极小点$\boldsymbol{x}^*$，$\{r_k\}$是严格单调递减的正数列并且$r_k\to0$，则由 SUMT 内点法产生的点列$\{\boldsymbol{x}_k\}$的任何聚点$\tilde{\boldsymbol{x}}$是不等式约束优化问题的最优解.

证明 由于$\boldsymbol{x}_k\in D_0\subset D$，$f(\boldsymbol{x}^*)\leqslant f(\boldsymbol{x}_k)$，因此

$$B(\boldsymbol{x}_k,r_k)\geqslant f(\boldsymbol{x}_k)\geqslant f(\boldsymbol{x}^*)$$

由定理3知，$\{B(\boldsymbol{x}_k,\ r_k)\}$单调减少且有下界，于是它有极限$\tilde{B}$，即

$$\lim_{k\to\infty}B(\boldsymbol{x}_k,\ r_k)=\tilde{B}\geqslant f(\boldsymbol{x}^*)$$

假如能证明：$\tilde{B}=f(\boldsymbol{x}^*)$，则可得$\lim\limits_{k\to\infty}f(\boldsymbol{x}_k)=f(\boldsymbol{x}^*)$. 再由$f$的连续性可得$f(\tilde{\boldsymbol{x}})=\lim\limits_{k\to\infty}f(\boldsymbol{x}_k)=f(\boldsymbol{x}^*)$，即$\tilde{\boldsymbol{x}}$为不等式约束优化问题的最优解. 因此，我们只需证明，对于充分大的k，$B(\boldsymbol{x}_k,\ r_k)-f(\boldsymbol{x}^*)$可以任意小，即$\lim\limits_{k\to\infty}B(\boldsymbol{x}_k,r_k)=f(\boldsymbol{x}^*)$.

由$f(\boldsymbol{x})$的连续性知，对于任意小的正数ε，存在$\delta>0$，取满足$\|\bar{\boldsymbol{x}}-\boldsymbol{x}^*\|<\delta$的$\bar{\boldsymbol{x}}\in D_0$，使得

$$f(\bar{\boldsymbol{x}})-f(\boldsymbol{x}^*)<\varepsilon/2$$

由$\lim\limits_{k\to\infty}r_k=0$知，对于$\varepsilon$，存在$K$，当$k\geqslant K$时有

$$r_k\tilde{B}(\bar{\boldsymbol{x}})<\varepsilon/2$$

因为$\boldsymbol{x}_k$为$B(\boldsymbol{x},\ r_k)$的最优解，所以

$$B(\boldsymbol{x}_k,\ r_k)\leqslant B(\bar{\boldsymbol{x}},\ r_k)=f(\bar{\boldsymbol{x}})+r_k\tilde{B}(\bar{\boldsymbol{x}})$$

在上式两边减$f(\boldsymbol{x}^*)$，得到

$$B(\boldsymbol{x}_k,r_k)-f(\boldsymbol{x}^*)\leqslant f(\bar{\boldsymbol{x}})-f(\boldsymbol{x}^*)+r_k\tilde{B}(\bar{\boldsymbol{x}})\leqslant\varepsilon/2+\varepsilon/2=\varepsilon$$

证毕.

与外点法的收敛定理一样，本定理中的最优解均指整体最优解. 对于局部最优解，也有类似的结论.

外罚函数法和内罚函数法方法简单、易懂、易于实现，因此在实际中得到了广泛应用. 尤其是外罚函数法，因为其初始点可以任取，不要求必须是可行点，所以算法实现也更容易.

3. 乘子法

罚函数法虽然易于应用，但是也存在缺点，罚函数法的最大缺点是增广目标函数的病态性质，其原因是由罚因子 $\sigma_k \to \infty$（或 $r_k \to 0$）引起的．那么能否克服这个缺点呢？回答是肯定的．将 Lagrange 函数与外罚函数结合起来，函数 $L(\boldsymbol{x}, \lambda)+\tilde{\sigma}P(\boldsymbol{x})$ 称为增广 Lagrange 函数，通过求解增广 Lagrange 函数的系列无约束问题的解来获得原约束问题的解，可以克服上述缺点，这就是下面要介绍的乘子法．

（1）等式约束问题的乘子法．

为简便起见，将等式约束问题写成向量形式

$$\begin{aligned} &\min f(\boldsymbol{x}),\ \boldsymbol{x}\in \mathbf{R}^n \\ &\text{s. t.}\quad \boldsymbol{C}(\boldsymbol{x})=\mathbf{0} \end{aligned} \tag{PE}$$

其中 $\boldsymbol{C}(\boldsymbol{x})=(c_i(\boldsymbol{x}), \cdots, c_l(\boldsymbol{x}))^{\mathrm{T}}$，$f(\boldsymbol{x})$ 和 $c_i(\boldsymbol{x})(i=1, \cdots, l)$ 是二次连续可微函数，可行域 $D=\{\boldsymbol{x}\in \mathbf{R}^n \mid \boldsymbol{C}(\boldsymbol{x})=\mathbf{0}\}$.

设 $\boldsymbol{\lambda}\in \mathbf{R}^l$ 为 Lagrange 乘子向量，则等式约束优化问题（PE）的 Lagrange 函数为 $L(\boldsymbol{x}, \boldsymbol{\lambda})=f(\boldsymbol{x})-\boldsymbol{\lambda}^{\mathrm{T}}\boldsymbol{C}(\boldsymbol{x})$，又设 $\boldsymbol{x}^*$ 是等式约束优化问题（PE）的极小点，$\boldsymbol{\lambda}^*$ 是相应 Lagrange 乘子向量，则由最优性定理（KT 条件）有

$$\nabla_{\boldsymbol{x}} L(\boldsymbol{x}^*, \boldsymbol{\lambda}^*) = \nabla f(\boldsymbol{x}^*) - \sum_{i=1}^{l} \lambda_i^* \nabla C_i(\boldsymbol{x}^*) = \mathbf{0}$$

$$\nabla_{\boldsymbol{\lambda}} L(\boldsymbol{x}^*, \boldsymbol{\lambda}^*) = -\boldsymbol{C}(\boldsymbol{x}^*)=\mathbf{0}$$

记增广 Lagrange 函数为

$$M(\boldsymbol{x}, \boldsymbol{\lambda}, \sigma)=L(\boldsymbol{x},\boldsymbol{\lambda})+\frac{\sigma}{2}\boldsymbol{C}(\boldsymbol{x})^{\mathrm{T}}\boldsymbol{C}(\boldsymbol{x})$$

其对应的无约束优化问题为

$$\min M(\boldsymbol{x}, \boldsymbol{\lambda}, \sigma)$$

其最优性条件为

$$\nabla_{\boldsymbol{x}} M(\boldsymbol{x}^*, \boldsymbol{\lambda}^*, \sigma) = \nabla_{\boldsymbol{x}} L(\boldsymbol{x}^*, \boldsymbol{\lambda}^*) + \sigma \sum_{i=1}^{l} c_i(\boldsymbol{x}^*) \nabla c_i(\boldsymbol{x}^*) = \mathbf{0}$$

因此，$\boldsymbol{x}^*$ 是 $M(\boldsymbol{x}, \boldsymbol{\lambda}^*, \sigma)$ 的稳定点，即满足这个无约束优化问题的最优性条件．

另一方面，我们将在定理 5 证明，当 σ 适当大时，若 $\boldsymbol{x}^*$ 是 $M(\boldsymbol{x}, \boldsymbol{\lambda}^*, \sigma)$ 的极小点，则它也是等式约束优化问题的极小点．但 $\boldsymbol{\lambda}^*$ 是未知向量，因此需要在求 $\boldsymbol{x}^*$ 的同时，采用迭代方法求出 $\boldsymbol{\lambda}^*$，这也就是乘子法的基本思想．

定理 5 已知矩阵 $\boldsymbol{A}_{n\times n}$ 和 $\boldsymbol{B}_{n\times m}$，则对满足 $\boldsymbol{B}^{\mathrm{T}}\boldsymbol{x}=\mathbf{0}$ 的任意非零向量 $\boldsymbol{x}$ 都有 $\boldsymbol{x}^{\mathrm{T}}\boldsymbol{A}\boldsymbol{x}>0$ 的充分必要条件是存在一个数 $\sigma^*>0$，使得当 $\sigma\geqslant\sigma^*$ 时，$\boldsymbol{x}^{\mathrm{T}}(\boldsymbol{A}+\sigma\boldsymbol{B}\boldsymbol{B}^{\mathrm{T}})\boldsymbol{x}>0$.

证明 充分性．设存在数 $\sigma^*>0$，使得当 $\sigma\geqslant\sigma^*$ 时，$\boldsymbol{x}^{\mathrm{T}}(\boldsymbol{A}+\sigma\boldsymbol{B}\boldsymbol{B}^{\mathrm{T}})\boldsymbol{x}>0$ 成立．因为 $\boldsymbol{B}^{\mathrm{T}}\boldsymbol{x}=\mathbf{0}$，所以 $\boldsymbol{x}^{\mathrm{T}}\boldsymbol{B}\boldsymbol{B}^{\mathrm{T}}\boldsymbol{x}=0$. 因此有 $\boldsymbol{x}^{\mathrm{T}}\boldsymbol{A}\boldsymbol{x}>0$.

必要性．先证明存在一个数 $\sigma^*>0$，对任意的非零向量 $\boldsymbol{x}$ 有

$$\boldsymbol{x}^{\mathrm{T}}(\boldsymbol{A}+\sigma^*\boldsymbol{B}\boldsymbol{B}^{\mathrm{T}})\boldsymbol{x}>0$$

用反证法．假设上式不成立，即对任意正整数 k 必存在向量 $\boldsymbol{x}_k$，满足 $\|\boldsymbol{x}_k\|=1$ 使得

$$\boldsymbol{x}_k^{\mathrm{T}}(\boldsymbol{A}+k\boldsymbol{B}\boldsymbol{B}^{\mathrm{T}})\boldsymbol{x}_k\leqslant 0$$

因为 $\{\boldsymbol{x}_k\}$ 为有界序列，所以有收敛子列 $\{\boldsymbol{x}_{k_i}\}$，设其极限为 $\bar{\boldsymbol{x}}$，$\|\bar{\boldsymbol{x}}\|=1$. 对于

$\{\boldsymbol{x}_{k_i}\}$，有

$$\boldsymbol{x}_{k_i}^{\mathrm{T}}(\boldsymbol{A}+k_i\boldsymbol{B}\boldsymbol{B}^{\mathrm{T}})\boldsymbol{x}_{k_i}\leqslant 0$$

上式两端取极限，$k_i\to\infty$，得

$$\bar{\boldsymbol{x}}^{\mathrm{T}}\boldsymbol{A}\bar{\boldsymbol{x}}+\lim_{k_i\to\infty}k_i\ \|\boldsymbol{B}^{\mathrm{T}}\boldsymbol{x}_{k_i}\|^2\leqslant 0$$

对上式中第二项有

$$\lim_{k_i\to\infty}\|\boldsymbol{B}^{\mathrm{T}}\boldsymbol{x}_{k_i}\|=\boldsymbol{B}^{\mathrm{T}}\bar{\boldsymbol{x}}=0,\ (\bar{\boldsymbol{x}}\neq\boldsymbol{0})$$

因此有

$$\bar{\boldsymbol{x}}^{\mathrm{T}}\boldsymbol{A}\bar{\boldsymbol{x}}\leqslant 0,\ (\bar{\boldsymbol{x}}\neq\boldsymbol{0})$$

这与定理中的条件$\bar{\boldsymbol{x}}^{\mathrm{T}}\boldsymbol{A}\bar{\boldsymbol{x}}\geqslant 0$矛盾，故存在一个数$\sigma^*>0$，对任意的非零向量$\boldsymbol{x}$有$\boldsymbol{x}^{\mathrm{T}}(\boldsymbol{A}+\sigma^*\boldsymbol{B}\boldsymbol{B}^{\mathrm{T}})\boldsymbol{x}>0$.

其次，设$\sigma\geqslant\sigma^*$，则对任意的$\boldsymbol{x}\in\mathbf{R}^n$有$\boldsymbol{x}^{\mathrm{T}}(\boldsymbol{A}+\sigma\boldsymbol{B}\boldsymbol{B}^{\mathrm{T}})\boldsymbol{x}\geqslant\boldsymbol{x}^{\mathrm{T}}(\boldsymbol{A}+\sigma^*\boldsymbol{B}\boldsymbol{B}^{\mathrm{T}})\boldsymbol{x}>0$，于是必要性得证.

定理6 设在等式约束优化问题中$\boldsymbol{x}^*\in\mathbf{R}^n$和$\boldsymbol{\lambda}^*\in\mathbf{R}^l$满足5.1节定理2的二阶充分条件，则存在一个数$\sigma^*>0$，对所有$\sigma\geqslant\sigma^*$，$\boldsymbol{x}^*$是无约束问题$M(\boldsymbol{x},\boldsymbol{\lambda},\sigma)=L(\boldsymbol{x},\boldsymbol{\lambda})+\frac{\sigma}{2}\boldsymbol{C}(\boldsymbol{x})^{\mathrm{T}}\boldsymbol{C}(\boldsymbol{x})$的严格局部极小点. 反之，若$x_0$是$M(\boldsymbol{x},\boldsymbol{\lambda}_0,\sigma)$的局部极小点且$\boldsymbol{C}(\boldsymbol{x}_0)=\boldsymbol{0}$，则$\boldsymbol{x}_0$是等式约束问题（PE）的局部极小点.

证明 由$M(\boldsymbol{x},\boldsymbol{\lambda},\sigma)$的定义有

$$\nabla_x M(\boldsymbol{x},\boldsymbol{\lambda},\sigma)=\nabla_x L(\boldsymbol{x},\boldsymbol{\lambda})+\sigma\boldsymbol{A}(\boldsymbol{x})\boldsymbol{C}(\boldsymbol{x})$$

其中$\boldsymbol{A}(\boldsymbol{x})$为以$\nabla c_i(\boldsymbol{x})$为列的矩阵. 同时

$$\nabla_x^2 M(\boldsymbol{x}^*,\boldsymbol{\lambda}^*,\sigma)=\nabla_x^2 L(\boldsymbol{x}^*,\boldsymbol{\lambda}^*)+\sigma\boldsymbol{A}(\boldsymbol{x}^*)\boldsymbol{A}(\boldsymbol{x}^*)^{\mathrm{T}}$$

由二阶充分条件，对每个满足$\boldsymbol{A}(\boldsymbol{x}^*)^{\mathrm{T}}\boldsymbol{Z}=\boldsymbol{0}$的向量$\boldsymbol{Z}\neq\boldsymbol{0}$，有$\boldsymbol{Z}^{\mathrm{T}}\nabla_x^2 L(\boldsymbol{x}^*,\boldsymbol{\lambda}^*)\boldsymbol{Z}>0$. 由定理5，存在$\sigma^*>0$，使得当$\sigma\geqslant\sigma^*$且$\boldsymbol{Z}\neq\boldsymbol{0}$时有$\boldsymbol{Z}^{\mathrm{T}}\nabla_x^2 M(\boldsymbol{x}^*,\boldsymbol{\lambda}^*,\sigma)\boldsymbol{Z}>0$. 由$\boldsymbol{C}(\boldsymbol{x}^*)=\boldsymbol{0}$知$\nabla_x M(\boldsymbol{x}^*,\boldsymbol{\lambda}^*,\sigma)=\nabla_x L(\boldsymbol{x},\boldsymbol{\lambda}*)=\boldsymbol{0}$. 根据5.1节定理2，$\boldsymbol{x}^*$为$M(\boldsymbol{x},\boldsymbol{\lambda}^*,\sigma)$的严格局部极小点.

反之，若$\boldsymbol{x}_0$是$M(\boldsymbol{x},\boldsymbol{\lambda}_0,\sigma)$的局部极小点且$\boldsymbol{C}(\boldsymbol{x}_0)=\boldsymbol{0}$，则对任意与$\boldsymbol{x}_0$充分靠近的可行解$\bar{\boldsymbol{x}}$，有$M(\boldsymbol{x}_0,\boldsymbol{\lambda}_0,\sigma)\leqslant M(\bar{\boldsymbol{x}},\boldsymbol{\lambda}_0,\sigma)$. 但$\boldsymbol{C}(\boldsymbol{x}_0)=\boldsymbol{0}$，$\boldsymbol{C}(\bar{\boldsymbol{x}})=\boldsymbol{0}$，故$M(\boldsymbol{x}_0,\boldsymbol{\lambda}_0,\sigma)=f(\boldsymbol{x}_0)$，$M(\bar{\boldsymbol{x}},\boldsymbol{\lambda}_0,\sigma)=f(\bar{\boldsymbol{x}})$. 因此$f(\boldsymbol{x}_0)\leqslant f(\bar{\boldsymbol{x}})$，即$\boldsymbol{x}_0$为等式约束优化问题（PE）的局部极小点.

例10 考虑如下约束优化问题

$$\begin{aligned}&\min f(\boldsymbol{x})=x_1^2-3x_2-x_2^2\\&\text{s.t.}\quad x_2=0\end{aligned}$$

可利用 Lagrange 函数梯度向量为$\boldsymbol{0}$解得$\boldsymbol{x}^*=(0,0)^{\mathrm{T}}$，$\lambda^*=-3$.

解 其增广 Lagrange 函数为

$$M(\boldsymbol{x},\boldsymbol{\lambda},\sigma)=x_1^2-(\lambda+3)x_2+\frac{\sigma-2}{2}x_2^2$$

将$\lambda^*=-3$代入，当$\sigma\geqslant\sigma^*=2$时，原问题的最优解为$\boldsymbol{x}^*=(0,0)^{\mathrm{T}}$，$\boldsymbol{x}^*$也是$\min M(\boldsymbol{x},$

$\boldsymbol{\lambda}^*,\ \sigma) = x_1^2 + \frac{\sigma-2}{2}x_2^2$ 的最优解．

反之，求解无约束问题

$$\min M(\boldsymbol{x},\ \boldsymbol{\lambda},\ \sigma) = x_1^2 + \frac{\sigma-2}{2}x_2^2 - (\lambda+3)x_2$$

令

$$\frac{\partial M}{\partial x_1} = 2x_1 = 0$$

$$\frac{\partial M}{\partial x_2} = (\sigma-2)x_2 - (\lambda+3) = 0$$

得 $\boldsymbol{x}_0 = \left(0,\ \frac{\lambda+3}{\sigma-2}\right)^{\mathrm{T}}$.

将 $\lambda^* = -3$ 代入，得到 $\boldsymbol{x}_0 = (0,\ 0)^{\mathrm{T}} = \boldsymbol{x}^*$，即为原约束问题的最优解．

由上述定理及例题看到，乘子法并不要求罚因子 σ 趋于无穷大，只要求 σ 大于某个正数 σ^*，就能保证无约束问题 $\min M(\boldsymbol{x},\ \boldsymbol{\lambda}^*,\ \sigma)$ 的最优解为原约束问题的最优解．现在需要解决的问题是如何求得 λ^*？实际上它是 Lagrange 函数在最优解 $\boldsymbol{x}^*$ 处的最优 Lagrange 乘子向量，在未求出 $\boldsymbol{x}^*$ 之前往往无法知道．因此，我们采用迭代法求点列 $\{\boldsymbol{\lambda}_k\}$，使 $\boldsymbol{\lambda}_k \to \boldsymbol{\lambda}^*$.

对每个 $\boldsymbol{\lambda}_k$，求解无约束问题 $\min M(\boldsymbol{x},\ \boldsymbol{\lambda}_k,\ \sigma)$，设其最优解为 $\boldsymbol{x}_k$，然后修正 $\boldsymbol{\lambda}_k$ 为 $\boldsymbol{\lambda}_{k+1}$，再求解 $M(\boldsymbol{x},\ \boldsymbol{\lambda}_{k+1},\ \sigma)$ 的最优解．由此得到两个点列 $\{\boldsymbol{x}_k\}$ 与 $\{\boldsymbol{\lambda}_k\}$，我们希望 $\boldsymbol{x}_k \to \boldsymbol{x}^*$，$\boldsymbol{\lambda}_k \to \boldsymbol{\lambda}^*$.

如何修正 $\boldsymbol{\lambda}_k$ 才能做到这点呢？设已有 $\boldsymbol{\lambda}_k$ 和 $\boldsymbol{x}_k$，则由 $M(\boldsymbol{x},\ \boldsymbol{\lambda},\ \sigma)$ 的定义有

$$\nabla_{\boldsymbol{x}} M(\boldsymbol{x}_k, \boldsymbol{\lambda}_k, \sigma) = \nabla f(\boldsymbol{x}_k) - \nabla \boldsymbol{C}(\boldsymbol{x}_k)(\boldsymbol{\lambda}_k - \sigma(\boldsymbol{C}(\boldsymbol{x}_k))) = \boldsymbol{0}$$

因为要求 $\boldsymbol{x}_k \to \boldsymbol{x}^*$，$\boldsymbol{\lambda}_k \to \boldsymbol{\lambda}^*$ 且 $\nabla f(\boldsymbol{x}^*) - \nabla \boldsymbol{C}(\boldsymbol{x}^*)\boldsymbol{\lambda}^* = \boldsymbol{0}$，所以采用公式

$$\boldsymbol{\lambda}_{k+1} = \boldsymbol{\lambda}_k - \sigma \boldsymbol{C}(\boldsymbol{x}_k)$$

来修正 $\boldsymbol{\lambda}_k$.

可以看出，若 $\{\boldsymbol{\lambda}_k\}$ 收敛，则 $\boldsymbol{C}(\boldsymbol{x}_k) \to \boldsymbol{0}$. 当 $\boldsymbol{x}_k \to \boldsymbol{x}^*$ 时，$\boldsymbol{C}(\boldsymbol{x}^*) \to \boldsymbol{0}$，即 $\boldsymbol{x}^*$ 为可行解．在

$$\nabla_{\boldsymbol{x}} M(\boldsymbol{x}_k,\ \boldsymbol{\lambda}_k,\ \sigma) = \nabla f(\boldsymbol{x}_k) - \nabla \boldsymbol{C}(\boldsymbol{x}_k)(\lambda_k - \sigma(\boldsymbol{C}(\boldsymbol{x}_k))) = \boldsymbol{0}$$

中令 $k \to +\infty$，得到

$$\nabla f(\boldsymbol{x}^*) - \nabla \boldsymbol{C}(\boldsymbol{x}^*)\boldsymbol{\lambda}^* = \boldsymbol{0}$$

即 $\boldsymbol{x}^*$ 为（PE）的 KT 点．

定理 7　设 $\boldsymbol{x}_k$ 是 $M(\boldsymbol{x},\ \boldsymbol{\lambda},\ \sigma) = L(\boldsymbol{x}, \boldsymbol{\lambda}) + \frac{\sigma}{2}\boldsymbol{C}(\boldsymbol{x})^{\mathrm{T}}\boldsymbol{C}(\boldsymbol{x})$ 的最优解，则 $\boldsymbol{x}_k$ 为（PE）的最优解且 $\boldsymbol{\lambda}_k$ 为相应的 Lagrange 乘子向量的充要条件是 $\boldsymbol{C}(\boldsymbol{x}_k) = \boldsymbol{0}$.

证　必要性是显然的，下面证充分性．设 $\boldsymbol{x}_k$ 是 $\boldsymbol{M}(\boldsymbol{x},\ \boldsymbol{\lambda},\ \sigma) = L(\boldsymbol{x},\ \boldsymbol{\lambda}) + \frac{\sigma}{2}\boldsymbol{C}(\boldsymbol{x})^{\mathrm{T}}\boldsymbol{C}(\boldsymbol{x})$ 的最优解且 $\boldsymbol{C}(\boldsymbol{x}_k) = \boldsymbol{0}$，则对任意的 $\boldsymbol{x} \in D = \{\boldsymbol{x} \in \mathbf{R}^n \mid \boldsymbol{C}(\boldsymbol{x}) = \boldsymbol{0}\}$ 有

$$f(\boldsymbol{x}) = M(\boldsymbol{x},\ \boldsymbol{\lambda}_k,\ \sigma) \geqslant M(\boldsymbol{x}_k,\ \boldsymbol{\lambda}_k,\ \sigma) = f(\boldsymbol{x}_k)$$

即 $\boldsymbol{x}_k$ 为（PE）的最优解．因为

$$\boldsymbol{C}(\boldsymbol{x}_k) = \boldsymbol{0}$$

$$\nabla_x M(\boldsymbol{x}_k,\ \boldsymbol{\lambda}_k,\ \sigma) = \nabla f(\boldsymbol{x}_k) - \nabla \boldsymbol{C}(\boldsymbol{x}_k)(\boldsymbol{\lambda}_k - \sigma(\boldsymbol{C}(\boldsymbol{x}_k))) = \boldsymbol{0}$$

所以$\nabla f(\boldsymbol{x}_k)-\nabla \boldsymbol{C}(\boldsymbol{x}_k)\boldsymbol{\lambda}_k=\boldsymbol{0}$，即$\boldsymbol{\lambda}_k$为与最优解$\boldsymbol{x}_k$相应的最优 Lagrange 乘子向量．

此定理实际上给出了乘子法的终止准则，当$\|\boldsymbol{C}(\boldsymbol{x}_k)\|\leqslant\varepsilon$时，迭代停止．在迭代过程中如果发现$\{\boldsymbol{\lambda}_k\}$不收敛或收敛太慢，则增大$\sigma$的值后再迭代．收敛快慢可用比值$\|\boldsymbol{C}(\boldsymbol{x}_k)\|/\|\boldsymbol{C}(\boldsymbol{x}_{k-1})\|$来度量．

算法 3　等式约束问题的乘子法——PH 算法

step1　选定初始点$\boldsymbol{x}_0$、初始乘子向量$\boldsymbol{\lambda}_1$、初始罚因子σ_1及其放大系数$c>1$，控制误差$\varepsilon>0$与常数$\theta\in(0,1)$，令$k=1$.

step2　以$\boldsymbol{x}_{k-1}$为初始点求解无约束问题

$$\min M(\boldsymbol{x},\boldsymbol{\lambda}_k,\sigma_k)=f(\boldsymbol{x})-\boldsymbol{\lambda}_k^{\mathrm{T}}\boldsymbol{C}(\boldsymbol{x})+\frac{\sigma_k}{2}\boldsymbol{C}(\boldsymbol{x})^{\mathrm{T}}\boldsymbol{C}(\boldsymbol{x})$$

得最优解$\boldsymbol{x}_k$.

step3　当$\|\boldsymbol{C}(\boldsymbol{x}_k)\|\leqslant\varepsilon$时，$\boldsymbol{x}_k$为所求最优解，停；否则转 step4.

step4　当$\|\boldsymbol{C}(\boldsymbol{x}_k)\|/\|\boldsymbol{C}(\boldsymbol{x}_{k-1})\|\leqslant\theta$时，转 step5；否则令$\sigma_{k+1}=c\sigma_k$，转 step5.

step5　令$\boldsymbol{\lambda}_{k+1}=\boldsymbol{\lambda}_k-\sigma\boldsymbol{C}(\boldsymbol{x}_k)$，$k=k+1$，转 step2.

算法 3 因为最初是 Powell 和 Hestenes 几乎同时各自独立地提出，故简称为 PH 算法．

例 11　用 PH 算法求解

$$\min f(x_1,x_2)=x_1^2+x_2^2$$
$$\text{s.t.}\quad x_1+x_2-2=0$$

解　问题的增广 Lagrange 函数为

$$M(x_1,x_2,\lambda,\sigma)=x_1^2+x_2^2-\lambda(x_1+x_2-2)+\frac{\sigma}{2}(x_1+x_2-2)^2$$

令

$$\frac{\partial M}{\partial x_1}=2x_1-\lambda+\sigma(x_1+x_2-2)=0$$
$$\frac{\partial M}{\partial x_2}=2x_2-\lambda+\sigma(x_1+x_2-2)=0$$

得

$$x_1=x_2=\frac{2\sigma+\lambda}{2\sigma+2}$$

将λ换为λ_k，再把x_1，x_2的值代入乘子迭代公式

$$\lambda_{k+1}=\lambda_k-\sigma(x_1+x_2-2)$$

得到

$$\lambda_{k+1}=\frac{1}{\sigma+1}\lambda_k+\frac{2\sigma}{\sigma+1}.$$

显然，当$\sigma>0$时，$\{\lambda_k\}$收敛，且σ越大收敛越快．如取$\sigma=10$，则

$$\lambda_{k+1}=\frac{1}{11}\lambda_k+\frac{20}{11}$$

设$\lambda_k\to\lambda^*$，对上式取极限得

$$\lambda^*=\frac{1}{11}\lambda^*+\frac{20}{11}$$

故 $\lambda^* = 2$.

在 $x_1 = x_2 = \dfrac{2\sigma + \lambda}{2\sigma + 2}$ 中取 $\sigma = 10$，$\lambda = \lambda^* = 2$，得原问题的最优解

$$\boldsymbol{x}^* = (x_1^*,\ x_2^*)^{\mathrm{T}} = (1,\ 1)^{\mathrm{T}}$$

下面我们给出几个数值计算的例子，其中无约束子问题采用精确一维搜索的拟 Newton 法．

例 12　利用乘子法求解等式约束问题例 11.
算法中参数取值 $\sigma_1 = 1$，$c = 10$，$\varepsilon = 10^{-8}$，$\theta = 0.6$，取初始点为 $(10,\ 10)^{\mathrm{T}}$：

k	x_1	x_2	λ	σ	$f(x_1,\ x_2)$
1	10.00000	10.00000	0.00000	1.00000	362.00000
2	0.50000	0.50000	9.99998	10.00000	15.49993
3	1.36364	1.36364	2.72727	10.00000	4.38015
4	1.03306	1.03306	2.06612	10.00000	2.01967
5	1.00300	1.00300	2.00602	10.00000	2.00016
6	1.00027	1.00027	2.00055	10.00000	2.00000
7	1.00002	1.00002	2.00005	10.00000	2.00000

从迭代结果可以看出同样初始点，乘子法迭代次数少于外罚函数法，且罚因子不需要很大．

换一个初始点：

k	x_1	x_2	λ	σ	$f(x_1,\ x_2)$
1	-1000.00000	-1000.00000	-1000.00000	1.00000	2002002.00000
2	-249.50000	-249.50000	4009.99994	10.00000	3388515.41478
3	183.18181	183.18181	366.36365	10.00000	597425.83372
4	17.56198	17.56198	35.12397	10.00000	4939.38804
5	2.50563	2.50563	5.01127	10.00000	42.80485
6	1.13688	1.13688	2.27375	10.00000	2.33723
7	1.01244	1.01244	2.02493	10.00000	2.00279
8	1.00113	1.00113	2.00227	10.00000	2.00002
9	1.00010	1.00010	2.00021	10.00000	2.00000
10	1.00001	1.00001	2.00002	10.00000	2.00000

但是有时候若参数取值及乘子的初始值取得不合适可能会导致算法不收敛，如取 $\sigma_1 = 1$，$c = 10$，$\varepsilon = 10^{-8}$，$\theta = 0.5$，计算结果如下：

k	x_1	x_2	λ	σ	$f(x_1, x_2)$
1	10.00000	10.00000	0.00000	1.00000	362.00000
2	0.50000	0.50000	9.99998	10.00000	15.49993
3	1.36364	1.36364	-62.72709	100.00000	75.78471
4	0.67957	0.67957	578.13518	1000.00000	576.78087
5	1.28778	1.28778	-5177.46095	10000.00000	4639.59851
6	0.74105	0.74105	46611.96935	100000.00000	37551.89715
7	1.23305	1.23305	-419483.06386	1000000.00000	304144.30339
8	0.79026	0.79026	3775363.38026	10000000.00000	2463545.04860
9	1.18877	1.18877	-33978246.64766	100000000.00000	19954692.91073
10	0.83011	0.83011	305804236.43183	1000000000.00000	161632992.0730300

算法不收敛，这是乘子法的一个缺点，需要适当取各参数的值和乘子的初始值才能保证收敛．

（2）不等式约束问题的乘子法．

现在考虑不等式约束的优化问题：

$$\begin{aligned} &\min f(\boldsymbol{x}),\ \boldsymbol{x}\in\mathbf{R}^n \\ &\text{s.t.}\quad c_i(\boldsymbol{x})\geqslant 0,\ i=1,\ \cdots,\ m \end{aligned} \tag{PN}$$

引进辅助变数 z_i（$i=1,\ \cdots,\ m$），将（PN）化为等式约束优化问题

$$\begin{aligned} &\min f(\boldsymbol{x}),\ \boldsymbol{x}\in\mathbf{R}^n \\ &\text{s.t.}\quad c_i(\boldsymbol{x})-z_i^2=0,\ i=1,\ \cdots,\ m \end{aligned} \tag{PNE}$$

则可使用前面等式约束问题的乘子法．此时的增广 Lagrange 函数为

$$\tilde{M}(\boldsymbol{x},\boldsymbol{z},\boldsymbol{\lambda},\sigma)=f(\boldsymbol{x})-\sum_{i=1}^{m}\lambda_i(c_i(\boldsymbol{x})-z_i^2)+\frac{\sigma}{2}\sum_{i=1}^{m}(c_i(\boldsymbol{x})-z_i^2)^2 \tag{5-5}$$

这时我们有两种选择，一种是直接求解上面的子问题（5－5）；另一种是先想办法去掉 z_i，再求解子问题．下面考虑第二种选择．

先考虑 $\tilde{M}$ 关于 $\boldsymbol{z}$ 的极小化

$$M(\boldsymbol{x},\ \boldsymbol{\lambda},\ \sigma)=\min\tilde{M}(\boldsymbol{x},\ \boldsymbol{z},\ \boldsymbol{\lambda},\ \sigma)$$

对任意 i，目标函数中与 z_i 相关的项为

$$-\lambda_i(c_i(\boldsymbol{x})-z_i^2)+\frac{\sigma}{2}(c_i(\boldsymbol{x})-z_i^2)^2$$

要取极小，即

$$\lambda_i z_i^2-\sigma c_i(\boldsymbol{x})z_i^2+\frac{\sigma}{2}(z_i^2)^2$$

取极小，把 z_i^2 看成一个整体，根据函数性质可知当 $\sigma c_i(\boldsymbol{x})-\lambda_i\geqslant 0$ 时，$z_i^2=-\dfrac{\lambda_i}{\sigma}+c_i(\boldsymbol{x})$，否则 $z_i^2=0$，于是

$$z_i^2=\frac{1}{\sigma}\max(0,\sigma c_i(\boldsymbol{x})-\lambda_i),\ i=1,\ \cdots,\ m$$

代回式（5－5）得（PN）的增广目标函数为

$$\tilde{M}(\boldsymbol{x},\boldsymbol{\lambda},\sigma)=f(\boldsymbol{x})+\frac{1}{2\sigma}\sum_{i=1}^{m}\{[\max(0,\lambda_i-\sigma c_i(x))]^2-\lambda_i^2\} \tag{5-6}$$

这时要求解的子问题（5－6）变量少了，但函数是不可微的.

乘子迭代公式为

$$(\boldsymbol{\lambda}_{k+1})_i=(\boldsymbol{\lambda}_k)_i-\sigma[c_i(\boldsymbol{x})-z_i^2],\ i=1,\ \cdots,\ m \tag{5-7}$$

如果求解子问题选择式（5－5），则乘子迭代用式（5－7）.

将 z_i 的值代入上式得

$$(\boldsymbol{\lambda}_{k+1})_i=\max[0,(\boldsymbol{\lambda}_k)_i-\sigma c_i(\boldsymbol{x}_k)],\ i=1,\ \cdots,\ m \tag{5-8}$$

如果求解子问题选择式（5－6），则乘子迭代用式（5－8）.

终止准则为

$$\left\{\sum_{i=1}^{m}[c_i(\boldsymbol{x})-z_i^2]^2\right\}^{\frac{1}{2}}<\varepsilon \tag{5-9}$$

将 z_i 的值代入，得到

$$\left\{\sum_{i=1}^{m}\left[\max\left(c_i(\boldsymbol{x}_k),\frac{(\boldsymbol{\lambda}_k)_i}{\sigma}\right)\right]^2\right\}^{\frac{1}{2}}<\varepsilon \tag{5-10}$$

同上面一样根据算法中是否有 z_i 选择终止准则（5－9）或（5－10）.

（3）一般约束问题的乘子法.

我们来构造一般约束优化问题（P1）的乘子法.

对等式约束和不等式分别采用前面相应的处理方法就可以了，对不等式约束两种选择都可以，这里采用不含 z_i 的方法，当然也可以采用另外一种选择.

此时有增广 Lagrange 函数为

$$M(\boldsymbol{x},\boldsymbol{\lambda},\sigma)=f(\boldsymbol{x})+\frac{1}{2\sigma}\sum_{i=l+1}^{m}\{[\max(0,\lambda_i-\sigma c_i(\boldsymbol{x}))]^2-\lambda_i^2\}-\sum_{i=1}^{l}\lambda_i c_i(\boldsymbol{x})+\frac{\sigma}{2}\sum_{i=1}^{l}c_i^2(\boldsymbol{x}) \tag{5-11}$$

乘子的修正公式为

$$\begin{cases}(\boldsymbol{\lambda}_{k+1})_i=(\boldsymbol{\lambda}_k)_i-\sigma c_i(\boldsymbol{x}_k),i=1,\cdots,l\\(\boldsymbol{\lambda}_{k+1})_i=\max[0,(\boldsymbol{\lambda}_k)_i-\sigma c_i(\boldsymbol{x}_k)],i=l+1,\cdots,m\end{cases} \tag{5-12}$$

令

$$\phi_k=\left\{\sum_{i=1}^{l}c_i^2(\boldsymbol{x}_k)+\sum_{j=i+1}^{m}\left[\max\left(c_j(\boldsymbol{x}_k),\frac{(\boldsymbol{\lambda}_k)_i}{\sigma}\right)\right]^2\right\}^{\frac{1}{2}}$$

则终止准则为 $\phi_k\leqslant\varepsilon$.

算法 4　一般约束问题的乘子——PHR 算法

step1　选定初始点 $\boldsymbol{x}_0$、初始乘子向量 $\boldsymbol{\lambda}_1$、初始罚因子 σ_1 及其放大系数 $c>1$，控制误差 $\varepsilon>0$ 与常数 $\theta\in(0,\ 1)$，令 $k=1$.

step2　以 $\boldsymbol{x}_{k-1}$ 为初始点求解无约束问题：

$$\min M(\boldsymbol{x},\ \boldsymbol{\lambda}_k,\ \sigma_k)$$

其中 M 由式（5-11）定义，得到最优解 $\boldsymbol{x}_k$.

step3　计算 ϕ_k，若 $\phi_k<\varepsilon$，则 $\boldsymbol{x}_k$ 为问题的最优解，停止；否则，转 step4.

step4　当 $\phi_k/\phi_{k-1}\leqslant\theta$ 时，转 step5；否则令 $\sigma_{k+1}=c\sigma_k$，转 step5.

step5　修正乘子向量 $\boldsymbol{\lambda}_k$，

$$(\boldsymbol{\lambda}_{k+1})_i=(\boldsymbol{\lambda}_k)_i-\sigma c_i(\boldsymbol{x}_k),\ i=1,\ \cdots,\ l$$
$$(\boldsymbol{\lambda}_{k+1})_i=\max[0,\ (\boldsymbol{\lambda}_k)_i-\sigma c_i(\boldsymbol{x}_k)],\ i=l+1,\ \cdots,\ m$$

令 $k=k+1$，转 step2.

以上算法是 Rockfellar 在 PH 算法的基础上提出的，简称 PHR 算法.

例 13　用 PHR 算法求解：

$$\min f(\boldsymbol{x})=x_1^2+x_2^2$$
$$\text{s.t.}\quad x_1+x_2\geqslant 2$$

解　增广目标函数为

$$M(x_1,\ x_2,\ \lambda,\ \sigma)=x_1^2+x_2^2+\frac{1}{2\sigma}\{[\max(0,\ \lambda-\sigma(x_1+x_2-2))]^2-\lambda^2\}$$
$$=\begin{cases}x_1^2+x_2^2-\dfrac{\lambda^2}{2\sigma}, & x_1+x_2-2>\dfrac{\lambda}{\sigma}\\ x_1^2+x_2^2+\dfrac{1}{2\sigma}\{[\lambda-\sigma(x_1+x_2-2)]^2-\lambda^2\}, & x_1+x_2-2\leqslant\dfrac{\lambda}{\sigma}\end{cases}$$

当 $x_1+x_2-2>\dfrac{\lambda}{\sigma}$时，令 $\dfrac{\partial M}{\partial x_1}=2x_1=0$，$\dfrac{\partial M}{\partial x_2}=2x_2=0$，得 $\tilde{\boldsymbol{x}}=(0,\ 0)^{\mathrm{T}}$. 当 σ 充分大时，$\boldsymbol{x}$ 不满足不等式 $x_1+x_2-2>\dfrac{\lambda}{\sigma}$，即 $\tilde{\boldsymbol{x}}$ 不是 M 的极小点.

当 $x_1+x_2-2\leqslant\dfrac{\lambda}{\sigma}$时，令

$$\frac{\partial M}{\partial x_1}=2x_1-[\lambda-\sigma(x_1+x_2-2)]=0$$
$$\frac{\partial M}{\partial x_2}=2x_2-[\lambda-\sigma(x_1+x_2-2)]=0$$

得到 $x_1=x_2=\dfrac{2\sigma+\lambda}{2\sigma+2}$，于是 $\tilde{\boldsymbol{x}}=(x_1,\ x_2)^{\mathrm{T}}$ 满足 $x_1+x_2-2\leqslant\dfrac{\lambda}{\sigma}$.

将 λ 换为 λ_k 代入式（5-12）修正 λ_k：

$$\lambda_{k+1}=\max(0,\ \lambda_k-\sigma(x_1+x_2-2))=\max\left(0,\ \frac{2\sigma+\lambda_k}{\sigma+1}\right)$$

若给定 $\lambda_1>0$ 且 $\sigma>0$，则

$$\lambda_{k+1}=\frac{1}{\sigma+1}\lambda_k+\frac{2\sigma}{\sigma+1}>0$$

以下计算与例 11 相同，从略.

下面我们来看数值计算的结果，这里无约束子问题求解仍然采用精确一维搜索拟 Newton 法.

若采用增广 Lagrange 函数（5-5），也就是将 z_i 也看作变量，利用等式约束优化的乘子

法迭代，取

$$\sigma_1 = 1, \quad c = 10, \quad \varepsilon = 10^{-8}, \quad \theta = 0.6$$

结果如下：

k	x_1	x_2	z_1	λ	σ	$f(x_1, x_2)$
1	10.00000	10.00000	10.00000	0.00000	1.00000	3562.00000
2	0.50000	0.50000	0.00000	9.99992	10.00000	15.49978
3	1.36363	1.36363	-0.00001	2.72724	10.00000	4.38016
4	1.03306	1.03306	0.00000	2.06611	10.00000	2.01967
5	1.00300	1.00300	0.00000	2.00602	10.00000	2.00016
6	1.00027	1.00027	0.00000	2.00055	10.00000	2.00000
7	1.00002	1.00002	0.00000	2.00005	10.00000	2.00000

换一个初始点，计算结果如下：

k	x_1	x_2	z_1	λ	σ	$f(x_1, x_2)$
1	1000.00000	1000.00000	1000.00000	0.00000	1.00000	2000000
2	0.50000	0.50000	0.00000	10.00002	10.00000	15.50007
3	1.36364	1.36364	0.00000	2.72727	10.00000	4.38018
4	1.03306	1.03306	0.00001	2.06616	10.00000	2.01967
5	1.00301	1.00301	0.00001	2.00602	10.00000	2.00016
6	1.00027	1.00027	0.00000	2.00055	10.00000	2.00000
7	1.00002	1.00002	0.00000	2.00005	10.00000	2.00000

若采用增广 Lagrange 函数（5-6），利用不等式约束优化的乘子法迭代，乘子迭代公式为（5-8），参数取值：$\sigma_1 = 1$，$c = 10$，$\varepsilon = 10^{-8}$，$\theta = 0.6$.

结果如下：

k	x_1	x_2	λ	σ	$f(x_1, x_2)$
1	10.00000	10.00000	1.00000	1.00000	199.50000
2	0.75000	0.75000	6.00000	10.00000	5.37500
3	1.18182	1.18182	2.36362	10.00000	2.51406
4	1.01653	1.01653	2.03307	10.00000	2.00492
5	1.00150	1.00150	1.73251	100.00000	2.00126
6	0.99868	0.99868	1.99736	100.00000	2.00035
7	0.99999	0.99999	2.02349	1000.00000	2.00000
8	1.00001	1.00001	2.00000	1000.00000	2.00000
9	1.00000	1.00000	1.99982	10000.00000	2.00000
10	1.00000	1.00000	2.00000	10000.00000	2.00000

得到了问题的近似最优解.

但是若取乘子 λ 初始值为0，则 λ 始终为0，算法失败：

k	x_1	x_2	λ	σ	$f(x_1, x_2)$
1	10.00000	10.00000	0.00000	1.00000	200.00000
2	0.50000	0.50000	0.00000	1.00000	1.00000

若取参数为 $\sigma_1=1$，$c=10$，$\varepsilon=10^{-8}$，$\theta=0.3$，则即使 λ 初始值为1，也得不到正确的 λ^*，迭代结果如下：

k	x_1	x_2	λ	σ	$f(x_1, x_2)$
1	10.00000	10.00000	1.00000	1.00000	199.50000
2	0.75000	0.75000	6.00000	10.00000	5.37500
3	1.18182	1.18182	0.00000	100.00000	2.79339
4	0.99010	0.99010	0.00000	100.00000	1.98020

从上述计算来看乘子法虽然避免了罚因子的病态性质，但是由于它迭代过程中要额外计算乘子 $\boldsymbol{\lambda}$，参数也比较多，如果 $\boldsymbol{\lambda}$ 初始值或参数取得不合适也会导致计算失败.

例 14 用 PHR 算法求解

$$\min f(\boldsymbol{x})=x_1^2+x_2^2$$
$$\text{s.t.} \quad x_1+1\leqslant 0$$

数值计算的结果.

解 若采用增广 Lagrange 函数式（5-5），也就是将 z_i 也看作变量，利用等式约束优化的乘子法迭代，取

$$\sigma_1=1,\ c=10,\ \varepsilon=10^{-8},\ \theta=0.6$$

结果如下：

k	x_1	x_2	z_1	λ	σ	$f(x_1, x_2)$
1	10.00000	10.00000	10.00000	0.00000	1.00000	12521.00000
2	-0.50000	0.00000	0.00001	5.00000	10.00000	5.25000
3	-1.13637	0.00000	0.00001	3.63632	10.00000	0.98142
4	-1.07438	0.00000	0.00001	2.89255	10.00000	0.99447
5	-1.04057	0.00000	0.00001	2.48685	10.00000	0.99835
6	-1.02213	0.00000	0.00001	2.26556	10.00000	0.99951
7	-1.01207	0.00000	0.00000	2.14485	10.00000	0.99985
8	-1.00658	0.00000	0.00000	2.07901	10.00000	0.99996
9	-1.00359	0.00000	0.00000	2.04310	10.00000	0.99999

续表

k	x_1	x_2	z_1	λ	σ	$f(x_1, x_2)$
10	-1.00196	0.00000	0.00000	2.02351	10.00000	1.00000
11	-1.00107	0.00000	0.00000	2.01282	10.00000	1.00000
12	-1.00058	0.00000	0.00000	2.00699	10.00000	1.00000
13	-1.00032	0.00000	0.00000	2.00382	10.00000	1.00000
14	-1.00017	0.00000	0.00000	2.00208	10.00000	1.00000

得到了问题的近似最优解.

若采用增广 Lagrange 函数式（5-6），利用不等式约束优化的乘子法迭代，由乘子迭代公式（5-8），取 $\sigma_1=1$，$c=10$，$\varepsilon=10^{-8}$，$\theta=0.6$. 结果如下：

k	x_1	x_2	λ	σ	$f(x_1, x_2)$
1	10.00000	10.00000	1.00000	1.00000	271.50000
2	-0.66669	0.00000	4.33311	10.00000	2.44422
3	-1.19443	0.00000	2.38885	10.00000	1.15120
4	-1.03240	0.00000	2.06481	10.00000	1.00420
5	-1.00540	0.00000	1.52474	100.00000	1.00405
6	-0.99534	0.00000	1.99071	100.00000	1.00106
7	-0.99991	0.00000	2.08172	1000.00000	1.00001
8	-1.00008	0.00000	2.00023	1000.00000	1.00000
9	-1.00000	0.00000	1.99757	10000.00000	1.00000
10	-1.00000	0.00000	2.00000	10000.00000	1.00000
11	-1.00000	0.00000	1.99999	100000.00000	1.00000
12	-1.00000	0.00000	1.99999	100000.00000	1.00000

也得到了问题的近似最优解.

因为 σ 可取某个有限值，而且乘子收敛于有限值，所以乘子法在一定程度上克服了罚函数法的病态性质，受到人们的重视. 但是它的缺点是算法参数和乘子初始值取得不合适的话，可能导致算法不收敛.

5.3　投影梯度法与简约梯度法

本节我们介绍一类直接处理约束优化问题的算法. 1960 年，Rosen 针对线性约束问题提出了投影梯度法，随后他又将这个方法推广到非线性约束问题上，但是这个算法对非线性约束问题的收敛速度较慢. 1963 年，Wolfe 将线性规划的单纯形法推广到带线性约束的非线性规划问题，提出了简约梯度法，简称 RG 法. 此算法在 1969 年由 Abadie 等人发展成著名的广义简约梯度法，简称 GRG 算法．GRG 算法已成为目前求解一般非线性规划问题的最有效的算法之一．这三种算法都属于可行方向法，也就是针对问题寻找下降可行方向作为每次迭代的搜索方向的算法．

1. 可行方向及其性质

考虑约束优化问题（P1）．问题（P1）的可行域为 $D=\{x \mid c_i(x)=0,\ i=1,\ \cdots,\ l,\ c_i(x)\geqslant 0,\ i=l+1,\ \cdots,\ m\}$．

为叙述方便，将 5.1 节可行方向定义重述如下：

定义 1　设 $\bar{x}\in D$，非零向量 $p\in\mathbf{R}^n$，如果存在 $\delta>0$，使得对任意的 $\alpha\in[0,\ \delta]$，有

$$\bar{x}+\alpha p\in D$$

则称 p 是 D 中在 $\bar{x}$ 处的可行方向，D 中在 $\bar{x}$ 处的所有可行方向集合记为 $FD(\bar{x},\ D)$．

为了使可行方向 $\bar{p}$ 还是下降方向，与无约束情形一样，要求 $\bar{p}$ 满足 $\bar{p}^{\mathrm{T}}\nabla f(\bar{x})<0$．

我们称约束优化问题在某可行点处既可行又下降的方向为下降可行方向，对约束优化问题来说，可行方向法就是从可行点出发沿下降可行方向寻找步长得到更优的可行点的迭代过程．

例 1　考虑如下约束问题的下降可行方向

$$\begin{aligned}\min f(x)&=(x_1-6)^2+(x_2-2)^2\\ \text{s.t.}\quad & x_1-2x_2+4\geqslant 0\\ & -3x_1-2x_2+12\geqslant 0\\ & x_1,x_2\geqslant 0\end{aligned}$$

解　令 $\bar{x}=(2,\ 3)^{\mathrm{T}}$，则有效约束指标集 $I=\{1,\ 2\}$．

$$A(x)=(\nabla c_1(x),\ \nabla c_2(x))=\begin{pmatrix}1 & -3\\ -2 & -2\end{pmatrix}$$

$$\nabla f(x)=\begin{pmatrix}2x_1-12\\ 2x_2-4\end{pmatrix}$$

对于 $d=(d_1,\ d_2)^{\mathrm{T}}\neq\mathbf{0}$，在 $\bar{x}$ 处的可行方向集为

$$\mathfrak{F}=\{d\in\mathbf{R}^2 \mid d_1-2d_2\geqslant 0,\ -3d_1-2d_2\geqslant 0\}$$

而下降方向集为

$$\mathfrak{D}=\left\{d\in\mathbf{R}^2 \mid d^{\mathrm{T}}\nabla f(\bar{x})=(-8,\ 2)\begin{pmatrix}d_1\\ d_2\end{pmatrix}=-8d_1+2d_2<0\right\}$$

二者的交集 $\mathfrak{F}\cap\mathfrak{D}$ 就是下降可行方向集，如图 5－3 所示．

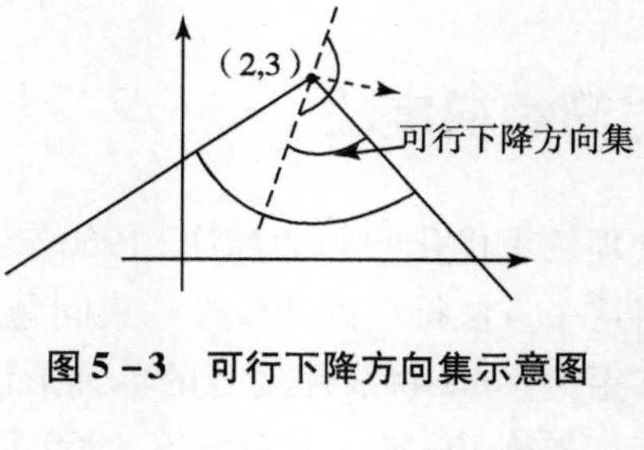

图 5－3　可行下降方向集示意图

2. 投影梯度法

投影梯度法就是利用投影矩阵来产生可行下降方向的方法.

定义 2　设 n 阶方阵 $\boldsymbol{P}$ 满足

$$\boldsymbol{P}=\boldsymbol{P}^{\mathrm{T}} \text{ 且 } \boldsymbol{PP}=\boldsymbol{P}$$

则称 $\boldsymbol{P}$ 为投影矩阵.

投影矩阵有如下性质.

定理 1　设矩阵 $\boldsymbol{P}$ 为投影矩阵，则

(1) $\boldsymbol{P}$ 为半正定矩阵；

(2) $\boldsymbol{Q}=\boldsymbol{I}-\boldsymbol{P}$ 也为投影矩阵，其中 $\boldsymbol{I}$ 为 n 阶单位矩阵；

(3) 令 $L=\{\boldsymbol{Px} \mid \boldsymbol{x}\in\mathbf{R}^n\}$，$L^{\perp}=\{\boldsymbol{Qx} \mid \boldsymbol{x}\in\mathbf{R}^n\}$，则 L 与 $L^{\perp}$ 为正交的线性子空间，并且对任何 $\boldsymbol{x}\in\mathbf{R}^n$，$\boldsymbol{x}$ 可唯一地被分解为 $\boldsymbol{x}=\boldsymbol{p}+\boldsymbol{q}$，$\boldsymbol{p}\in L$，$\boldsymbol{q}\in L^{\perp}$.

证明 (1)，(2) 可以由定义直接证明，这里只证 (3). 因为 $\boldsymbol{O}\in L$，所以 L 非空.

因为对任意的 $\boldsymbol{x}$，$\boldsymbol{y}\in\mathbf{R}^n$，$\alpha$，$\beta\in\mathbf{R}$，有 $\alpha\boldsymbol{x}+\beta\boldsymbol{y}\in\mathbf{R}^n$，且 $\alpha\boldsymbol{Px}+\beta\boldsymbol{Py}=\boldsymbol{P}(\alpha\boldsymbol{x}+\beta\boldsymbol{y})\in L$，所以 L 为线性子空间. 同理可证 $L^{\perp}$ 亦为线性子空间.

又因为

$$\boldsymbol{P}^{\mathrm{T}}\boldsymbol{Q}=\boldsymbol{P}(\boldsymbol{I}-\boldsymbol{P})=\boldsymbol{P}-\boldsymbol{P}=\boldsymbol{0}$$

所以

$$(\boldsymbol{Px})^{\mathrm{T}}(\boldsymbol{Qy})=\boldsymbol{x}^{\mathrm{T}}\boldsymbol{P}^{\mathrm{T}}\boldsymbol{Qy}=0$$

因此 L 与 $L^{\perp}$ 正交.

任取 $\boldsymbol{x}\in\mathbf{R}^n$，有

$$\boldsymbol{x}=\boldsymbol{Ix}=(\boldsymbol{P}+\boldsymbol{Q})\boldsymbol{x}=\boldsymbol{Px}+\boldsymbol{Qx}=\boldsymbol{p}+\boldsymbol{q}$$

其中 $\boldsymbol{p}=\boldsymbol{Px}\in L$，$\boldsymbol{q}=\boldsymbol{Qx}\in L^{\perp}$.

再证这种分解是唯一的. 设 $\boldsymbol{x}$ 还可表示为

$$\boldsymbol{x}=\boldsymbol{p}'+\boldsymbol{q}',\ \boldsymbol{p}'\in L,\ \boldsymbol{q}'\in L^{\perp}$$

则 $\boldsymbol{p}+\boldsymbol{q}=\boldsymbol{p}'+\boldsymbol{q}'$，$\boldsymbol{p}-\boldsymbol{p}'=\boldsymbol{q}'-\boldsymbol{q}$，$\boldsymbol{p}-\boldsymbol{p}'\in L$，$\boldsymbol{q}'-\boldsymbol{q}\in L^{\perp}$，但 $L\cap L^{\perp}=\{\boldsymbol{0}\}$，故 $\boldsymbol{p}-\boldsymbol{p}'=\boldsymbol{q}-\boldsymbol{q}'=\boldsymbol{0}$，即 $\boldsymbol{p}=\boldsymbol{p}'$，$\boldsymbol{q}=\boldsymbol{q}'$. 证毕.

考虑仅含线性约束的最优化问题

$$\begin{aligned}
&\min f(\boldsymbol{x}),\ \boldsymbol{x}\in\mathbf{R}^n\\
&\text{s. t.}\quad \boldsymbol{a}_i^{\mathrm{T}}\boldsymbol{x}=b_i,\ i\in E=\{1,\ 2,\ \cdots,\ l\}\\
&\qquad\quad \boldsymbol{a}_i^{\mathrm{T}}\boldsymbol{x}\geqslant b_i,\ i\in I=\{l+1,\ l+2,\ \cdots,\ m\}
\end{aligned}\tag{PL}$$

其中 $f(\boldsymbol{x})$ 为可微函数，$m\leqslant n$.

定理 2　设 $\bar{\boldsymbol{x}}$ 为问题 (PL) 的一个可行点，在 $\bar{\boldsymbol{x}}$ 处有 q 个有效约束，$E\cup I(\bar{\boldsymbol{x}})$ 为其有效集. 记 $\boldsymbol{A}_q=(a_{i_1},\ a_{i_2},\ \cdots,\ a_{i_q})^{\mathrm{T}}$，$\boldsymbol{b}_q=(b_{i_1},\ b_{i_2},\ \cdots,\ b_{i_q})^{\mathrm{T}}$，其中 $i_j\in E\cup I(\bar{\boldsymbol{x}})$，设 $\boldsymbol{A}_q$ 为列满秩矩阵，所有有效约束可记为

$$\boldsymbol{A}_q^{\mathrm{T}}\bar{\boldsymbol{x}}=\boldsymbol{b}_q$$

则矩阵

$$\boldsymbol{P}_q=\boldsymbol{I}-\boldsymbol{A}_q(\boldsymbol{A}_q^{\mathrm{T}}\boldsymbol{A}_q)^{-1}\boldsymbol{A}_q^{\mathrm{T}}$$

为投影矩阵. 当 $\boldsymbol{P}_q\nabla f(\bar{\boldsymbol{x}})\neq\boldsymbol{0}$ 时，$\bar{\boldsymbol{p}}=\boldsymbol{P}_q\nabla f(\bar{\boldsymbol{x}})$ 为 $\bar{\boldsymbol{x}}$ 处的一下降可行方向.

证明 设 $\boldsymbol{Q}=\boldsymbol{A}_q(\boldsymbol{A}_q^{\mathrm{T}}\boldsymbol{A}_q)^{-1}\boldsymbol{A}_q^{\mathrm{T}}$，因 $\mathrm{r}(\boldsymbol{A}_q)=q$，所以 $\boldsymbol{A}_q^{\mathrm{T}}\boldsymbol{A}_q$ 为 q 阶非奇异方阵．因为

$$\boldsymbol{Q}^{\mathrm{T}}=\boldsymbol{A}_q(\boldsymbol{A}_q^{\mathrm{T}}\boldsymbol{A}_q)^{-1}\boldsymbol{A}_q^{\mathrm{T}}$$

$$\boldsymbol{Q}\boldsymbol{Q}=\boldsymbol{A}_q(\boldsymbol{A}_q^{\mathrm{T}}\boldsymbol{A}_q)^{-1}\boldsymbol{A}_q^{\mathrm{T}}\boldsymbol{A}_q(\boldsymbol{A}_q^{\mathrm{T}}\boldsymbol{A}_q)^{-1}\boldsymbol{A}_q^{\mathrm{T}}=\boldsymbol{A}_q(\boldsymbol{A}_q^{\mathrm{T}}\boldsymbol{A}_q)^{-1}\boldsymbol{A}_q^{\mathrm{T}}=\boldsymbol{Q}$$

所以 $\boldsymbol{Q}$ 为投影矩阵．由定理 1，$\boldsymbol{P}_q=\boldsymbol{I}-\boldsymbol{Q}$ 也是投影矩阵．

因为

$$\bar{\boldsymbol{p}}^{\mathrm{T}}\nabla f(\bar{\boldsymbol{x}})=-\nabla f(\bar{\boldsymbol{x}})^{\mathrm{T}}\boldsymbol{P}_q\nabla f(\bar{\boldsymbol{x}})=-\|\boldsymbol{P}_q\nabla f(\bar{\boldsymbol{x}})\|^2<0$$

并且
$$\boldsymbol{A}_q^{\mathrm{T}}\bar{\boldsymbol{p}}=-\boldsymbol{A}_q^{\mathrm{T}}\boldsymbol{P}_q\nabla f(\bar{\boldsymbol{x}})=-[\boldsymbol{A}_q^{\mathrm{T}}-\boldsymbol{A}_q(\boldsymbol{A}_q^{\mathrm{T}}\boldsymbol{A}_q)^{-1}\boldsymbol{A}_q^{\mathrm{T}}]\nabla f(\bar{\boldsymbol{x}})=\boldsymbol{0}$$

所以 $\bar{\boldsymbol{p}}$ 为下降可行方向．

当 $\boldsymbol{P}_q\nabla f(\bar{\boldsymbol{x}})=\boldsymbol{0}$ 时，$\bar{\boldsymbol{x}}$ 不一定为 KT 点，为此我们给出下面的定理．

定理 3 设 $\bar{\boldsymbol{x}}$ 为问题（PL）的一个可行点，且 $\boldsymbol{P}_q\nabla f(\bar{\boldsymbol{x}})=\boldsymbol{0}$，令 $\boldsymbol{\lambda}=(\boldsymbol{A}_q^{\mathrm{T}}\boldsymbol{A}_q)^{-1}\boldsymbol{A}_q^{\mathrm{T}}\nabla f(\bar{\boldsymbol{x}})$，则有

（1）若 $\boldsymbol{\lambda}\geqslant\boldsymbol{0}$，则 $\bar{\boldsymbol{x}}$ 为 KT 点；

（2）若 $\boldsymbol{\lambda}\geqslant\boldsymbol{0}$ 不成立，设有某个分量 $\lambda_i<0$，则从 $\boldsymbol{A}_q$ 中去掉对应于 λ_i 的一列 $\boldsymbol{a}_i$ 后得 $\boldsymbol{A}_{q-1}$，令 $\boldsymbol{P}_{q-1}=\boldsymbol{I}-\boldsymbol{A}_{q-1}(\boldsymbol{A}_{q-1}^{\mathrm{T}}\boldsymbol{A}_{q-1})^{-1}\boldsymbol{A}_{q-1}^{\mathrm{T}}$，则 $\boldsymbol{P}_{q-1}$ 为投影矩阵，且 $\bar{\boldsymbol{p}}=-\boldsymbol{P}_{q-1}\nabla f(\bar{\boldsymbol{x}})$ 为 $\bar{\boldsymbol{x}}$ 的下降可行方向．

证明（1）因为

$$\boldsymbol{P}_q\nabla f(\bar{\boldsymbol{x}})=[\boldsymbol{I}-\boldsymbol{A}_q(\boldsymbol{A}_q^{\mathrm{T}}\boldsymbol{A}_q)^{-1}\boldsymbol{A}_q^{\mathrm{T}}]\nabla f(\bar{\boldsymbol{x}})=\nabla f(\bar{\boldsymbol{x}})-\boldsymbol{A}_q\boldsymbol{\lambda}=\boldsymbol{0}$$

所以，当 $\boldsymbol{\lambda}\geqslant\boldsymbol{0}$ 时，由 KT 条件知 $\bar{\boldsymbol{x}}$ 为 KT 点．

（2）首先用反证法证明 $\boldsymbol{P}_{q-1}\nabla f(\bar{\boldsymbol{x}})\neq\boldsymbol{0}$.

设 $\boldsymbol{P}_{q-1}\nabla f(\bar{\boldsymbol{x}})=\boldsymbol{0}$，则

$$\nabla f(\bar{\boldsymbol{x}})-\boldsymbol{A}_{q-1}(\boldsymbol{A}_{q-1}^{\mathrm{T}}\boldsymbol{A}_{q-1})^{-1}\boldsymbol{A}_{q-1}^{\mathrm{T}}\nabla f(\bar{\boldsymbol{x}})=\boldsymbol{0}$$

令 $\hat{\boldsymbol{\lambda}}=(\boldsymbol{A}_{q-1}^{\mathrm{T}}\boldsymbol{A}_{q-1})^{-1}\boldsymbol{A}_{q-1}^{\mathrm{T}}\nabla f(\bar{\boldsymbol{x}})$，则$\nabla f(\bar{\boldsymbol{x}})=\boldsymbol{A}_{q-1}\hat{\boldsymbol{\lambda}}$. 因为

$$\boldsymbol{P}_q\nabla f(\bar{\boldsymbol{x}})=[\boldsymbol{I}-\boldsymbol{A}_q(\boldsymbol{A}_q^{\mathrm{T}}\boldsymbol{A}_q)^{-1}\boldsymbol{A}_q^{\mathrm{T}}]\nabla f(\bar{\boldsymbol{x}})=\nabla f(\bar{\boldsymbol{x}})-\boldsymbol{A}_q\boldsymbol{\lambda}=\boldsymbol{0}$$

所以

$$\nabla f(\bar{\boldsymbol{x}})=\boldsymbol{A}_q\boldsymbol{\lambda}=(\boldsymbol{A}_{q-1},\boldsymbol{a}_i)\begin{pmatrix}\bar{\boldsymbol{\lambda}}\\ \lambda_i\end{pmatrix}=\boldsymbol{A}_{q-1}\bar{\boldsymbol{\lambda}}+\lambda_i\boldsymbol{a}_i,\lambda_i<0$$

因此

$$\boldsymbol{A}_{q-1}\hat{\boldsymbol{\lambda}}=\boldsymbol{A}_{q-1}\bar{\boldsymbol{\lambda}}+\lambda_i\boldsymbol{a}_i$$

即

$$\boldsymbol{A}_{q-1}(\hat{\boldsymbol{\lambda}}-\bar{\boldsymbol{\lambda}})-\lambda_i\boldsymbol{a}_i=\boldsymbol{0},\ \lambda_i<0$$

因为 $\lambda_i<0$，所以上式表明，$\boldsymbol{A}_q$ 中诸列线性相关，这与 $\boldsymbol{A}_q$ 列满秩相矛盾，因此

$$\boldsymbol{P}_{q-1}\nabla f(\bar{\boldsymbol{x}})\neq\boldsymbol{0}$$

其次利用定义可以证明 $\boldsymbol{P}_{q-1}$ 为投影矩阵，并且 $\bar{\boldsymbol{p}}=-\boldsymbol{P}_{q-1}\nabla f(\bar{\boldsymbol{x}})$ 为下降方向．

最后证明 $\bar{\boldsymbol{p}}$ 为可行方向．因为

$$A_q^{\mathrm{T}}\bar{p} = (A_{q-1},\ a_i)^{\mathrm{T}}\bar{p} = \begin{pmatrix} A_{q-1}^{\mathrm{T}}\bar{p} \\ a_i^{\mathrm{T}}\bar{p} \end{pmatrix}$$

所以由定理 2 的证明过程知 $A_{q-1}^{\mathrm{T}}\bar{p} = \mathbf{0}$. 因为 P_{q-1} 半正定，$\lambda_i < 0$，故

$$\begin{aligned} a_i^{\mathrm{T}}\bar{p} &= -a_i^{\mathrm{T}}P_{q-1}\nabla f(\bar{x}) \\ &= -a_i^{\mathrm{T}}P_{q-1}(A_{q-1}\bar{\lambda} + \lambda_i a_i) \\ &= -\lambda_i a_i^{\mathrm{T}}P_{q-1}a_i \geqslant 0 \end{aligned}$$

所以 $\bar{p}$ 为可行方向 .

由定理 2 和定理 3 知，若可行点 x_k 不是 KT 点，则总可以由投影矩阵确定一个下降可行方向 p_k，沿 p_k 做线性搜索，使

$$f(x_k + \alpha_k p_k) = \min_{0\leqslant\alpha\leqslant\alpha_{\max}} f(x_k + \alpha_k p_k)$$

其中 $\alpha_{\max}$ 在所有约束为线性的情况下是容易求出的 .

事实上，$x_k + \alpha p_k \in D$ 等价于

$$a_i^{\mathrm{T}}\ (x_k + \alpha p_k)\ - b_i \geqslant 0,\ i = 1,\ 2,\ \cdots,\ m$$

即

$$(a_i^{\mathrm{T}}x_k - b_i)\ + \alpha a_i^{\mathrm{T}}p_k \geqslant 0$$

由于 $a_i^{\mathrm{T}}x_k \geqslant b_i$，故当 $a_i^{\mathrm{T}}p_k \geqslant 0$ 时，上式对任何 $\alpha \geqslant 0$ 成立；当 $a_i^{\mathrm{T}}p_k < 0$，$\alpha \in [0,\ \alpha_i]$时，上式成立，其中

$$\alpha_i = \frac{a_i^{\mathrm{T}}x_k - b_i}{-a_i^{\mathrm{T}}p_k} > 0$$

令

$$\alpha_{\max} = \min\left\{\frac{a_i^{\mathrm{T}}x_k - b_i}{-a_i^{\mathrm{T}}p_k}\ \middle|\ a_i^{\mathrm{T}}p_k < 0\right\}$$

则当且仅当 $\alpha \in [0,\ \alpha_{\max}]$时，$x_k + \alpha p_k \in D$.

算法 1　投影梯度法

step1　给定初始可行点 x_1，控制误差 $\varepsilon > 0$，令 $k = 1$.

step2　设 $I_k = \{i \mid a_i^{\mathrm{T}}x_k = b_i,\ i = 1,\ 2,\ \cdots,\ m\}$，用 $A_i \in \mathbf{R}^{n\times q}$表示以 a_i（$i \in I_k$）为列且列满秩的矩阵 .

①若 $I_k = \phi$，则令 $P_q = I$（$n \times n$ 阶单位阵）；

②若 $I_k \neq \phi$，则由

$$P_q = I - A_q\ (A_q^{\mathrm{T}}A_q)^{-1}A_q^{\mathrm{T}}$$

计算投影矩阵 P_q.

step3　令 $p_k = -P_q\ \nabla f\ (x_k)$，若 $\|p_k\| \leqslant \varepsilon$，则转 step5；否则转 step4.

step4　计算 $\alpha_{\max}$，并求 α_k 使

$$f\ (x_k + \alpha_k p_k)\ = \min_{0\leqslant\alpha\leqslant\alpha_{\max}} f\ (x_k + \alpha p_k),$$

令 $x_{k+1} = x_k + \alpha_k p_k$，转 step6 .

step5　计算

$$\boldsymbol{\lambda}=(\boldsymbol{A}_q^{\mathrm{T}}\boldsymbol{A}_q)^{-1}\boldsymbol{A}_q^{\mathrm{T}}\nabla f(\boldsymbol{x}_k)$$

若 $\boldsymbol{\lambda}\geqslant\boldsymbol{0}$，则 $\boldsymbol{x}_k$ 为 KT 点，停；否则令 $\lambda_l=\min\limits_i\{\lambda_i\}<0$，从 $\boldsymbol{A}_q$ 中去掉对应于 λ_l 的列 $\boldsymbol{a}_l$ 得 $\boldsymbol{A}_{q-1}$，令

$$\boldsymbol{P}_{q-1}=\boldsymbol{I}-\boldsymbol{A}_{q-1}(\boldsymbol{A}_{q-1}^{\mathrm{T}}\boldsymbol{A}_{q-1})^{-1}\boldsymbol{A}_{q-1}^{\mathrm{T}}$$
$$\boldsymbol{p}_k=-\boldsymbol{P}_{q-1}\nabla f(\boldsymbol{x}_k)$$

转 step4.

step6　令 $k=k+1$，转 step2 .

例 2　用投影梯度法解如下问题

$$\begin{aligned}\min f(\boldsymbol{x})&=2x_1^2+2x_2^2-2x_1x_2-4x_1-6x_2\\ \text{s. t.}\quad &2-x_1-x_2\geqslant 0\\ &5-x_1-5x_2\geqslant 0\\ &x_1\geqslant 0\\ &x_2\geqslant 0\end{aligned}$$

解　目标函数的梯度为 $\nabla f(\boldsymbol{x})=(4x_1-2x_2-4,\ 4x_2-2x_1-6)^{\mathrm{T}}$，取 $\boldsymbol{x}_1=(0,\ 0)^{\mathrm{T}}$.

第一次迭代：$\nabla f(\boldsymbol{x}_1)=(-4,\ -6)^{\mathrm{T}}$，此时 $I_1=\{3,\ 4\}$为有效集.

$$\boldsymbol{A}_2=\begin{pmatrix}1&0\\0&1\end{pmatrix},\ \boldsymbol{P}_2=\boldsymbol{I}-\boldsymbol{A}_2(\boldsymbol{A}_2^{\mathrm{T}}\boldsymbol{A}_2)^{-1}\boldsymbol{A}_2^{\mathrm{T}}=\begin{pmatrix}0&0\\0&0\end{pmatrix}$$

则 $\boldsymbol{P}_2\nabla f(\boldsymbol{x}_1)=(0,\ 0)^{\mathrm{T}}$，令

$$\boldsymbol{\lambda}=(\boldsymbol{A}_2^{\mathrm{T}}\boldsymbol{A}_2)^{-1}\boldsymbol{A}_2^{\mathrm{T}}\nabla f(\boldsymbol{x}_1)=(-4,\ -6)^{\mathrm{T}}$$

取 $\lambda_2=-6$，从 $\boldsymbol{A}_2$ 中去掉 λ_2 所对应的第二列后得

$$\boldsymbol{A}_2=\begin{pmatrix}1\\0\end{pmatrix}$$

$$\boldsymbol{P}_1=\boldsymbol{P}_{2-1}=\boldsymbol{I}-\boldsymbol{A}_{2-1}(\boldsymbol{A}_{2-1}^{\mathrm{T}}\boldsymbol{A}_{2-1})^{-1}\boldsymbol{A}_{2-1}^{\mathrm{T}}=\begin{pmatrix}0&0\\0&1\end{pmatrix}$$

$$\boldsymbol{p}_2=-\boldsymbol{P}_1\nabla f(\boldsymbol{x}_1)=-\begin{pmatrix}0&0\\0&1\end{pmatrix}\begin{pmatrix}-4\\-6\end{pmatrix}=\begin{pmatrix}0\\6\end{pmatrix}$$

做线性搜索：

$$\min f(\boldsymbol{x}_1+\alpha\boldsymbol{p}_1)=72\alpha^2-36\alpha,\ 0\leqslant\alpha\leqslant\alpha_{\max}$$

其中

$$\alpha_{\max}=\min\left\{\frac{2}{6},\ \frac{5}{30}\right\}=\frac{1}{6}$$

解得 $\alpha_1=\dfrac{1}{6}$. 于是 $\boldsymbol{x}_2=\boldsymbol{x}_1+\alpha_1\boldsymbol{p}_1=(0,\ 1)^{\mathrm{T}}$.

第二次迭代：

$$\nabla f(\boldsymbol{x}_2)=(-6,\ -2)^{\mathrm{T}},\ I_2=\{2,\ 3\}$$

$$\boldsymbol{A}_2=\begin{pmatrix}-1&1\\-5&0\end{pmatrix}$$

$$\boldsymbol{P}_2=\boldsymbol{I}-\boldsymbol{A}_2(\boldsymbol{A}_2^{\mathrm{T}}\boldsymbol{A}_2)^{-1}\boldsymbol{A}_2^{\mathrm{T}}=\begin{pmatrix}0&0\\0&0\end{pmatrix}$$

$$\boldsymbol{P}_2\nabla f(\boldsymbol{x}_2)=(0,0)^{\mathrm{T}}$$

令

$$\boldsymbol{\lambda}=(\boldsymbol{A}_2^{\mathrm{T}}\boldsymbol{A}_2)^{-1}\boldsymbol{A}_2^{\mathrm{T}}\nabla f(\boldsymbol{x}_2)=\left(\frac{2}{5},\ -\frac{28}{5}\right)^{\mathrm{T}}$$

取 $\lambda_2=-\dfrac{28}{5}<0$，从 $\boldsymbol{A}_2$ 中去掉相应的列，得到

$$\boldsymbol{A}_1=\boldsymbol{A}_{2-1}=\begin{pmatrix}-1\\-5\end{pmatrix}$$

于是

$$\boldsymbol{P}_1=\boldsymbol{P}_{2-1}=\boldsymbol{I}-\boldsymbol{A}_1(\boldsymbol{A}_1^{\mathrm{T}}\boldsymbol{A}_1)^{-1}\boldsymbol{A}_1^{\mathrm{T}}=\begin{pmatrix}\frac{25}{26} & -\frac{5}{26}\\ -\frac{5}{26} & \frac{1}{26}\end{pmatrix}$$

$$\boldsymbol{p}_2=-\boldsymbol{P}_1\nabla f(\boldsymbol{x}_2)=\left(\frac{70}{13},\ -\frac{14}{13}\right)^{\mathrm{T}}$$

不妨取 $\boldsymbol{p}_2=(5,-1)^{\mathrm{T}}$，做线性搜索：

$$\min f(\boldsymbol{x}_2+\alpha\boldsymbol{p}_2)=62\alpha^2-28\alpha-4,\ 0\leqslant\alpha\leqslant\alpha_{\max}$$

其中

$$\alpha_{\max}=\min\left\{\frac{1}{4},\ \frac{1}{1}\right\}=\frac{1}{4}$$

解得 $\alpha_2=\dfrac{7}{31}$. 于是 $\boldsymbol{x}_3=\boldsymbol{x}_2+\alpha_2\boldsymbol{p}_2=(35/31,\ 24/31)^{\mathrm{T}}$.

第三次迭代：

$$\nabla f(\boldsymbol{x}_3)=(-32/31,\ -160/31)^{\mathrm{T}},\ I_3=\{2\}$$

$$\boldsymbol{A}_1=\begin{pmatrix}-1\\-5\end{pmatrix}$$

$$\boldsymbol{P}_1=\boldsymbol{I}-\boldsymbol{A}_1(\boldsymbol{A}_1^{\mathrm{T}}\boldsymbol{A}_1)^{-1}\boldsymbol{A}_1^{\mathrm{T}}=\frac{1}{26}\begin{pmatrix}25 & -5\\ -5 & 1\end{pmatrix}$$

$$\boldsymbol{P}_1\nabla f(\boldsymbol{x}_2)=(0,0)^{\mathrm{T}}$$

令 $\boldsymbol{\lambda}=(A_1^{\mathrm{T}}A_1)^{-1}\boldsymbol{A}_1^{\mathrm{T}}\nabla f(\boldsymbol{x}_2)$，则 $\lambda=32/31>0$，由定理 3 知，$\boldsymbol{x}_3=(35/31,\ 24/31)^{\mathrm{T}}$ 为 KT 点 . 因为 $f(\boldsymbol{x})$ 是凸函数，所以该优化问题为凸规划，因此 $\boldsymbol{x}_3$ 是问题的最优解 .

以上计算过程也可以编程实现，数值计算结果如下：

k	x_1	x_2	$f(x_1,x_2)$	I_k	λ_i	
1	0. 00000000	0. 00000000	0. 00000000	{3, 4}	−4. 000000	−6. 000000
2	0. 00000000	1. 0000000	−4. 0000000	{2, 3}	0. 40000001	−5. 600000
3	1. 1290333	0. 77419334	−7. 1612903	{2}	1. 03225809	

下面给出几个数值计算的例子 .

例 3　用投影梯度法求解如下问题：

$$\min f(\boldsymbol{x})=\frac{1}{2}x_1^2+\frac{1}{2}x_2^2-x_1-2x_2$$

$$
\begin{aligned}
\text{s. t.}\quad & 6-2x_1-3x_2\geqslant 0\\
& 5-x_1-4x_2\geqslant 0\\
& x_1\geqslant 0\\
& x_2\geqslant 0
\end{aligned}
$$

数值计算的结果如下：

k	x_1	x_2	$f(x_1,x_2)$	I_k	λ_i	
1	0.00000000	0.00000000	0.00000000	{3, 4}	−1.0000	−2.00000
2	0.00000000	1.25000000	−1.71875000	{2, 3}	1.875000	−8.12500
3	0.76470151	1.05882462	−2.02941176	{2}	2.3529412	

例 4 用投影梯度法求解：

$$
\begin{aligned}
\min f(\boldsymbol{x}) &= (1-x_1)^2-10(x_2-x_1)^2+x_1^2-2x_1x_2+e^{-x_1-x_2}\\
\text{s. t.}\quad & 25-2x_1-5x_2\geqslant 0\\
& 8+x_1-2x_2\geqslant 0\\
& x_1\geqslant 0\\
& x_2\geqslant 0
\end{aligned}
$$

数值计算的结果如下：

k	x_1	x_2	$f(x_1,x_2)$	I_k	λ_i	
1	0.00000000	0.00000000	2.00000000	{3, 4}	−3.00000	−1.00000
2	12.50000000	0.00000000	−1273.999996	{1, 4}	101.00000	730.00002

例 5 用投影梯度法求解：

$$
\begin{aligned}
\min f(x) &= (x_1-1)^2+(x_2-2)^2+(x_3-3)^2+(x_4-4)^2\\
\text{s. t.}\quad & -3x_1-3x_2-2x_3-x_4\geqslant -10\\
& -x_1-x_2-x_3-x_4\geqslant -5\\
& x_1\geqslant 0, x_2\geqslant 0, x_3\geqslant 0, x_4\geqslant 0
\end{aligned}
$$

数值计算的结果如下：

k	x_1	x_2	x_3	x_4	$f(x_1,x_2)$
1	0.00000000	0.00000000	0.00000000	0.00000000	30.00000000
2	0.00000000	0.00000000	0.00000000	3.99999603	14.00000000
3	0.00000000	0.00000000	1.00000265	3.99999735	8.99998942
4	0.00000000	0.00000000	2.00000131	2.99999869	7.00000000
5	0.00000000	0.66666754	1.66666623	2.66666623	6.33333333

1961 年，Rosen 将投影梯度法推广到求解带非线性约束的问题上．此时，有效约束不再是超平面了．因此，Rosen 借助线性化方法，用当前点 $\bar{\boldsymbol{x}}$ 处有效约束的切平面来代替，并在 q

个有效约束切平面的交集上求 $-\nabla f(\bar{x})$ 的投影．由于这些切平面的法向量为 $\nabla c_i(\bar{x})$，故在定义投影矩阵 $\boldsymbol{P}_q$ 时，只需将 $\boldsymbol{A}_q$ 中的列向量 $\boldsymbol{a}_i$ 换成 $\nabla c_i(\bar{x})$ 就行了．然而这些切平面的交集往往会在可行域外面，因而方向 $\bar{\boldsymbol{p}} = -\boldsymbol{P}_q \nabla f(\bar{x})$ 一般已不再是可行方向了，沿该方向的任何移动都将得不到可行点，因此需要再通过一些调整措施，使之回到可行域里．这样做不仅很复杂，而且往往因为只能沿着约束边界缓慢移动，造成算法收敛很慢，所以在非线性的约束情形，一般不再采用投影梯度法，而是采用更加有效的广义简约梯度法（GRG 法）或约束变尺度法．

3. 简约梯度法

简约梯度法将线性规划的单纯形法推广到带线性约束的非线性规划问题上．类似于线性规划单纯形法，利用线性约束条件将问题的某些变量用一组独立变量表示，从而可以大大降低问题的维数，并且利用简约梯度这个概念，直接构造出下降可行方向，然后做线性搜索，逐步地逼近问题的最优解．

与线性规划单纯形法一样，先将所有线性约束化为标准形式，即等式约束和变量非负约束．设约束优化问题是

$$\begin{aligned} &\min f(\boldsymbol{x}),\ \boldsymbol{x} \in \mathbf{R}^n \\ &\text{s. t.}\quad \boldsymbol{A}\boldsymbol{x} = \boldsymbol{b} \\ &\qquad\quad \boldsymbol{x} \geqslant \mathbf{0} \end{aligned} \tag{PS}$$

其中 $f(\boldsymbol{x})$ 为可微函数，$\boldsymbol{A}$ 为 $m \times n$ 矩阵，$\boldsymbol{b} \in \mathbf{R}^m (m \leqslant n)$．与线性规划类似，将 $\boldsymbol{x}$ 的分量分成两部分 $\boldsymbol{x}^B$ 与 $\boldsymbol{x}^N$，其中 $\boldsymbol{x}^B = (x_{B_1}, x_{B_2}, \cdots, x_{B_m})^{\mathrm{T}} \in \mathbf{R}^m$ 称为基向量，$\boldsymbol{x}^N = (x_{N_1}, \cdots, x_{N_{n-m}})^{\mathrm{T}} \in \mathbf{R}^{n-m}$ 称为非基向量，于是

$$\boldsymbol{x} = \begin{pmatrix} \boldsymbol{x}^B \\ \boldsymbol{x}^N \end{pmatrix}$$

相应地将 $\boldsymbol{A}$ 分成

$$\boldsymbol{A} = (\boldsymbol{B}, \boldsymbol{N})$$

其中 $\boldsymbol{B}$ 为 $\boldsymbol{A}$ 中对应于 $\boldsymbol{x}^B$ 的列组成的 $m \times m$ 矩阵，$\boldsymbol{N}$ 对应于 $\boldsymbol{x}^N$ 的 $n-m$ 列组成的 $m \times (n-m)$ 矩阵．当 $\boldsymbol{B}$ 非奇异时，约束方程组可写成

$$\boldsymbol{B}\boldsymbol{x}^B + \boldsymbol{N}\boldsymbol{x}^N = \boldsymbol{b}$$

由 $\boldsymbol{x} \geqslant \mathbf{0}$ 有

$$\begin{aligned} \boldsymbol{x}^B = \boldsymbol{B}^{-1}\boldsymbol{b} - \boldsymbol{B}^{-1}\boldsymbol{N}\boldsymbol{x}^N \geqslant \mathbf{0} \\ \boldsymbol{x}^N \geqslant \mathbf{0} \end{aligned}$$

可见，若 $\boldsymbol{x}^N$ 满足上式，则 $\boldsymbol{x} = \begin{pmatrix} \boldsymbol{x}^B \\ \boldsymbol{x}^N \end{pmatrix}$ 是问题的可行解；若 $\boldsymbol{x}^B > \mathbf{0}$，则称 $\boldsymbol{x}$ 为非退化的可行解．

下面我们总假设不出现退化情形．

若给定 $\boldsymbol{x}^N$，则有 $\boldsymbol{x}^B = \boldsymbol{x}^B(\boldsymbol{x}^N)$，故

$$f(\boldsymbol{x}) = f(\boldsymbol{x}^B(\boldsymbol{x}^N), \boldsymbol{x}^N) = F(\boldsymbol{x}^N)$$

因而目标函数变成了 $F(\boldsymbol{x}^N)$，以 $\boldsymbol{x}^N$ 为变量．对目标函数 $F(\boldsymbol{x}^N)$ 可以用梯度型算法求解．因为这时的梯度是“简约”后的 $n-m$ 维函数 $F(\boldsymbol{x}^N)$ 的梯度，所以称为 $f(\boldsymbol{x})$ 的简约梯度

(Reduced Gradient)，记为 $\boldsymbol{r}(\boldsymbol{x}^N)$.

因为

$$\nabla f(\boldsymbol{x})=\begin{pmatrix}\nabla_B f(\boldsymbol{x})\\ \nabla_N f(\boldsymbol{x})\end{pmatrix}$$

其中 $\nabla_B=\nabla_{x^B}$，$\nabla_N=\nabla_{x^N}$. 由复合函数微分法，有

$$\boldsymbol{r}(\boldsymbol{x}^N)=\nabla_N f(\boldsymbol{x}^B(\boldsymbol{x}^N),\ \boldsymbol{x}^N)-(\boldsymbol{B}^{-1}\boldsymbol{N})^{\mathrm{T}}\nabla_B f(\boldsymbol{x}^B(\boldsymbol{x}^N),\ \boldsymbol{x}^N)$$

设 $\boldsymbol{x}_k$ 为非退化可行解，若 $\boldsymbol{p}_k=\begin{pmatrix}\boldsymbol{p}_k^B\\ \boldsymbol{p}_k^N\end{pmatrix}$ 满足

$$\begin{aligned}&\boldsymbol{p}_k^{\mathrm{T}}\nabla f(\boldsymbol{x}_k)<0\\ &\boldsymbol{A}\boldsymbol{p}_k=\boldsymbol{0},\\ &(\boldsymbol{p}_k)_j\geqslant 0,\ \text{当}\ (\boldsymbol{x}_k)_j=0\ \text{时}\end{aligned}$$

则 $\boldsymbol{p}_k$ 为可行下降方向，由 $\boldsymbol{A}\boldsymbol{p}_k=\boldsymbol{0}$ 知

$$\boldsymbol{B}\boldsymbol{p}_k^B+\boldsymbol{N}\boldsymbol{p}_k^N=\boldsymbol{0}$$

从而有

$$\boldsymbol{p}_k^B=-\boldsymbol{B}^{-1}\boldsymbol{N}\boldsymbol{p}_k^N$$

将上式代入 $\boldsymbol{p}_k^{\mathrm{T}}\nabla f(\boldsymbol{x}_k)<0$，得

$$\begin{aligned}\boldsymbol{p}_k^{\mathrm{T}}\nabla f(\boldsymbol{x}_k)&=(\boldsymbol{p}_k^B)^{\mathrm{T}}\nabla_B f(\boldsymbol{x}_k)+(\boldsymbol{p}_k^N)^{\mathrm{T}}\nabla_N f(\boldsymbol{x}_k)\\ &=-(\boldsymbol{p}_k^N)^{\mathrm{T}}(\boldsymbol{B}^{-1}\boldsymbol{N})^{\mathrm{T}}\nabla_B f(\boldsymbol{x}_k)+(\boldsymbol{p}_k^N)^{\mathrm{T}}\nabla_N f(\boldsymbol{x}_k)\\ &=(\boldsymbol{p}_k^N)^{\mathrm{T}}\boldsymbol{r}(\boldsymbol{x}_k^N)<0\end{aligned}$$

于是，$\boldsymbol{p}_k=\begin{pmatrix}\boldsymbol{p}_k^B\\ \boldsymbol{p}_k^N\end{pmatrix}$ 为下降可行方向，其中 $\boldsymbol{p}_k^B$ 和 $\boldsymbol{p}_k^N$ 应满足 $\boldsymbol{p}_k^B=-\boldsymbol{B}^{-1}\boldsymbol{N}\boldsymbol{p}_k^N$，并且当 $(\boldsymbol{x}_k)_j=0$ 时，$(\boldsymbol{p}_k)_j\geqslant 0$.

这样的 $\boldsymbol{p}_k^N$ 有多种可能取法，Wolfe 最早的取法是

$$(\boldsymbol{p}_k^N)_j=\begin{cases}0,\ (\boldsymbol{x}_k^N)_j=0\ \text{且}\ r_j(\boldsymbol{x}_k^N)>0\\ -r_j(\boldsymbol{x}_k^N),\ \text{其他}\end{cases}$$

但 Wolfe 本人后来举例说明这种取法造成算法收敛到非 KT 点．因此，McCormick 对上式做了修正，令

$$(\boldsymbol{p}_k^N)_j=\begin{cases}-(\boldsymbol{x}_k^N)_j r_j(\boldsymbol{x}_k^N), & r_j(\boldsymbol{x}_k^N)>0\\ -r_j(\boldsymbol{x}_k^N), & r_j(\boldsymbol{x}_k^N)\leqslant 0\end{cases}$$

显然，当 $\boldsymbol{p}_k^N\neq\boldsymbol{0}$ 时，它满足 $(\boldsymbol{p}_k^N)^{\mathrm{T}}\boldsymbol{r}(\boldsymbol{x}_k^N)<0$，并且当 $(\boldsymbol{x}_k)_j=0$ 时，$(\boldsymbol{p}_k)_j\geqslant 0$.

定理 4 设问题 (PS) 中 $\boldsymbol{x}=\begin{pmatrix}\boldsymbol{x}^B\\ \boldsymbol{x}^N\end{pmatrix}$ 为非退化可行解．按前面定义

$$\boldsymbol{r}(\boldsymbol{x}^N)=\nabla_N f(\boldsymbol{x}^B(\boldsymbol{x}^N),\ \boldsymbol{x}^N)-(\boldsymbol{B}^{-1}\boldsymbol{N})^{\mathrm{T}}\nabla_B f(\boldsymbol{x}^B(\boldsymbol{x}^N),\ \boldsymbol{x}^N)$$

其中 $\boldsymbol{p}^N$ 由 McCormick 修正形式定义，$\boldsymbol{p}^B=-\boldsymbol{B}^{-1}\boldsymbol{N}\boldsymbol{p}^N$. 令 $\boldsymbol{p}=\begin{pmatrix}\boldsymbol{p}^B\\ \boldsymbol{p}^N\end{pmatrix}$，则

(1) 若 $\boldsymbol{p}\neq\boldsymbol{0}$，则 $\boldsymbol{p}$ 为下降可行方向；

（2）$\boldsymbol{p}=\boldsymbol{0}$ 当且仅当 $\boldsymbol{x}$ 为 KT 点.

证明　（1）若 $\boldsymbol{p}\neq\boldsymbol{0}$，则 $\boldsymbol{p}^N\neq\boldsymbol{0}$，故如前所述，它满足可行下降方向条件，因此 $\boldsymbol{p}$ 为下降可行方向.

（2）$\boldsymbol{x}$ 为 KT 点当且仅当存在 $\boldsymbol{\lambda}$ 与 $\boldsymbol{\mu}=\begin{pmatrix}\boldsymbol{\mu}^B\\\boldsymbol{\mu}^N\end{pmatrix}\geqslant\boldsymbol{0}$，使

$$\begin{pmatrix}\nabla_B f(\boldsymbol{x})\\\nabla_N f(\boldsymbol{x})\end{pmatrix}=\begin{pmatrix}\boldsymbol{B}^{\mathrm{T}}\boldsymbol{\lambda}\\\boldsymbol{N}^{\mathrm{T}}\boldsymbol{\lambda}\end{pmatrix}+\begin{pmatrix}\boldsymbol{\mu}^B\\\boldsymbol{\mu}^N\end{pmatrix}$$

$$(\boldsymbol{\mu}^B)^{\mathrm{T}}\boldsymbol{x}^B=0,\quad(\boldsymbol{\mu}^N)^{\mathrm{T}}\boldsymbol{x}^N=0$$

由于 $\boldsymbol{x}^B>\boldsymbol{0}$ 且 $\boldsymbol{\mu}^B\geqslant\boldsymbol{0}$，故 $(\boldsymbol{\mu}^B)^{\mathrm{T}}\boldsymbol{x}^B=\boldsymbol{0}$ 当且仅当 $\boldsymbol{\mu}^B=\boldsymbol{0}$. 再由上式中的第一式得 $\boldsymbol{\lambda}=(\boldsymbol{B}^{-1})^{\mathrm{T}}\nabla_B f(\boldsymbol{x})$，代入第二式得

$$\boldsymbol{\mu}^N=\nabla_N f(\boldsymbol{x})-(\boldsymbol{B}^{-1}\boldsymbol{N})^{\mathrm{T}}\nabla_B f(\boldsymbol{x})=\boldsymbol{r}(\boldsymbol{x}^N)$$

因此，KT 条件化为 $\boldsymbol{r}(\boldsymbol{x}^N)\geqslant\boldsymbol{0}$ 与 $\boldsymbol{r}(\boldsymbol{x}^N)^{\mathrm{T}}\boldsymbol{x}^N=0$. 然而 $\boldsymbol{p}=\boldsymbol{0}$ 当且仅当 $\boldsymbol{p}^N=\boldsymbol{0}$，当且仅当 $\boldsymbol{r}(\boldsymbol{x}^N)\geqslant\boldsymbol{0}$ 且 $\boldsymbol{r}(\boldsymbol{x}^N)^{\mathrm{T}}\boldsymbol{x}^N=0$. 因此 $\boldsymbol{p}=\boldsymbol{0}$ 当且仅当 $\boldsymbol{x}$ 为 KT 点. 证毕.

由定理 4 知，若在可行点 $\boldsymbol{x}_k$ 处 $\boldsymbol{p}_k\neq\boldsymbol{0}$，则 $\boldsymbol{p}_k$ 为下降可行方向，沿 $\boldsymbol{p}_k$ 做线性搜索确定步长 α_k. 为使 $\boldsymbol{x}_{k+1}\geqslant\boldsymbol{0}$，即 $(\boldsymbol{x}_{k+1})_j=(\boldsymbol{x}_k)_j+\alpha_k(\boldsymbol{p}_k)_j\geqslant 0$，$j=1,2,\cdots,n$，要确定 α_k 的取值范围. 当 $(\boldsymbol{p}_k)_j\geqslant 0$ 时，上式恒成立，而当 $(\boldsymbol{p}_k)_j<0$ 时，应有 $\alpha_k\leqslant-\dfrac{(\boldsymbol{x}_k)_j}{(\boldsymbol{p}_k)_j}$，故令

$$\alpha_{\max}=\begin{cases}\min\left\{-\dfrac{(\boldsymbol{x}_k)_j}{(\boldsymbol{p}_k)_j}\,\middle|\,(\boldsymbol{p}_k)_j<0\right\}, & \text{当 } \boldsymbol{p}_k \text{ 中有小于零的分量时，}\\ +\infty, & \text{当 } \boldsymbol{p}_k\geqslant\boldsymbol{0} \text{ 时}\end{cases}$$

并在 $[0,\alpha_{\max}]$ 上求 $\min f(\boldsymbol{x}_k+\alpha\boldsymbol{p}_k)$ 的极小.

算法 2　简约梯度法——RG 法

step1　给定初始基可行解 $\boldsymbol{x}_1=\begin{pmatrix}\boldsymbol{x}_1^B\\\boldsymbol{x}_1^N\end{pmatrix}\geqslant\boldsymbol{0}$，其中 $\boldsymbol{x}_1^B$ 为基向量，令 $k=1$.

step2　对应于 $\boldsymbol{x}_k=\begin{pmatrix}\boldsymbol{x}_k^B\\\boldsymbol{x}_k^N\end{pmatrix}$ 将 $\boldsymbol{A}$ 分解成 $\boldsymbol{A}=(\boldsymbol{B},\boldsymbol{N})$. 由公式

$$\boldsymbol{r}(\boldsymbol{x}^N)=\nabla_N f(\boldsymbol{x}^B(\boldsymbol{x}^N),\boldsymbol{x}^N)-(\boldsymbol{B}^{-1}\boldsymbol{N})^{\mathrm{T}}\nabla_B f(\boldsymbol{x}^B(\boldsymbol{x}^N),\boldsymbol{x}^N)$$

$$(\boldsymbol{p}_k^N)_j=\begin{cases}-(\boldsymbol{x}_k^N)r_j(\boldsymbol{x}_k^N), & r_j(\boldsymbol{x}_k^N)>0\\ -r_j(\boldsymbol{x}_k^N), & r_j(\boldsymbol{x}_k^N)\leqslant 0\end{cases}$$

$$\boldsymbol{p}_k^B=-\boldsymbol{B}^{-1}\boldsymbol{N}\boldsymbol{p}_k^N$$

分别计算 $\boldsymbol{r}(\boldsymbol{x}_k^N)$，$\boldsymbol{p}_k^N$，$\boldsymbol{p}_k^B$，令 $\boldsymbol{p}_k=\begin{pmatrix}\boldsymbol{p}_k^B\\\boldsymbol{p}_k^N\end{pmatrix}$.

step3　若 $\boldsymbol{p}_k=\boldsymbol{0}$，则 $\boldsymbol{x}_k$ 为 KT 点，停止；否则，由

$$\alpha_{\max}=\begin{cases}\min\left\{\dfrac{(\boldsymbol{x}_k)_j}{-(\boldsymbol{p}_k)_j}\,\middle|\,(\boldsymbol{p}_k)_j<0\right\}, & \text{当 } \boldsymbol{p}_k \text{ 中有小于零的分量时}\\ +\infty, & \text{当 } \boldsymbol{p}_k\geqslant\boldsymbol{0} \text{ 时}\end{cases}$$

计算 $\alpha_{\max}$，求 α_k 使

$$f(\boldsymbol{x}_k+\alpha_k\boldsymbol{p}_k)=\min_{0\leqslant\alpha\leqslant\alpha_{\max}} f(\boldsymbol{x}_k+\alpha\boldsymbol{p}_k)$$

令 $\boldsymbol{x}_{k+1}=\boldsymbol{x}_k+\alpha_k\boldsymbol{p}_k$，转 step4.

step4　若 $\boldsymbol{x}_{k+1}^{\boldsymbol{B}}>\boldsymbol{0}$，则基向量不变，令 $k=k+1$，转 step2；若有某个 j 使 $(\boldsymbol{x}_{k+1}^{\boldsymbol{B}})_j=0$，则将 $(\boldsymbol{x}_{k+1}^{\boldsymbol{B}})_j$ 换出基，而以 $\boldsymbol{x}_{k+1}^{\boldsymbol{N}}$ 中最大的变量换入基，构成新的基向量 $\boldsymbol{x}_{k+1}^{\boldsymbol{B}}$ 与非基向量 $\boldsymbol{x}_{k+1}^{\boldsymbol{N}}$，令 $k=k+1$，转 step2.

关于 RG 算法的收敛性，有如下结论：

定理 5　设在问题（PS）中，$f(x)$ 连续可微，若 $\boldsymbol{A}$ 的任何 m 列向量均线性无关且所有的基可行解都有 m 个正分量（即非退化），则由 RG 法产生的点列 $\{\boldsymbol{x}_k\}$ 的任意聚点是 KT 点.

由于定理证明的篇幅较长，这里就不给出了.

例 6　用 RG 法求解例 2.

解　首先引入松弛变量 x_3，x_4，化问题为标准形式

$$\begin{aligned}\min f(\boldsymbol{x}) &= 2x_1^2+2x_2^2-2x_1x_2-4x_1-6x_2\\ \text{s. t.}\quad & x_1+x_2+x_3=2\\ & x_1+5x_2+x_4=5\\ & x_i\geqslant 0,\ i=1,\ 2,\ 3,\ 4\end{aligned}$$

此时

$$\boldsymbol{A}=\begin{pmatrix}1&1&1&0\\1&5&0&1\end{pmatrix}$$

而

$$\nabla f(\boldsymbol{x})=(4x_1-2x_2-4,\ 4x_2-2x_1-6,\ 0,\ 0)^{\mathrm{T}}$$

取初始可行点 $\boldsymbol{x}_1=(0,\ 0,\ 2,\ 5)^{\mathrm{T}}$.

第一次迭代，$k=1$.

$$\boldsymbol{x}^{\boldsymbol{B}}=(x_3,\ x_4)^{\mathrm{T}},\ \boldsymbol{x}^{\boldsymbol{N}}=(x_1,\ x_2)^{\mathrm{T}}$$

$$\boldsymbol{B}=\begin{pmatrix}1&0\\0&1\end{pmatrix},\ \boldsymbol{N}=\begin{pmatrix}1&1\\1&5\end{pmatrix}$$

$$\boldsymbol{B}^{-1}\boldsymbol{N}=\begin{pmatrix}1&1\\1&5\end{pmatrix}$$

$$\nabla_{\boldsymbol{N}} f(\boldsymbol{x}_1)=(-4,\ -6)^{\mathrm{T}},\ \nabla_{\boldsymbol{B}} f(\boldsymbol{x}_1)=(0,\ 0)^{\mathrm{T}}$$

$$\boldsymbol{r}(\boldsymbol{x}_1^{\boldsymbol{N}})=(-4,\ -6)^{\mathrm{T}}-\begin{pmatrix}1&1\\1&5\end{pmatrix}\begin{pmatrix}0\\0\end{pmatrix}=(-4,\ -6)^{\mathrm{T}}$$

于是

$$\boldsymbol{p}^{\boldsymbol{N}}=(4,\ 6)^{\mathrm{T}},\ \boldsymbol{p}^{\boldsymbol{B}}=-\begin{pmatrix}1&1\\1&5\end{pmatrix}\begin{pmatrix}4\\6\end{pmatrix}=(-10,\ -34)^{\mathrm{T}}$$

即
$$\boldsymbol{p}_1=(4,\ 6,\ -10,\ -34)^{\mathrm{T}}.$$

因为 $\boldsymbol{p}_1\neq\boldsymbol{0}$，故

$$\alpha_{\max}=\min\left\{\frac{2}{10},\ \frac{5}{34}\right\}=\frac{5}{34}$$

求解
$$\min_{0\leqslant\alpha\leqslant\frac{5}{34}} f(\boldsymbol{x}_1+\alpha\boldsymbol{p}_1)=56\alpha^2-52\alpha$$

得 $\alpha_1=5/34$，故

$$x_2=x_1+\alpha_1 p_1=\left(\frac{10}{17},\ \frac{15}{17},\ \frac{9}{17},\ 0\right)^{\mathrm T}$$

第二次迭代，$k=2$.

$$x^B=(x_2,\ x_3)^{\mathrm T},\ x^N=(x_1,\ x_4)^{\mathrm T}$$

$$B=\begin{pmatrix}1&1\\5&0\end{pmatrix},\ N=\begin{pmatrix}1&0\\1&1\end{pmatrix},\ B^{-1}N=\begin{pmatrix}\frac{1}{5}&\frac{1}{5}\\\frac{4}{5}&-\frac{1}{5}\end{pmatrix}$$

$$\nabla f(x_2)=\left(\frac{-58}{17},\ \frac{-62}{17},\ 0,\ 0\right)^{\mathrm T}$$

$$r(x_2^N)=\left(-\frac{58}{17},\ 0\right)^{\mathrm T}-\begin{pmatrix}\frac{1}{5}&\frac{1}{5}\\\frac{4}{5}&-\frac{1}{5}\end{pmatrix}\begin{pmatrix}-\frac{62}{17}\\0\end{pmatrix}=\left(-\frac{228}{85},\ \frac{62}{85}\right)^{\mathrm T}$$

$$p^N=\left(\frac{228}{85},\ 0\right)^{\mathrm T},\ p^B=-\begin{pmatrix}\frac{1}{5}&\frac{1}{5}\\\frac{4}{5}&-\frac{1}{5}\end{pmatrix}^{\mathrm T}\begin{pmatrix}\frac{228}{85}\\0\end{pmatrix}=-\left(\frac{228}{425},\ \frac{912}{425}\right)^{\mathrm T}$$

即
$$p_2=\left(\frac{228}{85},\ -\frac{228}{425},\ -\frac{912}{425},\ 0\right)^{\mathrm T},\ p_2\neq\mathbf{0}$$

$$\alpha_{\max}=\min\left\{\frac{15}{17}\Big/\frac{228}{425},\ \frac{9}{17}\Big/\frac{912}{425}\right\}=\frac{75}{304}$$

求解
$$\min_{0\leqslant\alpha\leqslant\frac{75}{304}} f(x_2+\alpha p_2)=\frac{3\ 223\ 008}{108\ 625}\alpha^2-\frac{51\ 984}{7\ 225}\alpha$$

得
$$\alpha_2=\frac{25}{124},\ x_3=x_2+\alpha_2 p_2=\left(\frac{35}{31},\ \frac{24}{31},\ \frac{3}{31},\ 0\right)^{\mathrm T}$$

第三次迭代，$k=3$.

$$x^B=(x_2,\ x_3)^{\mathrm T},\ x^N=(x_1,\ x_4)^{\mathrm T}$$

$$B=\begin{pmatrix}1&1\\5&0\end{pmatrix},\ N=\begin{pmatrix}1&0\\1&1\end{pmatrix},\ B^{-1}N=\begin{pmatrix}\frac{1}{5}&\frac{1}{5}\\\frac{4}{5}&-\frac{1}{5}\end{pmatrix}$$

$$\nabla f(x_3)=\left(-\frac{32}{31},\ -\frac{160}{31},\ 0,\ 0\right)^{\mathrm T}$$

$$r(x_3^N)=\left(0,\ \frac{32}{31}\right)^{\mathrm T}$$

$$p^N=(0,\ 0)^T,\ p^B=(0,\ 0)^{\mathrm T}$$

即 $p_3=(0,\ 0,\ 0,\ 0)^{\mathrm T}$，故由定理 4 知，$x_3=\left(\frac{35}{31},\ \frac{24}{31},\ \frac{3}{31},\ 0\right)^{\mathrm T}$ 为 KT 点，即原问题的最优解为 $x^*=\left(\frac{35}{31},\ \frac{24}{31}\right)^{\mathrm T}$.

编程数值计算的结果如下，注意编程时算法终止准则 $\boldsymbol{p}_k=\mathbf{0}$ 改为 $\|\boldsymbol{p}_k\|\leqslant\varepsilon$，$\varepsilon$ 可取 10^{-4}.

k	x_1	x_2	x_3	x_4	$f(x_1, x_2)$
1	0.000000	0.000000	2.000000	5.000000	0.000000
2	0.588235	0.882353	0.529412	0.000000	-6.435986
3	1.129032	0.774194	0.096774	0.000000	-7.161290

从计算结果可以看出与手工计算结果是相吻合的.

例 7　用简约梯度法求解如下问题：

$$\min f(\boldsymbol{x})=\frac{1}{2}x_1^2+\frac{1}{2}x_2^2-x_1-2x_2$$

$$\begin{aligned}\text{s. t.}\quad & 6-2x_1-3x_2\geqslant 0\\ & 5-x_1-4x_2\geqslant 0\\ & x_1\geqslant 0\\ & x_2\geqslant 0\end{aligned}$$

数值计算的结果如下：

k	x_1	x_2	x_3	x_4	$f(x_1, x_2)$
1	0.000000	0.000000	6.000000	5.000000	0.000000
2	0.555556	1.111111	1.555556	0.000000	-2.006173
3	0.764706	1.058824	1.294118	0.000000	-2.029412

例 8　用简约梯度法求解：

$$\min f(\boldsymbol{x})=(1-x_1)^2-10(x_2-x_1)^2+x_1^2-2x_1x_2+e^{-x_1-x_2}$$

$$\begin{aligned}\text{s. t.}\quad & 25-2x_1-5x_2\geqslant 0\\ & 8+x_1-2x_2\geqslant 0\\ & x_1\geqslant 0\\ & x_2\geqslant 0\end{aligned}$$

数值计算的结果：

k	x_1	x_2	x_3	x_4	$f(x_1, x_2)$
1	0.000000	0.000000	25.000000	8.000000	1.000000
2	12.500000	0.000000	0.000000	20.500000	-1274.000000

例 9　用简约梯度法求解：

$$\min f(\boldsymbol{x})=(x_1-1)^2+(x_2-2)^2+(x_3-3)^2+(x_4-4)^2$$

$$\begin{aligned}\text{s. t}\quad & -3x_1-3x_2-2x_3-x_4\geqslant -10\\ & -x_1-x_2-x_3-x_4\geqslant -5\\ & x_1\geqslant 0\end{aligned}$$

$$x_2 \geqslant 0$$
$$x_3 \geqslant 0$$
$$x_4 \geqslant 0$$

数值计算的结果如下：

k	x_1	x_2	x_3	x_4	x_5	x_6	$f(x_1, x_2)$
1	0.000000	0.000000	0.000000	0.000000	10.000000	5.000000	30.000000
2	0.500000	1.000000	1.500000	2.000000	0.500000	0.000000	7.500000
3	0.276121	0.701495	1.276121	2.746262	1.768645	0.000000	6.753731
4	0.160496	0.736874	1.647673	2.454956	1.557586	0.000000	6.516201
5	0.120447	0.663401	1.535367	2.680785	1.896937	0.000000	6.445588
6	0.055224	0.684811	1.714470	2.545495	1.805460	0.000000	6.390496
7	0.047076	0.657195	1.630612	2.665117	1.960847	0.000000	6.368325
8	0.000000	0.677936	1.720950	2.601113	1.923177	0.000000	6.340704
9	0.000000	0.664580	1.668061	2.667359	2.002779	0.000000	6.333340
10	0.000000	0.666613	1.667205	2.666182	1.999569	0.000000	6.333334
11	0.000000	0.666536	1.666747	2.666717	2.000181	0.000000	6.333333
12	0.000000	0.666655	1.666714	2.666631	1.999977	0.000000	6.333333
13	0.000000	0.666650	1.666676	2.666674	2.000023	0.000000	6.333333
14	0.000000	0.666664	1.666674	2.666662	1.999998	0.000000	6.333333
15	0.000000	0.666664	1.666668	2.666668	2.000004	0.000000	6.333333

4. 广义简约梯度法

Abadie 和 Carpentier 将简约梯度法推广到解非线性约束问题，提出了著名的广义简约梯度法．大量的数值试验和算法分析表明，它是目前解一般非线性规划问题的最有效算法之一．

不失一般性，考虑如下非线性约束优化问题

$$\begin{aligned} &\min f(\boldsymbol{x}) \\ &\text{s. t. } \boldsymbol{C}(\boldsymbol{x}) = \boldsymbol{0} \\ &\alpha \leqslant x \leqslant \beta \end{aligned} \tag{PN}$$

其中 $\boldsymbol{x} \in \mathbf{R}^n$，$\boldsymbol{\alpha}$，$\boldsymbol{\beta}$ 是 $\mathbf{R}^n$ 上常数向量，$\boldsymbol{C}(\boldsymbol{x}) = (c_1(\boldsymbol{x}), c_2(\boldsymbol{x}), \cdots, c_m(\boldsymbol{x}))^{\mathrm{T}}$ $(m \leqslant n)$，f，c_i 都是连续可微函数．$\boldsymbol{\alpha}$ 和 $\boldsymbol{\beta}$ 的某些分量可取 $-\infty$或 $+\infty$.

与线性约束情形类似，假定对任一可行解 $\boldsymbol{x}$ 可分解成基向量 $\boldsymbol{x}^B \in \mathbf{R}^m$ 和非基向量 $\boldsymbol{x}^N \in \mathbf{R}^{n-m}$，相应地 $\boldsymbol{\alpha} = \begin{pmatrix} \boldsymbol{\alpha}^B \\ \boldsymbol{\alpha}^N \end{pmatrix}$，$\boldsymbol{\beta} = \begin{pmatrix} \boldsymbol{\beta}^B \\ \boldsymbol{\beta}^N \end{pmatrix}$且

$$\boldsymbol{\alpha}^B < \boldsymbol{x}^B < \boldsymbol{\beta}^B$$

又假设向量组

$$\nabla_B c_i(x)=\left(\frac{\partial c_i(x)}{\partial x_{B_1}},\ \cdots,\ \frac{\partial c_i(x)}{\partial x_{B_m}}\right)^{\mathrm{T}},\ i=1,\ 2,\ \cdots,\ m$$

是线性无关的，则 $m\times m$ 矩阵

$$\nabla_B \boldsymbol{C}(\boldsymbol{x})=(\nabla_B c_1(\boldsymbol{x}),\cdots,\nabla_B c_m(\boldsymbol{x}))$$

是非奇异的，令

$$\nabla_N \boldsymbol{C}(\boldsymbol{x})=(\nabla_N c_1(\boldsymbol{x}),\cdots,\nabla_N c_m(\boldsymbol{x}))$$

其中$\nabla_N c_i(\boldsymbol{x})=\left(\frac{\partial c_i(\boldsymbol{x})}{\partial x_{N_1}},\cdots,\frac{\partial c_i(\boldsymbol{x})}{\partial x_{N_{n-m}}}\right)^{\mathrm{T}}$，$i=1,\ 2,\ \cdots,\ m$. 由多元微积分学中的隐函数存在定理知，在 $\boldsymbol{x}$ 的某邻域内可由非线性方程组

$$\boldsymbol{C}(\boldsymbol{x}^B,\ \boldsymbol{x}^N)=\boldsymbol{0}$$

确定 $\boldsymbol{x}^B$ 为 $\boldsymbol{x}^N$ 的函数：

$$\boldsymbol{x}^B=\boldsymbol{x}^B(\boldsymbol{x}^N)$$

我们可计算出

$$\boldsymbol{r}(\boldsymbol{x}^N)=\nabla_N f(\boldsymbol{x})-\nabla_N \boldsymbol{C}(\boldsymbol{x})(\nabla_B \boldsymbol{C}(\boldsymbol{x}))^{-1}\nabla_B f(\boldsymbol{x})$$

称 $\boldsymbol{r}(\boldsymbol{x}^N)$ 为 $f(\boldsymbol{x})$ 的简约梯度.

令 $\boldsymbol{p}^N$ 的分量为

$$\boldsymbol{p}_j^N=\begin{cases}0, & \text{当 } \boldsymbol{x}_j^N=\boldsymbol{\alpha}_j^N \text{ 且 } r_j(\boldsymbol{x}^N)>0 \text{ 或 } \boldsymbol{x}_j^N=\beta_j^N \text{ 且 } r_j(\boldsymbol{x}^N)<0 \text{ 时}\\ -r_j(\boldsymbol{x}^N), & \text{其他情形}\end{cases}$$

但是，因问题（PN）的约束为非线性的，当沿着 $\boldsymbol{p}^N$ 求 $f(\boldsymbol{x})=\boldsymbol{f}(\boldsymbol{x}^B(\boldsymbol{x}^N),\ \boldsymbol{x}^N)=F(\boldsymbol{x}^N)$ 的极小时，一般难以保证约束 $\boldsymbol{C}(\boldsymbol{x}^B,\ \boldsymbol{x}^N)=\boldsymbol{0}$ 始终满足. 为此，我们不做线性搜索，而在 $\boldsymbol{p}^N$ 方向取适当步长 $\theta>0$，令 $\tilde{\boldsymbol{x}}^N=\boldsymbol{x}^N+\theta\boldsymbol{p}^N$，且 $\boldsymbol{\alpha}^N\leqslant\tilde{\boldsymbol{x}}^N\leqslant\boldsymbol{\beta}^N$，求解方程组 $\boldsymbol{C}(\boldsymbol{x}^B,\ \boldsymbol{x}^N)=\boldsymbol{0}$，即求 $\boldsymbol{y}$ 使

$$\boldsymbol{C}(\boldsymbol{y},\ \tilde{\boldsymbol{x}}^N)=\boldsymbol{0}$$

若 $f(\boldsymbol{y},\ \tilde{\boldsymbol{x}}^N)<f(\boldsymbol{x}^B,\ \boldsymbol{x}^N)$，且 $\boldsymbol{\alpha}^B\leqslant\boldsymbol{y}\leqslant\boldsymbol{\beta}^B$，则求得了新迭代点 $(\boldsymbol{y},\ \tilde{\boldsymbol{x}}^N)$；否则，缩小步长 θ，得一新的 $\tilde{\boldsymbol{x}}^N$，并重新求解 $\boldsymbol{C}(\boldsymbol{y},\ \tilde{\boldsymbol{x}}^N)=\boldsymbol{0}$. 由于 $\boldsymbol{p}^N$ 是 $F(\boldsymbol{x}^N)$ 的下降方向，因此当 θ 充分小时，只要 $\boldsymbol{C}(\boldsymbol{y},\ \tilde{\boldsymbol{x}}^N)=\boldsymbol{0}$ 有解，总可以使

$$f(\boldsymbol{y},\ \tilde{\boldsymbol{x}}^N)<f(\boldsymbol{x}^B,\ \boldsymbol{x}^N)\text{ 且 }\boldsymbol{\alpha}^B\leqslant\boldsymbol{y}\leqslant\boldsymbol{\beta}^B$$

算法 3 广义简约梯度法——GRG 法

已知问题（PN）. 给定控制误差 ε_1，$\varepsilon_2>0$ 与正整数 K，选取初始可行解 $\boldsymbol{x}_0=\begin{pmatrix}\boldsymbol{x}_0^B\\ \boldsymbol{x}_0^N\end{pmatrix}$.

step1 由

$$\boldsymbol{r}(\boldsymbol{x}^N)=\nabla_N f(\boldsymbol{x})-\nabla_N \boldsymbol{C}(\boldsymbol{x})(\nabla_B \boldsymbol{C}(\boldsymbol{x}))^{-1}\nabla_B f(\boldsymbol{x})$$

计算简约梯度 $\boldsymbol{r}(\boldsymbol{x}_0^N)$，由公式

$$\boldsymbol{p}_j^N=\begin{cases}0, \text{ 当 } \boldsymbol{x}_j^N=\boldsymbol{\alpha}_j^N \text{ 且 } r_j(\boldsymbol{x}^N)>0 \text{ 或 } \boldsymbol{x}_j^N=\boldsymbol{\beta}_j^N \text{ 且 } r_j(\boldsymbol{x}^N)<0 \text{ 时}\\ -r_j(\boldsymbol{x}^N), \quad \text{其他情形}\end{cases}$$

确定方向 $\boldsymbol{p}_0^N$. 若 $\|\boldsymbol{p}_0^N\|<\varepsilon_1$，则 $\boldsymbol{x}_0$ 为近似最优解，停；否则，转 step2.

step2 取 $\theta>0$，令 $\tilde{\boldsymbol{x}}^N=\boldsymbol{x}_0^N+\theta\boldsymbol{p}_0^N$，若 $\boldsymbol{\alpha}_0^N\leqslant\tilde{\boldsymbol{x}}^N\leqslant\boldsymbol{\beta}_0^N$，则转 step3；否则，以$\frac{\theta}{2}$代 θ，再求

$\tilde{\boldsymbol{x}}^N$，直到满足 $\boldsymbol{\alpha}_0^N \leqslant \tilde{\boldsymbol{x}}^N \leqslant \boldsymbol{\beta}_0^N$，转 step3.

step3　求解非线性方程组 $\boldsymbol{C}(\boldsymbol{y}, \tilde{\boldsymbol{x}}^N)=\boldsymbol{0}$. 如用 Newton 法：

令 $\boldsymbol{y}_1=\boldsymbol{x}_0^B$，$k=1$：

①
$$\boldsymbol{y}_{k+1}=\boldsymbol{y}_k-(\nabla_B \boldsymbol{C}(\boldsymbol{y}_k, \tilde{\boldsymbol{x}}^N))^{-1} C(\boldsymbol{y}_k, \tilde{\boldsymbol{x}}^N)$$

若 $f(\boldsymbol{y}_{k+1}, \tilde{\boldsymbol{x}}^N)<f(\boldsymbol{x}_0)$，$\boldsymbol{\alpha}_0^B \leqslant \boldsymbol{y}_{k+1} \leqslant \boldsymbol{\beta}_0^B$，且 $\|\boldsymbol{C}(\boldsymbol{y}_{k+1}, \tilde{\boldsymbol{x}}^N)\| \leqslant \varepsilon_2$，则转 step4；否则转②.

② 若 $k=K$，则以 $\frac{\theta}{2}$ 代 θ，令 $\tilde{\boldsymbol{x}}^N=\boldsymbol{x}_0^N+\theta \boldsymbol{p}_0^N$，$\boldsymbol{y}_1=\boldsymbol{x}_0^B$，$k=1$，回到①；否则令 $k=k+1$，回到①.

step4　令 $\boldsymbol{x}_0=(\boldsymbol{y}_{k+1}, \tilde{\boldsymbol{x}}^N)$，若 $\boldsymbol{y}_{k+1}$ 的某个分量等于下界 α_j 或上界 β_j，则将其换出基，得到新的基向量 $\boldsymbol{x}_0^B$ 和非基向量 $\boldsymbol{x}_0^N$，转 step1.

关于 GRG 算法收敛性有如下结论：

定理 6　设约束问题（PN）满足非退化条件且 $\boldsymbol{x}=\begin{pmatrix}\boldsymbol{x}^B\\ \boldsymbol{x}^N\end{pmatrix}$ 为可行解，则 $\boldsymbol{x}$ 为 KT 点的充要条件是 $\boldsymbol{r}(\boldsymbol{x}^N)$ 满足

$$\begin{cases} r_i(\boldsymbol{x}^N) \geqslant 0, & \text{当 } x_i^N=\alpha_i \text{ 时} \\ r_i(\boldsymbol{x}^N) \leqslant 0, & \text{当 } x_i^N=\beta_i \text{ 时} \\ r_i(\boldsymbol{x}^N)=0, & \text{当 } \alpha_i<x_i^N<\beta_i \text{ 时} \end{cases}$$

证明　必要性. 设 $\boldsymbol{x}$ 为 KT 点，则由 KT 条件知存在 $\boldsymbol{\lambda} \in \mathbf{R}^m$ 和 $\boldsymbol{\mu}_1, \boldsymbol{\mu}_2 \in \mathbf{R}^n$，使得

$$\nabla f(\boldsymbol{x})-\nabla \boldsymbol{C}(\boldsymbol{x})^{\mathrm{T}} \boldsymbol{\lambda}-\boldsymbol{\mu}_1+\boldsymbol{\mu}_2=\boldsymbol{0}$$
$$\boldsymbol{\mu}_1^{\mathrm{T}}(\boldsymbol{x}-\boldsymbol{\alpha})=0, \quad \boldsymbol{\mu}_1 \geqslant \boldsymbol{0}$$
$$\boldsymbol{\mu}_2^{\mathrm{T}}(\boldsymbol{\beta}-\boldsymbol{x})=0, \quad \boldsymbol{\mu}_2 \geqslant \boldsymbol{0}$$

由非退化假定知，$\boldsymbol{\alpha}^B<\boldsymbol{x}^B<\boldsymbol{\beta}^B$，故 $\boldsymbol{\mu}_1^B=\boldsymbol{\mu}_2^B=\boldsymbol{0}$. 令 $\boldsymbol{\mu}=\boldsymbol{\mu}_1-\boldsymbol{\mu}_2$，则上述 KT 条件可改写为

$$\nabla f(\boldsymbol{x})-\nabla \boldsymbol{C}(\boldsymbol{x}) \boldsymbol{\lambda}=\boldsymbol{\mu} \tag{5-13}$$
$$\mu_i=\begin{cases} (\boldsymbol{\mu}_1)_i \geqslant 0, & \text{当 } x_i=\alpha_i \text{ 时} \\ (\boldsymbol{\mu}_2)_i \geqslant 0, & \text{当 } x_i=\beta_i \text{ 时} \\ 0, & \text{当 } \alpha_i<x_i<\beta_i \end{cases}$$

由 $\boldsymbol{x}=\begin{pmatrix}\boldsymbol{x}^B\\ \boldsymbol{x}^N\end{pmatrix}$，$\boldsymbol{\mu}=\begin{pmatrix}\boldsymbol{\mu}^B\\ \boldsymbol{\mu}^N\end{pmatrix}$，式（5－13）分解为

$$\nabla_N f(\boldsymbol{x})-\nabla_N \boldsymbol{C}(\boldsymbol{x}) \boldsymbol{\lambda}=\boldsymbol{\mu}^N \tag{5-14}$$
$$\nabla_B f(\boldsymbol{x})-\nabla_B \boldsymbol{C}(\boldsymbol{x}) \boldsymbol{\lambda}=\boldsymbol{0} \tag{5-15}$$

由式（5－15）解出，$\boldsymbol{\lambda}=(\nabla_B \boldsymbol{C}(\boldsymbol{x}))^{-1} \nabla_B f(\boldsymbol{x})$，代入式（5－14）得

$$\boldsymbol{\mu}^N=\nabla_N f(\boldsymbol{x})-\nabla_N \boldsymbol{C}(\boldsymbol{x})(\nabla_B \boldsymbol{C}(\boldsymbol{x}))^{-1} \nabla_B f(\boldsymbol{x})$$

故 $\boldsymbol{\mu}^N=\boldsymbol{r}(\boldsymbol{x}^N)$，由

$$\mu_i=\begin{cases} (\boldsymbol{\mu}_1)_i \geqslant 0, & \text{当 } x_i=\alpha_i \text{ 时} \\ (\boldsymbol{\mu}_2)_i \geqslant 0, & \text{当 } x_i=\beta_i \text{ 时} \\ 0, & \text{当 } \alpha_i<x_i<\beta_i \text{ 时} \end{cases}$$

可知

$$\begin{cases} r_i(\boldsymbol{x}^N) \geqslant 0, \text{ 当 } x_i^N = \alpha_i \text{ 时} \\ r_i(\boldsymbol{x}^N) \leqslant 0, \text{ 当 } x_i^N = \beta_i \text{ 时} \\ r_i(\boldsymbol{x}^N) = 0, \text{ 当 } \alpha_i < x_i^N < \beta_i \text{ 时} \end{cases}$$

成立．

充分性，设 $\boldsymbol{r}(\boldsymbol{x}^N)$ 满足：

$$\begin{cases} r_i(\boldsymbol{x}^N) \geqslant 0, \text{ 当 } x_i^N = \alpha_i \text{ 时} \\ r_i(\boldsymbol{x}^N) \leqslant 0, \text{ 当 } x_i^N = \beta_i \text{ 时} \\ r_i(\boldsymbol{x}^N) = 0, \text{ 当 } \alpha_i < x_i^N < \beta_i \text{ 时} \end{cases}$$

令 $\boldsymbol{\mu}^N = \boldsymbol{r}(\boldsymbol{x}^N)$，$\boldsymbol{\mu}^B = \boldsymbol{0}$，则

$$\mu_i = \begin{cases} (\boldsymbol{\mu}_1)_i \geqslant 0, \text{ 当 } x_i = \alpha_i \text{ 时} \\ (\boldsymbol{\mu}_2)_i \geqslant 0, \text{ 当 } x_i = \beta_i \text{ 时} \\ 0, \text{ 当 } \alpha_i < x_i < \beta_i \text{ 时} \end{cases}$$

成立．再令

$$\boldsymbol{\lambda} = (\nabla_{\boldsymbol{B}} \boldsymbol{C}(\boldsymbol{x}))^{-1} \nabla_{\boldsymbol{B}} f(\boldsymbol{x})$$

则有

$$\nabla_{\boldsymbol{N}} f(\boldsymbol{x}) - \nabla_{\boldsymbol{N}} \boldsymbol{C}(\boldsymbol{x}) \boldsymbol{\lambda} = \boldsymbol{\mu}^N$$
$$\nabla_{\boldsymbol{B}} f(\boldsymbol{x}) - \nabla_{\boldsymbol{B}} \boldsymbol{C}(\boldsymbol{x}) \boldsymbol{\lambda} = \boldsymbol{0}$$

成立，合并两式，即得

$$\nabla f(\boldsymbol{x}) - \nabla \boldsymbol{C}(\boldsymbol{x}) \boldsymbol{\lambda} = \boldsymbol{\mu}$$

令

$$(\boldsymbol{\mu}_1)_i = \begin{cases} \mu_i, \text{ 当 } x_i = \alpha_i \text{ 时} \\ 0, \text{ 其他情形} \end{cases}$$

$$(\boldsymbol{\mu}_2)_i = \begin{cases} -\mu_i, \text{ 当 } x_i = \beta_i \text{ 时} \\ 0, \text{ 其他情形} \end{cases}$$

则 $\boldsymbol{\lambda}$ 和 $\boldsymbol{\mu}_1 \geqslant 0$，$\boldsymbol{\mu}_2 \geqslant 0$ 为乘子向量，$\boldsymbol{x}$ 满足 KT 条件，故 $\boldsymbol{x}$ 为 KT 点．

关于 GRG 算法的几点说明；

（1）当约束函数为线性时，$\nabla_{\boldsymbol{B}} \boldsymbol{C}(\boldsymbol{x}) = \boldsymbol{B}^{\mathrm{T}}$，$\nabla_{\boldsymbol{N}} \boldsymbol{C}(\boldsymbol{x}) = \boldsymbol{N}^{\mathrm{T}}$，此时 GRG 法即为 RG 法，故 GRG 法适用于既含非线性约束又含线性约束的大型问题．

（2）在 step3 中解非线性方程组时，若用 Newton 法，则每步要计算 $(\nabla_{\boldsymbol{B}} \boldsymbol{C}(\boldsymbol{y}_k, \tilde{\boldsymbol{x}}^N))^{-1}$，工作量太大，所以往往用伪 Newton 法，即用 $(\nabla_{\boldsymbol{B}} \boldsymbol{C}(\boldsymbol{x}_0))^{-1}$ 来代替 $(\nabla_{\boldsymbol{B}} \boldsymbol{C}(\boldsymbol{y}_k, \tilde{\boldsymbol{x}}^N))^{-1}$，令

$$\boldsymbol{y}_{k+1} = \boldsymbol{y}_k - (\nabla_{\boldsymbol{B}} \boldsymbol{C}(\boldsymbol{x}_0))^{-1} \boldsymbol{C}(\boldsymbol{y}_k, \tilde{\boldsymbol{x}}^N)$$

由于在求 $\boldsymbol{r}(\boldsymbol{x}_0^N)$ 时已求出 $(\nabla_{\boldsymbol{B}} \boldsymbol{C}(\boldsymbol{x}_0))^{-1}$，所以可以减少工作量．

例 10 用广义简约梯度法（GRG 法）求解

$$\begin{aligned} \min f(\boldsymbol{x}) &= -x_1 - x_2 \\ \text{s. t.} \quad & x_1^2 + x_2^2 - 1 = 0 \\ & x_1, \ x_2 \geqslant 0 \end{aligned}$$

用几何图解方法可以得到最优解为 $\boldsymbol{x}^* = \left(\frac{1}{\sqrt{2}}, \frac{1}{\sqrt{2}}\right)^{\mathrm{T}} = (0.7071, 0.7071)^{\mathrm{T}}$.

解　取初始点 $\boldsymbol{x}_0 = (1, 0)^{\mathrm{T}}$.

第一次迭代. 令

$$\boldsymbol{y} = \boldsymbol{x}^B = x_1 = 1$$
$$\boldsymbol{x}^N = x_2 = 0$$

则

$$\nabla_B f(\boldsymbol{x}) = -1, \ \nabla_N f(\boldsymbol{x}) = -1$$
$$\nabla_B \boldsymbol{C}(\boldsymbol{x}_0) = 2, \ \nabla_N \boldsymbol{C}(\boldsymbol{x}_0) = 0$$
$$\boldsymbol{r}(\boldsymbol{x}^N) = -1 - 0 = -1 < 0, \ \boldsymbol{d}^N = -\boldsymbol{r}(\boldsymbol{x}^N) = 1$$

取 $\theta = \frac{1}{2}$，则 $\tilde{\boldsymbol{x}}^{\mathrm{N}} = x_2 = 0 + \frac{1}{2} \cdot 1 = 0.5$. 下面用 Newton 法迭代求解约束条件 $x_1^2 + x_2^2 - 1 = 0$，令

$$y_0 = 1$$
$$y_1 = y_0 - \frac{y_0^2 + 0.25 - 1}{2y_0} = 0.875$$
$$y_2 = y_1 - \frac{y_1^2 + 0.25 - 1}{2y_1} \approx 0.8661$$
$$y_3 = y_2 - \frac{y_2^2 + 0.25 - 1}{2y_2} \approx 0.8660$$

当前迭代点 $\boldsymbol{x}_0 = (0.8660, 0.5)^{\mathrm{T}}$.

第二次迭代. 令

$$\boldsymbol{y} = \boldsymbol{x}^B = x_1 = 0.8660$$
$$\boldsymbol{x}^N = x_2 = 0.5$$

则

$$\nabla_B f(\boldsymbol{x}) = -1, \ \nabla_N f(\boldsymbol{x}) = -1$$
$$\nabla_B \boldsymbol{C}(\boldsymbol{x}_0) = 1.7320, \ \nabla_N \boldsymbol{C}(\boldsymbol{x}_0) = 1$$

于是

$$\boldsymbol{r}(\boldsymbol{x}^N) = -1 - 1 \times 0.5774 \times (-1) = -0.4226 < 0$$
$$\boldsymbol{d}^N = -\boldsymbol{r}(\boldsymbol{x}^N) = 0.4226$$

取 $\theta = \frac{1}{2}$，则 $\tilde{\boldsymbol{x}}^N = x_2 = 0.5 + \frac{1}{2} \times 0.4226 = 0.7113$. 仍然用 Newton 法迭代求解约束条件 $x_1^2 + x_2^2 - 1 = 0$，令

$$y_0 = 0.8660$$
$$y_1 = y_0 - \frac{y_0^2 + 0.7113^2 - 1}{2y_0} \approx 0.7182$$
$$y_2 = y_1 - \frac{y_1^2 + 0.7113^2 - 1}{2y_1} \approx 0.7030$$

$$y_3 = y_2 - \frac{y_2^2 + 0.7113^2 - 1}{2y_2} \approx 0.7029$$

则新的迭代点为 $\boldsymbol{x}_0 = (0.7029, 0.7113)^{\mathrm{T}}$.

编程实现算法，继续迭代，数值计算结果为：

k	x_1	x_2	$f(x_1, x_2)$
1	1.000000	0.000000	-1.000000
2	0.866025	0.500000	-1.366025
3	0.702863	0.711325	-1.414188
4	0.708903	0.705306	-1.414209
5	0.706370	0.707843	-1.414213

迭代结果已非常接近最优解了.

5.4 约束变尺度法

约束变尺度法是将无约束最优化中的变尺度法推广到约束最优化问题上，由于这类方法的搜索方向是通过求解一个二次规划问题来确定的，因此下面先讨论二次规划.

1. 二次规划

我们称目标函数为二次函数，约束函数为线性函数的规划问题为二次规划，它的一般形式为

$$\begin{aligned} \min f(\boldsymbol{x}) &= \frac{1}{2}\boldsymbol{x}^{\mathrm{T}}\boldsymbol{G}\boldsymbol{x} + \boldsymbol{C}^{\mathrm{T}}\boldsymbol{x} \\ \text{s. t.} \quad & \boldsymbol{a}_i^{\mathrm{T}}\boldsymbol{x} - b_i = 0,\ i \in E = \{1, \cdots, l\} \\ & \boldsymbol{a}_i^{\mathrm{T}}\boldsymbol{x} - b_i \geqslant 0,\ i \in I = \{l+1, \cdots, m\} \end{aligned} \qquad \text{(QP)}$$

其中 $\boldsymbol{G}$ 为 $n \times n$ 阶对称矩阵. 当 $\boldsymbol{G}$ 为正定矩阵时，(QP) 为严格凸二次规划.

根据5.1节内容，对严格凸二次规划问题而言，KT 条件就是最优解的充分必要条件.

定理1 点 $\boldsymbol{x}^*$ 是严格凸二次规划(QP)的严格整体最优解的充要条件是 $\boldsymbol{x}^*$ 满足 KT 条件，即存在乘子向量 $\boldsymbol{\lambda}^* = (\lambda_1^*, \cdots, \lambda_m^*)^{\mathrm{T}}$，使得

$$\begin{aligned} & \boldsymbol{G}\boldsymbol{x}^* + \boldsymbol{C} - \sum_{i \in E} \lambda_i^* \boldsymbol{a}_i - \sum_{i \in I} \lambda_i^* \boldsymbol{a}_i = \boldsymbol{0} \\ & \boldsymbol{a}_i^{\mathrm{T}}\boldsymbol{x}^* - b_i = 0,\ i \in E \\ & \boldsymbol{a}_i^{\mathrm{T}}\boldsymbol{x}^* - b_i \geqslant 0,\ i \in I \\ & \lambda_i^* \geqslant 0, \qquad i \in I \\ & \lambda_i^* = 0, \qquad i \in I \setminus I^* \end{aligned}$$

其中 I^* 为 $\boldsymbol{x}^*$ 处的有效集.

我们分两种情况讨论如何求解严格凸二次规划 (QP).

(1) 仅含等式约束的严格凸二次规划的解法.

设仅含等式约束的严格凸二次规划为

$$\min \quad f(\boldsymbol{x}) = \frac{1}{2}\boldsymbol{x}^{\mathrm{T}}\boldsymbol{G}\boldsymbol{x} + \boldsymbol{C}^{\mathrm{T}}\boldsymbol{x}$$

$$\text{s. t.} \quad \boldsymbol{a}_i^{\mathrm{T}}\boldsymbol{x} - b_i = 0,\ i \in E = \{1,\ \cdots,\ l\}$$

其中 $\boldsymbol{A} = (\boldsymbol{a}_1,\ \cdots,\ \boldsymbol{a}_l)$ 的秩为 l，由 KT 条件可知，$\boldsymbol{x}$ 为最优解的充要条件是

$$\boldsymbol{G}\boldsymbol{x} + \boldsymbol{C} - \sum_{i \in E} \lambda_i \boldsymbol{a}_i = \boldsymbol{0}$$

$$\boldsymbol{a}_i^{\mathrm{T}}\boldsymbol{x} - b_i = 0,\ i \in E$$

令 $\boldsymbol{b} = (b_1,\ \cdots,\ b_l)^{\mathrm{T}}$，则上式可化为矩阵形式：

$$\begin{pmatrix} \boldsymbol{G} & -\boldsymbol{A} \\ \boldsymbol{A}^{\mathrm{T}} & \boldsymbol{0} \end{pmatrix}\begin{pmatrix} \boldsymbol{x} \\ \boldsymbol{\lambda} \end{pmatrix} = \begin{pmatrix} -\boldsymbol{C} \\ \boldsymbol{b} \end{pmatrix}$$

由线性代数的知识，因为 $\boldsymbol{G}$ 正定且 $\boldsymbol{A}$ 列满秩，所以方程组有唯一解 $\begin{pmatrix} \boldsymbol{x}^* \\ \boldsymbol{\lambda}^* \end{pmatrix}$，即 $\boldsymbol{x}^*$ 为等式约束二次规划的最优解及相应的 Lagrange 乘子向量.

例 1　求解严格凸二次规划

$$\min \quad f(\boldsymbol{x}) = x_1^2 + x_2^2 + x_3^2$$

$$\text{s. t.} \quad \begin{aligned} & x_1 + 2x_2 - x_3 - 4 = 0 \\ & x_1 - x_2 + x_3 + 2 = 0 \end{aligned}$$

解　将问题 KT 条件写成矩阵形式 $\begin{pmatrix} \boldsymbol{G} & -\boldsymbol{A} \\ \boldsymbol{A}^{\mathrm{T}} & \boldsymbol{0} \end{pmatrix}\begin{pmatrix} \boldsymbol{x} \\ \boldsymbol{\lambda} \end{pmatrix} = \begin{pmatrix} -\boldsymbol{C} \\ \boldsymbol{b} \end{pmatrix}$，其中

$$\boldsymbol{G} = \begin{pmatrix} 2 & 0 & 0 \\ 0 & 2 & 0 \\ 0 & 0 & 2 \end{pmatrix},\ \boldsymbol{C} = \begin{pmatrix} 0 \\ 0 \\ 0 \end{pmatrix},\ \boldsymbol{b} = \begin{pmatrix} 4 \\ -2 \end{pmatrix}$$

$$\boldsymbol{A} = (\boldsymbol{a}_1,\ \boldsymbol{a}_2) = \begin{pmatrix} 1 & 1 \\ 2 & -1 \\ -1 & 1 \end{pmatrix}$$

则 $\boldsymbol{x}^*$ 为最优解的充要条件为

$$\begin{pmatrix} 2 & 0 & 0 & -1 & -1 \\ 0 & 2 & 0 & -2 & 1 \\ 0 & 0 & 2 & 1 & -1 \\ 1 & 2 & -1 & 0 & 0 \\ 1 & -1 & 1 & 0 & 0 \end{pmatrix}\begin{pmatrix} x_1 \\ x_2 \\ x_3 \\ \lambda_1 \\ \lambda_2 \end{pmatrix} = \begin{pmatrix} 0 \\ 0 \\ 0 \\ 4 \\ -2 \end{pmatrix}$$

解以上方程组得

$$(\boldsymbol{x}^{*\mathrm{T}},\ \boldsymbol{\lambda}^{*\mathrm{T}}) = \left(\frac{2}{7},\ \frac{10}{7},\ -\frac{6}{7},\ \frac{8}{7},\ -\frac{4}{7}\right)$$

其中 $\boldsymbol{x}^* = \left(\frac{2}{7},\ \frac{10}{7},\ -\frac{6}{7}\right)^{\mathrm{T}}$ 为最优解，$\boldsymbol{\lambda}^* = \left(\frac{8}{7},\ -\frac{4}{7}\right)^{\mathrm{T}}$ 为最优乘子向量.

(2) 一般严格凸二次规划的有效集方法.

定理 2　设 $\boldsymbol{x}^*$ 是一般二次规划（QP）的最优解，且在 $\boldsymbol{x}^*$ 处的有效集为 I^*，则 $\boldsymbol{x}^*$ 也是下列等式约束问题：

$$\begin{aligned} \min \quad & f(\boldsymbol{x}) = \frac{1}{2}\boldsymbol{x}^{\mathrm{T}}\boldsymbol{G}\boldsymbol{x} + \boldsymbol{C}^{\mathrm{T}}\boldsymbol{x} \\ \text{s. t.} \quad & \boldsymbol{a}_i^{\mathrm{T}}\boldsymbol{x} - b_i = 0,\ i \in E \cup I^* \end{aligned} \tag{5-16}$$

的最优解.

证明 因为 $\boldsymbol{x}^*$ 为（QP）的最优解，所以由定理1，存在乘子 $\boldsymbol{\lambda}^*$ 使得

$$\boldsymbol{G}\boldsymbol{x}^* + \boldsymbol{C} - \sum_{i \in E}\lambda_i^* \boldsymbol{a}_i - \sum_{i \in I}\lambda_i^* \boldsymbol{a}_i = \boldsymbol{0}$$

$$\boldsymbol{a}_i^{\mathrm{T}}\boldsymbol{x}^* - b_i = 0,\ i \in E$$

$$\boldsymbol{a}_i^{\mathrm{T}}\boldsymbol{x}^* - b_i \geqslant 0,\ i \in I$$

$$\boldsymbol{\lambda}_i^* = 0,\ i \in I \setminus I^*$$

成立，于是

$$\boldsymbol{G}\boldsymbol{x}^* + \boldsymbol{C} - \sum_{i \in E \cup I^*}\lambda_i^* \boldsymbol{a}_i = \boldsymbol{0}$$

上式是问题（5－16）的最优解的充分必要条件，因此，$\boldsymbol{x}^*$ 是问题（5－16）的最优解.

本定理是有效集法的基础，如果找到问题（QP）的一个可行解 $\boldsymbol{x}_k$，有效集为 I_k，并且 $\boldsymbol{x}_k$ 恰是问题（5－16）的最优解，则只要其 Lagrange 乘子向量非负，由定理 1 知 $\boldsymbol{x}^*$ 即为（QP）的最优解.

现在讨论（QP）有效集法. 设 $\boldsymbol{x}_k$ 为（QP）的一个可行解，相应的有效集为 $\boldsymbol{I}_k$，$\boldsymbol{A}_k$ 为 $\boldsymbol{A} = (\boldsymbol{a}_1, \cdots, \boldsymbol{a}_m)$ 中对应于 $E \cup I_k$ 的子矩阵，首先求解二次规划

$$\begin{aligned} \min \quad & f(\boldsymbol{x}) = \frac{1}{2}\boldsymbol{x}^{\mathrm{T}}\boldsymbol{G}\boldsymbol{x} + \boldsymbol{C}^{\mathrm{T}}\boldsymbol{x} \\ \text{s. t.} \quad & \boldsymbol{A}_k^{\mathrm{T}}\boldsymbol{x} = \boldsymbol{b}_k \end{aligned} \tag{5-17}$$

容易证明：问题（5－17）与下列问题

$$\begin{aligned} \min \quad & q(\boldsymbol{d}) = \frac{1}{2}\boldsymbol{d}^{\mathrm{T}}\boldsymbol{G}\boldsymbol{d} + \boldsymbol{g}_k^{\mathrm{T}}\boldsymbol{d} \\ \text{s. t.} \quad & \boldsymbol{A}_k^{\mathrm{T}}\boldsymbol{d} = \boldsymbol{0} \end{aligned} \tag{5-18}$$

等价，其中 $\boldsymbol{x} = \boldsymbol{x}_k + \boldsymbol{d}$，$\boldsymbol{g}_k = \nabla f(\boldsymbol{x}_k) = \boldsymbol{G}\boldsymbol{x}_k + \boldsymbol{C}$.

当式（5－18）最优解 $\boldsymbol{d}_k = \boldsymbol{0}$ 时，$\boldsymbol{x}_k$ 为问题（5－17）的最优解. 若此时对应的 Lagrange 乘子均非负，则由定理 1 知 $\boldsymbol{x}_k$ 为（QP）的最优解，停止迭代. 当式（5－18）的最优解 $\boldsymbol{d}_k \neq \boldsymbol{0}$，并且 $\boldsymbol{x}_k + \boldsymbol{d}_k$ 为（QP）的可行解时，令 $\boldsymbol{x}_{k+1} = \boldsymbol{x}_k + \boldsymbol{d}_k$；否则，沿 $\boldsymbol{d}_k$ 方向做线搜索，以求得最好的可行点. 由于 $f(\boldsymbol{x})$ 为凸二次函数，故此点必然在边界上达到，记其步长为 $\alpha_k > 0$，令 $\boldsymbol{x}_{k+1} = \boldsymbol{x}_k + \alpha_k \boldsymbol{d}_k$，则由可行性要求，应有

$$\boldsymbol{a}_i^{\mathrm{T}}(\boldsymbol{x}_k + \alpha_k \boldsymbol{d}_k) \geqslant b_i, \quad i \notin \boldsymbol{I}_k$$

即

$$\alpha_k \boldsymbol{a}_i^{\mathrm{T}}\boldsymbol{d}_k \geqslant b_i - \boldsymbol{a}_i^{\mathrm{T}}\boldsymbol{x}_k, \quad i \notin \boldsymbol{I}_k$$

因为 $\boldsymbol{x}_k$ 为可行解，所以 $b_i - \boldsymbol{a}_i^{\mathrm{T}}\boldsymbol{x}_k \leqslant 0$. 故当 $\boldsymbol{a}_i^{\mathrm{T}}\boldsymbol{d}_k \geqslant 0$ 时，上式恒成立；当 $\boldsymbol{a}_i^{\mathrm{T}}\boldsymbol{d}_k < 0$ 时，要使上式成立，要求

$$\alpha_k \leqslant \frac{b_i - \boldsymbol{a}_i^{\mathrm{T}}\boldsymbol{x}_k}{\boldsymbol{a}_i^{\mathrm{T}}\boldsymbol{d}_k},\ i \notin \boldsymbol{I}_k$$

故应取

$$\bar{\alpha}_k = \min_{i \in \bar{I}_k}\left\{\frac{b_i - \boldsymbol{a}_i^{\mathrm{T}}\boldsymbol{x}_k}{\boldsymbol{a}_i^{\mathrm{T}}\boldsymbol{d}_k} \,\middle|\, \boldsymbol{a}_i^{\mathrm{T}}\boldsymbol{d}_k < 0\right\} = \frac{b_t - \boldsymbol{a}_t^{\mathrm{T}}\boldsymbol{x}_k}{\boldsymbol{a}_t^{\mathrm{T}}\boldsymbol{d}_k}$$

合并上述两种情形，取

$$\alpha_k = \min\{1,\ \bar{\alpha}_k\}$$

$$\boldsymbol{x}_{k+1} = \boldsymbol{x}_k + \alpha_k \boldsymbol{d}_k$$

当 $\alpha_k < 1$，即 $\alpha_k = \bar{\alpha}_k$ 时，则有上面推导存在某个 $t \notin I_k$，使

$$\alpha_k = \bar{\alpha}_k = \frac{b_t - \boldsymbol{a}_t^{\mathrm{T}}\boldsymbol{x}_k}{\boldsymbol{a}_t^{\mathrm{T}}\boldsymbol{d}_k}$$

故

$$\boldsymbol{a}_t^{\mathrm{T}}\boldsymbol{x}_{k+1} = \boldsymbol{a}_t^{\mathrm{T}}\boldsymbol{x}_k + \alpha_k \boldsymbol{a}_t^{\mathrm{T}}\boldsymbol{d}_k = b_t$$

因此，在 $\boldsymbol{x}_{k+1}$处增加一个有效约束，$I_{k+1} = I_k \cup \{t\}$；当 $\alpha_k = 1$ 时，则有效集不变，$I_{k+1} = I_k$，这样可以进行下一次迭代.

如果问题（5 - 18）的最优解 $\boldsymbol{d}_k = \boldsymbol{0}$，且 Lagrange 乘子有负分量，如（$\boldsymbol{\lambda}_k$）$_s < 0$，则由定理 1 知 $\boldsymbol{x}_k$ 不是（QP）的最优解．此时应该找出一个下降可行方向 $\boldsymbol{p}_k$，即满足

$$\boldsymbol{g}_k^{\mathrm{T}}\boldsymbol{p}_k < 0 \quad 且\ \boldsymbol{A}_k^{\mathrm{T}}\boldsymbol{p}_k \geqslant \boldsymbol{0}$$

的 $\boldsymbol{p}_k$. 为此，我们选 $\boldsymbol{p}_k$ 使 $\boldsymbol{x}_k + \boldsymbol{p}_k$ 还位于除第 s 个有效约束外的所有其他有效约束上，于是有

$$\boldsymbol{a}_j^{\mathrm{T}}(\boldsymbol{x}_k + \boldsymbol{p}_k) = b_j,\ j \in I_k,\ j \neq s$$

$$\boldsymbol{a}_s^{\mathrm{T}}(\boldsymbol{x}_k + \boldsymbol{p}_k) > b_s$$

即

$$\boldsymbol{a}_j^{\mathrm{T}}\boldsymbol{p}_k = 0,\ j \in I_k,\ j \neq s$$

$$\boldsymbol{a}_s^{\mathrm{T}}\boldsymbol{p}_k > 0$$

因为 $\boldsymbol{x}_k$ 为问题（5 - 17）的最优解，故

$$\boldsymbol{g}_k^{\mathrm{T}}\boldsymbol{p}_k = \boldsymbol{\lambda}_k^{\mathrm{T}}\boldsymbol{A}_k^{\mathrm{T}}\boldsymbol{p}_k$$

由 $\boldsymbol{a}_j^{\mathrm{T}}\boldsymbol{p}_k = 0$，$j \in I_k$，$j \neq s$，得 $\boldsymbol{A}_k^{\mathrm{T}}\boldsymbol{p}_k = (\boldsymbol{a}_s^{\mathrm{T}}\boldsymbol{p}_k)\boldsymbol{e}_s$，其中 $\boldsymbol{e}_s$ 为单位矩阵的第 s 列，于是

$$\boldsymbol{g}_k^{\mathrm{T}}\boldsymbol{p}_k = (\boldsymbol{a}_s^{\mathrm{T}}\boldsymbol{p}_k)\ \boldsymbol{\lambda}_k^{\mathrm{T}}\boldsymbol{e}_s = (\boldsymbol{\lambda}_k)_s \boldsymbol{a}_s^{\mathrm{T}}\boldsymbol{p}_k$$

由 $\boldsymbol{a}_s^{\mathrm{T}}\boldsymbol{p}_k > 0$，当（$\boldsymbol{\lambda}_k$）$_s < 0$ 时，$\boldsymbol{g}_k^{\mathrm{T}}\boldsymbol{p}_k < 0$，从而 $\boldsymbol{p}_k$ 为下降方向．因此将问题（5 - 18）中的约束换成 $\boldsymbol{a}_j^{\mathrm{T}}(\boldsymbol{x}_k + \boldsymbol{p}_k) = b_j$，$j \in I_k$，$j \neq s$，即删去第 s 个约束，所得到的新的二次规划（5 - 18）的最优解必为一个可行下降方向．由上面的推导可得到下面的算法.

算法 1　二次规划的有效集算法

step1　取初始可行解 $\boldsymbol{x}_1$，确定相应的有效集 I_1，令 $k = 1$.

step2　求解等式约束二次规划问题（5 - 18）得最优解 $\boldsymbol{d}_k$. 若 $\boldsymbol{d}_k \neq \boldsymbol{0}$，转 step4；否则转 step3.

step3　计算问题（5 - 18）的 Lagrange 乘子向量 $\boldsymbol{\lambda}_k$，并求（$\boldsymbol{\lambda}_k$）$_s = \min\limits_{i \in I_k}\{(\boldsymbol{\lambda}_k)_i\}$. 若（$\boldsymbol{\lambda}_k$）$_s \geqslant 0$，则 $\boldsymbol{x}_k$ 为（QP）的最优解，停止；否则，令 $I_k = I_k \setminus \{s\}$,相应地改变 $\boldsymbol{A}_k$，转 step2.

step4　由

$$\bar{\alpha}_k = \min_{i \notin I_k}\left\{\frac{b_i - \boldsymbol{a}_i^{\mathrm{T}}\boldsymbol{x}_k}{\boldsymbol{a}_i^{\mathrm{T}}\boldsymbol{d}_k}\ \middle|\ \boldsymbol{a}_i^{\mathrm{T}}\boldsymbol{d}_k < 0\right\} = \frac{b_t - \boldsymbol{a}_t^{\mathrm{T}}\boldsymbol{x}_k}{\boldsymbol{a}_t^{\mathrm{T}}\boldsymbol{d}_k}$$

$$\alpha_k = \min\{1,\ \bar{\alpha}_k\}$$

确定步长 α_k，令 $\boldsymbol{x}_{k+1} = \boldsymbol{x}_k + \boldsymbol{\alpha}_k\boldsymbol{d}_k$.

step5　若 $\alpha_k < 1$，则令 $I_{k+1} = I_k \cup \{t\}$；否则，令 $I_{k+1} = I_k$.

step6　令 $k = k+1$，转 step2.

不难证明，有效集算法有如下收敛性结论.

定理 3　若在有效集算法中，每步迭代 $\boldsymbol{A}_k$ 为列满秩矩阵且 $\alpha_k \neq 0$，则算法有限步收敛到问题（QP）的最优解.

证明略.

例 2　用有效集法解二次规划

$$\begin{aligned}
\min\quad & f(\boldsymbol{x}) = x_1^2 + x_2^2 - 2x_1 - 4x_2 \\
\text{s. t.}\quad & \boldsymbol{a}_1^{\mathrm{T}}x - b_1 = x_1 \geqslant 0 \\
& \boldsymbol{a}_2^{\mathrm{T}}x - b_2 = x_2 \geqslant 0 \\
& \boldsymbol{a}_3^{\mathrm{T}}x - b_3 = -x_1 - x_2 + 1 \geqslant 0
\end{aligned}$$

解　取初始可行点 $\boldsymbol{x}_1 = (0,\ 0)^{\mathrm{T}}$，相应的有效集为 $I_1 = \{1,\ 2\}$. 求解问题

$$\begin{aligned}
\min\quad & q(\boldsymbol{d}) = \frac{1}{2}\boldsymbol{d}^{\mathrm{T}}\boldsymbol{G}\boldsymbol{d} + \boldsymbol{g}_1^{\mathrm{T}}\boldsymbol{d} = \frac{1}{2}\boldsymbol{d}^{\mathrm{T}}\begin{pmatrix}2 & 0\\ 0 & 2\end{pmatrix}\boldsymbol{d} + (-2,\ -4)\boldsymbol{d} \\
\text{s. t.}\quad & \boldsymbol{a}_1^{\mathrm{T}}\boldsymbol{d} = d_1 = 0 \\
& \boldsymbol{a}_2^{\mathrm{T}}\boldsymbol{d} = d_2 = 0
\end{aligned}$$

等价于求解方程组

$$\begin{pmatrix}\boldsymbol{G} & -\boldsymbol{A}\\ \boldsymbol{A}^{\mathrm{T}} & 0\end{pmatrix}\begin{pmatrix}d\\ \lambda\end{pmatrix} = \begin{pmatrix}-g_1\\ \boldsymbol{0}\end{pmatrix}$$

令 $\boldsymbol{d} = \begin{pmatrix}d_1\\ d_2\end{pmatrix}$，$\boldsymbol{\lambda} = \begin{pmatrix}\lambda_1\\ \lambda_2\end{pmatrix}$，则

$$\begin{pmatrix}2 & 0 & -1 & 0\\ 0 & 2 & 0 & -1\\ 1 & 0 & 0 & 0\\ 0 & 1 & 0 & 0\end{pmatrix}\begin{pmatrix}d_1\\ d_2\\ \lambda_1\\ \lambda_2\end{pmatrix} = \begin{pmatrix}2\\ 4\\ 0\\ 0\end{pmatrix}$$

得 $\boldsymbol{d}_1 = (0,\ 0)^{\mathrm{T}}$，$\boldsymbol{x}_2 = \boldsymbol{x}_1 = (0,\ 0)^{\mathrm{T}}$，$\boldsymbol{\lambda}_1 = (-2,\ -4)^{\mathrm{T}}$.

因 $\lambda_2 = \min\{-2,\ -4\} = -4 < 0$，故令 $I_2 = I_1 \setminus \{2\} = \{1\}$，求解新的二次规划问题：

$$\begin{aligned}
\min\quad & q(\boldsymbol{d}) = \frac{1}{2}\boldsymbol{d}^{\mathrm{T}}\boldsymbol{G}\boldsymbol{d} + \boldsymbol{g}_1^{\mathrm{T}}\boldsymbol{d} = \frac{1}{2}\boldsymbol{d}^{\mathrm{T}}\begin{pmatrix}2 & 0\\ 0 & 2\end{pmatrix}\boldsymbol{d} + (-2,\ -4)\boldsymbol{d} \\
\text{s. t.}\quad & \boldsymbol{a}_1^{\mathrm{T}}\boldsymbol{d} = (1,\ 0)\begin{pmatrix}d_1\\ d_2\end{pmatrix} = d_1 = 0
\end{aligned}$$

即求解

$$\begin{pmatrix}2 & 0 & -1\\ 0 & 2 & 0\\ 1 & 0 & 0\end{pmatrix}\begin{pmatrix}d_1\\ d_2\\ \lambda_1\end{pmatrix} = \begin{pmatrix}2\\ 4\\ 0\end{pmatrix}$$

解得 $\boldsymbol{d}_2=(0,\ 2)^{\mathrm{T}}$，$\lambda_1=-2$. 由

$$\bar{\alpha}_2=\min\left\{\frac{b_i-\boldsymbol{a}_i^{\mathrm{T}}x_1}{\boldsymbol{a}_i^{\mathrm{T}}d_2}\mid i=2,\ 3,\ \boldsymbol{a}_i^{\mathrm{T}}d_2<0\right\}=\frac{b_3-\boldsymbol{a}_3^{\mathrm{T}}x_1}{\boldsymbol{a}_3^{\mathrm{T}}d_2}=\frac{-1}{-2}<1,\ t=3$$

于是

$$\alpha_2=\bar{\alpha}_2,\ \boldsymbol{x}_3=\boldsymbol{x}_2+\alpha_2\boldsymbol{d}_2=(0,\ 1)^{\mathrm{T}},\ I_3=I_2\cup\{3\}=\{1,\ 3\}$$

求解新的二次规划问题：

$$\min\ \left(\frac{1}{2}\boldsymbol{d}^{\mathrm{T}}\boldsymbol{G}\boldsymbol{d}+\boldsymbol{g}_3^{\mathrm{T}}\boldsymbol{d}\right)=\frac{1}{2}\boldsymbol{d}^{\mathrm{T}}\begin{pmatrix}2&0\\0&2\end{pmatrix}\boldsymbol{d}+(-2,\ -2)\boldsymbol{d}$$

$$\text{s. t.}\quad \begin{aligned}&\boldsymbol{a}_1^{\mathrm{T}}\boldsymbol{d}=d_1=0\\&\boldsymbol{a}_3^{\mathrm{T}}\boldsymbol{d}=-d_1=-d_2=0\end{aligned}$$

即求解

$$\begin{pmatrix}2&0&-1&1\\0&2&0&1\\1&0&0&0\\-1&-1&0&0\end{pmatrix}\begin{pmatrix}d_1\\d_2\\\lambda_1\\\lambda_2\end{pmatrix}=\begin{pmatrix}2\\2\\0\\0\end{pmatrix}$$

解得

$$\boldsymbol{d}_3=(0,\ 0)^{\mathrm{T}},\ \boldsymbol{x}_4=\boldsymbol{x}_3+\boldsymbol{d}_3=(0,\ 1)^{\mathrm{T}},\ \boldsymbol{\lambda}_3=(\lambda_1,\ \lambda_3)^{\mathrm{T}}=(0,\ 2)^{\mathrm{T}}$$

因 $\boldsymbol{\lambda}_3\geqslant\boldsymbol{0}$，故原问题的最优解为 $\boldsymbol{x}^*=\boldsymbol{x}_4=(0,\ 1)^{\mathrm{T}}$，相应的乘子为 $\boldsymbol{\lambda}^*=(0,\ 0,\ 2)^{\mathrm{T}}$.

编程实现算法数值计算的结果如下：

k	x_1	x_2	$f(x_1,\ x_2)$
1	0.00000000	0.00000000	0.00000000
2	0.00000000	1.00000000	-3.00000000

例 3　用有效集法求解如下问题：

$$\begin{aligned}\min f(\boldsymbol{x})&=2x_1^2+2x_2^2-2x_1x_2-4x_1-6x_2\\ \text{s. t.}\quad &2-x_1-x_2\geqslant0\\&5-x_1-5x_2\geqslant0\\&x_1\geqslant0\\&x_2\geqslant0\end{aligned}$$

数值计算的结果如下：

k	x_1	x_2	$f(x_1,\ x_2)$
1	0.00000000	0.00000000	0.00000000
2	0.00000000	1.00000000	-4.00000000
3	1.12903239	0.77419352	-7.16129032

例 4　用有效集法求解如下问题：

$$\min f(\boldsymbol{x})=\frac{1}{2}x_1^2+\frac{1}{2}x_2^2-x_1-2x_2$$

$$\text{s. t.}\quad \begin{aligned} &6-2x_1-3x_2\geqslant 0\\ &5-x_1-4x_2\geqslant 0\\ &x_1\geqslant 0\\ &x_2\geqslant 0\end{aligned}$$

数值计算的结果如下：

k	x_1	x_2	$f(x_1, x_2)$
1	0.00000000	0.00000000	0.00000000
2	0.00000000	1.25000000	-1.71875000
3	0.76466915	1.05883271	-2.02941176

2. 约束变尺度法

无约束变尺度法是在 Newton 法的基础上发展起来的，而 Newton 法可以看作是求梯度零点（最优性条件）的一种方法．对于约束优化问题，我们也用 Newton 法求解 Kuhn－Tucker（最优性）条件，并在此基础上发展形成约束变尺度法．这是一个快速有效的算法，通常称为序列二次规划法或 Wilson－Han－Powell 方法，简称 WHP 算法．

因为不等式约束问题的 KT 条件包含不等式约束、乘子的非负性及互补松弛条件等，直接用 Newton 法求解是困难的，而等式约束问题却没有这种困难．因此，我们先从等式约束问题入手，然后再从等式约束推广到不等式约束，形成约束变尺度法．

（1）算法模型．

考虑等式约束问题：

$$\begin{aligned} \min\quad & f(\boldsymbol{x}),\ \boldsymbol{x}\in\mathbf{R}^n\\ \text{s. t.}\quad & \boldsymbol{C}(\boldsymbol{x})=\mathbf{0}\end{aligned}$$

其中 $\boldsymbol{C}(\boldsymbol{x})=(c_1(\boldsymbol{x}), c_2(\boldsymbol{x}), \cdots, c_l(\boldsymbol{x}))^{\mathrm{T}}$．设 $\boldsymbol{x}^*$ 为最优解，若矩阵 $\boldsymbol{N}(\boldsymbol{x}^*)=(\nabla c_1(\boldsymbol{x}^*), \nabla c_2(\boldsymbol{x}^*), \cdots, \nabla c_l(\boldsymbol{x}^*))$ 为列满秩，由 KT 条件，存在 $\boldsymbol{\lambda}^*=(\lambda_1^*, \lambda_2^*, \cdots, \lambda_l^*)^{\mathrm{T}}$，使 Lagrange 函数

$$L(\boldsymbol{x}, \boldsymbol{\lambda})=f(\boldsymbol{x})-\boldsymbol{\lambda}^{\mathrm{T}}\boldsymbol{C}(\boldsymbol{x})$$

满足

$$\nabla L(\boldsymbol{x}^*, \boldsymbol{\lambda}^*)=\begin{pmatrix}\nabla_x L\\ \nabla_\lambda L\end{pmatrix}=\mathbf{0}$$

因此，$(\boldsymbol{x}^*, \boldsymbol{\lambda}^*)$ 是该非线性方程组的解．

现在用 Newton 法求解方程组．为此在 $(\boldsymbol{x}, \boldsymbol{\lambda})$ 处将方程组线性化，得到

$$\nabla_x L(\boldsymbol{x}, \boldsymbol{\lambda})+(\nabla_x^2 L(\boldsymbol{x}, \boldsymbol{\lambda}), -\boldsymbol{N}(\boldsymbol{x}))\begin{pmatrix}\boldsymbol{x}'-\boldsymbol{x}\\ \boldsymbol{\lambda}'-\boldsymbol{\lambda}\end{pmatrix}=\mathbf{0}$$

$$\boldsymbol{C}(\boldsymbol{x})+\boldsymbol{N}^{\mathrm{T}}(\boldsymbol{x}'-\boldsymbol{x})=\mathbf{0}$$

前式可化为

$$\nabla f(\boldsymbol{x})-N(\boldsymbol{x})\boldsymbol{\lambda}'+\nabla_x^2 L(\boldsymbol{x},\boldsymbol{\lambda})(\boldsymbol{x}'-\boldsymbol{x})=\mathbf{0}$$

令 $\boldsymbol{d}=\boldsymbol{x}'-\boldsymbol{x}$，则有

$$C(x)+N^{T}d=0$$
$$\nabla f(x)-N\lambda'+\nabla_x^2 L(x,\ \lambda)d=0$$

写成矩阵形式

$$\begin{pmatrix}\nabla_x^2 L\ (x,\ \lambda) & -N\\ N^{T} & 0\end{pmatrix}\begin{pmatrix}d\\ \lambda'\end{pmatrix}=\begin{pmatrix}-\nabla f\ (x)\\ -C(x)\end{pmatrix}\tag{5-19}$$

解出 d 和 λ'，得到（x^*，λ^*）的一个新的逼近

$$x'=x+d,\ \lambda'$$

若在 x^* 处最优性二阶充分条件成立，即对满足 $N(x^*)^{T}s=0$ 的任意非零向量 s 有

$$s^{T}\ \nabla_x^2 L(x^*,\ \lambda^*)\ s>0$$

则由 5.2 节定理 5，当 r 充分小时，有

$$\nabla_x^2 L(x^*,\ \lambda^*)+\frac{1}{2r}N^*N^{*T}$$

正定，其中 $N^*=N(x^*)$，记

$$B=\nabla_x^2 L(x,\ \lambda)+\frac{1}{2r}NN^{T}$$

则当（x，λ）充分接近（x^*，λ^*）时，矩阵 B 正定．

方程组（5－19）可以写成：

$$\begin{pmatrix}B & -N\\ N^{T} & 0\end{pmatrix}\begin{pmatrix}d\\ \lambda'+\frac{1}{2r}N^{T}d\end{pmatrix}=\begin{pmatrix}-\nabla f\ (x)\\ -C\ (x)\end{pmatrix}$$

或

$$\begin{pmatrix}B & -N\\ N^{T} & 0\end{pmatrix}\begin{pmatrix}d\\ \lambda''\end{pmatrix}=\begin{pmatrix}-\nabla f\ (x)\\ -C\ (x)\end{pmatrix}\tag{5-20}$$

其中 $\lambda''=\lambda'+\frac{1}{2r}N^{T}d$.

反之亦然．因此关于 d，这两个方程组等价，故以 B 代替 $\nabla_x^2 L$ 后可以保持 B 正定，而不失 Newton 法二阶收敛的优点．

方程组（5－20）不便于推广到不等式约束问题，为此我们证明求解方程组（5－20）等价于求解某个二次规划问题．这是从等式约束推广到不等式约束的关键．

定理 4　设 $B_{n\times n}$ 为正定矩阵，$N_{n\times m}$ 为列满秩矩阵，则 d 满足方程组（5－20）当且仅当 d 为二次规划问题

$$\min\quad q(d)=d^{T}\nabla f(x)+\frac{1}{2}d^{T}Bd$$
$$\text{s. t.}\quad C(x)+N^{T}d=0$$

的极小点．

证明　设 d^* 为二次规划的极小点．因 N 为列满秩，所以由 KT 条件，存在乘子 λ^*，使得

$$\nabla f(x)+Bd^*-N\lambda^*=0$$

再由问题二次规划的约束条件知，（d^*，λ^*）为方程方程组的解．

反之，因 $\boldsymbol{B}$ 正定，$\boldsymbol{N}$ 列满秩，所以矩阵$\begin{pmatrix}\boldsymbol{B} & -\boldsymbol{N}\\ \boldsymbol{N}^{\mathrm{T}} & \boldsymbol{0}\end{pmatrix}$满秩．因此，方程组（5－20）有唯一解，设为（$\boldsymbol{d}^*$，$\boldsymbol{\lambda}^*$），则由定理 1 知道，$\boldsymbol{d}^*$ 为二次规划的最优解，$\boldsymbol{\lambda}^*$ 为相应的 Lagrange 乘子向量．

由定理 4 知，用 Newton 法求解等式约束问题的 KT 条件，可以通过每一步求解一个二次规划问题来实现．与无约束优化方法类似，用二次规划来逼近原来的问题，其约束函数为原约束的线性逼近，而二次目标函数的 Hesse 阵，则或者是 Lagrange 函数的 Hesse 阵，或者是它的一个正定逼近．同时，为了能达到整体收敛，采用某种线性搜索方法确定步长因子．这样，就构造出一般约束优化问题

$$\begin{aligned}&\min f(\boldsymbol{x}),\ \boldsymbol{x}\in\mathbf{R}^n\\ &\text{s. t.}\quad c_i(\boldsymbol{x})=0,\ i\in E=\{1,2,\cdots,l\}\\ &\qquad\quad c_i(\boldsymbol{x})\geqslant 0,\ i\in I=\{l+1,l+2,\cdots,m\}\end{aligned}\qquad\text{(P1)}$$

的变尺度算法模型．这是 Han 和 Powell 所做的工作．

约束变尺度算法模型：

step1　选定初始点 $\boldsymbol{x}_0$，初始正定阵 $\boldsymbol{B}_0$，令 $k=0$.

step2　求解二次规划问题 $Q(\boldsymbol{x}_k,\boldsymbol{B}_k)$：

$$\begin{aligned}&\min\quad \nabla f(\boldsymbol{x}_k)^{\mathrm{T}}\boldsymbol{d}+\frac{1}{2}\boldsymbol{d}^{\mathrm{T}}\boldsymbol{B}_k\boldsymbol{d}\\ &\text{s. t.}\quad c_i(\boldsymbol{x}_k)+\boldsymbol{d}^{\mathrm{T}}\nabla c_i(\boldsymbol{x}_k)=0,\ i\in E\\ &\qquad\quad c_i(\boldsymbol{x}_k)+\boldsymbol{d}^{\mathrm{T}}\nabla c_i(\boldsymbol{x}_k)\geqslant 0,\ i\in I\end{aligned}$$

得解 $\boldsymbol{d}_k$.

step3　令 $\boldsymbol{x}_{k+1}=\boldsymbol{x}_k+\alpha_k\boldsymbol{d}_k$，其中步长 α_k 由某种线性搜索确定．

step4　修正 $\boldsymbol{B}_k$ 使 $\boldsymbol{B}_{k+1}$保持正定．令 $k=k+1$，转 step2.

在上述算法模型中，当 $E=I=\varnothing$时，即为无约束变尺度法的格式，因此它是将无约束变尺度法推广到约束问题的迭代格式，因此称它为约束变尺度法．现在来讨论约束变尺度法的实现，主要有以下两个问题，分述如下．

①效益函数．

在无约束变尺度法中，通过对目标函数的线性搜索来确定步长 α_k，使无约束变尺度法具有整体收敛性质．但是对于约束问题，仅仅考虑目标函数的下降就不够了，还要使迭代点越来越接近可行域．因而通常要建立一种既包含目标函数信息又包含约束条件信息在内的函数作为线性搜索的辅助函数，我们称这种函数为效益函数．1977 年 Han（韩世平）提出用以下 l_1 精确罚函数作效益函数：

$$W(\boldsymbol{x},\boldsymbol{\mu})=f(\boldsymbol{x})+\sum_{i\in E}\mu_i|c_i(\boldsymbol{x})|+\sum_{i\in I}\mu_i\max[0,-c_i(\boldsymbol{x})]$$

在线性搜索中，使 W 值下降，相当于兼顾了 $f(\boldsymbol{x})$ 的下降和违反约束的程度的降低，两者的重要性以系数 μ_i 加以调节．在同一年 Powell 提出一个自动调节 μ_i 的公式，并且保证 $W(\boldsymbol{x},\boldsymbol{\mu})$ 沿 $\boldsymbol{d}_k$ 是局部下降的．Powell 给出 μ_i 的自动调节公式如下：

设 $\boldsymbol{\lambda}_k$ 为二次规划 $Q(\boldsymbol{x}_k,\boldsymbol{B}_k)$ 的最优乘子向量，则在第 k 次迭代取

$$\mu_i^{(k)}=\begin{cases}|\lambda_i^{(k)}|, & k=1\\ \max\left[|\lambda_i^{(k)}|,\ \frac{1}{2}(\mu_i^{k-1}+|\lambda_i^{(k)}|)\right], & k\geqslant 2\end{cases}$$

理论上可以证明，这样选取的μ_i 值，使 $\boldsymbol{d}_k$ 为 $W(\boldsymbol{x},\boldsymbol{\mu})$ 的下降方向，因而总能找到 $a_k>0$，使

$$W(\boldsymbol{x}_k+\alpha_k\boldsymbol{d}_k,\ \boldsymbol{\mu}_k)<W(\boldsymbol{x}_k,\ \boldsymbol{\mu}_k)$$

②矩阵 $\boldsymbol{B}_k$ 的修正 .

由于无约束变尺度法中 BFGS 算法的数值结果最好，故我们选用 BFGS 公式进行修正，并做一些修改 . 为书写简便，下面省去下标 k ，以 “ + ” 表示 $k+1$.

令

$$L(\boldsymbol{x},\boldsymbol{\lambda})=f(\boldsymbol{x})-\sum_{i=1}^{m}\lambda_i c_i(\boldsymbol{x})$$

其中 $\boldsymbol{\lambda}_i$ 为二次规划 $Q(\boldsymbol{x}_k,\ \boldsymbol{B}_k)$ 最优乘子，记

$$\boldsymbol{s}=\boldsymbol{x}_+-\boldsymbol{x},$$
$$\boldsymbol{y}=\nabla_x L(\boldsymbol{x}+\boldsymbol{s},\ \boldsymbol{\lambda})-\nabla_x L(\boldsymbol{x},\ \boldsymbol{\lambda})$$

其中 $\boldsymbol{x}_+$ 表示 $\boldsymbol{x}_{k+1}$，$\boldsymbol{x}$ 表示 $\boldsymbol{x}_k$. 为保持 $\boldsymbol{B}_+$ 的正定性，要求 $\boldsymbol{y}^{\mathrm{T}}\boldsymbol{s}>0$（见第 4 章无约束变尺度法）. 但现在线性搜索是对 $W(\boldsymbol{x},\ \boldsymbol{\mu})$ 进行，而不是对 $L(\boldsymbol{x},\ \boldsymbol{\lambda})$ 做的，因此未必有 $\boldsymbol{y}^{\mathrm{T}}\boldsymbol{s}>0$. 为此，令

$$\boldsymbol{z}=\theta\boldsymbol{y}+(1-\boldsymbol{\theta})\boldsymbol{B}\boldsymbol{s} \tag{5-21}$$

其中

$$\theta=\begin{cases}1, & \boldsymbol{y}^{\mathrm{T}}\boldsymbol{s}\geqslant 0.2\boldsymbol{s}^{\mathrm{T}}\boldsymbol{B}\boldsymbol{s}\\ \dfrac{0.8\boldsymbol{s}^{\mathrm{T}}\boldsymbol{B}\boldsymbol{s}}{\boldsymbol{s}^{\mathrm{T}}\boldsymbol{B}\boldsymbol{s}-\boldsymbol{y}^{\mathrm{T}}\boldsymbol{s}}, & \boldsymbol{y}^{\mathrm{T}}\boldsymbol{s}<0.2\boldsymbol{s}^{\mathrm{T}}\boldsymbol{B}\boldsymbol{s}\end{cases} \tag{5-22}$$

$\boldsymbol{B}$ 的修正公式为

$$\boldsymbol{B}_+=\boldsymbol{B}-\frac{\boldsymbol{B}\boldsymbol{s}\boldsymbol{s}^{\mathrm{T}}\boldsymbol{B}}{\boldsymbol{s}^{\mathrm{T}}\boldsymbol{B}\boldsymbol{s}}+\frac{\boldsymbol{z}\boldsymbol{z}^{\mathrm{T}}}{\boldsymbol{z}^{\mathrm{T}}\boldsymbol{s}}$$

其中 $\boldsymbol{B}_+$表示 $\boldsymbol{B}_{k+1}$，$\boldsymbol{B}$ 表示 $\boldsymbol{B}_k$，由式（5 - 21） 和式（5 - 22），有 $\boldsymbol{z}^{\mathrm{T}}\boldsymbol{s}\geqslant 0.2\boldsymbol{s}^{\mathrm{T}}\boldsymbol{B}\boldsymbol{s}$. 当 $\boldsymbol{B}$ 正定时，$\boldsymbol{z}^{\mathrm{T}}\boldsymbol{s}\geqslant 0.2\boldsymbol{s}^{\mathrm{T}}\boldsymbol{B}\boldsymbol{s}>0$，从而保持 $\boldsymbol{B}_+$ 正定 . 这就是 Powell 所采用的修正公式 .

算法 2　约束变尺度法——WHP 法

step1　选定初始点 $\boldsymbol{x}_0$，初始正定矩阵 $\boldsymbol{B}_0$. 给定控制误差 $\varepsilon>0$，令 $k=0$.

step2　求解二次规划 $Q(\boldsymbol{x}_k,\ \boldsymbol{B}_k)$

$$\begin{aligned}\min\quad & \nabla f(\boldsymbol{x}_k)^{\mathrm{T}}\boldsymbol{d}+\frac{1}{2}\boldsymbol{d}^{\mathrm{T}}\boldsymbol{B}_k\boldsymbol{d}\\ \text{s.t.}\quad & c_i(\boldsymbol{x}_k)+\boldsymbol{d}^{\mathrm{T}}\nabla c_i(\boldsymbol{x}_k)=0,\ i\in E\\ & c_i(\boldsymbol{x}_k)+\boldsymbol{d}^{\mathrm{T}}\nabla c_i(\boldsymbol{x}_k)\geqslant 0,\ i\in I\end{aligned}$$

得 $\boldsymbol{d}_k$ 及相应乘子 $\boldsymbol{\lambda}_k$，转 step3.

step3　按公式

$$\mu_i^{(k)}=\begin{cases}|\lambda_i^{(k)}|, & k=1\\ \max\left[|\lambda_i^{(k)}|,\ \frac{1}{2}(\mu_i^{k-1}+|\lambda_i^{(k)}|)\right], & k\geqslant 2\end{cases}$$

求$\boldsymbol{\mu}_k$，并代入效益函数

$$W(\boldsymbol{x},\boldsymbol{\mu})=f(\boldsymbol{x})+\sum_{i\in E}\mu_i|c_i(\boldsymbol{x})|+\sum_{i\in I}\mu_i\max[0,-c_i(\boldsymbol{x})]$$

做线性搜索得α_k，令

$$\boldsymbol{x}_{k+1}=\boldsymbol{x}_k+\alpha_k\boldsymbol{d}_k$$

step4　计算

$$\boldsymbol{s}_k=\boldsymbol{x}_{k+1}-\boldsymbol{x}_k$$

当$\|\boldsymbol{s}_k\|<\varepsilon$时，则$\boldsymbol{x}_{k+1}$为近似最优解，停止，否则计算

$$\boldsymbol{y}_k=\nabla_x L(\boldsymbol{x}_{k+1},\boldsymbol{\lambda}_k)-\nabla_x L(\boldsymbol{x}_k,\boldsymbol{\lambda}_k)$$
$$\boldsymbol{z}_k=\theta\boldsymbol{y}_k+(1-\theta)\boldsymbol{B}\boldsymbol{s}_k$$

其中

$$\theta=\begin{cases}1, & \boldsymbol{y}_k^{\mathrm{T}}\boldsymbol{s}_k\geqslant 0.2\boldsymbol{s}_k^{\mathrm{T}}\boldsymbol{B}\boldsymbol{s}_k\\ \dfrac{0.8\boldsymbol{s}_k^{\mathrm{T}}\boldsymbol{B}\boldsymbol{s}_k}{\boldsymbol{s}_k^{\mathrm{T}}\boldsymbol{B}\boldsymbol{s}_k-\boldsymbol{y}_k^{\mathrm{T}}\boldsymbol{s}_k}, & \boldsymbol{y}_k^{\mathrm{T}}\boldsymbol{s}_k<0.2\boldsymbol{s}_k^{\mathrm{T}}\boldsymbol{B}\boldsymbol{s}_k\end{cases}$$

代入

$$\boldsymbol{B}_{k+1}=\boldsymbol{B}_k-\frac{\boldsymbol{B}_k\boldsymbol{s}_k\boldsymbol{s}_k^{\mathrm{T}}\boldsymbol{B}_k}{\boldsymbol{s}_k^{\mathrm{T}}\boldsymbol{B}_k\boldsymbol{s}_k}+\frac{\boldsymbol{z}_k\boldsymbol{z}_k^{\mathrm{T}}}{\boldsymbol{z}_k^{\mathrm{T}}\boldsymbol{s}_k}$$

得$\boldsymbol{B}_{k+1}$. 令$k=k+1$，转 step2.

（2）收敛性

对于一般约束优化问题

$$\begin{aligned}&\min f(\boldsymbol{x}),\ \boldsymbol{x}\in\mathbf{R}^n\\ &\text{s. t.}\quad c_i(\boldsymbol{x})=0,\ i\in E=\{1,2,\cdots,l\}\\ &\qquad\ \ c_i(\boldsymbol{x})\geqslant 0,\ i\in I=\{l+1,l+2,\cdots,m\}\end{aligned}\qquad\text{(P1)}$$

关于约束变尺度法的收敛性，Han 证明了以下整体收敛性定理.

定理 5　若

① $f(\boldsymbol{x})$与$c_i(\boldsymbol{x})(i=1,2,\cdots,m)$为连续可微函数；

② 存在α，$\beta>0$，使对每个k与任何$\boldsymbol{x}\in\mathbf{R}^n$，有$\alpha\boldsymbol{x}^{\mathrm{T}}\boldsymbol{x}\leqslant\boldsymbol{x}^{\mathrm{T}}\boldsymbol{B}_k\boldsymbol{x}\leqslant\beta\boldsymbol{x}^{\mathrm{T}}\boldsymbol{x}$；

③ 对每个k，二次规划$Q(\boldsymbol{x}_k,\boldsymbol{B}_k)$存在一个 KT 点，其相应的 Lagrange 乘子向量$\boldsymbol{\lambda}_k$满足：

$$|(\boldsymbol{\lambda}_k)_i|\leqslant\mu_i,\ i=1,\cdots,m$$

则由约束变尺度 WHP 法产生的点列$\{\boldsymbol{x}_k\}$，或者在（P1）的一个 KT 点终止，或者任何使

$$s(\bar{\boldsymbol{x}})=\{\boldsymbol{d}\,|\,c_i(\bar{\boldsymbol{x}})+\boldsymbol{d}^{\mathrm{T}}\nabla c_i(\bar{\boldsymbol{x}})=0,i\in E;c_i(\bar{\boldsymbol{x}})+\boldsymbol{d}^{\mathrm{T}}\nabla c_i(\bar{\boldsymbol{x}})>0,\ i\in I\}$$

非空的聚点$\bar{\boldsymbol{x}}$为（P1）的一个 KT 点.

定理的证明从略.

关于约束变尺度法的收敛速度，在一定条件下，可以证明算法是超线性收敛的. 大量的数值试验表明，在维数不太高时，比如$n\leqslant 50$，以函数与梯度计算次数为度量，该方法优于其他大多约束优化方法，成为目前非线性约束优化问题最好的算法之一.

对约束变尺度法改进的研究，近年来有不少工作，主要集中在三个方面：一是搜索方法方向的确定，包括形成不同的二次规划子问题或化为无约束问题；二是效益函数的选

取和步长的确定；三是关于矩阵 $\boldsymbol{B}_k$ 的修正．这些工作已成为约束优化研究最活跃的领域之一．

习　题　五

1. 一般约束优化问题

$$\begin{aligned}&\min f(\boldsymbol{x})\\ &\text{s. t.}\quad c_i(\boldsymbol{x})=0,\ i\in E=\{1,\ \cdots,\ l\}\\ &\qquad\ \ c_i(\boldsymbol{x})\geqslant 0,\ i\in I=\{l+1,\ \cdots,\ m\}\end{aligned}$$

写出 $\boldsymbol{x}^*$ 为上述问题最优解的 KT 必要条件．

2. 对凸规划问题，KT 条件是最优解的充分必要条件，利用这个结论，求出下述二次规划问题的最优解及相应的 Lagrange 乘子向量．

$$\begin{aligned}&\min f(\boldsymbol{x})=x_1^2+x_2^2+x_3^2\\ &\text{s. t.}\quad x_1+2x_2-x_3-4=0\\ &\qquad\ \ x_1-x_2+x_3+2=0\end{aligned}$$

3. 写出下面问题取得最优解的 KT 必要条件，并通过 KT 条件求出问题的最优解及相应 Lagrange 乘子：

$$\begin{aligned}&\min f(\boldsymbol{x})=-3x_1+x_2-x_3^2\\ &\text{s. t.}\quad x_1+x_2+x_3\leqslant 0\\ &\qquad\ \ -x_1+x_2+x_3^2=0\end{aligned}$$

4. 用内点法求解下列非线性规划问题：

$$\begin{aligned}&\min f(\boldsymbol{x})=\frac{1}{2}(x_1+1)^2+x_2\\ &\text{s. t.}\quad x_1-1\geqslant 0\\ &\qquad\ \ x_2\geqslant 0\end{aligned}$$

5. 用外罚函数法求解

$$\begin{aligned}&\min f(\boldsymbol{x})=\frac{3}{2}x_1^2+x_2^2+\frac{1}{2}x_3^2-x_1x_2-x_2x_3+x_1+x_2+x_3\\ &\text{s. t.}\quad x_1+2x_2+x_3-4=0\end{aligned}$$

6. 试证：$\min\limits_{\boldsymbol{x}\geqslant\boldsymbol{0}} f(\boldsymbol{x})$ 的 KT 条件是

$$\nabla f(\boldsymbol{x}^*)\geqslant\boldsymbol{0}$$

$$\nabla f(\boldsymbol{x}^*)^{\mathrm{T}}\boldsymbol{x}^*\geqslant\boldsymbol{0}$$

式中，$\boldsymbol{x}^*$ 为最优解．再说明这个条件的几何意义．

7. 考虑问题

$$\begin{aligned}&\min\quad x_1^2+x_1x_2+2x_2^2-6x_1-2x_2-12x_3\\ &\text{s. t.}\quad x_1+x_2+x_3=2\\ &\qquad\ \ -x_1+2x_2\leqslant 3\\ &\qquad\ \ x_1,\ x_2,\ x_3\geqslant 0\end{aligned}$$

求出在点 $(1,\ 1,\ 0)^{\mathrm{T}}$ 处的一个可行下降方向．

8. 考虑

$$\min (x_1-1)^2+(x_2-2)^2$$
$$\text{s. t. } (x_1-1)^2=5x_2.$$

(1) 找出该问题的所有 KT 点.

(2) 哪些是该问题的最优解?

9. 问题

$$\begin{aligned}\min_{x\in\mathbf{R}^2}\ & -2x_1+x_2\\ \text{s. t.}\quad & (1-x_1)^3-x_2\geqslant 0\\ & x_2+0.25x_1^2-1\geqslant 0\end{aligned}$$

的最优解为 $\boldsymbol{x}^*=(0,\ 1)^{\mathrm{T}}$.

(1) 在该点 KT 条件是否满足?

(2) 二阶充分条件是否满足?

10. 找出 $f(x)=x_1x_2$ 在单位圆 $x_1^2+x_2^2=1$ 上的最小值点，并画图表示.

11. 找出 $f(x)=x_1x_2$ 在单位圆盘 $1-x_1^2-x_2^2\geqslant 0$ 上的最大值点.

第 6 章

现代优化算法简介

6.1 组合优化问题

组合优化是指通过对数学方法的研究去寻找离散事件的最优编排、分组、次序或筛选等问题．有时很多组合优化的问题可以写为 0－1 规划模型．组合优化问题的特点是通常情况下可行域为有限点集．因此，可以采用直观的求解方法——枚举法．一般来说，当问题规模较小时枚举法的计算量尚可接受，但当问题规模大时枚举法的计算时间就无法接受了．下面给出几个组合优化问题的例子．

例 1（0－1 背包问题）设有一个容积为 b 的背包，n 个体积分别为 $a_i(i=1,\ 2,\ \cdots,\ n)$，价值分别为 $c_i(i=1,\ 2,\ \cdots n)$ 的物品，如何以最大的价值装包？

该问题的数学模型为

$$\max \sum_{i=1}^{n} c_i x_i$$

$$\text{s. t.} \quad \sum_{i=1}^{n} a_i x_i \leqslant b$$

$$x_i \in \{0,1\},i = 1,2,\cdots,n$$

目标函数为使包内所装物品的价值最大；约束条件为背包的能力限制；x_i 为 0－1 变量，$x_i=1$ 表示装第 i 个物品，$x_i=0$ 表示不装该物品．

例 2（旅行商问题 TSP）一商人欲到 n 个城市推销商品，每两个城市 i 和 j 之间的距离为 d_{ij}，如何选择一条道路使得商人每个城市走一遍后回到起点且所走路径最短．当 $d_{ij}=d_{ji}$ 时，问题称为对称距离 TSP，TSP 的解的一种表示法为

$$D=\{S=(i_1,\ i_2,\ \cdots,\ i_n)\mid i_1,\ i_2,\ \cdots,\ i_n \text{ 是 } 1,\ 2,\ \cdots,\ n \text{ 的一个排列}\}$$

例 3（装箱问题）如何以个数最少的尺寸为 1 的箱子装进各尺寸不超过 1 的物品．

例 4（约束机器排序问题）n 个加工量为$\{d_i \mid i=1,\ 2,\ \cdots,\ n\}$的产品在一台机器上加工，机器在第 t 个时段的工作能力为 c_t，求完成所有产品加工的最少时段数．

组合优化问题可以通过枚举法求解，但是计算量的增长随问题规模的增加而增长很快．如 TSP 问题，用所有 n 城市的排列表示一个解，固定一个城市为起点，则需要（$n-1$）！个枚举才能得到问题的解．设计算机完成 24 城市所有路径枚举的时间为 1 秒，则 25 个城市的枚举需要 24 秒，更多城市结果见表 6－1.

表 6-1

城市数	24	25	26	27	28	29	30	31
计算时间	1 秒	24 秒	10 分钟	4.3 小时	4.9 天	136.5 天	10.8 年	325 年

由此可以看出，TSP 枚举法计算量随问题规模增长太快，无法成为一种有效的算法．以 0-1规划问题为例，设变量数为 n，有 2^n 个解，枚举找最优解所需比较次数为 2^n-1．假设计算机运算能力为每秒一百万次浮点运算，则 $n=60$ 时，计算时间为366 个世纪．因此要考虑一个算法是否有效，还要进行计算量的估计，这就是计算复杂性的概念．目前 0-1 规划、整数规划、TSP 问题、背包问题、装箱问题等，都属于 NP 困难问题，即目前没有找到多项式上界算法，在实际中常常采用启发式算法寻找近似解．

在组合优化中，距离的概念通常不再适用，但是在一个点附近搜索另一个下降的点仍然是组合优化数值求解的基本思想．因此，需要重新定义邻域的概念．

定义 1　对于组合优化问题

$$\begin{aligned}&\min f(\boldsymbol{x})\\&\text{s. t.}\quad \boldsymbol{x}\in D\end{aligned}$$

D 上的一个映射 $N: S\in D\to N(S)\in 2^D$ 称为一个邻域映射，其中 2^D 表示 D 的所有子集合组成的集合，$N(S)$ 称为 S 的邻域，$S'\in N(S)$ 称为 S 的一个邻居．

TSP 问题解的一种表示法为

$$D=F=\{S=(i_1,\ i_2,\ \cdots,\ i_n)\ |i_1,\ i_2,\ \cdots,\ i_n \text{ 是 } 1,\ 2,\ \cdots,\ n \text{ 的一个排列}\}$$

可以定义它的邻域映射为 2-opt，即 S 中的两个元素进行对换，$N(S)$ 中共包含 S 的 C_n^2 个邻居．如四个城市的 TSP 问题，当 $S=(1,\ 2,\ 3,\ 4)$ 时

$$\begin{aligned}N(S)=\{&(2,\ 1,\ 3,\ 4),\ (3,\ 2,\ 1,\ 4),\ (4,\ 2,\ 3,\ 1),\\&(1,\ 3,\ 2,\ 4),\ (1,\ 4,\ 3,\ 2),\ (1,\ 2,\ 4,\ 3)\}\end{aligned}$$

类似 2-opt 的定义，可以推广定义 k-opt$(k\geqslant 2)$，它的邻域映射是对 S 中的 k 个元素按一定的规则互换．

对于 0-1 背包问题，该问题的解可以采用 0-1 规划表示，也可以采用另一种表示方法：

$$D=\{(i_1,\ i_2,\ \cdots,\ i_n)\ |i_1,\ i_2,\ \cdots,\ i_n \text{ 是 } 1,\ 2,\ \cdots,\ n \text{ 的一个排列}\}$$

其中 $(i_1,\ i_2,\ \cdots,\ i_n)$ 表示装包的排列顺序．通过排列顺序以容量约束判别装进包的物品及目标值．由该表示方法定义的邻域可以采用 2-opt 邻域．

定义 2　若 s^* 满足 $f(s^*)\leqslant(\geqslant)f(s)$，其中 $s\in N(s^*)\cap F$，则称 s^* 为 f 在 F 上的局部（local）最小（最大）解．若 $f(s^*)\leqslant(\geqslant)f(s)$，$s\in F$，则称 s^* 为 f 在 F 上的全局（global）最小（最大）解．

6.2　启发式算法简介

启发式算法是相对于最优算法提出的．一个问题的最优算法，是指求得该问题的最优解．启发式算法则是基于直观或经验构造的算法，在可接受的花费（指计算时间、占用空间等）下去寻找最好的解，但不一定能保证所得解的可行性和最优性，甚至在多数情况下无

法阐述所得解同最优解的近似程度.

启发式算法的兴起，源于实际问题的需要. 随着 20 世纪 70 年代算法复杂性理论的完善，人们不再强调花费大量的时间求得最优解，只要能在较短的时间内求得相对较好的结果，也可以接受. 因此促使 20 世纪 80 年代初兴起的现代优化算法在当今得到了巨大的发展. 比如下面的两个算法就是比较简单的启发式算法.

对例 1 的背包问题，可以构造下面的贪婪算法：

step1　对物品以$\frac{c_i}{a_i}$从大到小排列，不妨把排列记成$\{1, 2, 3, \cdots, n\}$，$k := 1$.

step2　若 $\sum_{i=1}^{k-1} d_i x_i + d_k \leqslant b$，则 $x_k = 1$；否则，$x_k = 0$，$k := k+1$. 当 $k = n+1$ 时，停止；否则，重复 step2.

$(x_1, x_2, \cdots, x_n)$ 为贪婪算法所得的解，单位体积价值比越大越先装包是贪婪算法的原则. 给定组合优化问题，假设其邻域结构已确定，设 S 为解集合，f 为 S 上的费用函数，N 为邻域结构，可以使用下面的邻域搜索算法快速求解：

step1　任选一个初始解 $s_0 \in S$.

step2　在 $N(s_0)$ 中按某一规则选一个 s：

若$f(s) < f(s_0)$，则 $s_0 := s$；否则，$N(s_0) := N(s_0) - s$.

若 $N(s_0) = \varnothing$，停止；否则，返回 step2.

简单的邻域搜索从任何一点出发，可以达到一个局部最优值点. 从算法中可以看出，算法停止时得到点的性质依赖算法初始解的选取、邻域的结构和邻域选点的规则.

启发式算法能够迅速发展，是因为它有很多优点：简单易行，比较直观，易被使用者接受；速度快，在实时管理中非常重要；在多数情况下，程序简单，因此易于修改. 启发式算法的缺点也是显而易见的，比如不能保证求得最优解，多次计算效果参差不齐，算法的好坏依赖于实际问题、经验和设计者的技术等.

启发式算法可分为几类. 一是所谓的一步算法，特点是不在两个可行解之间选择，算法结束时得到一个可行解. 一步算法的一个典型实例是背包问题的贪婪算法，算法的每一步迭代选一物品入包，直到无法再装. 该算法没有在两个可行解之间比较选择，算法结束时得到一个可行解. 二是所谓的改进算法. 改进算法的迭代过程是从一个可行解到另一个可行解，通常通过两个解的比较而选择好的解，进而作为新的起点进行新的迭代，直到满足要求为止. 因此，也可以称为迭代算法. 三是数学规划算法，即主要指用规划的方法求解组合优化问题，其中包括一些启发式规则. 四是现代优化算法，包括模拟退火、遗传算法、人工神经网络等. 最后，还有一些其他的启发式算法，有些方法是根据实际问题而产生的，如解空间分解、解空间的限制等.

由于启发式算法无法保证得到最优解，所以对算法的评价显得尤为重要. 下面仅简单介绍常用的方法.

1. 最坏情形分析

最坏情形分析可以考虑计算复杂性和计算解的效果两个方面. 最坏情形计算复杂性分析关注算法基本运算总次数同实例计算机二进制输入长度之间的关系，从最坏实例的角度来研究算法的计算时间复杂性有一定的意义. 但是这种方法对算法的评价不一定十分合理.

2. 概率分析

概率方法在评价算法时，先假设问题的输入数据满足某种概率分布，再考察算法的平均迭代次数，这样比最坏情形分析法可以更好地说明一个算法的计算效果．概率方法的一个成功应用是对线性规划单纯形法的评价，Klee 和 Minty 证明了线性规划的单纯形法最坏情形下不是多项式时间的算法，但是 Borgwardt 研究了线性规划问题

$$\max \ \boldsymbol{c}^{\mathrm{T}}\boldsymbol{x}$$
$$\text{s. t.} \quad \boldsymbol{A}\boldsymbol{x} \leqslant \boldsymbol{b}$$

其中，$\boldsymbol{A} \in \mathbf{R}^{m \times n}$，$\boldsymbol{b} \in \mathbf{R}^{m}$，$m \geqslant n$. 得到如下结论：当输入数据在单位球面服从均匀分布，且 n 充分大时，单纯形法计算量为 $O\ (n^{1.5} \sim n^{2})$ ．这说明单纯形法的平均计算效果是较好的．

3. 大规模计算分析

大规模计算分析就是通过大量的实例计算，评价算法的计算效果．算法的计算效果分成两个方面：一方面是算法的计算复杂性，它的效果通过计算机中央处理器（CPU）的计算时间表现；另一个方面是计算解的性能，它通过计算停止时输出的解表现．

随着优化理论和算法的发展，目前出现了大量的、通用的求解优化问题的启发式算法，其中尤其以各种现代优化算法为代表，比如模拟退火算法、遗传算法、神经网络算法、蚁群算法，等等，这些算法以其通用性强、计算效果好等特点引起了广泛的重视和研究，并被大量用于解决实际问题．下面我们就来介绍模拟退火和遗传算法这两种常用的现代优化算法．

6.3 模拟退火算法

模拟退火算法（简称 SA）的思想最早是由 Metropolis 等（1953）提出的，1983 年 Kirkpatrick 等将其用于组合优化．SA 算法是一种随机算法，其出发点是基于物理中固体物质的退火过程与一般组合优化问题之间的相似性．模拟退火算法在某一初温下，伴随温度参数的不断下降，结合概率突跳特性在解空间中随机寻找目标函数的全局最优解，即在局部最优解能概率性地跳出并最终趋于全局最优．模拟退火算法是一种通用的优化算法，目前已在工程中得到了广泛的应用，诸如生产调度、控制工程、机器学习、神经网络、图像处理等领域．

简单而言，物理退火过程由以下三部分组成：

（1）加温过程．其目的是增强粒子的热运动，使其偏离平衡位置．当温度足够高时，固体将熔解为液体，从而消除系统原先可能存在的非均匀态，使随后进行的冷却过程以某一平衡态为起点．熔解过程与系统的熵增过程相联系，系统能量也随温度的升高而增大．

（2）等温过程．物理学的知识告诉我们，对于与周围环境交换热量而温度不变的封闭系统，系统状态的自发变化总是朝自由能减少的方向进行，当自由能达到最小时，系统达到平衡态．

（3）冷却过程．其目的是使粒子的热运动减弱并渐趋有序，系统能量逐渐下降，从而得到低能的晶体结构．

固体在恒定温度下达到热平衡的过程可以用 Mente Carlo 方法加以模拟，虽然该方法简

单，但必须大量采样才能得到比较精确的结果，因而计算量很大．鉴于物理系统倾向于能量较低的状态，而热运动又妨碍它准确落到最低态的图像，采样时着重取那些有重要贡献的状态则可较快达到较好的结果．因此，Metropolis 等在 1953 年提出了重要性采样法，即以概率接受新状态．

具体而言，在温度 t，由当前状态 i 产生新状态 j，两者的能量分别为 E_i 和 E_j，若 $E_i < E_j$，则接受新状态 j 为当前状态；否则，若概率 $p_r = \exp[-(E_j - E_i)/kt]$ 大于 $[0,1)$ 区间内的某个随机数，则仍旧接受新状态 j 为当前状态，若 p_r 小于等于该随机数，则保留状态 i 为当前状态，其中 k 为 Boltzmann 常数．当这种过程多次重复，即经过大量迁移后，系统将趋于能量较低的平衡态，各状态的概率分布将趋于某种正则分布，如 Gibbs 正则分布．

同时，我们也可以看到，这种重要性采样过程在高温下可接受与当前状态能量差较大的新状态，而在低温下基本只接受与当前能量差较小的新状态，这与不同温度下热运动的影响完全一致，而且当温度趋于零时，就不能接受比当前状态能量高的状态．这种接受准则通常称为 Metropolis 准则，它的计算量相对 Mente Carlo 方法要显著减少．

组合优化问题即寻找最优解 s^*，使得对任意 $s_i \in \Omega$，有

$$C(s^*) = \min C(s_i),$$

其中 $\Omega = \{s_1, s_2, \cdots, s_n\}$为所有状态构成的解空间，$C(s_i)$ 为状态 s_i 对应的目标函数值．基于 Metropolis 接受准则的优化过程，可避免搜索过程陷入局部极小，并最终趋于问题的全局最优解．标准模拟退火算法的一般步骤可描述如下：

step1　给定初温 $t = t_0$，随机产生初始状态 $s = s_0$，令 $k = 0$.

step2　产生新状态 $s_j = \text{Genete}(s)$，如果

$$\min\{1, \exp[-(C(s_j) - C(s))/t_k]\} \geqslant \text{random}\ [0, 1]$$

成立，则 $s = s_j$. 重复这个过程，直到抽样稳定准则满足，转 step3.

step3　退温，令 $t_{k+1} = \text{update}(t_k)$，并令 $k = k+1$，直到算法终止准则满足，转 step4.

step4　输出算法搜索结果．

由算法结构知，算法包括内循环和外循环，内循环是在同一个温度下的迭代，外循环是在不同温度下的迭代．新状态产生函数、新状态接受函数、退温函数、抽样稳定准则和退火结束准则（简称三函数两准则）以及初始温度是直接影响算法优化结果的主要环节．模拟退火算法的试验性能具有质量高、初值鲁棒性强、通用易实现的优点．但是，为找到最优解，算法通常要求较高的初温、较慢的降温速率、较低的终止温度以及各温度下足够多次的抽样，因而模拟退火算法优化过程往往较长．

下面介绍模拟退火算法的关键参数和操作的设计原则．

1. 状态产生函数

模拟退火算法中的设计状态产生函数（邻域函数）的出发点是尽可能保证产生的候选解遍布全部解空间．通常，状态产生函数由两部分组成，即产生候选解的方式和候选解产生的概率分布．通常在当前状态的邻域结构内以一定概率方式产生，而邻域函数和概率方式可以多样化设计，其中概率分布可以是均匀分布、正态分布、指数分布和柯西分布等．

2. 状态接受函数

状态接受函数一般以概率的方式给出，不同接受函数的差别主要在于接受概率的形式不同．涉及状态接受概率，应该遵循以下原则：在固定温度下，接受使目标函数值下降的候选

解的概率要大于使目标函数值上升的候选解的概率；随温度的下降，接受使目标函数值上升的解的概率要逐渐减小；当温度趋于零时，只能接受目标函数值下降的解．算法中通常采用 min $[1, \exp(-\Delta c/t)]$ 作为状态接受函数．

3. *初始温度的设定*

初始温度越大，获得高质量解的概率越大，但花费的计算时间将增加．因此，初始温度的确定应折中考虑优化质量和优化效率．其常用方法包括：均匀抽样一组状态，以各状态目标值的方差为初始温度；随机产生一组状态，确定两两状态间的最大目标值差 $\Delta_{\max}(>0)$，然后依据差值，利用一定的函数确定初始温度．譬如，$t_0=-\Delta_{\max}/\ln p_r$，其中 p_r 为初始接受概率．若取 p_r 接近 1，且初始随机产生的状态能够在一定程度上表征整个状态空间，则算法将以几乎相同的概率接受任意状态，完全不受极小解的限制．最后，初始温度还可以利用经验公式给出．

4. *温度更新函数*

温度更新函数，即温度的下降方式，用于在外循环中修改温度值．各温度下产生候选解越多，温度下降的速度可以越快．目前，最常用的温度更新函数为指数退温，即 $t_{k+1}=\lambda t_k$，其中 $0<\lambda<1$ 且其大小可以不断变化．

5. *内循环终止准则*

内循环终止准则，或称 Metropolis 抽样稳定准则，用于决定在各温度下产生候选解的数目．常用的抽样稳定准则包括：检验目标函数的均值是否稳定；连续若干步的目标值变化较小；按一定的步数抽样．

6. *外循环终止准则*

外循环终止准则，即算法终止准则，用于决定算法何时结束．通常的做法包括：设置终止温度的阈值；设置外循环迭代次数；算法搜索到的最优解连续若干步保持不变．

对模拟退火算法的改进，可以通过增加某些环节实现．主要的改进方式包括：一是增加记忆功能，为避免搜索过程中由于执行概率接受缓解而遗失当前遇到的最优解，可通过增加存储环节，将 best so far 的状态记忆下来．二是增加补充搜索过程，即在退火过程结束后，以搜索到的最优解为初始状态，再次执行模拟退火过程或局部趋化性搜索．三是对每一当前状态采用搜索策略，以概率接受区域内的最优状态，而非标准 SA 的单次比较方式．最后，还可以结合其他搜索机制的算法，如遗传算法、混沌搜索等．

6.4 遗传算法

遗传算法是在 20 世纪 70 年代初期由美国密执根大学的 Holland 教授发展起来的，主要借用生物进化中“适者生存”的自然规律．生物进化的基本过程如图 6－1 所示．

遗传算法借鉴了生物进化的一些特征，其主要处理步骤为：

（1）对优化问题的解进行编码，一个解的编码称为一个染色体，组成编码的元素称为基因．编码的目的主要是用于优化问题解的表现形式和利于之后遗传算法中的计算．

（2）构造适应函数．适应函数基本上依据优化问题的目标函数而定，在随后的淘汰环节，以适应函数的大小决定的概率分布来确定哪些染色体适应生存、哪些被淘汰．生存下来的染色体组成种群，形成一个可以繁衍下一代的群体．

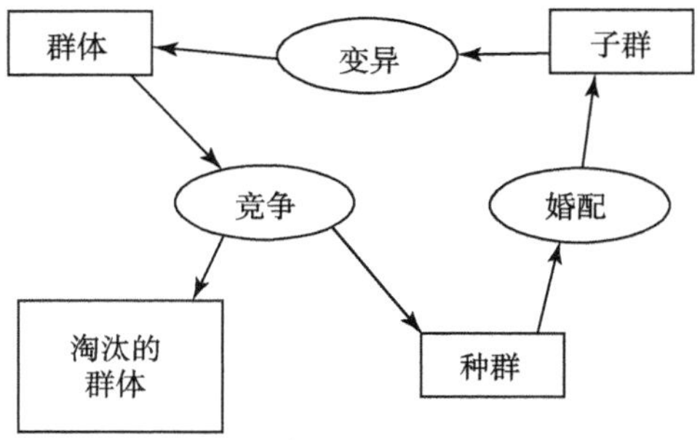

图 6－1　生物进化循环图

（3）上一代染色体通过其编码之间的交配，产生下一代．

（4）最后是变异．新解产生过程中可能发生基因变异，便已是某些解的编码发生变化，使解有更大的遍历性．

表 6－2 列出了生物遗传基本概念在遗传算法中作用的对应关系．

表 6－2

生物遗传概念	遗传算法中的作用
适者生存	在算法停止时，最优目标值的解有最大的可能被留住
个体	解
染色体	解的编码（字符串，向量等）
基因	解中每一分量的特征（如各分量的值）
适应性	适应函数值
群体	选定的一组解（其中解的个数为群体的规模）
种群	根据适应函数值选取的一组解
交配	通过交配原则产生一组新解的过程
变异	编码的某一个分量发生变化的过程

最优化问题的求解过程是从众多的解中选出最优解．生物进化的适者生存规律使得最具有生存能力的染色体以最大的可能生存．这样的共同点使得遗传算法可以在优化问题中应用．

例 1　用遗传算法求解 $f(x)=x^2$，$0\leqslant x\leqslant 31$，x 为整数的最大值．

解　一个简单的表示解的编码是二进制编码，即 0，1 字符串．由于变量的最大值是 31，因此，可以采用 5 位数的二进制编码，如

$$10000\to 16,\ 11111\to 31,\ 01001\to 9,\ 00010\to 2$$

以上每个 5 位字符串称为一个染色体，每一个分量称为基因，每个基因有两种状态（0 或 1）．模拟生物进化，首先要产生一个群体，可以随机取 4 个染色体组成一个群体，如 $x_1=(00000)$，$x_2=(11001)$，$x_3=(01111)$，$x_4=(01000)$．适应函数可以依据目标函数而定，如适应函数 $fitness(x)=f(x)=x^2$，于是

$$\text{fitness}(\boldsymbol{x}_1)=0,\ \text{fitness}(\boldsymbol{x}_2)=25^2$$
$$\text{fitness}(\boldsymbol{x}_3)=15^2,\ \text{fitness}(\boldsymbol{x}_4)=8^2$$

定义第 i 个个体入选种群的概率为

$$p(x_i)=\frac{\text{fitness}(x_i)}{\sum_j \text{fitness}(x_j)}$$

于是，适应函数值大的染色体个体的生存概率自然较大．若群体中选 4 个个体成为种群，则极有可能竞争上的是 $x_2=(11001)$，$x_2=(11001)$，$x_3=(01111)$，$x_4=(01000)$．若它们结合，则采用以下的交配方式

$$\left.\begin{array}{l}x_2=(11|001)\\x_3=(01|111)\end{array}\right\}\rightarrow\begin{array}{l}y_1=(11|111)\\y_2=(01|001)\end{array}$$
$$\left.\begin{array}{l}x_2=(11|001)\\x_4=(01|000)\end{array}\right\}\rightarrow\begin{array}{l}y_3=(11|000)\\y_4=(01|001)\end{array}$$

即交换第二个位置以后的基因，得到 y_1，y_2，y_3 和 y_4，这种方法简称简单交配．若 y_4 的第一个基因发生变异，则变成 $y_4=(11001)$．

通过例 1，我们可以将求解组合优化问题的遗传算法简化地描述为：

step1　选择问题的一个编码；给出一个有 N 个染色体的初始群体 pop（1），$t:=1$.

step2　对群体 pop(t) 中的每一个染色体 $\text{pop}_i(t)$，计算它的适应函数

$$f_i=\text{fitness}(\text{pop}_i(t))$$

step3　若满足停止规则，则算法停止．否则，计算概率

$$p_i=\frac{f_i}{\sum_{j=1}^{N}f_j},i=1,2,\cdots,N$$

并以此分布从 pop(t) 中随机选一些染色体构成一个种群

$$\text{newpop}(t+1)=\{\text{pop}_j(t)\,|\,j=1,\ 2,\ \cdots,\ N\}$$

newpop(t) 极有可能重复选 pop(t) 中的某个元素，如例 1 中的 x_2 就选取两次．

step4　通过概率为 p_c 交配，得到一个有 N 个染色体的 crosspop $(t+1)$.

step5　以一个较小的概率 p，使得一个染色体的一个基因发生变异，形成

$$\text{mutpop}(t+1),\ t:=t+1$$

一个新的群体 pop(t) = mutpop(t)；返回 step2.

下面我们来研究用遗传算法求解优化问题需要考虑的一些技术问题．

1. 编码

编码是遗传算法中的基础工作之一．比较直观和常规的方法是 0，1 二进制编码，我们称这一类码为常规码．这种编码方法使算法的三个算子（种群选取、交配和变异）构造比较简单．

比如背包问题的解是一个 0－1 向量，可以按（x_1，x_2，…，x_n）的取值形成一个自然编码．采用 0－1 码也可以精确地表示整数，精确表示 a 到 b 整数的 0－1 编码长度 n 满足 $\frac{b-a}{2^n}<1$，即 $n>\log_2(b-a)$．连续变量也可以采用二进制编码，但需要考虑精度．对给定

的区间 $[a, b]$，设采用二进制编码长为 n，则任何一个变量 $x = a + a_1 \frac{b-a}{2} + a_2 \frac{b-a}{2^2} + \cdots + a_n \frac{b-a}{2^n}$，对应一个二进制码 a_1，a_2，…，a_n. 二进制码与实际变量的最大误差为$\frac{b-a}{2^n}$.

0 – 1 码在表示某些组合优化问题时会显得无效或不方便．如 TSP 问题，当确定一个城市为始终点时，一个自然的表示方法是 n 个城市的排列．像这样除常规的 0 – 1 编码外，其他的非 0 – 1 码称为非常规编码．N 级排列就是一种常见的非常规编码，但常规的交配算子对这种编码失效．因此，若给出新的适应这种非常规编码方式的三种算子，它也可以很方便地用于约束机器排序问题．

约束机器排序问题：n 个加工量为 $\{d_i \mid i = 1, 2, \cdots, n\}$ 的产品在一台机器上加工，机器在第 t 个时段的工作能力为 c_t，求完成所有产品加工的最少时段数．容易看出，它的特殊情况（$c_t = c$）是装箱问题．给几个产品一个加工序（i_1，i_2，…，i_n），由加工序按能力约束依次安排时段加工，在加工的过程中不允许改变产品的加工序．

2. 初始参数的选取和停止原则

在算法的第一步，需要确定群体的规模．群体的规模取个体编码长度数的一个线性倍数是实际应用时经常采用的方法之一．如 m 取为在 n 和 $2n$ 之间的一个确定数．群体规模的选择也可以是变化的．初始群体可以随机选取，也可以用其他启发式算法或经验选择一些比较好的染色体（种子）作为初始群体．

对于停止规则的问题，一个最为简单的停止规则是给定一个最大的遗传代数 MAXGEN，算法迭代的代数在达到 MAXGEN 时停止．第二种方法是给定问题一个下界 LB 的计算方法，当进化中达到要求的偏差度 ε 时，算法终止，即当 $v^*(t) - LB < \varepsilon$ 时，停止．第三类规则有一定的自适应性，当算法已经 K 代没有进化到一个更好的解，于是算法停止．最后一类是多种停止规则的组合．

3. 适应函数的确定

先来看几种常用的适应函数．

简单的适应函数是目标函数的简单变形．若 $f(x)$ 为目标函数，则适应函数可以取

$$\text{fitness}(x) = f(x)，\text{优化目标为最大},$$

$$\text{fitness}(x) = M - f(x)，M > f_{\max}\text{且优化目标为最小}$$

常见的还有非线性加速适应函数，即根据已有的信息构造替代函数，如

$$\text{fitness}(x) = \begin{cases} \dfrac{1}{f_{\max} - f(x)}, & f(x) < f_{\max} \\ M > 0, & f(x) = f_{\max} \end{cases}$$

其中 M 是一个充分大的数，$f_{\max}$是当前的最优目标值．选取 M 的策略是：初始迭代时，M 同第一大与第二大目标差值的倒数尽量接近以避免早熟，后期迭代中逐步扩大差距．也可以在早期迭代中用简单的适应函数，而在后期用这类加速的方法．

也可以构造线性加速适应函数，比如取

$$\text{fitness}(x) = \alpha f(x) + \beta$$

其中 α，β 按以下方程决定

$$\begin{cases}\alpha \dfrac{\sum\limits_{i=1}^{m} f(x_i)}{m} + \beta = \dfrac{\sum\limits_{i=1}^{m} f(x_i)}{m}, \\ \alpha \max\limits_{1 \leqslant i \leqslant m} \{f(x_i)\} + \beta = M \dfrac{\sum\limits_{i=1}^{m} f(x_i)}{m}\end{cases}$$

其中所有的 $x_i(i=1, 2, \cdots, m)$ 为当前代群体中的染色体．第一个方程表示平均值经过变换不变，第二个方程表示将当前最优值放大到平均值的 M 倍．选取 M 的策略是：当目标值相差较大时，M 不要过大，以便遗传的随机性；当遗传的一个群体目标值接近时，逐步扩大 M.

实用中还可以考虑采用排序适应函数，即将同一代群体中的 m 个染色体按目标函数值从小到大排列，重新将这些染色体的目标值从小到大记为 1 至 m. 直接取分布概率为

$$p(i) = \frac{2i}{m(m+1)}, \ 1 \leqslant i \leqslant m$$

这样，避开了对目标函数进行线性、非线性等加速适应函数的早熟可能，使每一代当前的最优解以最大的概率 $\frac{2}{m+1}$ 遗传．

4．交配规则

遗传算法中，交配规则较多，先来看一下 0－1 常规编码的一些比较常用的规则．

（1）常用的是双亲双子法．这种方法是在双亲确定后，以一个随机位进行位后的所有基因对换．对换后形成两个后代，其简单的示例如下：

	交配位			交配位
父代 A	100|100	→	子代 A	100|010
父代 B	010|010		子代 B	010|100

（2）多交配位法．随机选择多个交配位，双亲以一个交配位到下一个交配位基因相互替代和下一个交配位到再下一个交配位不变，这样交叉形成两个新的后代．如

	交配位			交配位
父代 A	11|01|001	→	子代 A	11|00|001
父代 B	11|00|010		子代 B	11|01|010

（3）双亲单子法．这一方法使得一对双亲只有一个后代．一类是从常规交配法的两个后代中随机选一个，另一类是根据优胜劣汰从两个后代中选一个好的．如

	交配位			交配位
父代 A	1101|001	→	子代	1101|010
父代 B	0000|010			

以上方法都局限于常规码，非常规码对上述交配方式可能会失效．比如 n 级排列编码，这时可以采用以下方法：

（1）非常规码的常规交配法．随机选一个交配位，两个后代交配位之前的基因分别继承双亲的交配位之前基因，交配位之后的基因分别按异方基因顺序选取不重复的基因，如

	交配位			交配位
父代 A	213 | 4567	→	子代 A	213 | 4756
父代 B	475 | 2361		子代 B	475 | 2136

子代 A 是从父代 A 的交配位前取 213，然后以父代 B 4752361 依顺序选不重的基因 4，7，5，6.

（2）不变位法．随机产生一个同染色体有相等维数的不变位向量，每一分量随机产生 0 或 1，其中 1 表示不变，0 表示变．变化的方式按法（1）处理．如随机产生这样的一个向量

1 0 0 1 1 0 0

则交配的变化情况为

	不变位			
	*　 **			*　 **
父代 A	2134567	→	子代 A	2314657
父代 B	4312567		子代 B	4132567

其中，子代 A 的形成，首先将父代 A 的第 1，4，5 位不变，第 2，3 位的变化按法 1 从父代 B 按顺序取与不变位不同的基因 3，1；6，7 位分别选 5，7. 同样规则得子代 B.

在非常规码的交配中，变异也不能同常规码一样只是 0 或 1 的变化，这样的方法在非常规码中不可再用．由于遗传算法是生物进化的模拟，因此，需要变异这一功能．可以采用位置交换的方法实现这一功能．

5. 种群的选取和交配后群体的确定

在种群的选取中，如果采用常用的交配方法，种群中随机选取的染色体数同群体 pop(t) 的维数相等．假设 pop(t) 的维数为 $m=2k$，则以概率分布随机选取的 m 个染色体随机结成 k 对，在交配概率为 1 的前提下生成 m 个后代．也可以采用下面的方式：

（1）种群的选取、交配和变异用常规的方法，只是在 mutpop$(t+1)$ 中选最优的 L 个染色体替换 pop(t) 中最差的 L 个染色体．

（2）选择种群中染色体的个数只是群体的一个比例，此时采用常规的交配方法，交配概率为 1，交配后的子代同 pop(t) 中的染色体通过筛选组成 pop$(t+1)$.

（3）采用一些常用的交配方法，用交配、变异后的子代同 pop(t) 通过筛选组成 pop$(t+1)$.

总而言之，用遗传算法求解优化问题时，应尽可能地了解问题的本身结构，针对问题给出算法设计，这样才能达到较好的计算效果．

第 7 章

求解优化模型的常用数学软件介绍

本章介绍求解优化模型的常用软件．数学软件是指将比较系统的数学方法采用某种通用的计算机语言编写的程序库，利用相应数学方法求解问题时，人们可以非常方便地直接调用这些程序，而不用亲自编程实现，这极大地便利了实际应用．

数学软件可以分为综合型和专业型两类．综合型数学软件通常功能比较全面，不仅包括了常用的多种数学方法如微分方程、概率统计和优化方法等，而且通常具有较强的绘图及符号运算功能．目前国际上比较著名的软件有 Matlab、Mathematica 等．这里将着重介绍利用 Matlab 求解优化问题的方法．专业型数学软件通常功能比较单一，专门解决某一类数学问题，比如统计类软件、优化类软件等．常用的优化软件有 Lingo、GAMS 等，我们将主要介绍 Lingo 软件求解优化问题的用法．

7.1 Matlab 应用简介

Matlab 为美国 Mathworks 公司开发研制的一个通用软件包，是一个十分庞大的软件系统，它除了具有内容丰富的数学方法外，还包括信息工程与控制工程等方面的内容．数学方法也包括了常见的多种数值计算方法，如微分方程、概率统计、优化等．其中优化部分包括线性规划、无约束非线性规划、约束非线性规划、二次规划、极小极大问题、多目标规划、线性与非线性最小二乘、纯整数与混合整数规划、0 - 1 规划及遗传算法等．Matlab 经过不断改进完善，具有了使用可靠、过程简单、有很强的图形绘制功能和符号计算功能的特征，常为科技工作者和工程技术人员所采用，但其缺点是语言为逐行编译，运行效率低，适用于中小型课题．Matlab 的官方网站是 http：//www. mathworks. com.

我们选用 Matlab7. 0 版本来做介绍，高于此版本的都可兼容．

1. 进入系统

双击 matlab 图标或单击开始/程序/matlab/matlab7. 0 可进入 matlab 的工作窗口，如图 7 - 1 所示，称为命令窗口．这里输入的命令会立即执行，并输出结果，这种方式适合一些短小程序的编写和运行，对比较复杂的程序，则采用建立 M 文件的格式．

下面我们先介绍在命令窗口中进行一些简单运算．进入命令窗口后，可以看到光标“|”，用户可以在光标右侧输入命令，如：

```
3910* 180
```

则屏幕显示结果：

```
ans =703800
```

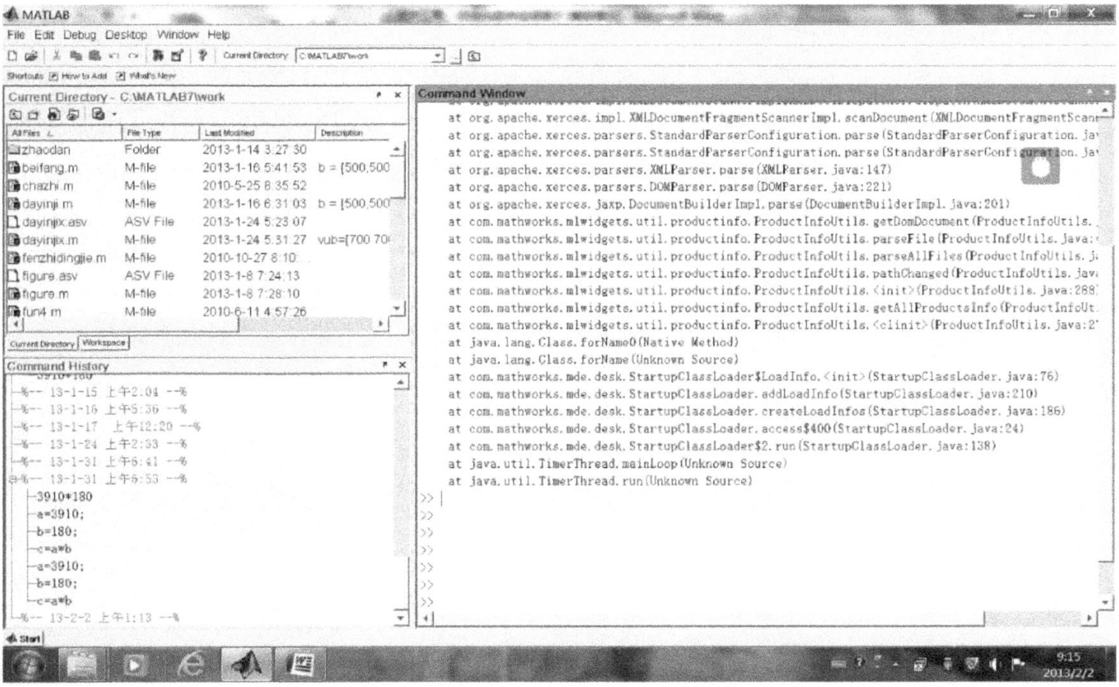

图 7 - 1　Matlab 软件命令窗口

这里的 ans 是 answer 的缩写，指当前的计算结果．这里也可以定义变量，若输入：

```
a =3910;
b =180;
c =a* b
```

则屏幕显示结果：

```
c =703800
```

程序中，分号"；"一般用于分隔行（语句），如果用于句末，则表示等待后面的输入，不显示结果；若没有分号，则立即执行．若要加注释语句，则前面加"%"，表示后面语句不执行．

2. 建立 M 文件

如果要计算的问题比较复杂，可以建立一个 M 文件，即以".m"为后缀的文件，将要运行的程序放在文件中，就可以更方便地对文件进行保存、调用、修改和运行等．M 文件可分为函数文件与文本文件，建立 M 文件的方法是先双击 matlab 图标打开命令窗口，再单击命令窗口中的 File/New/M - file，屏幕显示一个新的窗口，如图 7 - 2 所示，称为编辑窗口，它是输入、编辑、调试 M 文件的地方，文件可以命名、保存，可随时打开调用．

Matlab 的窗口除了上述的命令窗口和编辑窗口外，还有图形窗口、当前目录窗口和命令历史窗口等，在优化问题求解中经常遇到的是命令窗口和编辑窗口．需要指出的是，建立文件、修改文件和调试文件在编辑窗口中进行，运行文件在命令窗口中进行．下面我们介绍使用 Matlab 软件求解不同类型的优化问题．

图 7－2　Matlab 软件 M 文件编辑窗口

3. 线性规划求解

假设我们已经根据实际问题建立了线性规划的模型

$$\max(\min) z = c_1x_1 + c_2x_2 + \cdots + c_nx_n$$

$$\begin{aligned} \text{s. t.}\quad & a_{11}x_1 + a_{12}x_2 + \cdots + a_{1n}x_n \leqslant (=,\ \geqslant)\ b_1 \\ & a_{21}x_1 + a_{22}x_2 + \cdots + a_{2n}x_n \leqslant (=,\ \geqslant)\ b_2 \\ & \cdots \\ & a_{m1}x_1 + a_{m2}x_2 + \cdots + a_{mn}x_n \leqslant (=,\ \geqslant)\ b_m \\ & x_1,\ x_2,\ \cdots,\ x_n \geqslant 0 \end{aligned}$$

如果用 MATLAB 优化工具箱解线性规划，要转化为下面的几种形式进行求解：

(1) 模型 .

$$\min z = \boldsymbol{cx}$$

$$\text{s. t.}\quad \boldsymbol{Ax} \leqslant \boldsymbol{b}$$

其中 $\boldsymbol{c}$ 为行向量，$\boldsymbol{x}$ 为列向量，$\boldsymbol{A}$ 为矩阵，$\boldsymbol{b}$ 为列向量 .

命令：

x = linprog（c，A，b）

(2) 模型 .

$$\min z = \boldsymbol{cx}$$

$$\begin{aligned} \text{s. t.}\quad & \boldsymbol{Ax} \leqslant \boldsymbol{b} \\ & \boldsymbol{Aeq}\ \boldsymbol{x} = \boldsymbol{beq} \end{aligned}$$

命令：

x = linprog（c，A，b，Aeq，beq）

注意：若没有不等式 $\boldsymbol{Ax}\leqslant\boldsymbol{b}$ 存在，则令 $\boldsymbol{A}$ = [ ]，$\boldsymbol{b}$ = [ ].

（3）模型.

$$\min z = \boldsymbol{cx}$$
$$\text{s.t.}\quad \boldsymbol{Ax}\leqslant\boldsymbol{b}$$
$$\boldsymbol{Aeq\ x} = \boldsymbol{beq}$$
$$\boldsymbol{VLB}\leqslant\boldsymbol{x}\leqslant\boldsymbol{VUB}$$

命令1

x = linprog（c，A，b，Aeq，beq，VLB，VUB）

命令2

x = linprog（c，A，b，Aeq，beq，VLB，VUB，x_0）

其中 x_0 表示初始点.

注意：若没有等式约束 $\boldsymbol{Aeq\ x} = \boldsymbol{beq}$，则令 Aeq = [ ]，beq = [ ].

（4）命令

[x，fval] = linprog（…）

返回最优解 $\boldsymbol{x}$ 及 $\boldsymbol{x}$ 处的目标函数值 fval.

例1　饲料配制问题

现在考虑以最低成本确定满足动物所需营养成分的最优混合饲料的问题．设某工厂每天需要混合饲料的批量为100磅，这份饲料必须含：至少0.8%而不超过1.2%的钙；至少22%的蛋白质；至多5%的粗纤维．假定主要配料包括石灰石、谷物、大豆粉，这些配料的主要营养成分如表7－1所示.

表7－1

每磅配料中的营养含量	钙	蛋白质	纤维	每磅成本/百元
石灰石	0.380	0.00	0.00	0.0164
谷物	0.001	0.09	0.02	0.0463
大豆粉	0.002	0.50	0.08	0.1250

如何配料使得费用最省？

解　根据前面介绍的建模要素得出此问题的数学模型．设 x_1，x_2，x_3 是生产100磅混合饲料所须的石灰石、谷物和大豆粉的量（磅），则有

$$\min z = 0.0164x_1 + 0.0463x_2 + 0.1250x_3$$
$$\text{s.t.}\quad x_1 + x_2 + x_3 = 100$$
$$0.380x_1 + 0.001x_2 + 0.002x_3 \leqslant 0.012\times100$$
$$0.380x_1 + 0.001x_2 + 0.002x_3 \geqslant 0.008\times100$$
$$0.09x_2 + 0.50x_3 \geqslant 0.22\times100$$
$$0.02x_2 + 0.08x_3 \leqslant 0.05\times100$$
$$x_1\geqslant0,\ x_2\geqslant0,\ x_3\geqslant0$$

改写为

$$\min z=(0.0164\quad 0.0463\quad 0.1250)\,\boldsymbol{x}$$

$$\begin{pmatrix} 0.380 & 0.001 & 0.002 \\ -0.380 & -0.001 & -0.002 \\ 0 & -0.09 & -0.5 \\ 0 & 0.02 & 0.08 \end{pmatrix}\boldsymbol{x}\leqslant\begin{pmatrix} 1.2 \\ -0.8 \\ -22 \\ 5 \end{pmatrix}$$

$$(1,\ 1,\ 1)\boldsymbol{x}=100,\ \boldsymbol{x}=\begin{pmatrix} x_1 \\ x_2 \\ x_3 \end{pmatrix}\geqslant\boldsymbol{0}$$

编写 M 文件如下：

```
f=[0.0164  0.0463  0.125];
A=  [0.380  0.001  0.002
       -0.380   -0.001  -0.002
     0     -0.09     -0.5
     0  0.02     0.08];
b=[1.2;-0.8;-22;5];
Aeq=[1  1  1];
beq=[100];
vlb=zeros(3,1);
vub=[];
[x,fval]=linprog(f,A,b,Aeq,beq,vlb,vub)
```

计算结果如下：

```
x=
    2.8171
    64.8572
    32.3257
fval=7.0898
```

即三种原料用量分别为 2.8171 磅、64.8572 磅、32.3257 磅，则费用最省 .

例 2　某打印机销售公司计划安排

两个美国学生暑假时考虑创业，打算成立一家公司，主营业务是往大学推销某种打印机 . 他们先与生产商签订了一个每月最多供应 500 台机器的合同，这时他们面临寻找一个合适的库存地点的问题，他们找到了一处符合他们各方面需求的房子，但是房主的要价是每年租金 10 万美元，他们觉得难以承受，于是房主提出了一个备选方案：按库存的机器数量付租金，在经营的第一个月内，每台机器每月库存费用为 10 美元，剩余月份每台每月增加 2 美元 . 一般情况下，他们在 9 月初大学开学时才有销量，到下一年 6 月销量降为 0，机器售价为 180 美元 . 他们计算除了包括购买、运输及管理在内的总成本，前 4 个月每台机器的成本为 100 美元，之后的 4 个月每台机器的成本 90 美元，该年剩下的 4 个月每台机器的成本 85 美元，每月最多订购一次 . 经过调查，他们估计出了该学年 9 月到下年 5 月的销售量如表 7-2 所示 .

表 7-2

9 月	340
10 月	650
11 月	420
12 月	200
1 月	660
2 月	550
3 月	390
4 月	580
5 月	120

（1）请考虑他们应该如何制订一个使成本最小的订购计划.

（2）如果后来他们又接到生产厂商的电话，不能每月为他们供应 500 台机器了，他们可以在前 4 个月每月供应 700 台，后 5 个月每月供应 300 台. 分析这对他们的订购计划有何影响?

分析　这里要做的是为该公司制订一个使成本最小的最优订购计划. 库存费用的两种支付方式，10 万美元一年或按机器数量每月付费，哪种更有利? 生产商供应模式的变化将给公司带来怎样的损失?

解　（1）建立问题的数学模型用 d_i 表示每月需求量，设 $x_i(i=1, \cdots, 9)$ 为每月订货量，$s_i(i=1, \cdots, 9)$ 为每月存储量，建立线性规划模型如下：

$$\min z = 100\sum_{i=1}^{4} + 90\sum_{i=5}^{8} + 85x_9 + 10s_1 + 12\sum_{i=2}^{9} s_i$$

$$\begin{aligned} \text{s.t.}\quad & x_i \leqslant 500,\ i=1, \cdots, 9 \\ & s_{i-1} + x_i - d_i = s_i,\ i=2, \cdots, 9 \\ & x_1 - d_1 = s_1 \\ & x_i,\ s_i \geqslant 0,\ i=1, \cdots, 9 \end{aligned}$$

要用 Matlab 求解，变量有两组 $x_i(i=1, \cdots, 9)$ 和 $s_i(i=1, \cdots, 9)$，这样要转化为 Matlab 软件所需要的形式比较麻烦. 为了简化模型，可以利用约束条件消掉存储量 $s_i(i=1, \cdots, 9)$，模型简化为

$$\min z = 100\sum_{i=1}^{4} x_i + 90\sum_{i=5}^{8} x_i + 85x_9 + 10(x_1 - d_1) + 12\sum_{i=2}^{9}\left(\sum_{j=1}^{i} x_i - \sum_{j=1}^{i} d_i\right)$$

$$\begin{aligned} \text{s.t.}\quad & x_i \leqslant 500,\ i=1, \cdots, 9 \\ & \sum_{j=1}^{i} x_i \geqslant \sum_{j=1}^{i} d_i,\ i=1, \cdots, 8 \\ & \sum_{j=1}^{9} x_i = \sum_{j=1}^{9} d_i \\ & x_i \geqslant 0,\ i=1, \cdots, 9 \end{aligned}$$

将模型改写为矩阵形式

$$\min z=(194\quad 184\quad 172\quad 160\quad 138\quad 126\quad 114\quad 102\quad 85)\ \boldsymbol{x}$$

$$\text{s. t.}\quad x_i\leqslant 500\qquad i=1,\ \cdots,\ 9$$

$$\begin{pmatrix} -1 & 0 & 0 & 0 & 0 & 0 & 0 & 0 & 0\\ -1 & -1 & 0 & 0 & 0 & 0 & 0 & 0 & 0\\ -1 & -1 & -1 & 0 & 0 & 0 & 0 & 0 & 0\\ -1 & -1 & -1 & -1 & 0 & 0 & 0 & 0 & 0\\ -1 & -1 & -1 & -1 & -1 & 0 & 0 & 0 & 0\\ -1 & -1 & -1 & -1 & -1 & -1 & 0 & 0 & 0\\ -1 & -1 & -1 & -1 & -1 & -1 & -1 & 0 & 0\\ -1 & -1 & -1 & -1 & -1 & -1 & -1 & -1 & 0 \end{pmatrix}\boldsymbol{x}\leqslant\begin{pmatrix} -990\\ -1410\\ -1610\\ -2270\\ -2820\\ -3210\\ -3790 \end{pmatrix}$$

$$(1\quad 1\quad 1\quad 1\quad 1\quad 1\quad 1\quad 1\quad 1)\ \boldsymbol{x}=3910$$

$$0\leqslant x_1\leqslant 500,\ i=1,\ \cdots,\ 9$$

编程如下：

```
f=[194 184 172 160 138 126 114 102 85];
A= [-1 0 0 0 0 0 0 0 0
    -1 -1 0 0 0 0 0 0 0
    -1 -1 -1 0 0 0 0 0 0
    -1 -1 -1 -1 0 0 0 0 0
    -1 -1 -1 -1 -1 0 0 0 0
    -1 -1 -1 -1 -1 -1 0 0 0
    -1 -1 -1 -1 -1 -1 -1 0 0
    -1 -1 -1 -1 -1 -1 -1 -1 0];
b=[-340;-990;-1410;-1610;-2270;-2820;-3210;-3790];
Aeq=[1 1 1 1 1 1 1 1 1];
beq=[3910];
vlb=zeros(9,1);
vub=[500 500 500 500 500 500 500 500 500];
[x,fval]=linprog(f,A,b,Aeq,beq,vlb,vub);
cc=-94*340-84*650-72*420-60*200-48*660-36*550-24*390-
12*580;
fval=fval+cc;
cf=[94 84 72 60 48 36 24 12 0];
cfy=cf*x+cc;        %cfy 为库存费用
```

计算结果如下：

```
x =
  490.0000
  500.0000
  420.0000
  410.0000
```

```
  500.0000
  500.0000
  470.0000
  500.0000
  120.0000
fval =3.7508e +005
cfy =  5.5800e +003
```

(2) 将 (1) 中 vub 改为：vub = [700 700 700 700 300 300 300 300 300]，调用程序，计算结果为

```
x =
  490.0000
  700.0000
  700.0000
  700.0000
  300.0000
  300.0000
  300.0000
  300.0000
  120.0000
fval =4.1386e +005
cfy =  3.6660e +004
```

由上述结果可以看出，每月的最优订购计划就是 $x_i(i=1, \cdots, 9)$ 不改变，库存费用按月支付更有利，生产商供应模式的变化将给公司带来的损失为 36 660 - 5 580 =31 080 (美元).

4. 无约束非线性规划

对于比较简单的一元函数无约束优化问题：

$$\min f(x) \qquad x_1 \leqslant x \leqslant x_2$$

常用命令格式如下：

(1) x = fminbnd (fun, x_1, x_2)

(2) x = fminbnd (fun, x_1, x_2, options)

(3) [x, fval] = fminbnd (…)

例 3　求 $f(x) = e^{-x} + x^2$ 在 $[-1, 1]$ 上的最小值.

解　求解的程序代码为

```
function minf1()
[x,y] = fminbnd(@ fun, -1,1)
function y = fun(x)
y =exp( -x) +x^2;
```

在文件编辑窗口单击/Debug/Save and Run/运行文件，计算结果为

```
x =
   0.3518
```

```
y =
    0.8272
```

对于多元函数无约束优化问题

$$\min_{\boldsymbol{x} \in \mathbf{R}^n} f(\boldsymbol{x}),$$

命令格式为

(1) x = fminunc(fun, X_0) 或 x = fminsearch(fun, X_0);

(2) x = fminunc(fun, X_0, options) 或 x = fminsearch(fun, X_0, options);

(3) [x, fval] = fminunc(…) 或 [x, fval] = fminsearch(…);

(4) [x, fval, exitflag] = fminunc(…) 或 [x, fval, exitflag] = fminsearch;

(5) [x, fval, exitflag, output] = fminunc(…) 或 [x, fval, exitflag, output] = fminsearch(…).

例 4 求解第 1 章中关于如何修建一个最优的水槽的例子.

解 问项的模型为

$$\max S = (24 - 2x + x\cos\alpha) x\sin\alpha$$

先化为

$$\min S = -(24 - 2x + x\cos\alpha) x\sin\alpha$$

然后编程如下:

```
function minf2()
x0 =[1,1];
[x,y] = fminunc(@ fun,x0)(也可改为[x,y] = fminsearch(@ fun,x0))
function y = fun(x)
y = -(24 -2* x(1) +x(1)* cos(x(2)))* x(1)* sin(x(2));
```

在文件编辑窗口单击/Debug/Save and Run/运行文件, 计算结果为

```
x =
    8.0000    1.0472
y =
   -83.1384
```

与解析解的结果一致.

例 5 求解第 1 章中的例子: 制造问题——竞争性产品生产中的利润最大化.

解 问题的数数模型为

$$\max P(x_1, x_2) = = 1\,440x_1 - 0.1x_1^2 + 1\,740x_2 - 0.1x_2^2 - 0.07x_1x_2 - 400\,000$$

先化为极小值, 再求解. 具体程序为

```
function minf3()
x0 =[0,0];
[x,y] = fminunc(@ fun,x0) (也可改为[x,y] = fminsearch(@ fun,x0))
function y = fun(x)
y = -1440* x(1) +0.1* x(1)^2 -1740* x(2) +0.1* x(2)^2 +0.07* x(1)
* x(2) +400000;
```

计算结果为

```
x =
  1.0e +003 * (4.7350    7.0427)
y =
 -9.1364e +006
```

与解析解的结果一致.

5. 二次规划

类似于线性规划，求解二次规划之前需要先将其化为标准形式：

$$\min z = \boldsymbol{x}^{\mathrm{T}}\boldsymbol{H}\boldsymbol{x} + \boldsymbol{c}^{\mathrm{T}}$$

$$\text{s. t.}\quad \begin{aligned} &\boldsymbol{Ax} \leqslant \boldsymbol{b} \\ &\boldsymbol{Aeqx} = \boldsymbol{beq} \\ &\boldsymbol{VLB} \leqslant \boldsymbol{x} \leqslant \boldsymbol{VUB} \end{aligned}$$

用 Matlab 软件求解，其输入格式有下列 8 种.

(1) x = quadprog (H, C, A, b);

(2) x = quadprog (H, C, A, b, Aeq, beq);

(3) x = quadprog (H, C, A, b, Aeq, beq, VLB, VUB);

(4) x = quadprog (H, C, A, b, Aeq, beq, VLB, VUB, X_0);

(5) x = quadprog (H, C, A, b, Aeq, beq, VLB, VUB, X_0, options);

(6) [x, fval] = quaprog(…);

(7) [x, fval, exitflag] = quaprog(…);

(8) [x, fval, exitflag, output] = quaprog(…).

例 6　求解下面二次规划

$$\min z = \boldsymbol{x}^{\mathrm{T}}\begin{pmatrix} 2 & 1 & 1 & -0.5 \\ 1 & 2 & 1 & -1 \\ 1 & 1 & 2 & -1 \\ -0.5 & -1 & -1 & 1 \end{pmatrix}\boldsymbol{x} + (-8 \quad -8 \quad -8 \quad 4)\ \boldsymbol{x}$$

$$\text{s. t.}\ \begin{pmatrix} 0 & -2 & 0 & 1 \\ 0 & 0 & -2 & 1 \\ 2 & 2 & 2 & -1 \\ 1 & 1 & 0 & 0 \\ 1 & 0 & 0 & 0 \end{pmatrix}\boldsymbol{x} \leqslant \begin{pmatrix} 0 \\ 0 \\ 8 \\ 3 \\ 2 \end{pmatrix}$$

$$\boldsymbol{x} \geqslant 0$$

编程如下：

```
H =[2 1 1  -0.5;1 2 1  -1;1 1 2  -1; -0.5  -1  -1 1];
c =[ -8; -8; -8;4];A =[0  -2 0 1;0 0  -2 1;2 2 2  -1;1 1 0 0;1 0 0 0];b =[0;
0;8;3;2];
Aeq =[ ];beq =[ ];VLB =[0;0;0;0];VUB =[ ];
[x,z] =quadprog(H,c,A,b,Aeq,beq,VLB,VUB)
```

计算结果为

```
x =
```

```
    1.0000
    2.0000
    2.0000
    2.0000
z =
  -22
```

6. 有约束的非线性规划

$$\begin{aligned} &\min z = f(\boldsymbol{x}) \\ &\text{s.t.} \quad \boldsymbol{Ax} \leqslant \boldsymbol{b} \\ &\qquad \boldsymbol{Aeq\ x} = \boldsymbol{beq} \\ &\qquad g_j(\boldsymbol{x}) \leqslant 0,\ j = 1,\ \cdots,\ m \\ &\qquad h_j(\boldsymbol{x}) \leqslant 0,\ j = 1,\ \cdots,\ p \\ &\qquad \boldsymbol{VLB} \leqslant \boldsymbol{x} \leqslant \boldsymbol{VUB} \end{aligned}$$

其中，$f(\boldsymbol{x})$，$g_j(\boldsymbol{x})$，$h_j(\boldsymbol{x})$ 为非线性函数，用 Matlab 求解，函数是 fmincon，命令的基本格式有以下几种：

（1）x = fmincon（@fun，X_0，A，b）；

（2）x = fmincon（@fun，X_0，A，b，Aeq，beq）；

（3）x = fmincon（@fun，X_0，A，b，Aeq，beq，VLB，VUB）；

（4）x = fmincon（@fun，X_0，A，b，Aeq，beq，VLB，VUB，@nonlcon）；

（5）x = fmincon（@fun，X_0，A，b，Aeq，beq，VLB，VUB，@nonlcon，options）；

（6）[x，fval] = fmincon(…)；

（7）[x，fval，exitflag] = fmincon(…)；

（8）[x，fval，exitflag，output] = fmincon(…).

例 7 求解下列约束非线性规划

$$\begin{aligned} &\min f(x) = e^{x_1}(4x_1^2 + 2x_2^2 + 4x_1x_2 + 2x_2 + 1) \\ &\text{s.t.} \quad x_1 + x_2 = 0 \\ &\qquad 1.5 + x_1x_2 - x_1 - x_2 \leqslant 0 \\ &\qquad -x_1x_2 - 10 \leqslant 0 \end{aligned}$$

编程如下：

```
function mincon()
x0 =[ -1;1];
A =[ ];b =[ ];
Aeq =[1 1];beq =[0];
vlb =[ ];vub =[ ];
[x,fval] = fmincon(@ fun,x0,A,b,Aeq,beq,vlb,vub,@ mycon)
function f = fun(x);
f = exp(x(1))* (4* x(1)^2 +2* x(2)^2 +4* x(1)* x(2) +2* x(2) +1);%目标函数
function [g,ceq] = mycon(x)
```

```
g=[1.5+x(1)*x(2)-x(1)-x(2);-x(1)*x(2)-10];%非线性不等式约束
ceq=[];%非线性等式约束为空
```

计算结果如下：

```
x =
   -1.2247
    1.2247
fval =
     1.8951
```

7. 整数规划（0-1 规划）

类似于线性规划，Matlab 优化工具箱提供了求解 0-1 整数规划的函数 bintprog，求解之前要先将 0-1 规划间须化为标准型形式：

$$
\begin{aligned}
\min\ & z=\boldsymbol{c}^{\mathrm{T}}\boldsymbol{x}\\
\text{s. t.}\ & \boldsymbol{Ax}\leqslant\boldsymbol{b}\\
& \boldsymbol{Aeq\ x}=\boldsymbol{beq}\\
& \boldsymbol{VLB}\leqslant\boldsymbol{x}\leqslant\boldsymbol{VUB}
\end{aligned}
$$

用 MATLAB 软件求解，其输入格式有以下几种：

(1) x=bintprog (C)；

(2) x=bintprog (C, A, b)；

(3) x=bintprog (C, A, b, Aeq, beq)；

(4) x=bintprog (C, A, b, Aeq, beq, X_0)；

(5) x=bintprog (C, A, b, Aeq, beq, X_0, options)；

(6) [x, fval] =bintprog (…)；

(7) [x, fval, exitflag] =bintprog (…)；

(8) [x, fval, exitflag, output] =bintprog (…).

例 8 求解下面 0-1 规划：

$$
\begin{aligned}
\min\ & z=x_1+2x_2+3x_3+x_4+x_5\\
\text{s. t.}\ & 2x_1+3x_2+5x_3+4x_4+7x_5\geqslant 8\\
& x_1+x_2+4x_3+2x_4+2x_5\geqslant 5\\
& x_i\in\{0,\ 1\}
\end{aligned}
$$

编程如下：

```
f=[1 2 3 1 1];
A= [-2  -3  -5  -4  -7
    -1  -1  -4  -2  -2];
b=[-8;-5];
Aeq=[];
beq=[];
 [x,fval]=bintprog(f,A,b)
```

计算结果：

```
x=(1,0,0,1,1)'
```

```
fval =3
```

7.2 lingo 软件用法简介

专业的优化软件对优化问题的求解通常更为有效，Lingo 是目前应用非常广泛的一种专业优化软件，这里我们将简单介绍其求解常见优化问题的方法．Lingo 是由美国芝加哥大学的 Linus Scharge 教授于 1980 年前后开发的，后来他成立 LINDO 系统公司（LINDO Systems Inc.），并对软件不断改进，使得其成为一种优秀的商业化专业优化软件，其官方网站为 http：//www. lindo. com. 早期软件分为 Lindo 和 Lingo 两种，Lindo 可用来求解线性规划和二次规划，Lingo 除具有 Lindo 的全部功能外，还可用来求解非线性规划等问题．虽然 Lindo 容易入门和掌握，但是 Lingo 已经完全包含了 Lindo，所以 Lindo 公司已不再更新 Lindo 软件，我们这里也仅介绍 Lingo 软件的用法．Lingo 软件可以求解常用的各种类型的优化问题，如线性规划、二次规划、无约束和有约束的非线性规划、整数规划、0 – 1 规划、混合整数规划，等等．

建立 Lingo 语言优化模型，需要注意下面的几个基本问题：尽量使用实数优化模型，尽量减少整数约束和整数变量的个数；尽量使用光滑优化模型，避免使用非光滑函数；尽量使用线性优化模型，减少非线性约束及非线性约束中的变量个数；合理设定变量的上下界，尽量给出变量的初始值；模型中使用的单位的数量级要适当．

还有几点需要说明的具体问题：在 Lingo 中输入的英文字母不区分大小写（后面叙述中输入的大小写都是通用的，有时小写，有时大写，不必区分），变量名不能超过 32 个字符，且必须以字符开头；每条语句都以分号“;”结束；自变量非负约束不必输入，系统默认所有变量非负，但是如果 x 为自由变量，则必须用“@ free(x)”申明；在 Lingo 中可以使用注释语句，语法是“！注释内容”，注释内容可以包含汉字，但是 Lingo 语句中不能包含汉字，否则编译出错；约束中的“≥”与“≤”号可以分别用“>”和“<”号代替；函数名均以@ 开头．

Lingo 中的常用函数有：正弦函数@ sin（x）、余弦函数@ cos（x）、正切函数@ tan（x）、指数函数@ exp（x）、自然对数@ log（x）、取绝对值@ abs（x）、符号函数@ sign（x）、x 为 0 – 1 变量@ bin（x）、x 取整数@ gin（x）、x 为自由变量@ free（x）、x 有上下界@ bnd（a，x，b）、取数列中最大者@ max（$x1$，$x2$，…，xn）、取数列中最小者@ min（$x1$，$x2$，…，xn），等等，可参看文献［3］．

利用 Lingo 语言求解优化问题的步骤：

（1）双击 Lingo 图标，进入系统，如图 7 – 3 所示．

（2）在 Lingo 编辑窗口中输入优化问题（后面将详细讲述）．

（3）单击主窗口中靶心形状的求解图标或者单击/Lingo/Run，程序即运行，弹出运行状态窗口，显示运行状态，运行结束，关闭状态窗口，则报告窗口显示程序运行结果．

Lingo 语言可以分为两个层次，即标量语言与集合语言．标量语言直接写出包含所有变量的优化模型，适合小型问题；而集合语言可以对变量和约束等进行集合的描述性定义，适合输入量较多的大型问题．

图 7－3　Lingo 文件编辑窗口

1. Lingo 标量语言

Lingo 标量语言十分贴近数学语言，符合人们的习惯，简单易学，对于输入量较少的小型问题，使用标量语言非常方便. 下面通过几个例题说明.

例 1　求解规划问题

$$\min z = x^2 + 2\sin y$$
$$\text{s.t.}\quad x \geqslant 3$$
$$y \geqslant 4$$

解　Lingo 程序为

```
model:
min =x^2 +2* @ sin(y);
x > =3;
y > =4;
end
```

运行后，报告窗口显示如下：

```
Rows =        3 Vars =        2 No. integer vars =       0
 Nonlinear rows =      1 Nonlinear vars =     2 Nonlinear constraints =
0
 Nonzeros =        6 Constraint nonz =      2 Density =0.667
 No. < :   0 No. =:   0 No. > :   2,Obj =MIN Single cols =    0
```

```
Optimal solution found at step:         4
Objective value :                7.000000
                    Variable           Value          Reduced Cost
                        X        3.000000          0.0000000
                        Y        4.712388          0.0000000

                        Row     Slack or Surplus        Dual Price
                        1        7.000000            1.000000
                        2       0.0000000           -6.000000
                        3       0.7123878          0.1973358E-05
```

报告前三行显示的是一些与模型有关的参数，包括约束和变量的情况，等等，接下来是计算结果，算法在进行 4 步迭代后得到最优解，最优目标函数值为 7.000000，最优解为 $x=3.000000$，$y=4.712388$，这是我们主要关心的．另外，“Reduced Cost” 是灵敏度分析的结果，表示当变量有微小变动时目标函数的变化率，“SLACK OR SURPLUS” 给出各行松弛变量的值，“DUAL PRICE”（对偶价格）表示当对应约束有微小变动时目标函数的变化率．

例 2　求解线性规划模型

$$\begin{aligned}
&\max z = x_1 - x_2 + x_3 - x_4\\
&\text{s. t.}\quad 2x_1 + 3x_2 + 4x_3 + 5x_4 \leqslant 77\\
&\qquad\quad 5x_1 + 4x_2 + 3x_3 + 2x_4 \leqslant 88\\
&\qquad\quad 4x_1 + 5x_2 + 2x_3 + 3x_4 \leqslant 99\\
&\qquad\quad x_1 \geqslant 0,\ x_2 \geqslant 0,\ x_3 \geqslant 0
\end{aligned}$$

解　编程如下：

```
max = x1 - x2 + x3 - x4;
2* x1 +3* x2 +4* x3 +5* x4 < =77;
5* x1 +4* x2 +3* x3 +2* x4 < =88;
4* x1 +5* x2 +2* x3 +3* x4 < =99;
```

输出结果：

```
Rows =        4 Vars =        4 No. integer vars =       0  (all are linear)
Nonzeros =      19 Constraint nonz =     12(  0 are + - 1) Density =0.950
Smallest and largest elements in abs value =     1.00000          99.0000
No.  < :   3 No. = :   0 No.  > :   0,Obj = MAX,GUBs  < =   1
Single cols =     0

Optimal solution found at step:         3
Objective value:                  23.57143


                    Variable           Value          Reduced Cost
                        X1        8.642857          0.0000000
```

```
X2        0.0000000         2.000000
X3         14.92857         0.0000000
X 4       0.0000000         2.000000

Row     Slack or Surplus     Dual Price
1          23.57143          1.000000
2         0.0000000         0.1428571
3         0.0000000         0.1428571
4          34.57143         0.0000000
```

输出结果说明算法在第三步得到最优解，目标函数值为 23. 57143.

例 3　求解优化问题

$$\min z = e^{-0.3x}\sin 2x$$
$$\text{s. t.}\quad -3 \leqslant x \leqslant 3$$
$$x_0 = -2.9$$

解　编程如下：

```
model:
min =@ exp( -0.3* x)* @ sin(2* x);
@ free(x);
x > = -3;
x < =3;
init:
x = -2.9;
endinit
end
```

输出结果：

```
Rows =       3 Vars =        1 No. integer vars =       0
Nonlinear rows =     1 Nonlinear vars =     1 Nonlinear constraints =  0
Nonzeros =       5 Constraint nonz =      2 Density =0.833
No.  < :   1 No. =:    0 No.  > :   1,Obj =MIN Single cols =     0

Optimal solution found at step:          3
Objective value:                 0.6872512

            Variable          Value        Reduced Cost
                X        -3.000000        0.0000000

              Row     Slack or Surplus      Dual Price
              1        0.6872512          1.000000
              2        0.0000000         -4.517099
```

```
        3          6.000000              0.0000000
```

例 4 求解下面整数二次规划

$$\min z = \boldsymbol{x}^{\mathrm{T}} \begin{pmatrix} 2 & 1 & 1 & -0.5 \\ 1 & 2 & 1 & 1 \\ 1 & 1 & 2 & -1 \\ -0.5 & -1 & -1 & 1 \end{pmatrix} \boldsymbol{x} + (-2m \quad -2m \quad -2m \quad m)\ \boldsymbol{x}$$

$$\text{s.t.} \begin{pmatrix} 0 & -2 & 0 & 1 \\ 0 & 0 & -2 & 1 \\ 2 & 2 & 2 & -1 \\ 1 & 1 & 0 & 0 \\ 1 & 0 & 0 & 0 \end{pmatrix} \boldsymbol{x} \leqslant \begin{pmatrix} 0 \\ 0 \\ 2m \\ m-1 \\ m-2 \end{pmatrix}$$

$$\boldsymbol{x} = \begin{pmatrix} x_1 \\ x_2 \\ x_3 \\ x_4 \end{pmatrix} \geqslant \boldsymbol{0},\ m = 24$$

解 编程如下:

```
M=24;
MIN=2*X1^2+2*X2^2+2*X3^2+X4^2
    +2*X1*X2+2*X1*X3-X1*X4+2*X2*X3-2*X2*X4-2*X3*X4
    -2*M*X1-2*M*X2-2*M*X3+M*X4;
  2*X2-X4>=0;
2*X3-X4>=0;
2*X1+2*X2+2*X3-X4<=2*M;
X1+X2<=M-1;
X1<=M-2;
@GIN(X1);
@GIN(X2);
@GIN(X3);
@GIN(X4);
```

输出结果:

```
Rows=       6 Vars=        4 No. integer vars=       4
Nonlinear rows=      1 Nonlinear vars=      4 Nonlinear constraints=   0
Nonzeros=       18 Constraint nonz=      11 Density=0.600
No. < :   3 No. =:   0 No. > :   2,Obj=MIN Single cols=     0

Optimal solution found at step:          63
Objective value:                   -460.0000
Branch count:                            11
```

```
Variable          Value         Reduced Cost
M              24.00000        0.0000000
X1             4.000000        0.0000000
X2             10.00000        0.0000000
X3             10.00000        0.0000000
X4             10.00000        0.0000000

Row     Slack or Surplus      Dual Price
1        0.0000000             38.00000
2        -460.0000             -1.000000
3        9.999999              0.0000000
4        9.999999              0.0000000
5        10.00000              0.0000000
6        18.00000              0.0000000
7        9.000000              0.0000000
```

事实上，Lingo 语言求解优化问题是非常灵活方便的，目标函数可以是极大也可以是极小，约束条件可以是大于等于也可以是小于等于，函数可以是线性的也可以是非线性的，变量也很灵活，如果是非负的实数变量，则不用说明；如果是自由变量、整数变量或者 0－1 变量，则分别用@ free（）、@ gin（）、@ bin（）说明就可以了．

2. Lingo 集合语言

对于输入量较多的大型问题，使用标量语言将十分不便，这时如果使用集合语言，常常会收到很好的效果．一条集合语言描述的内容，可以代替很多条标量语言的语句．而使用集合语言常常需要在使用前对向量、矩阵等集合进行定义，下面给出介绍，例如要定义三维向量 $\boldsymbol{b}$，四维向量 $\boldsymbol{c}$，$\boldsymbol{x}$，3×4 矩阵 $\boldsymbol{A}$，格式如下：

```
sets:
m/1..3/:b;
n/1..4/:c,x;
aaa(m,n):A;
```

使用 Lingo 集合语言描述优化模型时，必须从“model”开始，以“end”结束，整个程序通常还包括下面四个部分：

（1）集合部分：以“sets”开始，以“endsets”结束，其作用在于定义集合及其元素和属性．

（2）数据部分：以“data”开始，以“enddata”结束，其作用在于给出模型中的数据，主要是向量和矩阵的元素．

（3）目标和约束部分：其作用在于给出目标函数和约束条件，可充分利用 Lingo 的目标函数来生成．

（4）初始化部分：以“init”开始，以“endinit”结束，其作用在于给出非线性规划中的初始条件．

在生成目标函数和约束条件时，常常用到求和、求积分、循环等运算，这就要用到下面的几个函数：求和函数@ sum、求积函数@ prod、最小分量函数@ min、最大分量函数@ max、循环函数@ for 等，下面我们用例子来说明它们的使用方法，还是以上面的线性规划为例．

$$\max z = x_1 - x_2 + x_3 - x_4$$
$$\text{s. t.} \quad 2x_1 + 3x_2 + 4x_3 + 5x_4 \leqslant 77$$
$$5x_1 + 4x_2 + 3x_3 + 2x_4 \leqslant 88$$
$$4x_1 + 5x_2 + 2x_3 + 3x_4 \leqslant 99$$
$$x_1 \geqslant 0,\ x_2 \geqslant 0,\ x_3 \geqslant 0$$

用集合语言描述求解：

```
model:
sets:
m/1..3/:b;
n/1..4/:c,x;
aaa(m,n):A;
endsets

max=@ sum(n:c* x);%目标函数
@ for(m(i):@ sum(n(j):A(i,j)* x(j))<=b(i));!%约束条件

DATA:
c=1 -1 1 -1;
A=2 3 4 5
 5 4 3 2
 4 5 2 3;
b=77,88,99;
ENDDATA
end
```

输出结果：

```
Rows =       4 Vars =        4 No. integer vars =       0  (all are linear)
Nonzeros =     19 Constraint nonz =     12(  0 are + - 1) Density =0.950
Smallest and largest elements in abs value =    1.00000          99.0000
No. < :  3 No. =:   0 No. > :   0,Obj =MAX,GUBs <=   1
Single cols =    0

Optimal solution found at step:          3
Objective value:                 23.57143

                   Variable          Value        Reduced Cost
                   X(1)          8.642857         0.0000000
```

```
X(2)        0.0000000          2.000000
X(3)         14.92857          0.0000000
X(4)        0.0000000          2.000000

Row     Slack or Surplus       Dual Price
1          23.57143            1.000000
2         0.0000000           0.1428571
3         0.0000000           0.1428571
4          34.57143           0.0000000
```

与前面标量语言运行结果相同.

例 5　假设某种产品有 m 个生产地，用 $A_i(i=1, 2, \cdots, m)$ 表示，其产量分别为 $c_i(i=1, 2, \cdots, m)$；有 n 个消费地点，用 $B_j(j=1, 2, \cdots, n)$ 表示. 这些地点对该产品的需求量分别为 $d_j(j=1, 2, \cdots, n)$.

已知由第 i 个产地到第 j 个销地的单位物资运输成本为 t_{ij}. 试构造一个运输方案，使总的运输成本最小.

解　建立问题的线性规划模型：

$$\min f = \sum_{i=1}^{m}\sum_{j=1}^{n} t_{ij}x_{ij}$$

$$\text{s. t. } \sum_{j=1}^{n} x_{ij} = c_i,\ i=1, \cdots, m$$

$$\sum_{i=1}^{m} x_{ij} = d_j,\ j=1, \cdots, n$$

$$x_{ij} \geqslant 0,\ i=1, \cdots, m;\ j=1, \cdots, n$$

下面以 6 个产地和 8 个销地为例，该问题的 Lingo 模型为

```
model:
sets:
n/1..6/:c;
m/1..8/:d;
matrix(n,m):t,x;
endsets
min =@ sum(matrix(i,j):t(i,j)* x(i,j));!%目标函数
@ for(m(j):@ sum(n(i):x(i,j)) =d(j));!%需求量约束
@ for(n(i):@ sum(m(j):x(i,j)) < =c(i));!%产量约束

data: !%数据部分
c =60 55 51 43 41 52;
d =35 37 22 32 41 32 43 38;
t =6 2 6 7 4 2 5 9
   4 9 5 3 8 5 8 2
```

```
      5 2 1 9 7 4 3 3
      7 6 7 3 9 2 7 1
      2 3 9 5 7 2 6 5
      5 5 2 2 8 1 4 3;
   enddata
   end
```

输出结果:

```
Rows =      15 Vars =      48 No. integer vars =        0  (all are linear)
 Nonzeros =      158 Constraint nonz =      96(      96 are + - 1) Density =0.215
 Smallest and largest elements in abs value =       1.00000          60.0000
 No. < :    6 No. = :    8 No. > :    0,Obj = MIN,GUBs < =    8
 Single cols =      0

 Optimal solution found at step:          16
 Objective value:                      664.0000

                Variable           Value             Reduced Cost
                X(1,1)         0.0000000              5.000000
                X(1,2)          19.00000             0.0000000
                X(1,3)         0.0000000              5.000000
                X(1,4)         0.0000000              7.000000
                X(1,5)          41.00000             0.0000000
                X(1,6)         0.0000000              2.000000
                X(1,7)         0.0000000              2.000000
                X(1,8)         0.0000000              10.00000
                X(2,1)         0.0000000             0.0000000
                X(2,2)         0.0000000              4.000000
                X(2,3)         0.0000000              1.000000
                X(2,4)          32.00000             0.0000000
                X(2,5)         0.0000000              1.000000
                X(2,6)         0.0000000              2.000000
                X(2,7)         0.0000000              2.000000
                X(2,8)          1.000000             0.0000000
                X(3,1)         0.0000000              4.000000
                X(3,2)          12.00000             0.0000000
                X(3,3)          22.00000             0.0000000
                X(3,4)         0.0000000              9.000000
                X(3,5)         0.0000000              3.000000
```

```
X(3,6)      0.0000000      4.000000
X(3,7)       17.00000      0.0000000
X(3,8)      0.0000000      4.000000
X(4,1)      0.0000000      4.000000
X(4,2)      0.0000000      2.000000
X(4,3)      0.0000000      4.000000
X(4,4)      0.0000000      1.000000
X(4,5)      0.0000000      3.000000
X(4,6)       6.000000      0.0000000
X(4,7)      0.0000000      2.000000
X(4,8)       37.00000      0.0000000
X(5,1)       35.00000      0.0000000
X(5,2)       6.000000      0.0000000
X(5,3)      0.0000000      7.000000
X(5,4)      0.0000000      4.000000
X(5,5)      0.0000000      2.000000
X(5,6)      0.0000000      1.000000
X(5,7)      0.0000000      2.000000
X(5,8)      0.0000000      5.000000
X(6,1)      0.0000000      3.000000
X(6,2)      0.0000000      2.000000
X(6,3)      0.0000000      0.0000000
X(6,4)      0.0000000      1.000000
X(6,5)      0.0000000      3.000000
X(6,6)       26.00000      0.0000000
X(6,7)       26.00000      0.0000000
X(6,8)      0.0000000      3.000000

  Row    Slack or Surplus     Dual Price
  1        664.0000           1.000000
  2      0.0000000          -4.000000
  3      0.0000000          -5.000000
  4      0.0000000          -4.000000
  5      0.0000000          -3.000000
  6      0.0000000          -7.000000
  7      0.0000000          -3.000000
  8      0.0000000          -6.000000
  9      0.0000000          -2.000000
  10       0.0000000          3.000000
```

```
        11          22.00000          0.0000000
        12          0.0000000          3.000000
        13          0.0000000          1.000000
        14          0.0000000          2.000000
        15          0.0000000          2.000000
```

例 6 求解下面的无约束非线性规划

$$\min f = \sum_{i=1}^{19}[(1-x_i)^2 + 100(x_{i+1} - x_i^2)^2]$$

问题的最优解为 $(1, 1, \cdots, 1)^T$. 编程如下:

```
model:
sets:
n/1..19/;
vx/1..20/:x;
endsets
min =@ sum(n(i):(1 -x(i))^2 +100* (x(i +1) -x(i)^2)^2);
end
```

输出结果:

```
Rows =        1 Vars =      20 No. integer vars =      0
Nonlinear rows =    1 Nonlinear vars =    20 Nonlinear constraints =   0
Nonzeros =       21 Constraint nonz =      0 Density =1.000
No. < :   0 No. =:   0 No. > :   0,Obj =MIN Single cols =   20

Optimal solution found at step:         32
Objective value:                  0.2812880E -08

          Variable      Value              Reduced Cost
          X(1)       0.9999999         -0.2065768E -05
          X(2)       0.9999998         0.3994833E -05
          X(3)       0.9999998         -0.2713916E -06
          X(4)       0.9999998         -0.1402084E -05
          X(5)       0.9999998         0.1810321E -05
          X(6)       0.9999997         -0.5540303E -05
          X(7)       0.9999997         0.2525181E -05
          X(8)       0.9999997         0.2995090E -05
          X(9)       0.9999997         -0.9107761E -06
          X(10)       0.9999997         -0.1014069E -06
          X(11)       0.9999996         -0.2494915E -05
          X(12)       0.9999994         -0.1635570E -05
          X(13)       0.9999991         0.2992005E -05
```

```
X(14)      0.9999984        0.1913103E-05
X(15)      0.9999970        -0.3104904E-05
X(16)      0.9999942        -0.9042254E-06
X(17)      0.9999886        -0.1551307E-05
X(18)      0.9999774        0.9473866E-08
X(19)      0.9999549        -0.2975551E-05
X(20)      0.9999097        0.1618453E-05

Row    Slack or Surplus     Dual Price
1      0.0000000            1.000000
```

从结果可以看出其精度还是比较高的．

例 7　0－1 背包问题．设有一个容积为 15 的背包，8 个体积分别为 $w_i(i=1, 2, \cdots, 8)$，价值分别为 $v_i(i=1, 2, \cdots, 8)$ 的物品，如何以最大的价值装包？

解　该问题的模型为

$$\max \sum_{i=1}^{n} c_i x_i$$

$$\text{s. t.} \quad \sum_{i=1}^{n} a_i x_i \leqslant b$$

$$x_i \in \{0, 1\}, \ i=1, 2, \cdots, n$$

取 $n=8$，编程如下：

```
model:
sets:
n/1..8/:v,x,w;
endsets
max =@ sum(n(i):v(i)* x(i));
@ sum(n(i):w(i)* x(i)) < =15;
@ for(n(i):@ bin(x(i)));
DATA:
v =2 9 3 8 10 6 4 10;
w =1 3 4 3 3 1 5 10;
ENDDATA
end
```

输出结果：

```
Rows =       2 Vars =       8 No. integer vars =       8  (all are linear)
Nonzeros =    17 Constraint nonz =    8(    2 are + - 1) Density =0.944
Smallest and largest elements in abs value =    1.00000       15.0000
No.  < :   1 No. =:   0 No.  > :   0,Obj =MAX,GUBs < =   1
```

```
Single cols =     0

Optimal solution found at step:        10
Objective value:                 38.00000
Branch count:                           0


          Variable      Value             Reduced Cost
            X(1)       1.000000           -2.000000
            X(2)       1.000000           -9.000000
            X(3)       1.000000           -3.000000
            X(4)       1.000000           -8.000000
            X(5)       1.000000           -10.00000
            X(6)       1.000000           -6.000000
            X(7)      0.0000000           -4.000000
            X(8)      0.0000000           -10.00000
```

例 8 求解前面例 2 打印机销售公司计划安排的例子.

解 问题的模型为

$$\min z = 100\sum_{i=1}^{4} x_i + 90\sum_{i=5}^{8} x_i + 85x_9 + 10(x_1 - d_1) + 12\sum_{i=2}^{9}\left(\sum_{j=1}^{i} x_i - \sum_{j=1}^{i} d_i\right)$$

$$\text{s. t.} \quad x_i \leqslant 500, i = 1, \cdots, 9$$

$$\sum_{j=1}^{i} x_i \geqslant \sum_{j=1}^{i} d_i,\ i=1,\ \cdots,\ 8$$

$$\sum_{j=1}^{9} x_i \geqslant \sum_{j=1}^{9} d_i$$

$$x_i \geqslant 0,\ i=1,\ \cdots,\ 9$$

用 Lingo 标量语言，程序代码为

```
model:
sets:
n/1..9/:x,d,c,e;
endsets

min = @ sum(n(i):c* x) - @ sum(n(i):e* x);
@ for(n(i):x(i) < =500);

x(1) > =d(1);
x(1) +x(2) > =d(1) +d(2);
x(1) +x(2) +x(3) > =d(1) +d(2) +d(3);
x(1) +x(2) +x(3) +x(4) > =d(1) +d(2) +d(3) +d(4);
```

```
    x(1)+x(2)+x(3)+x(4)+x(5)>=d(1)+d(2)+d(3)+d(4)+d(5);
    x(1)+x(2)+x(3)+x(4)+x(5)+x(6)>=d(1)+d(2)+d(3)+d(4)+d(5)+
d(6);
    x(1)+x(2)+x(3)+x(4)+x(5)+x(6)+x(7)>=d(1)+d(2)+d(3)+d(4)+
d(5)+d(6)+d(7);
    x(1)+x(2)+x(3)+x(4)+x(5)+x(6)+x(7)+x(8)>=d(1)+d(2)+d(3)+
d(4)+d(5)+d(6)+d(7)+d(8);

    @sum(n(i):x(i))=@sum(n(i):d(i));
    data:
    c=194 184 172 160 138 126 114 102 85;
    d=340 650 420 200 660 550 390 580 120;
    e=94 84 72 60 48 36 24 12 0
    enddata
    end
```

输出结果：

```
    Optimal solution found at step:          4
    Objective value:                  375080.0

                     Variable      Value              Reduced Cost
                     X(1)         490.0000            0.0000000
                     X(2)         500.0000            0.0000000
                     X(3)         420.0000            0.0000000
                     X(4)         410.0000            0.0000000
                     X(5)         500.0000            0.0000000
                     X(6)         500.0000            0.0000000
                     X(7)         470.0000            0.0000000
                     X(8)         500.0000            0.0000000
                     X(9)         120.0000            0.0000000
```

若直接针对下述模型求解：

$$\min z = 100\sum_{i=1}^{4} x_i + 90\sum_{i=5}^{8} x_i + 85x_9 + 100s_1 + 12\sum_{i=2}^{9} s_i$$

$$\text{s. t.}\quad x_i \leqslant 500, i = 1,\cdots,9$$

$$s_{i-1} + x_i - d_i = s_i,\ i=2,\ \cdots,\ 9$$

$$x_1 - d_1 = s_1$$

$$x_i,\ s_i \geqslant 0,\ i=1,\ \cdots,\ 9$$

运用 Lingo 集合语言，程序代码为

```
model:
```

```
sets:
n/1..9/:x,d;
m/1..10/:s;
n1/1..4/;
m1/1..8/;
endsets

min=@ sum(n1(i):100* x(i))+@ sum(n1(i):90* x(4+i))+85* x(9)+10*
s(2)+@ sum(m1(i):12* s(2+i));
@ for(n(i):x(i)<=500);
@ for(n(i):x(i)+s(i)-d(i)=s(1+i));
s(1)=0;
s(10)=0;
data:
d=340 650 420 200 660 550 390 580 120;
enddata
end
```

输出结果:

```
Optimal solution found at step:          2
Objective value:                 375080.0

              Variable     Value            Reduced Cost
              X(1)       490.0000            0.0000000
              X(2)       500.0000            0.0000000
              X(3)       420.0000            0.0000000
              X(4)       410.0000            0.0000000
              X(5)       500.0000            0.0000000
              X(6)       500.0000            0.0000000
              X(7)       470.0000            0.0000000
              X(8)       500.0000            0.0000000
              X(9)       120.0000            0.0000000
              S(1)      0.0000000            0.0000000
              S(2)       150.0000            0.0000000
              S(3)      0.0000000             22.00000
              S(4)      0.0000000             12.00000
              S(5)       210.0000            0.0000000
              S(6)       50.00000            0.0000000
              S(7)      0.0000000             46.00000
              S(8)       80.00000            0.0000000
```

```
        S(9)        0.0000000            29.00000
        S(10)       0.0000000            0.0000000
```

若按例 2 供应量发生变化的情况：

```
Optimal solution found at step:        3
Objective value:                 413860.0

        Variable     Value              Reduced Cost
        X(1)         490.0000           0.0000000
        X(2)         700.0000           0.0000000
        X(3)         700.0000           0.0000000
        X(4)         700.0000           0.0000000
        X(5)         300.0000           0.0000000
        X(6)         300.0000           0.0000000
        X(7)         300.0000           0.0000000
        X(8)         300.0000           0.0000000
        X(9)         120.0000           0.0000000
        S(1)        0.0000000           0.0000000
        S(2)         150.0000           0.0000000
        S(3)         200.0000           0.0000000
        S(4)         480.0000           0.0000000
        S(5)         980.0000           0.0000000
        S(6)         620.0000           0.0000000
        S(7)         370.0000           0.0000000
        S(8)         280.0000           0.0000000
        S(9)        0.0000000            109.0000
        S(10)       0.0000000           0.0000000
```

上述计算结果与 Matlab 计算结果一致．

例 9　投资方案规划

某食品公司为北京市大型现代化肉类食品加工企业，其主营业务为屠杀、加工、批发鲜冻猪肉，公司位于北京南郊．目前公司主要向市区 106 个零售商店批发猪肉，并负责送货．公司经营中存在的主要问题是客户反映公司送货不及时，有时商店营业后货仍未送到，影响客户经营．问题产生的主要原因是冷藏车数量不足，配置不合理．该公司拥有的均为 4 吨冷藏车，每辆车送货 6 ~ 8 个点，送货时间较长，特别是 7 点以后，交通难以保障，致使送货延迟．但准时送货是客户十分看重的服务问题，几次送货不及时就能丢失 1 个客户．公司在 1998 年经营中因此问题曾丢失 10 多个客户．因此，如何保障准时送货成为制约企业发展的瓶颈．为此，公司准备增加冷藏车数量．现就该公司如何在保障送货的前提下最优配置冷藏车问题做一简要探讨．

该公司 106 个零售点中，有 50 个点在距工厂半径 5 公里内，送货车 20 分钟可以到达；36 个在 10 公里内，送货车 40 分钟可以到达；20 个在 10 公里以上，送货车 60 分钟可以到达．冷藏车种类有 2 吨、4 吨两种．该问题实际是如何用最少的投资（冷藏车）在指定时间内以最少的成本（费用）完成运输任务．该问题包括运输问题、最短路线问题，且各点间距离不等，销量不等．为便于计算，对该问题各类条件做如下简化：

（1）106个零售点日销量在0.3～0.6吨，但大多数在0.4～0.5吨．为简化计算，设定每个点日销量0.5吨．

（2）将5公里以内的点设定为A类点，10公里以内的点设为B类点，10公里以上的点设为C类点．从工厂到A类点的时间为20分钟，到B类点的时间为40分钟，到C类点的时间为60分钟．A类点间的运输时间为5分钟，B类点间的运输时间为10分钟，C类点间的运输时间为20分钟．不同类型点间的时间为20分钟．每个点卸货、验收时间为30分钟．

（3）工厂从凌晨4点开始发货（过早无人接货），车辆发出先后时间忽略不计．因7点后交通没有保障，故要求冷藏车必须在7点前到达零售点，所以最迟送完货的时间为7：30. 全程允许时间为210分钟．

已知4吨车每台18万元，2吨车每台12万元．求出投资最少的配车方案．

解　首先建立问题的优化模型．这个问题可以看作一个一维下料问题，先找到每辆车在210分钟内所有可能的运输方式，见表7－3.

表7－3

序号	1	2	3	4	5	6	7	8	9	10	11	12	13	14
A类点数	5	4	3	2	1	0	0	0	0	0	4	3	2	1
B类点数	0	1	2	2	3	4	3	2	1	0	0	0	0	0
C类点数	0	0	0	0	0	0	1	2	2	3	1	1	2	3
余时(分钟)	20	5	0	35	30	20	10	0	40	20	5	40	25	10
货物量(吨)	2.5	2.5	2.5	2	2	2	2	2	1.5	1.5	2.5	2	2	2
变量	x_1	x_2	x_3		x_4	x_5	x_6	x_7		x_8	x_9		x_{10}	x_{11}

从表格中看到，有些送货方式明显不是最优的，比如第4、9、12种方式，所以将这些方式排除在外，保留其他方式，假设分别用第i种送货方式送货的车辆数为x_i，则可以建立下面的整数规划模型：

$$\min z=18\ (x_1+x_2+x_3+x_9)\ +12\ (x_4+x_5+x_6+x_7+x_8+x_{10}+x_{11})$$

$$\text{s.t.}\quad 5x_1+4x_2+3x_3+x_4+4x_9+2x_{10}+x_{11}\geqslant 50$$

$$x_2+2x_3+3x_4+4x_5+3x_6+2x_7\geqslant 36$$

$$x_6+2x_7+3x_8+x_9+2x_{10}+3x_{11}\geqslant 20$$

$$x_i\geqslant 0,\ x_i\in \mathbf{N}$$

编程如下：

```
model:
sets:
n/1..11/:x,f;
m/1..3/:b;
matrix(m,n):a;
endsets
```

```
min =@ sum(n(i):f* x);
@ for(m(i):@ sum(n(j):a(i,j)* x(j)) < =b(i));
@ for(n(i):@ gin(x(i)));
data:
f =18 18 18 12 12 12 12 12 18 12 12;
a = -5 -4 -3 -1 0 0 0 0 -4 -2 -1
     0 -1 -2 -3 -4 -3 -2 0 0 0 0
     0 0 0 0 0 -1 -2 -3 -1 -2 -3;
b = -50 -36 -20;
enddata
end
```

输出结果:

```
Optimal solution found at step:          31
Objective value:                   336.0000
Branch count:                             7

              Variable      Value             Reduced Cost
              X(1)         3.000000            18.00000
              X(2)         1.000000            18.00000
              X(3)        0.0000000            18.00000
              X(4)         12.00000            12.00000
              X(5)        0.0000000            12.00000
              X(6)        0.0000000            12.00000
              X(7)        0.0000000            12.00000
              X(8)        0.0000000            12.00000
              X(9)        0.0000000            18.00000
              X(10)         10.00000            12.00000
              X(11)        0.0000000            12.00000
```

例 10　石油生产问题

石油厂精炼两种类型的原料油——硬质油和软质油，并将精制油混合得到一种石油产品．硬质原料油来自两个产地：产地 1 和产地 2，而软质油来自另外三个产地：产地 3、产地 4 和产地 5. 据目前预测，1—6 月这 5 种原料油的价格如表 7 –4 所示．

表 7 –4　　（元/吨）

	硬质 1	硬质 2	软质 3	软质 4	软质 5
1 月	110	120	130	110	115
2 月	130	130	110	90	115
3 月	110	140	130	100	95
4 月	120	110	120	120	125

5月	100	120	150	110	105
6月	90	110	140	80	135

设产品油售价为200元/吨，硬质油和软质油需要由不同的生产线来精炼．硬质油生产线的每月最大处理能力为200吨，软质油生产线的每月最大处理能力为250吨．五种原料油都备有储罐，每个储罐的容量均为1 000吨，每吨原料油每月的存储费用为5元．而各种精制油以及产品无油罐可以存储．精炼的加工费用可以略去不计，产品的销售没有任何问题．

产品石油的硬度有一定的技术要求，它取决于各种原料油的硬度以及混合比例．产品石油的硬度与各种成分的硬度以及所占比例呈线性关系．根据技术要求，产品石油的硬度必须不小于3.0，而不大于6.0. 各种原料油的硬度如表7－5所示（精制过程不会影响硬度）．

表7－5

硬质1	硬质2	软质3	软质4	软质5
8.8	6.1	2.0	4.2	5.0

假设在1月初，每种原料油都有500吨存储，而且要求在6月底仍保持这样的储备．

问题：根据表7－4预测的原料油价格，编制逐月各种原料由采购量、耗用量及库存量计划，使本年内的利润最大．

解　首先建立问题的优化模型．假设 $i=1,\cdots,6$ 代表月份，$j=1,\cdots,5$ 代表五种不同的原料油，$x_{ij}(i=1,\cdots,6,\ j=1,\cdots,5)$ 为每月每种原料油的购买量，$y_{ij}(i=1,\cdots,6,\ j=1,\cdots,5)$ 为每月每种原料油的使用量，每月每种原料的成本 $c_{ij}(i=1,\cdots,6,\ j=1,\cdots,5)$，$s_{ij}(i=1,\cdots,6,\ j=1,\cdots,5)$ 为每月初（上月底）每种原料油的存储量，每种原料油的硬度 $d_j(j=1,\cdots,5)$ 为已知量，由此建立下述优化模型：

$$\max Z = 200\sum_{i=1}^{6}\sum_{j=1}^{5}x_{ij} - 5\sum_{i=1}^{6}\sum_{j=1}^{5}s_{(i+1)j} - \sum_{i=1}^{6}\sum_{j=1}^{5}c_{ij}x_{ij}$$

$$\text{s.t.}\ \sum_{j=1}^{2}y_{ij} \leqslant 200, i = 1,\cdots,6$$

$$\sum_{j=3}^{5}y_{ij} \leqslant 250, i = 1,\cdots,6$$

$$s_{ij}+x_{ij}-y_{ij}=s_{(i+1)j},\ i=1,\cdots,6,\ j=1,\cdots,5$$

$$500+x_{1j}-y_{1j}=s_{1j},\ j=1,\cdots,5$$

$$s_{1j}=500,\ j=1,\cdots,5$$

$$s_{7j}=500,\ j=1,\cdots,5$$

$$s_{ij}\leqslant 1000,\ i=1,\cdots,6,\ j=1,\cdots,5$$

$$3\sum_{j=1}^{5}y_{ij}\leqslant\sum_{j=1}^{5}d_jy_{ij}\leqslant 6\sum_{j=1}^{5}y_{ij},\ i=1,\cdots,6$$

$$x_{ij},\ y_{ij},\ s_{ij}\geqslant 0,\ i=1,\cdots,6,\ j=1,\cdots,5$$

程序如下：

```
model:
sets:
```

```
m/1..6/;
m1/1..7/;
n/1..5/:d;
n1/1..2/;
n2/1..3/;
mn(m,n):x,y,c;
m1n(m1,n):s;
endsets

max =200* @ sum(mn(i,j):y(i,j)) -5* @ sum(mn(i,j):s(i +1,j)) -
@ sum(mn(i,j):c(i,j)* x(i,j));
@ for(m(i):@ sum(n1(j):y(i,j)) < =200);
@ for(m(i):@ sum(n2(j):y(i,2 +j)) < =250);
@ for(mn(i,j):s(i,j) +x(i,j) -y(i,j) =s(i +1,j));
@ for(n(j):s(1,j) =500);
@ for(n(j):s(7,j) =500);
@ for(m(i):@ sum(n(j):d(j)* y(i,j)) < =6* @ sum(n(j):y(i,j)));
@ for(m(i):@ sum(n(j):d(j)* y(i,j)) > =3* @ sum(n(j):y(i,j)));
@ for(mn(i,j):s(i,j) < =1000);

data:
c =
      110      120      130      110      115
      130      130      110       90      115
      110      140      130      100       95
      120      110      120      120      125
      100      120      150      110      105
       90      110      140       80      135

d =
      8.8      6.1      2.0      4.2      5.0
enddata
end
```

输出结果：

```
Global optimal solution found.
  Objective value:                          238231.5
  Infeasibilities:                          0.000000
```

```
Total solver iterations:                        48

Model Class:                                    LP

Total variables:                   85
Nonlinear variables:                0
Integer variables:                  0

Total constraints:                 85
Nonlinear constraints:              0

Total nonzeros:                   310
Nonlinear nonzeros:                 0

         Variable       Value            Reduced Cost
         X(1,1)       0.000000           25.00000
         X(1,2)       0.000000           35.00000
         X(1,3)       0.000000           25.00000
         X(1,4)       0.000000           25.00000
         X(1,5)       0.000000           30.00000
         X(2,1)       0.000000           40.00000
         X(2,2)       0.000000           40.00000
         X(2,3)       0.000000           0.000000
         X(2,4)       287.5000           0.000000
         X(2,5)       0.000000           25.00000
         X(3,1)       0.000000           15.00000
         X(3,2)       0.000000           45.00000
         X(3,3)       0.000000           15.00000
         X(3,4)       0.000000           5.000000
         X(3,5)       0.000000           0.000000
         X(4,1)       0.000000           20.00000
         X(4,2)       0.000000           10.00000
         X(4,3)       0.000000           0.000000
         X(4,4)       0.000000           20.00000
         X(4,5)       0.000000           25.00000
         X(5,1)       159.2593           0.000000
         X(5,2)       0.000000           15.00000
         X(5,3)       0.000000           25.00000
         X(5,4)       0.000000           5.000000
```

```
X(5,5)        462.5000        0.000000
X(6,1)        659.2593        0.000000
X(6,2)        381.4815        0.000000
X(6,3)        0.000000        10.00000
X(6,4)        750.0000        0.000000
X(6,5)        0.000000        25.00000
Y(1,1)        85.18519        0.000000
Y(1,2)        114.8148        0.000000
Y(1,3)        0.000000        20.00000
Y(1,4)        0.000000        0.000000
Y(1,5)        250.0000        0.000000
Y(2,1)        159.2593        0.000000
Y(2,2)        40.74074        0.000000
Y(2,3)        0.000000        20.00000
Y(2,4)        250.0000        0.000000
Y(2,5)        0.000000        0.000000
Y(3,1)        96.29630        0.000000
Y(3,2)        103.7037        0.000000
Y(3,3)        0.000000        20.00000
Y(3,4)        37.50000        0.000000
Y(3,5)        212.5000        0.000000
Y(4,1)        159.2593        0.000000
Y(4,2)        40.74074        0.000000
Y(4,3)        0.000000        20.00000
Y(4,4)        250.0000        0.000000
Y(4,5)        0.000000        0.000000
Y(5,1)        159.2593        0.000000
Y(5,2)        40.74074        0.000000
Y(5,3)        0.000000        15.92593
Y(5,4)        250.0000        0.000000
Y(5,5)        0.000000        1.481481
Y(6,1)        159.2593        0.000000
Y(6,2)        40.74074        0.000000
Y(6,3)        0.000000        33.70370
Y(6,4)        250.0000        0.000000
Y(6,5)        0.000000        35.92593
S(1,2)        500.0000        0.000000
S(1,3)        500.0000        0.000000
S(1,4)        500.0000        0.000000
```

```
S(1,5)      500.0000      0.000000
S(2,1)      414.8148      0.000000
S(2,2)      385.1852      0.000000
S(2,3)      500.0000      0.000000
S(2,4)      500.0000      0.000000
S(2,5)      250.0000      0.000000
S(3,1)      255.5556      0.000000
S(3,2)      344.4444      0.000000
S(3,3)      500.0000      0.000000
S(3,4)      537.5000      0.000000
S(3,5)      250.0000      0.000000
S(4,1)      159.2593      0.000000
S(4,2)      240.7407      0.000000
S(4,3)      500.0000      0.000000
S(4,4)      500.0000      0.000000
S(4,5)      37.50000      0.000000
S(5,1)      0.000000      5.000000
S(5,2)      200.0000      0.000000
S(5,3)      500.0000      0.000000
S(5,4)      250.0000      0.000000
S(5,5)      37.50000      0.000000
S(6,1)      0.000000      15.00000
S(6,2)      159.2593      0.000000
S(6,3)      500.0000      0.000000
S(6,4)      0.000000      30.00000
S(6,5)      500.0000      0.000000
S(7,1)      500.0000      0.000000
S(7,2)      500.0000      0.000000
S(7,3)      500.0000      0.000000
S(7,4)      500.0000      0.000000
S(7,5)      500.0000      0.000000
```

这里需要注意的是，data 语句中可以直接将 Word 文档中的数据表格粘贴到 Lingo 程序中，这为编程提供了很大方便．事实上很多常用的文档格式如 Excel 等都可以与 Lingo 语言很方便地实现数据传递，可参考文献［16］.

附录：优化算法的 Fortran 程序

本书除最后一章外的数值算例都是用 Fortran 语言编写实现的，为方便读者，附上部分程序．因篇幅所限，这里只附了程序中的一小部分．需要指出的是，程序中用了一些 goto 语句，对程序结构化要求有影响，请读者注意．

一、求函数值子程序

程序中以 c 开头的行是注释语句，这个子程序中给出了多个算例的目标函数表达式，不用的表达式就处理成注释行．

```
      subroutine func(n,x,f)
       implicit real*8(a-h,o-z)
      real*8 x(200),f
c   f=0.5*x(1)*x(1)+4.5*x(2)*x(2)
c   f=100*(x(2)-x(1)**2)**2+(1-x(1))**2
c   f=(x(1)-2)**4+(x(1)-2)*(x(1)-2)*x(2)*x(2)+(x(2)+1)*(x(2)+
1)
c   f=1.5*x(1)*x(1)-x(1)*x(2)+0.5*x(2)*x(2)-2*x(1)
c   f=(x(1)**2+x(2)-11)**2+(x(2)**2+x(1)-7)**2
c   f=100*(x(3)-(x(1)+x(2))**2/4)**2+(1-x(2))**2+(1-x(1))**2

             f=(1-x(1))**2
             do 10 i=2,n
             f=f+100*(x(i)-x(i-1)**2)**2
10 continue
return
  end
```

二、进退法确定初始搜索区间子程序

```
subroutine jintui(n,xk,pk,aleft,bright,cmiddle)
implicit real*8(a-h,o-z)
real *8 xk(200),pk(200),xk0(200),xk1(200),xk2(200)
    x0=0
    dltx=0.1
```

```
      x1 = x0 + dltx
      do 10 i = 1,n
      xk0(i) = xk(i)
      xk1(i) = xk(i) + x1*pk(i)
10    continue
      call func(n,xk0,f0)
      call func(n,xk1,f1)
      if(f1.le.f0)then
500   continue
      dltx = 2*dltx
      x2 = x1 + dltx
      do 11 i = 1,n
         xk2(i) = xk(i) + x2*pk(i)
11    continue
      call func(n,xk2,f2)
      if(f1.le.f2)then
         aleft = x0
      bright = x2
      cmiddle = x1
      goto 1000
        else
      x0 = x1
      x1 = x2
      f0 = f1
      f1 = f2
      goto 500
        end if
      else
600   continue
      dltx = 2*dltx
      x2 = x0 - dltx
      do 12 i = 1,n
        xk2(i) = xk(i) + x2*pk(i)
12    continue
      call func(n,xk2,f2)

      if(f0.le.f2)then
        aleft = x2
      bright = x1
```

```
    cmiddle = x0
    goto 1000
      else
    x1 = x0
    x0 = x2
    f1 = f0
    f0 = f2
      goto 600
    end if
  end if

1000  continue
      return
    end
```

三、利用黄金分割法的一维搜索子程序

```
subroutine hjfg(n,xk,pk,aleft,bright,alfa)
  WBimplicit real*8(a-h,o-z)
    real*8 xk(200),pk(200),xk1(200),xk2(200)
      epsl =1e-12
    x1 =aleft+0.382*(bright-aleft)
    x2 =aleft+0.618*(bright-aleft)
    do 11 i =1,n
      xk1(i) =xk(i)+x1*pk(i)
      xk2(i) =xk(i)+x2*pk(i)
11     continue
call func(n,xk1,f1)
call func(n,xk2,f2)
do 10 iter =1,1000
  if(f1.lt.f2) then
     bright = x2
     x2 = x1
     f2 = f1
     x1 =aleft+0.382*(bright-aleft)
     do 12 i =1,n
       xk1(i) =xk(i)+x1*pk(i)
12         continue
     call func(n,xk1,f1)
    else
```

```
      aleft = x1
      x1 = x2
      f1 = f2
      x2 = aleft + 0.618 * (bright - aleft)
      do 13 i = 1,n
        xk2(i) = xk(i) + x2*pk(i)
13        continue
      call func(n,xk2,f2)
  end if
if (abs(bright - aleft).lt.epsl) then
goto 1000
end if
10continue
100 0 continue
    alfa = (aleft + bright)/2
    return
    end
```

四、Fibonacci 法一维搜索子程序

```
    subroutine fibonacci(n,xk,pk,aleft,bright,alfa)
    implicit real*8 (a - h,o - z)
          real*8 xk(200),pk(200),xk1(200),xk2(200),fibo(200)

          epsl = 1e - 12
    width = bright - aleft
    cc = width/epsl
    fibo(1) = 1
    fibo(2) = 1
    do 20 i = 3,200
    fibo(i) = fibo(i - 2) + fibo(i - 1)
    if(fibo(i).gt.cc)then
    goto 500
    end if
20    continue
500   continue
    nn = i
        x1 = aleft + fibo(nn - 2)/fibo(nn) * (bright - aleft)
x2 = aleft + fibo(nn - 1)/fibo(nn) * (bright - aleft)
    do 11 i = 1,n
```

```
    xk1(i)=xk(i)+x1*pk(i)
  xk2(i)=xk(i)+x2*pk(i)
11      continue

  call func(n,xk1,f1)
  call func(n,xk2,f2)
  do 10 iter=1,1000
    nn=nn-1
      if(f1.lt.f2) then
      bright=x2
      x2=x1
      f2=f1
      x1=aleft+fibo(nn-2)/fibo(nn)*(bright-aleft)
      do 12 i=1,n
        xk1(i)=xk(i)+x1*pk(i)
12          continue
      call func(n,xk1,f1)
        else
      aleft=x1
      x1=x2
      f1=f2
      x2=aleft+fibo(nn-1)/fibo(nn)*(bright-aleft)
      do 13 i=1,n
        xk2(i)=xk(i)+x2*pk(i)
13          continue
      call func(n,xk2,f2)
    end if
  if(nn.lt.3) then
  goto 1000
  end if
10continue
100 0         continue
    alfa=(aleft+bright)/2
    return
    end
```

五、抛物线法（二次插值法）一维搜索子程序

```
subroutine chazhi(n,xk,pk,aleft,bright,cmiddle,alfa)
      implicit real*8(a-h,o-z)
```

```
      real*8 xk(200),pk(200),xk1(200),xk2(200),xk0(200),xkg(200)
      real*8 xkj(200)
        epsl1 =1e -4
      epsl2 =1e -30
      x1 =aleft
      x2 =bright
      x0 =cmiddle
      do 11 i =1,n
        xk1(i) =xk(i) +x1*pk(i)
        xk2(i) =xk(i) +x2*pk(i)
        xk0(i) =xk(i) +x0*pk(i)
11    continue
      call func(n,xk1,f1)
      call func(n,xk2,f2)
      call func(n,xk0,f0)
      do 10 iter =1,1000
        if(abs(x1 -x2).lt.epsl1)then
          goto 1000
      end if
      fm = (x2 -x0)*f1 + (x1 -x2)*f0 + (x0 -x1)*f2
      if(abs(fm).lt.epsl2)then
          goto 1000
      end if
      fz = (x2*x2 -x0*x0)*f1 + (x1*x1 -x2*x2)*f0 + (x0*x0 -x1*x1)
*f2
      fz =fz/2
      xg =fz/fm
      do 21 i =1,n
          xkg(i) =xk(i) +xg*pk(i)
21      continue
      call func(n,xkg,fg)
      if(abs(f0 -fg).lt.1e -30)then
        write(*,*)' |f0 -fg |<1e -30'
        goto 500
      end if
      if(f0 -fg.lt.0)then
        if((x0 -xg).lt.0)then
          x2 =xg
          f2 =fg
```

```
         else
           x1 =xg
           f1 =fg
         end if
         goto 10
        else
         if((x0 -xg).gt.0)then
           x2 =x0
           x0 =xg
           f2 =f0
           f0 =fg
         else
           x1 =x0
           x0 =xg
           f1 =f0
           f0 =fg
         end if
         goto 10
         end if
500     continue
      if (abs(x0 -xg).lt.1e -30)then
        write(*,*)' |x0 -xg|<1e -30'
        goto 600
        end if
          if((x0 -xg).lt.0)then
            x1 =x0
            x2 =xg
            f1 =f0
            f2 =fg
            x0 = (x1 +x2)/2
            do 22 i =1,n
              xk0(i) =xk(i) +x0*pk(i)
22           continue
      call func(n,xk0,f0)
          else
            x1 =xg
            x2 =x0
            f1 =fg
            f2 =f0
```

```
           x0 = (x1 + x2) /2
           do 23 i =1,n
             xk0 (i) =xk(i) +x0*pk(i)
23           continue
          call func(n,xk0,f0)
        end if
        goto 10
600     continue
        xj = (x1 + x0) /2
        do 25 i =1,n
          xkj(i) =xk(i) +xj*pk(i)
25           continue
        call func(n,xkj,fj)
      if((fj - f0).lt. -1e -30)then
        x2 = x0
        x0 = xj
        f2 = f0
        f0 = fj
      elseif((fj - f0).gt.1e -30)then
        x1 = xj
        f1 = fj
      else
        x1 = xj
        x2 = x0
        f1 = fj
        f2 = f0
        x0 = (x1 + x2) /2
        do 24 i =1,n
          xk0(i) =xk(i) +x0*pk(i)
24           continue
        call func(n,xk0,f0)
      end if
      goto 10
10 continue
100 0    continue
    alfa = x0
    return
    end
```

六、简化的抛物线法（二次插值法）

```
subroutine chazhi(n,xk,pk,aleft,bright,cmiddle,alfa)
 implicit real*8(a-h,o-z)
  real*8 xk(200),pk(200),xk1(200),xk2(200),xk0(200),xkg(200)
 real*8 xkj(200)
epsl1=1e-8
epsl2=1e-30
x1=aleft
x2=bright
x0=cmiddle
do 11 i=1,n
  xk1(i)=xk(i)+x1*pk(i)
   xk2(i)=xk(i)+x2*pk(i)
   xk0(i)=xk(i)+x0*pk(i)
11    continue
call func(n,xk1,f1)
call func(n,xk2,f2)
call func(n,xk0,f0)
do 10 iter=1,20
  fm=(x2-x0)*f1+(x1-x2)*f0+(x0-x1)*f2
  if(abs(fm).lt.epsl2)then
    write(*,*)'fm<epsl2'
    goto 1000
  end if
  fz=(x2*x2-x0*x0)*f1+(x1*x1-x2*x2)*f0+(x0*x0-x1*x1)*f2
  fz=fz/2
  xg=fz/fm
  do 21 i=1,n
xkg(i)=xk(i)+xg*pk(i)
21      continue
call func(n,xkg,fg)
if(abs(xg-x0).lt.epsl1)then
  write(*,*)'xg-x0<epsl1'
    goto 1000
end if
if(abs(f0-fg).lt.1e-30)then
write(*,*)'|f0-fg|<1e-30'
goto 500
```

```
    end if
    if(f0 - fg.lt.0)then
      if((x0 - xg).lt.0)then
        x2 = xg
        f2 = fg
    else
        x1 = xg
        f1 = fg
    end if
    goto 10
    else
      if((x0 - xg).gt.0)then
    x2 = x0
        x0 = xg
    f2 = f0
        f0 = fg
  else
    x1 = x0
        x0 = xg
    f1 = f0
        f0 = fg
  end if
  goto 10
    end if
500     continue
        if((x0 - xg).lt.0)then
          x1 = x0
          x2 = xg
          f1 = f0
          f2 = fg
          x0 = (x1 + x2)/2
          do 22 i = 1,n
            xk0(i) = xk(i) + x0*pk(i)
22            continue
        call func(n,xk0,f0)
      else
        x1 = xg
        x2 = x0
        f1 = fg
```

```
        f2 = f0
        x0 = (x1 + x2)/2
        do 23 i =1,n
          xk0(i) =xk(i) +x0*pk(i)
23            continue
        call func(n,xk0,f0)
  end if
  goto 10
10continue
100 0       continue
    alfa =x0
    return
    end
```

七、数值微分求梯度向量子程序

程序中 c 开头的行为注释语句，这个子程序中给出了求梯度向量的两种方法，中心差分法和文献［18］中的一个外推公式，不用的表达式就处理成注释行.

```
subroutine grad(n,xk,gk)
  implicit real*8(a-h,o-z)
real*8 xk(200),gk(200),xih1(200),xih2(200),xih3(200),xih4(200)
h =1e-8
      do 10 i =1,n
  xih1(i) =xk(i)
  xih2(i) =xk(i)
  xih3(i) =xk(i)
        xih4(i) =xk(i)
10     continue
      do 20 i =1,n
      xih1(i) =xih1(i) +0.5*h
      xih2(i) =xih2(i) -0.5*h
      xih3(i) =xih3(i) +h
      xih4(i) =xih4(i) -h
      call func(n,xih1,wi1)
      call func(n,xih2,wi2)
      call func(n,xih3,wi3)
      call func(n,xih4,wi4)
      gk(i) =4./3*(wi1 -wi2)/h -1./6*(wi3 -wi4)/h
c   gk(i) = (wi1 -wi2)/h
      xih1(i) =xk(i)
```

```
      xih2(i)=xk(i)
      xih3 (i)=xk(i)
          xih4(i)=xk(i)
20  continue
    return
    end
```

八、解析法求梯度向量子程序

```
subroutine gradjiexi(n,xk,gk)
   implicit real*8(a-h,o-z)
  real*8 xk(200),gk(200)
c  gk(1)= -400*xk(1)*(xk(2)-xk(1)**2)-2*(1-xk(1))
c  gk(2)=200*(xk(2)-xk(1)**2)
   gk(1)=xk(1)
   gk(2)=9*xk(2)
   return
   end
```

九、最速下降法主程序

```
implicit real*8(a-h,o-z)
   real*8 x0(200),xk(200),xkj1(200),gk(200),gkj1(200),pk(200)
  real *8 pkj1(200),xstar(200)
      CHARACTER FILE1*8
      WRITE(*,*)'Please input your output file name'
      READ (*,'(A)') FILE1
      OPEN (2,FILE=FILE1)
     n=7
  epsl=1.0e-8
  do 11 i=1,n
  xk(i)=1
c  gk(i)=0
c  pk(i)=0
11  continue
    xk(1)= -1
    xk(2)=1
      do 10 iter=1,30000

    call func(n,xk,fk)
      call grad(n,xk,gk)
```

```
c  call gradjiexi(n,xk,gk)
   gkf =0
    do 12i =1,n
    gkf =gkf +gk(i)*gk(i)
12   continue
     if(mod(iter,1000).eq.0)then
     write(2,3)iter,(xk(i),i =1,n),fk,gkf
3   format(i5,9f9.5)
    end if
      if(gkf.lt.epsl) then
        goto 1000
      end if
      do 13 i =1,n
        pk(i) = -gk(i)
13   continue
   call jintui(n,xk,pk,aleft,bright,cmiddle)
   call hjfg(n,xk,pk,aleft,bright,alfa)
     do 14 i =1,n
     xkj1(i) =xk(i) +alfa*pk(i)
14   continue
   do 15 i =1,n
     xk(i) =xkj1(i)
15   continue
10   continue
1000     continue
     do 100 i =1,n
     xstar(i) =xk(i)
100     continue
    call func(n,xstar,fstar)
    write(*,*)'iter =',iter
    stop
    end
```

十、求解线性方程组子程序

```
c  ======================================
c       solution of linear equtions
c  by the Gauss Direct Elimination Method
c  ======================================
    subroutine gs(a,x,n)
```

```
      implicit real*8 (a-h,o-z)
      real*8 a(200,201),x(200)
      eps=1.e-8
      m=n+1
      kk=0
      jj=0
      do 10 i=1,n
      jj=kk+1
      ll=jj
      kk=kk+1
20    if(abs(a(jj,kk))-eps)21,21,22
21    jj=jj+1
      go to 20
22    if(ll-jj)23,24,23
23    do 25 mm=1,m
      atemp=a(ll,mm)
      a(ll,mm)=a(jj,mm)
25    a(jj,mm)=atemp
24    div=a(i,i)
      do 11 j=1,m
11    a(i,j)=a(i,j)/div
      k=i+1
      if(k-m)12,13,13
12    do 10 l=k,n
      amult=a(l,i)
      do 10 j=1,m
10    a(l,j)=a(l,j)-a(i,j)*amult
13    x(n)=a(n,m)
      l=n
      do 30 j=2,n
      sum=0.0
      i=m+1-j
      do 31 k=i,n
31    sum=sum+a(i-1,k)*x(k)
      l=l-1
      x(l)=a(i-1,m)-sum
30    continue
      return
      end
```

十一、数值微分求解 Hesse 矩阵子程序

这里采用的方法是文献［18］中的外推公式.

```
subroutine hessen(n,xk,hgk)
      implicit real*8(a-h,o-z)
  real*8 xk(200),gk(200),xih1(200),xih2(200),xih3(200),xih4(200)
        real*8 hgk(200,200),xk0(200),zij(200,200)
             h=1e-3
  do 10 i=1,n
        xih1(i)=xk(i)
        xih2(i)=xk(i)
        xih3(i)=xk(i)
        xih4(i)=xk(i)
        xk0(i)=xk(i)
10    continue
      do 20 i=1,n
      xih1(i)=xih1(i)+0.5*h
      xih2(i)=xih2(i)-0.5*h
      xih3(i)=xih3(i)+h
      xih4(i)=xih4(i)-h
      call func(n,xih1,wi1)
      call func(n,xih2,wi2)
      call func(n,xih3,wi3)
      call func(n,xih4,wi4)
      call func(n,xk0,wi0)
      hgk(i,i)=1./(3*h*h)*(16*wi1+16*wi2-wi3-wi4-30*wi0)
c    gk(i)=(wi1-wi2)/h
       xih1(i)=xk(i)
       xih2(i)=xk(i)
       xih3(i)=xk(i)
       xih4(i)=xk(i)
       xk0(i)=xk(i)
20  continue
    do 30 i=1,n
    do 30 j=i+1,n
       xih1(i)=xih1(i)+0.5*h
       xih1(j)=xih1(j)+0.5*h
       xih2(i)=xih2(i)-0.5*h
       xih2(j)=xih2(j)-0.5*h
```

```
        xih3(i)=xih3(i)+h
        xih3(j)=xih3(j)+h
        xih4(i)=xih4(i)-h
        xih4(j)=xih4(j)-h
        call func(n,xih1,wi1)
        call func(n,xih2,wi2)
        call func(n,xih3,wi3)
        call func(n,xih4,wi4)
        call func(n,xk0,wi0)
        zij(i,j)=1./(3*h*h)*(16*wi1+16*wi2-wi3-wi4-30*wi0)
        hgk(i,j)=0.5*(zij(i,j)-hgk(i,i)-hgk(j,j))
        hgk(j,i)=hgk(i,j)
          xih1(i)=xk(i)
          xih1(j)=xk(j)
          xih2(i)=xk(i)
          xih2(j)=xk(j)
          xih3(i)=xk(i)
          xih3(j)=xk(j)
          xih4(i)=xk(i)
          xih4(j)=xk(j)
          xk0(i)=xk(i)
30      continue
    return
    end
```

十二、Newton 法主程序

```
implicit real*8(a-h,o-z)
      real*8 x0(200),xk(200),xkj1(200),gk(200),gkj1(200),pk(200)
real*8 pkj1(200),xstar(200),hgk(200,200),hgk1(200,201)

     CHARACTER FILE1*8
     WRITE(*,*)'Please input your output file name'
     READ (*,'(A)') FILE1
     OPEN (2,FILE=FILE1)
  n=2
epsl=1.0e-24
  do 11 i=1,n
xk(i)=1
c  gk(i)=0
```

```
c  pk(i) =0
11   continue
     xk(1) = -1
     cxk(2) =1
          do 10 iter =1,3000
     call func(n,xk,fk)
          call grad(n,xk,gk)
c    call gradjiexi(n,xk,gk)
     gkf =0
       do 12 i =1,n
       gkf =gkf +gk(i)*gk(i)
12   continue
     write(2,*)'iter =',iter
     write(2,3)iter,(xk(i),i =1,n),fk,gkf
3  format(i5,6f12.6)
       if(gkf.lt.epsl) then
         goto 1000
       end if
   call hessen(n,xk,hgk)
   do 21 i =1,n
   do 22 j =1,n
22   hgk1(i,j) =hgk(i,j)
21       hgk1(i,n +1) = -gk(i)
   call gs(hgk1,pk,n)
   alfa =1.
     do 14 i =1,n
     xkj1(i) =xk(i) +alfa*pk(i)
14   continue
do 15 i =1,n
xk(i) =xkj1(i)
15   continue
10   continue
1000     continue
     do 100 i =1,n
     xstar(i) =xk(i)
100     continue
     call func(n,xstar,fstar)
     stop
     end
```

参 考 文 献

[1] 解可新，韩健，林友联. 最优化方法 [M]. 天津：天津大学出版社，2004.
[2] 黄红选，等. 数学规划 [M]. 北京：清华大学出版社，2006.
[3] 陈纪修，於崇华，金路. 数学分析（上、下）[M]. 北京：高等教育出版社，2000.
[4] 钱颂迪，等. 运筹学 [M]. 北京：清华大学出版社，2005.
[5] 基思·德夫林. 数学天赋：人人都是数学天才 [M]. 沈崇圣，译. 上海：上海科技教育出版社，2009.
[6] 张润琦，陈一宏. 微积分（上、下）[M]. 北京：机械工业出版社，2005.
[7] 赵静，但琦. 数学建模与数学实验 [M]. 北京：高等教育出版社，2000.
[8] 韩中庚. 数学建模方法及其应用 [M]. 北京：高等教育出版社，2005.
[9] 袁亚湘. 非线性优化计算方法 [M]. 北京：科学出版社，2008.
[10] Frank R. Giordano，等. 数学建模 [M]. 叶其孝，等，译. 北京：机械工业出版社，2009.
[11] 薛毅. 最优化原理与方法 [M]. 北京：北京工业大学出版社，2003.
[12] 龙子泉. 管理运筹学 [M]. 武汉：武汉大学出版社，2004.
[13] 谢金星，等. 现代优化计算方法 [M]. 北京：清华大学出版社，2005.
[14] 王凌. 智能优化算法及其应用 [M]. 北京：清华大学出版社，2001.
[15] 阳明盛，等. 最优化原理、方法及求解软件 [M]. 北京：科学出版社，2006.
[16] 谢金星，薛毅. 优化建模 Lindo/Lingo 软件 [M]. 北京：清华大学出版社，2000.
[17] 施光燕，等. 最优化方法 [M]. 北京：高等教育出版社，1999.
[18] 粟塔山，等. 最优化计算原理与算法程序设计 [M]. 北京：国防科技大学出版社，2002.
[19] 张志涌，徐彦琴，等. MATLAB 教程 [M]. 北京：北京航空航天大学出版社，2001.
[20] 龚纯，王正林. 精通 MATLAB 最优化计算 [M]. 北京：电子工业出版社，2010.
[21] 泰勒. 数据、模型与决策 [M]. 侯文华，等，译. 北京：中国人民大学出版社，2011.
[22] 韩伯棠. 管理运筹学 [M]. 北京：高等教育出版社，2010.
[23] 唐焕文，秦学志. 实用最优化方法（第三版）[M]. 大连：大连理工大学出版社，2004.
[24] 孙良，闫桂峰. 线性代数 [M]. 北京：高等教育出版社，2016.